Gambas高级程序设计

基于国产操作系统

王建新　隋美丽　著

化学工业出版社
·北京·

内容简介

本书内容从基础知识到实际应用，力求使读者能够快速掌握 Gambas 算法设计、控件使用、数据库开发技术，以及高级程序设计方法。本书共分为 10 章，系统讲述了常用算法设计、视图类控件应用、选择器类控件应用、容器类控件应用、专业类控件应用、弃用类控件应用、高级控件应用以及其他组件应用和数据库技术基础与操作等内容。本书配备了不同层次的实例，并提供详细的程序注释说明，使读者能够更加深入理解程序设计基本思路、基本方法和一般步骤，提高实际应用能力。

本书可作为大专院校计算机类、电子信息类、通信类和自动化类等专业师生的 BASIC 程序设计教材，也适合作为职业教育和社会培训用教材，以及程序开发人员和科技工作者的自学用书。

图书在版编目（CIP）数据

Gambas 高级程序设计：基于国产操作系统/王建新，隋美丽著. —北京：化学工业出版社，2021.7

ISBN 978-7-122-39120-9

Ⅰ.①G… Ⅱ.①王… ②隋… Ⅲ.①BASIC 语言-程序设计 Ⅳ.①TP312.8

中国版本图书馆 CIP 数据核字（2021）第 084756 号

责任编辑：宋　辉　　文字编辑：毛亚囡

责任校对：宋　夏　　装帧设计：王晓宇

出版发行：化学工业出版社（北京市东城区青年湖南街 13 号　邮政编码 100011）

印　　装：涿州市般润文化传播有限公司

787mm×1092mm　1/16　印张 23¼　字数 617 千字　　2021 年 8 月北京第 1 版第 1 次印刷

购书咨询：010-64518888　　售后服务：010-64518899

网　　址：http://www.cip.com.cn

凡购买本书，如有缺损质量问题，本社销售中心负责调换。

定　　价：98.00 元

前言

PREFACE

BASIC 语言诞生于 20 世纪 60 年代，由于易学易用、用途广泛，成为广大程序初学者和工程技术人员的首选语言。我国许多高校开设了 Visual Basic 程序设计课程，在国家计算机二级考试中设置了 Visual Basic 科目，同时，社会上存在大量 BASIC 语言源代码和相关代码的开发者、维护者，具有良好的群众基础。

随着微电子技术、计算机技术和通信技术的快速发展，国产操作系统和 CPU 技术日臻完善，其相关应用和开发提上了日程，以满足我国相关行业对国产化的要求。在国产化替代大趋势下，出现了龙芯、兆芯、飞腾等国产 CPU 以及 Deepin、UOS、中标麒麟、中科方德、银河麒麟等国产操作系统，需要有一个新的、开源的、免费的开发工具来替代 Windows 下的 BASIC 开发工具，Gambas 就是其中的首选。Gambas 能将 Windows 下的 Visual Basic、VB. net、KBasic、HBasic 代码非常容易地转换改写为 Gambas 代码，实现国产操作系统的软件适配，同时，也可以使 BASIC 程序设计员很容易地转移到 Linux 开发平台上。

Gambas 开发的系统已经应用于信息网络、电子通信、自动化、生化和工业生产的各个领域。本书主要以 Deepin 下的 Gambas 开发环境为基础进行讲解，全书共分为 10 章，包括 Gambas 的算法设计、控件应用、数据库开发等内容，通过相关的应用实例，使读者对 Linux 操作系统下 Gambas 程序设计有一个深入了解，从代码的角度来展现这门语言的独特魅力。

为便于读者学习，本书提供程序源代码，读者扫描下方二维码，复制链接至电脑端，即可下载。

本书由北京电子科技学院王建新、北京电子科技职业学院隋美丽著，北京电子科技学院张磊、肖超恩、赵成、董秀则、丁丁、陈汉林、靳济方、方熙、段晓毅、李秀滢、周玉坤、史国振、王丽丰、宿淑春、李雪梅、高献伟、李晓琳老师为本书的编写工作提供了帮助，在此表示感谢。

由于本书涉及面比较宽，加上作者水平有限，书中难免存在不妥之处，希望广大读者批评指正。

著　者

扫描二维码
获得程序源代码

目录
CONTENTS

第1章 算法设计

算法是对要解决一个问题或要完成一项任务所采取的方法和步骤的描述，包括需要的数据（输入数据、输出结果）、采用的结构、使用的语句以及语句的组合方式等，可以使用自然语言、结构化流程图、伪代码等来描述算法。同一问题可采用不同的算法，算法的优劣将影响程序的执行效率，通常使用时间复杂度和空间复杂度来进行评价。

本章介绍了 Gambas 的常用数学算法，采用命令行（Command-line）程序执行模式，设计了计数、求和与求阶乘、求最大公约数、求素数、验证哥德巴赫猜想、排序、查找、插入与进制转换、洗牌算法、矩阵、检索与枚举、递归算法、数字积分、牛顿迭代法、字符串加解密、结构体信息处理等内容，能够使读者快速掌握计算机算法以及相关程序设计方法。

1.1 简单算法

简单算法主要包括计数、求和、求阶乘等。该类问题一般使用循环语句，根据问题确定循环变量的初值、终值和结束条件，以及用来表示计数、求和、求阶乘的变量的初值。

1.1.1 计数

用随机函数产生 100 个 0~99 范围内的随机正整数，统计个位上的数字分别为 0~9 的数的个数并显示出来。

程序设计步骤为：

① 启动 Gambas 集成开发环境，可以在菜单栏选择“文件”→“新建工程...”，或在启动窗体中直接选择“新建工程...”项。

② 在“新建工程”对话框中选择“1. 工程类型”中的“Command-line application”项，点击“下一个（N）”按钮，如图 1-1 所示。

③ 在“新建工程”对话框中选择“2. Parent directory”中要新建工程的目录，点击“下一个（N）”按钮。

④ 在“新建工程”对话框的“3. Project details”中输入工程名和工程标题，工程名为存储目录的名称，工程标题为应用程序的实际名称，可以设置相同的工程名和工程标题。完成之后，点击“确定”按钮。

⑤ 系统默认生成的启动模块为 Main。系统在 Main 模块（Main. module）中自动添加 Main 函数，并自动生成“Print "Hello world"”代码，如图 1-2 所示。

⑥ 在 Main 模块中添加代码。

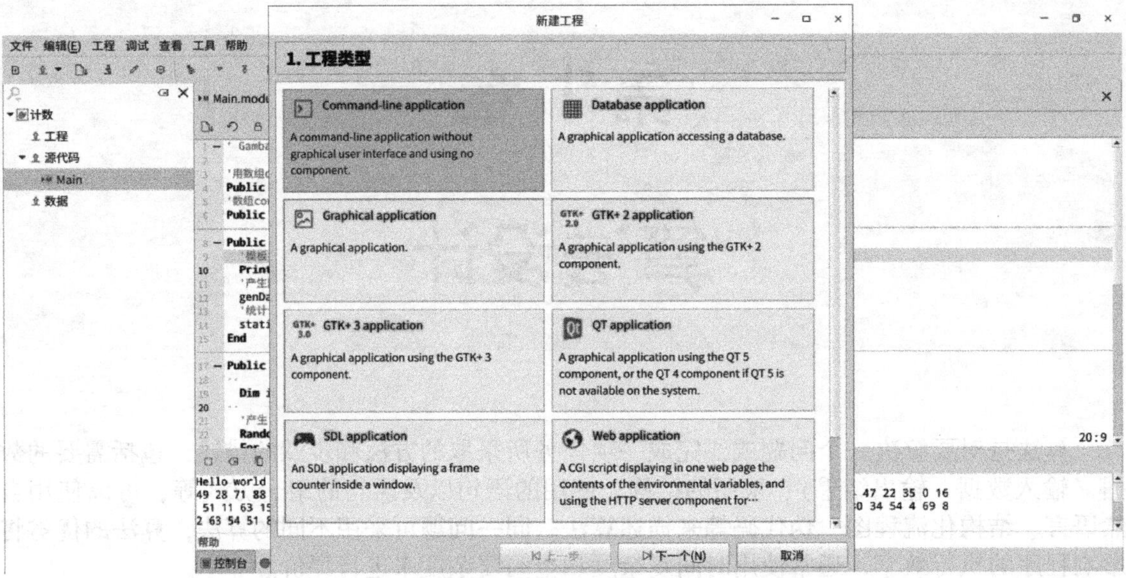

图 1-1　新建工程中的“1. 工程类型”对话框

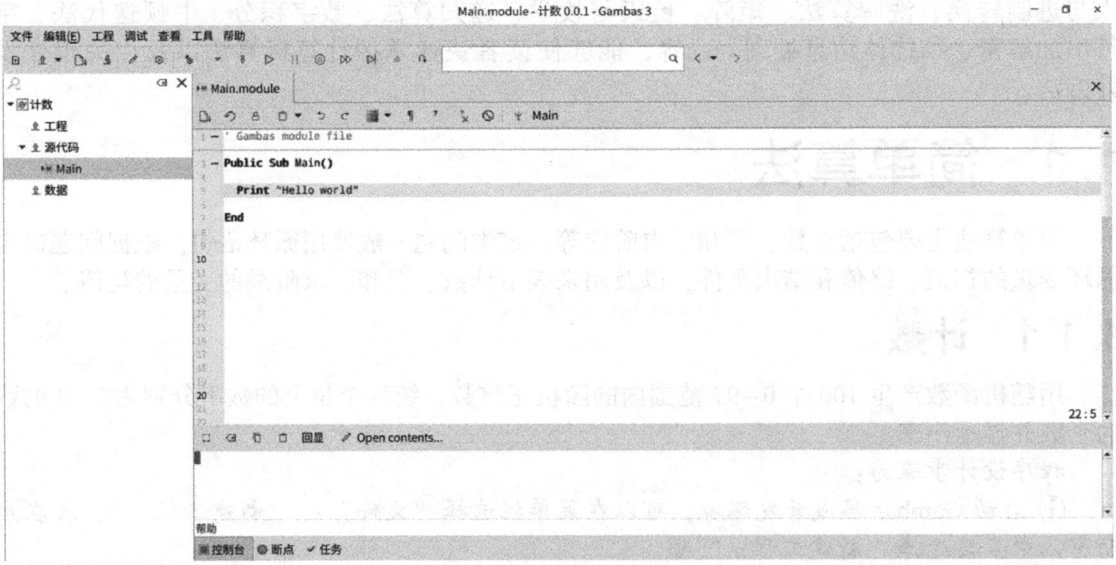

图 1-2　Main 启动模块

```
' Gambas module file

' 用数组 data 存放产生的 100 个随机整数
Public data[100] As Integer
' 数组 count 存放个位上的数字为 0~9 的数的个数
Public count[10] As Integer
```

```
Public Sub Main()
  '模板自带输出语句,不需要可删除
  Print "Hello world"
  '产生随机数
  genData
  '统计个位数字
  statisticsData
End

Public Sub genData()

  Dim i As Integer

  '产生 100 个 0~99 范围内的随机整数
  Randomize
  For i=0 To 99
    data[i]=Rand(0,99)
    '打印数字后紧跟一个空格
    Print data[i];;
  Next
End

Public Sub statisticsData()

  Dim i As Integer
  Dim p As Integer

  '统计个位上的数字分别为 0~9 的数的个数,并将统计结果保存在数组 count[0]~count
[9]中
  For i=0 To 99
    p=data[i] Mod 10
    count[p]=count[p]+1
  Next
  '换行
  Print Chr(10)
  '打印统计结果
  For i=0 To 9
    Print "个位数为" & Str(i) & "共" & Str(count[i]) & "个"
  Next
End
```

程序中，Print data[i];;语句打印产生的随机数，用“;;”控制打印一个空格，如果用“,”控制打印一个制表符，ASCII 码为 9；p=data[i] Mod 10 语句用于取出随机数中的个位数字，即取一个数除以 10 之后的余数，也就是取余。

⑦ 运行代码，输出结果，如图 1-3 所示。

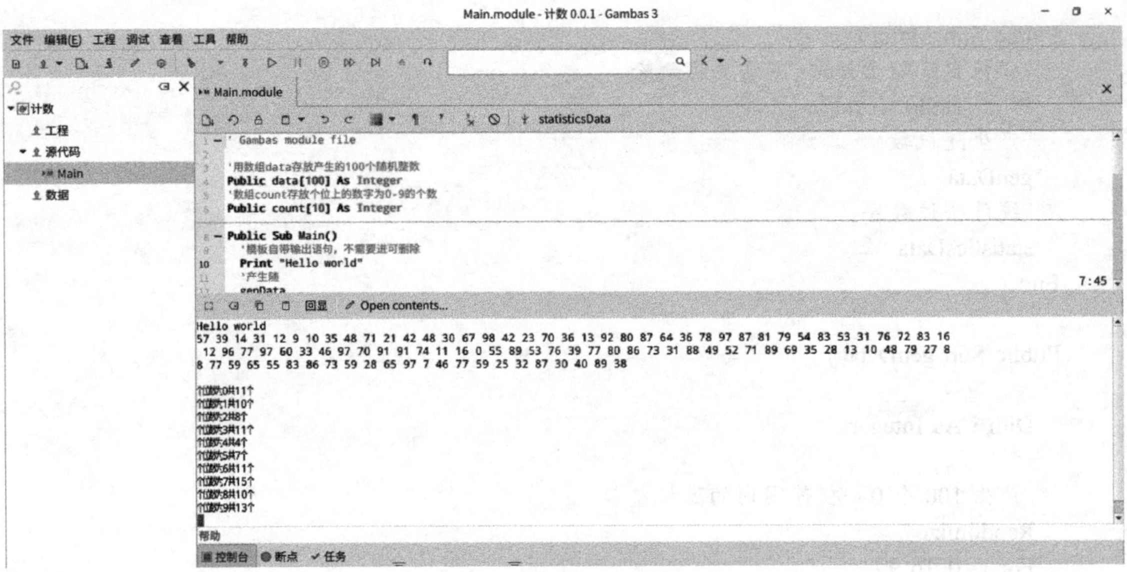

图 1-3 输出结果

1.1.2 求和与求阶乘

自然数是指用以计量事物的件数或表示事物次序的数，即用数字 0、1、2、3、…所表示的数。自然数由 0 开始，一个接一个，组成一个无穷的集合。自然数具有有序性、无限性特点，可分为奇数和偶数、合数和质数等。

求和与求阶乘举例：计算 0~100 范围内自然数之和，计算 0~10 范围内自然数之积，并显示出来。

程序设计步骤为：

① 启动 Gambas 集成开发环境，可以在菜单栏选择“文件”→“新建工程…”，或在启动窗体中直接选择“新建工程…”项。

② 在“新建工程”对话框中选择“1. 工程类型”中的“Command-line application”项，点击“下一个 (N)”按钮。

③ 在“新建工程”对话框中选择“2. Parent directory”中要新建工程的目录，点击“下一个 (N)”按钮。

④ 在“新建工程”对话框的“3. Project details”中输入工程名和工程标题，工程名为存储目录的名称，工程标题为应用程序的实际名称，可以设置相同的工程名和工程标题。完成之后，点击“确定”按钮。

⑤ 系统默认生成的启动模块为 Main。系统在 Main 模块（Main. module）中自动添加 Main 函数，并自动生成“Print "Hello world"”代码。

⑥ 在 Main 模块中添加代码。

```
' Gambas module file

Public Sub Main()
  '输出求和结果
  Print "0+1+…="& sum(100)
  '输出求阶乘结果
  Print "1*2*…="& fac(10)
```

```
End

Public Function sum(n As Integer) As Integer

  Dim i As Integer
  Dim s As Integer

  '求和
  For i=0 To n
    s=s+i
  Next
  Return s
End

Public Function fac(n As Integer) As Integer

  Dim i As Integer
  Dim s As Integer=1

  '求阶乘
  For i=1 To n
    s=s*i
  Next
  Return s
End
```

程序中，Print "0+1+…="& sum(100)语句的 sum(100)为数值型，不用 Str 函数转换为字符串型数据即可在 Print 语句中使用。

⑦ 运行代码，输出结果，如图 1-4 所示。

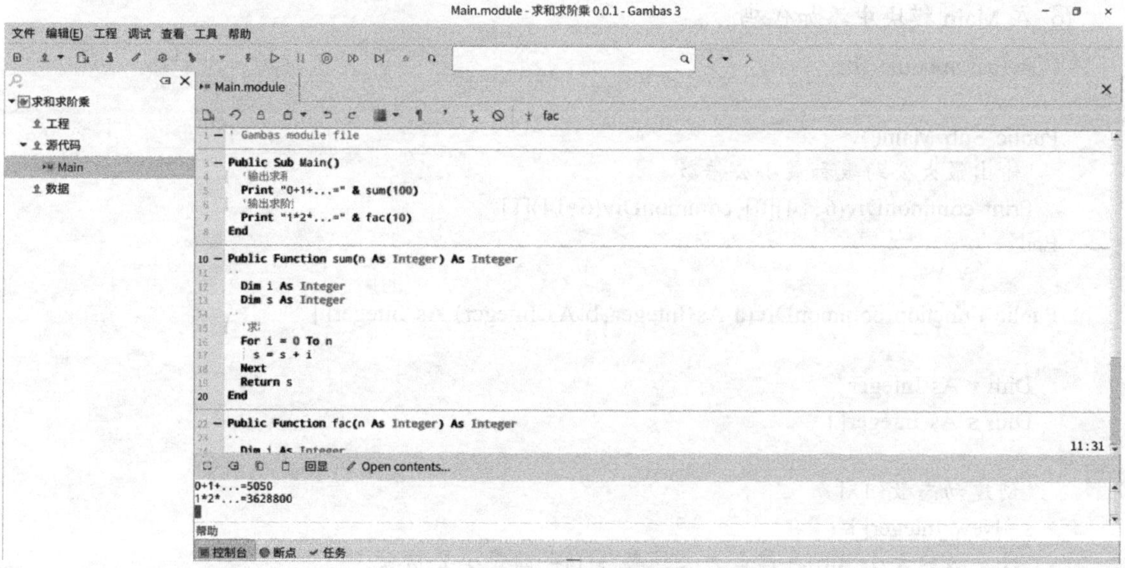

图 1-4　输出结果

1.2 公约数与素数

求最大公约数、求素数、验证哥德巴赫猜想，属于初等数学问题，涉及简单判断和循环，非常适合计算机运算求解。

1.2.1 求最大公约数

求最大公约数的算法为：

- 第一步，已知两数 m 和 n，使得 $m>n$。
- 第二步，m 除以 n 得余数 r。
- 第三步，若 $r=0$，则 n 为求得的最大公约数，算法结束；否则执行下一步。
- 第四步，$m \leftarrow n$，$n \leftarrow r$，再重复执行第二步。

例如：$m=14$ 和 $n=6$ 的最大公约数，首先计算 $m=14$、$n=6$、$r=2$，再计算 $m=6$、$n=2$、$r=0$，由于此时 $r=0$，计算结束。

求最大公约数举例：计算任意两个正整数的最大公约数和最小公倍数，并显示出来。

程序设计步骤为：

① 启动 Gambas 集成开发环境，可以在菜单栏选择“文件”→“新建工程...”，或在启动窗体中直接选择“新建工程...”项。

② 在“新建工程”对话框中选择“1. 工程类型”中的“Command-line application”项，点击“下一个 (N) ”按钮。

③ 在“新建工程”对话框中选择“2. Parent directory”中要新建工程的目录，点击“下一个 (N) ”按钮。

④ 在“新建工程”对话框的“3. Project details”中输入工程名和工程标题，工程名为存储目录的名称，工程标题为应用程序的实际名称，可以设置相同的工程名和工程标题。完成之后，点击“确定”按钮。

⑤ 系统默认生成的启动模块为 Main。系统在 Main 模块（Main. module）中自动添加 Main 函数，并自动生成“Print "Hello world"”代码。

⑥ 在 Main 模块中添加代码。

```
' Gambas module file

Public Sub Main()
  '输出最大公约数和最小公倍数
  Print commonDiv(6,14)[0],commonDiv(6,14)[1]
End

Public Function commonDiv(a As Integer,b As Integer) As Integer[]

  Dim r As Integer
  Dim s As Integer[]

  '创建动态数组对象
  s=New Integer[]
  '改变数组大小,s[0]存储最大公约数,s[1]存储最小公倍数
```

```
    s. Resize (2)
    '计算两数乘积,为以后计算最小公倍数服务
    s[1]=a*b
    '保证 a>b
    If a<b Then Swap a,b
    '求余
    r=a Mod b
    Do While r<>0
      a=b
      b=r
      r=a Mod b
    Loop
    '最大公约数
    s[0]=b
    '最小公倍数
    s[1]=s[1]/b
    Return s
End
```

程序中，Public Function commonDiv (a As Integer, b As Integer) As Integer [] 声明一个名为 commonDiv 的函数，其返回值为 Integer [] 数组，此时可以同时返回多个整型数据，有效避免一个函数只能返回一个数据的问题；s=New Integer [] 用于创建一个动态数组对象，并通过 s. Resize() 语句动态扩展或收缩数组元素个数。

⑦ 运行代码，输出结果，如图 1-5 所示。

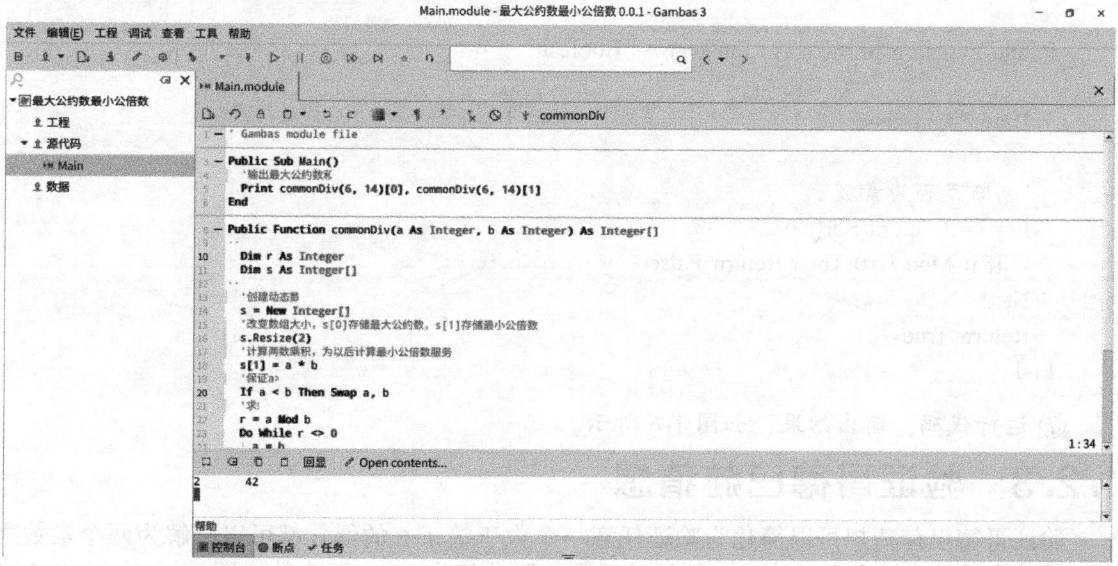

图 1-5　输出结果

1. 2. 2　求素数

素数又称为质数，是一个大于 1 的自然数，除了 1 和它自身外，不能被其他自然数整

除，否则称为合数，并规定1既不是质数也不是合数。

素数计算方法为：把 m 作为被除数，将 $2-\sqrt{m}$ 作为除数，如果都除不尽，m 就是素数，否则就不是。

求素数举例：计算任意一个正整数是否为素数，并显示出来。

程序设计步骤为：

① 启动 Gambas 集成开发环境，可以在菜单栏选择“文件”→“新建工程...”，或在启动窗体中直接选择“新建工程...”项。

② 在“新建工程”对话框中选择“1. 工程类型”中的“Command-line application”项，点击“下一个（N）”按钮。

③ 在“新建工程”对话框中选择“2. Parent directory”中要新建工程的目录，点击“下一个（N）”按钮。

④ 在“新建工程”对话框的“3. Project details”中输入工程名和工程标题，工程名为存储目录的名称，工程标题为应用程序的实际名称，可以设置相同的工程名和工程标题。完成之后，点击“确定”按钮。

⑤ 系统默认生成的启动模块为 Main。系统在 Main 模块（Main. module）中自动添加 Main 函数，并自动生成“Print "Hello world"”代码。

⑥ 在 Main 模块中添加代码。

```
' Gambas module file

Public Sub Main()
  '判断输入数据是素数或合数
  Print IIf(prime(11),"该数是素数!","该数是合数!")
End

Public Function prime(n As Integer) As Boolean

  Dim i As Integer

  '判断是否为素数
  For i=2 To Int(Sqr(n))
    If n Mod i=0 Then Return False
  Next
  Return True
End
```

⑦ 运行代码，输出结果，如图 1-6 所示。

1.2.3 验证哥德巴赫猜想

验证哥德巴赫猜想可以简化为验证任意一个大于等于 6 的偶数都可以分解为两个素数之和，计算方法为：n 为大于等于 6 的任一偶数，可分解为 i 和 j 两个数，即 $j=n-i$，从 $i=3$ 开始，分别检查 i 和 j 是否为素数，如都是，则为一组解；如 i 不是素数，则使 $i+2$，再检验 i、j 是否为素数，直到 $i=n/2$ 为止。

验证哥德巴赫猜想举例：将任意一个偶数分解为两个素数之和的形式，并显示出来。

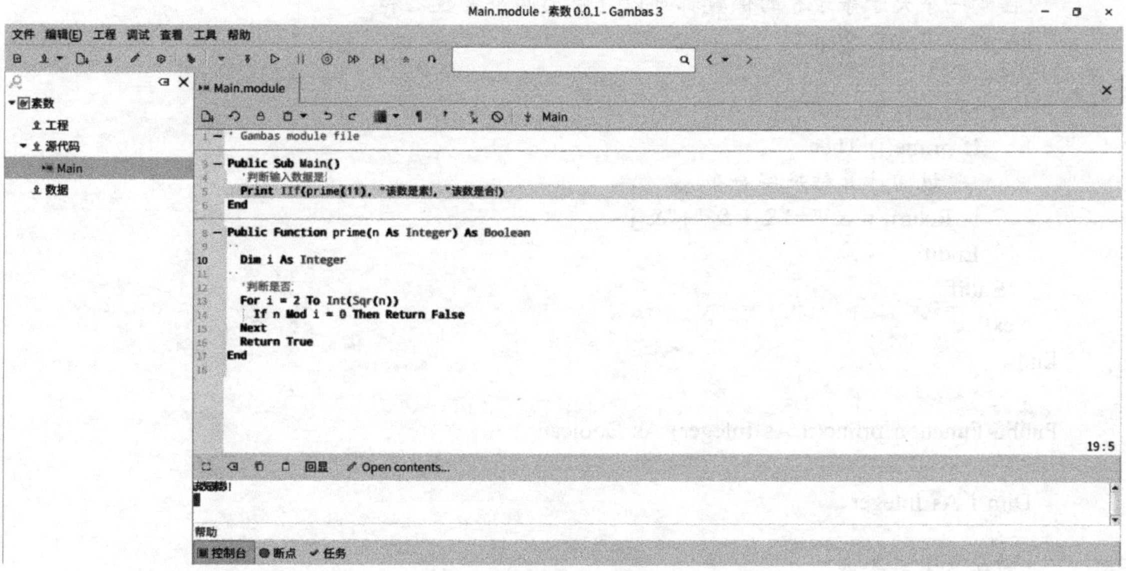

图 1-6 输出结果

程序设计步骤为：

① 启动 Gambas 集成开发环境，可以在菜单栏选择“文件”→“新建工程…”，或在启动窗体中直接选择“新建工程…”项。

② 在“新建工程”对话框中选择“1. 工程类型”中的“Command-line application”项，点击“下一个 (N)”按钮。

③ 在“新建工程”对话框中选择“2. Parent directory”中要新建工程的目录，点击“下一个 (N)”按钮。

④ 在“新建工程”对话框的“3. Project details”中输入工程名和工程标题，工程名为存储目录的名称，工程标题为应用程序的实际名称，可以设置相同的工程名和工程标题。完成之后，点击“确定”按钮。

⑤ 系统默认生成的启动模块为 Main。系统在 Main 模块（Main. module）中自动添加 Main 函数，并自动生成“Print "Hello world"”代码。

⑥ 在 Main 模块中添加代码。

```
' Gambas module file

Public Sub Main()
  '输出计算结果字符串
  Print Goldbach(10090)
End

Public Function Goldbach(n As Integer) As String

  Dim i As Integer
  Dim j As Integer
```

```
    '任意一个大于等于6的偶数都可以分解为两个素数之和
    For i=3 To n/2 Step 2
      j=n-i
      If prime(i) Then
        If prime(j) Then
          '返回计算结果字符串
          Return n & "="& i & "+"& j
        Endif
      Endif
    Next
End

Public Function prime(n As Integer) As Boolean

    Dim i As Integer

    '判断是否为素数
    For i=2 To Int(Sqr(n))
      If n Mod i=0 Then Return False
    Next
    Return True
End
```

⑦ 运行代码，输出结果，如图1-7所示。

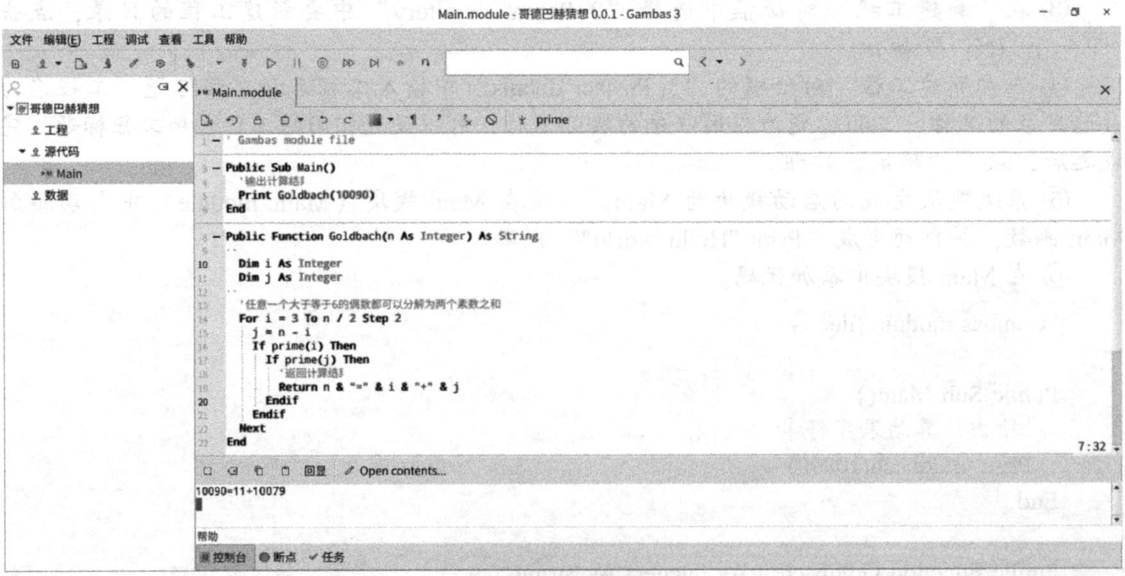

图1-7　输出结果

1.3　排序与进制转换

排序与进制转换主要包括：排序、查找、插入与进制转换、洗牌算法。排序是计算机中经常执行的一种操作，其目的是将一组无序的记录序列调整为有序的记录序列，按照策略可分为：交换排序、插入排序、选择排序、归并排序和基数排序。查找和插入可基于排序实现。洗牌算法利用系统随机特性，即不能从过去的序列推测出下一个出现的数，保证每个数字出现的概率均等。

1.3.1 排序

排序方法包括选择法、冒泡法、合并法等，排序方式包括升序和降序。

选择法排序计算方法为：对有 n 个数的数组，从中选出最小的数组元素，与第 1 个数组元素交换位置；除第 1 个数组元素外，其余 $n-1$ 个数组元素中选出最小的数组元素，与第 2 个数组元素交换位置；依此类推，选择了 $n-1$ 次后，这个数列已按升序排列。

冒泡法排序计算方法为：对有 n 个数的数组，第一次将每相邻两个数组元素中比较小的放到前面，经 $n-1$ 次两两相邻比较后，最大的数已“沉底”，放在最后一个位置，小数上升“浮起”；第二次对余下的 $n-1$ 个数组元素按上一步方法比较，经 $n-2$ 次两两相邻比较后得次大的数；依此类推，n 个数组元素共进行 $n-1$ 次比较。

合并法排序将两个有序数组 arri、arrj 合并成第三个有序数组 arrk，其计算方法为：在 arri、arrj 数组中各取第一个元素进行比较，将小的元素放入 arrk 数组；取小的元素所在数组的下一个元素与另一数组中上次比较后较大的元素比较，重复上述比较过程，直到某个数组被先排完；将另一个数组剩余元素抄入 arrk 数组，合并排序完成。

排序举例：按要求随机产生数组，对其进行选择法、冒泡法、合并法排序。

程序设计步骤为：

① 启动 Gambas 集成开发环境，可以在菜单栏选择“文件”→“新建工程…”，或在启动窗体中直接选择“新建工程…”项。

② 在“新建工程”对话框中选择“1. 工程类型”中的“Command-line application”项，点击“下一个（N）”按钮。

③ 在“新建工程”对话框中选择“2. Parent directory”中要新建工程的目录，点击“下一个（N）”按钮。

④ 在“新建工程”对话框的“3. Project details”中输入工程名和工程标题，工程名为存储目录的名称，工程标题为应用程序的实际名称，可以设置相同的工程名和工程标题。完成之后，点击“确定”按钮。

⑤ 系统默认生成的启动模块为 Main。系统在 Main 模块（Main. module）中自动添加 Main 函数，并自动生成“Print "Hello world"”代码。

⑥ 在 Main 模块中添加代码。

```
' Gambas module file

Public Sub Main()

  Dim a As Integer[]
  Dim b As Integer[]
  Dim c As Integer[]
  Dim i As Integer

  '产生随机整数
  a = genData(10)
```

```
    While True
        Print a[i];;
        If i>=a. Count-1 Then Break
        Inc i
    Wend
    '选择法排序
    selSort(a)
    Print Chr(10)
    i=0
    While True
        Print a[i];;
        If i>=a. Count-1 Then Break
        Inc i
    Wend
    '冒泡法排序
    a=genData(10)
    bubSort(a)
    Print Chr(10)
    i=0
    While True
        Print a[i];;
        If i>=a. Count-1 Then Break
        Inc i
    Wend
    '合并法排序
    a=genData(10)
    selSort(a)
    b=genData(10)
    bubSort(b)
    c=New Integer[]
    c. Resize(a. Count+b. Count)
    conSort(a,b,c)
    Print Chr(10)
    i=0
    While True
        Printc[i];;
        If i>=c. Count-1 Then Break
        Inc i
    Wend
End

Public Sub selSort(arr As Integer[])

    Dim i As Integer
    Dim j As Integer
```

```
    Dim k As Integer

    '选择法排序
    For i=0 To arr. Count-2
      k=i
      For j=i+1 To arr. Count-1
        If arr[k]>arr[j] Then k=j
      Next
      Swap arr[i],arr[k]
    Next
End

Public Sub bubSort(arr As Integer[])

    Dim i As Integer
    Dim j As Integer

    '冒泡法排序
    For i=0 To arr. Count-2
      For j=0 To arr. Count-2-i
        If arr[j]>arr[j+1] Then Swap arr[j],arr[j+1]
      Next
    Next
End

Public Sub conSort(arri As Integer[],arrj As Integer[],arrk As Integer[])

    Dim i As Integer
    Dim j As Integer
    Dim k As Integer

    '合并法排序
    Do While i<=arri. Count-1 And j<=arrj. Count-1
      If arri[i]<=arrj[j] Then
        arrk[k]=arri[i]
        Inc i
      Else
        arrk[k]=arrj[j]
        Inc j
      Endif
      Inc k
    Loop
    Do While i<=arri. Count-1
      arrk[k]=arri[i]
      Inc i
```

```
        Inc k
    Loop
    Do While j<=arrj. Count-1
        arrk[k]=arrj[j]
        Inc j
        Inc k
    Loop
End

Public Sub genData(n As Integer) As Integer[]

    Dim i As Integer
    Dim data As Integer[]

    '产生随机整数
    data=New Integer[]
    data. Resize(n)
    Randomize
    For i=0 To n-1
        data[i]=Rand(0,n)
    Next
    Return data
End
```

程序中，Public Sub selSort(arr As Integer[])过程使用 arr 参数输入要排序的数组，当排序完成后，arr 参数再次返回排好顺序的数组。此外，Public Sub bubSort(arr As Integer[])过程实现方法与之相同。与通过函数返回值方法进行比较，该方法的优点在于输入输出采用相同参数，减少参数数量，缺点是一旦输出后，之前的输入数据会被覆盖。

⑦ 运行代码，输出结果，如图 1-8 所示。

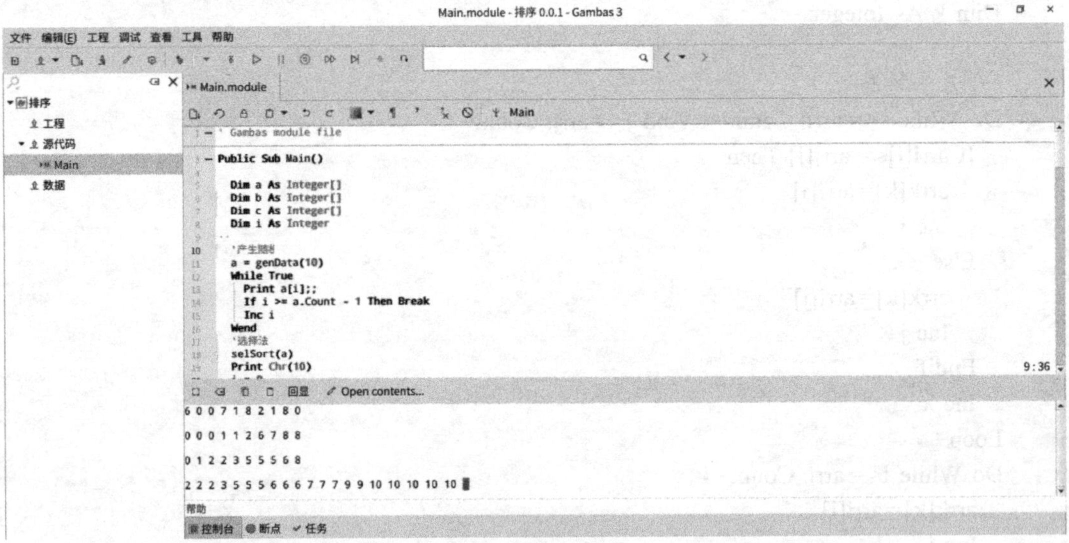

图 1-8　输出结果

1.3.2 查找

查找问题常见方法为顺序法查找和二分法查找。

顺序法查找计算方法为：在一个数组中查找元素 x，将 x 与数组中的元素从头到尾进行一一比对，一旦找到则记录相关索引并返回，否则返回一个负值。

二分法查找计算方法为：设 n 个有序数（从小到大）存放在数组中，要查找的元素为 x。用变量 bot、top、half 分别表示查找数据范围的底部（数组下界）、顶部（数组上界）和中间[half=(top+bot)/2]，则：

- 如果 x 等于数组中间元素值，则找到并返回（退出循环）。
- 如果 x 小于数组中间元素值，x 落在 bot 和 half-1 的范围内，即 top=half-1。
- 如果 x 大于数组中间元素值，x 落在 half+1 和 top 的范围之内，即 bot=half+1。
- 在确定新的查找范围后，重复进行以上步骤，直到找到或者 bot≤top，找到则记录相关索引并返回，否则返回一个负值。

查找举例：按要求产生一个顺序数组并指定查找元素，对其进行顺序法查找和二分法查找。

程序设计步骤为：

① 启动 Gambas 集成开发环境，可以在菜单栏选择“文件”→“新建工程...”，或在启动窗体中直接选择“新建工程...”项。

② 在“新建工程”对话框中选择“1. 工程类型”中的“Command-line application”项，点击“下一个（N）”按钮。

③ 在“新建工程”对话框中选择“2. Parent directory”中要新建工程的目录，点击“下一个（N）”按钮。

④ 在“新建工程”对话框的“3. Project details”中输入工程名和工程标题，工程名为存储目录的名称，工程标题为应用程序的实际名称，可以设置相同的工程名和工程标题。完成之后，点击“确定”按钮。

⑤ 系统默认生成的启动模块为 Main。系统在 Main 模块（Main. module）中自动添加 Main 函数，并自动生成“Print "Hello world"”代码。

⑥ 在 Main 模块中添加代码。

```
' Gambas module file

Public Sub Main()

  Dim data As Integer[]
  Dim n As Integer=10

  '创建动态数组对象
  data=New Integer[]
  '改变数组大小
  data. Resize(n)
  '产生数组
  genData(n,data)
  '输出结果
  Print If(findData(data,8)>=0,"找到,数组索引为:"& findData(data,8),"未找到")
  Print IIf(halfData(data,9)>=0,"找到,数组索引为:"& halfData(data,9),"未找到")
```

```
End

Public Function findData(fdata As Integer[],x As Integer) AsInteger

  Dim i As Integer

  '顺序法查找
  For i=0 To fdata. Count-1
    If x=fdata[i] Then Return i
  Next
  Return-1
End

Public Function halfData(fdata As Integer[],x As Integer) As Integer

  Dim bot As Integer
  Dim top As Integer
  Dim half As Integer
  Dim flag As Boolean

  '二分法查找
  bot=0
  top=fdata. Count-1
  '判断是否找到,初值为 False
  flag=False
  Do While bot<=top And Not flag
    half=(top+bot)/2
    If x=fdata[half] Then
      flag=True
      Return half
    Else If x<fdata[half] Then
        top=half-1
      Else
        bot=half+1
    Endif
  Loop
  If flag Then
    Return half
  Else
    Return-1
  Endif
End

Public Procedure genData(n As Integer,data As Integer[])
  Dim i As Integer
```

```
    '产生0~n的数值
    For i=0 To n-1
      '通过 data 返回该数组
      data[i]=i
    Next
  End
```

程序中，使用了 Print If(findData(data,8)>=0，"找到，数组索引为:"& findData(data,8),"未找到")语句进行结果输出，与 Print IIf(halfData(data,9)>=0,"找到，数组索引为:"& halfData(data,9)，"未找到") 效果相同，即 If、IIf 作为函数使用时具有相同的效果。

此外，Public Procedure genData(n As Integer,data As Integer[])语句也可以写成 Public Sub genData(n As Integer,data As Integer[])，即 Procedure 与 Sub 作用完全相同，都可作为过程的标识关键字。

⑦ 运行代码，输出结果，如图 1-9 所示。

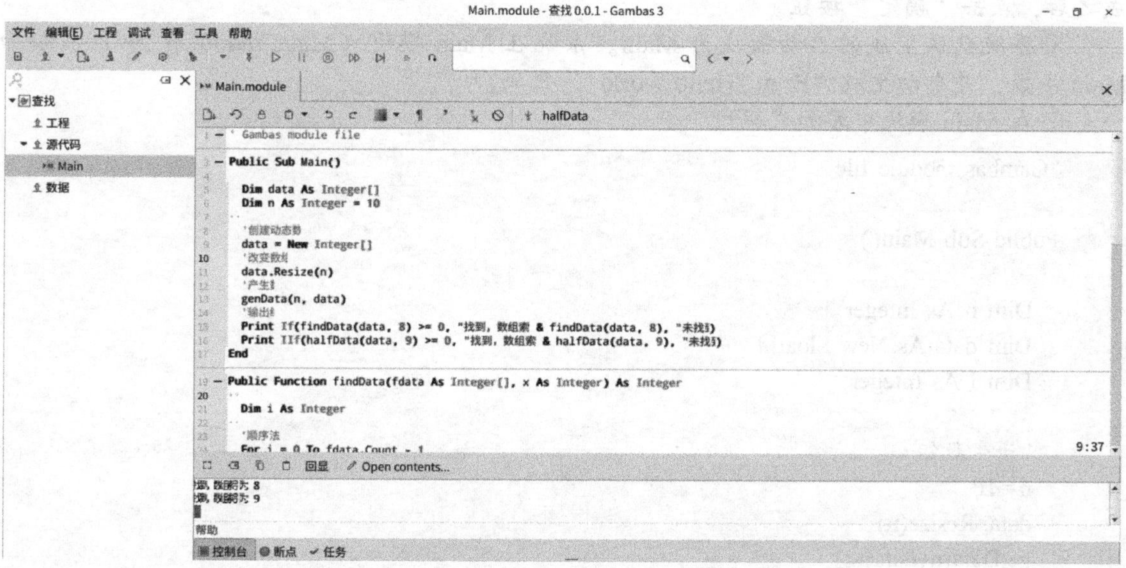

图 1-9　输出结果

1.3.3　插入与进制转换

插入法是将一个元素插到有序数组中，插入后数组仍然有序，计算方法为：n 个有序数组，依次从小到大排列，插入的元素为 x。首先确定 x 插在数组中的位置，其次将数组中从该位置开始的元素依次移动一个位置，最后将 x 插入该位置。

数制转换计算方法为：十进制整数为 m，进制 r 为二到十六的任意进制，通常取二、八、十、十六进制，将 m 不断除以 r 得商和余数，若商不为 0，再用商除以 r 得商和余数，直到商为 0，以每次所得余数的逆（反）序组成的数组成输出结果。如将十进制数 10 转换成二进制数：

10÷2=5…0

5÷2=2…1

2÷2=1…0

1÷2=0…1

余数为0101，逆序排列为1010即为所求二进制数。

插入与进制转换举例：产生一个随机数组并对其进行选择法排序，再随机产生一个数，插入该数组中；此外，设计一个进制转换程序，可对十进制数据进行二到十六任意进制转换。

程序设计步骤为：

① 启动Gambas集成开发环境，可以在菜单栏选择“文件”→“新建工程...”，或在启动窗体中直接选择“新建工程...”项。

② 在“新建工程”对话框中选择“1. 工程类型”中的“Command-line application”项，点击“下一个（N）”按钮。

③ 在“新建工程”对话框中选择“2. Parent directory”中要新建工程的目录，点击“下一个（N）”按钮。

④ 在“新建工程”对话框的“3. Project details”中输入工程名和工程标题，工程名为存储目录的名称，工程标题为应用程序的实际名称，可以设置相同的工程名和工程标题。完成之后，点击“确定”按钮。

⑤ 系统默认生成的启动模块为Main。系统在Main模块（Main. module）中自动添加Main函数，并自动生成“Print "Hello world"”代码。

⑥ 在Main模块中添加代码。

```
' Gambas module file

Public Sub Main()

  Dim n As Integer
  Dim data As New Float[]
  Dim i As Integer

  '产生数组
  n=10
  data. Resize(n)
  getData(n,data)
  '选择法排序
  selSort(data)
  '插入数据
  instertData(data,Rnd(0,n))
  '输出结果
  While i<=n
    Print data[i];;
    Inc i
  Wend
  '换行
  Print Chr(10)
  '进制转换
  Print transData(108,16)
End
```

```
Public Function transData(idec As Integer,ibase As Integer) As String

  Dim i As Integer
  Dim s As String
  Dim r As String
  Dim idecr As New Integer[60]

  '辗转相除
  Do While idec<>0
    idecr[i]=idec Mod ibase
    'idec 为输入的数据,ibase 为进制,通常为二、八、十、十六进制,也可以采用其他进制
    idec=idec/ibase
    Inc i
  Loop
  '逆序排列输出
  Dec i
  Do While i>=0
    If idecr[i]>=10 Then
      s=s & Chr(65+idecr[i]-10)
    Else
      s=s & Str(idecr[i])
    Endif
    Dec i
  Loop
  Return s
End

Public Sub instertData(data As Float[],x As Float)

  Dim p As Integer
  Dim n As Integer
  Dim i As Integer

  n=data. Count
  data. Resize(n+1)
  p=0
  'x 插入位置
  Do While x>data[p] And p<=n-1
    Inc p
  Loop
  For i=n-1 To p Step-1
    data[i+1]=data[i]
  Next
  data[p]=x
End Sub
```

```
Public Sub selSort(data As Float[])

    Dim i As Integer
    Dim j As Integer
    Dim k As Integer

    '选择法排序
    For i=0 To data. Count-2
        k=i
        For j=i+1 To data. Count-1
            If data[k]>data[j] Then k=j
        Next
        Swap data[i],data[k]
    Next
End

Public Sub getData(n As Integer,data As Float[])

    Dim i As Integer

    '产生数组
    For i=0 To n-1
        data[i]=Rnd(0,n)
    Next
End
```

⑦ 运行代码，输出结果，如图 1-10 所示。

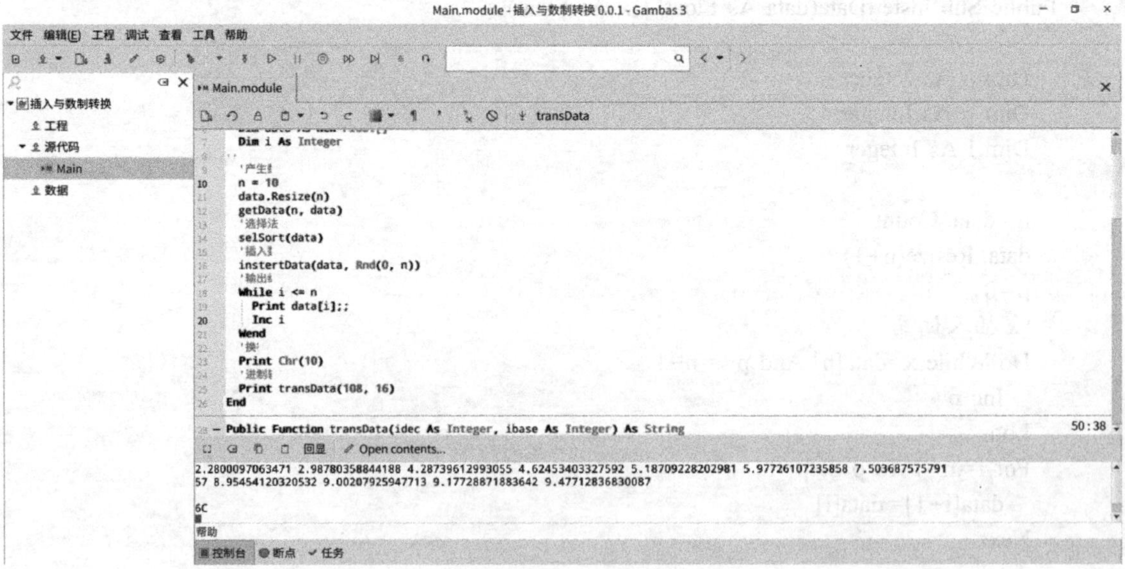

图 1-10　输出结果

1.3.4 洗牌算法

洗牌算法通常使用 Fisher-Yates 随机置乱算法，该算法又称高纳德置乱算法，即生成一个有限集合的随机排列。Fisher-Yates 随机置乱算法是无偏的，每种排列都是等可能的，算法需要的时间正比于随机置乱的数。计算方法为：

第一步，生成 n 个元素的有序数组。

第二步，按数组索引从大到小顺序循环。

第三步，随机产生一个索引。

第四步，交换当前索引与随机产生索引数组中的元素，返回第二步，直到结束。

洗牌算法举例：生产一个 54 个元素（扑克）的数组，元素值为 0～53，利用洗牌算法对其进行置乱操作。

程序设计步骤为：

① 启动 Gambas 集成开发环境，可以在菜单栏选择“文件”→“新建工程...”，或在启动窗体中直接选择“新建工程...”项。

② 在“新建工程”对话框中选择“1. 工程类型”中的“Command-line application”项，点击“下一个 (N) ”按钮。

③ 在“新建工程”对话框中选择“2. Parent directory”中要新建工程的目录，点击“下一个 (N) ”按钮。

④ 在“新建工程”对话框的“3. Project details”中输入工程名和工程标题，工程名为存储目录的名称，工程标题为应用程序的实际名称，可以设置相同的工程名和工程标题。完成之后，点击“确定”按钮。

⑤ 系统默认生成的启动模块为 Main。系统在 Main 模块（Main. module）中自动添加 Main 函数，并自动生成“Print "Hello world"”代码。

⑥ 在 Main 模块中添加代码。

```
' Gambas modulefile

Public Sub Main()

  Dim i As Integer
  Dim j As Integer
  Dim pk As New Integer[]

  '生成 54 张扑克
  pk. Resize(54)
  For i=0 To pk. Count-1
    pk[i]=i
    Print Str(pk[i]);;
  Next
  Print Chr(10)
  '洗牌
  For i=pk. Count-1 DownTo 0
    j=Rand(0,i)
    '可以使用以下方法计算 j
```

```
        'j=Rand(0,100) % (i+1)
        '洗牌算法
        Swap pk[i],pk[j]
        Print Str(pk[i]);;
    Next
End
```

⑦ 运行代码，输出结果，如图 1-11 所示。

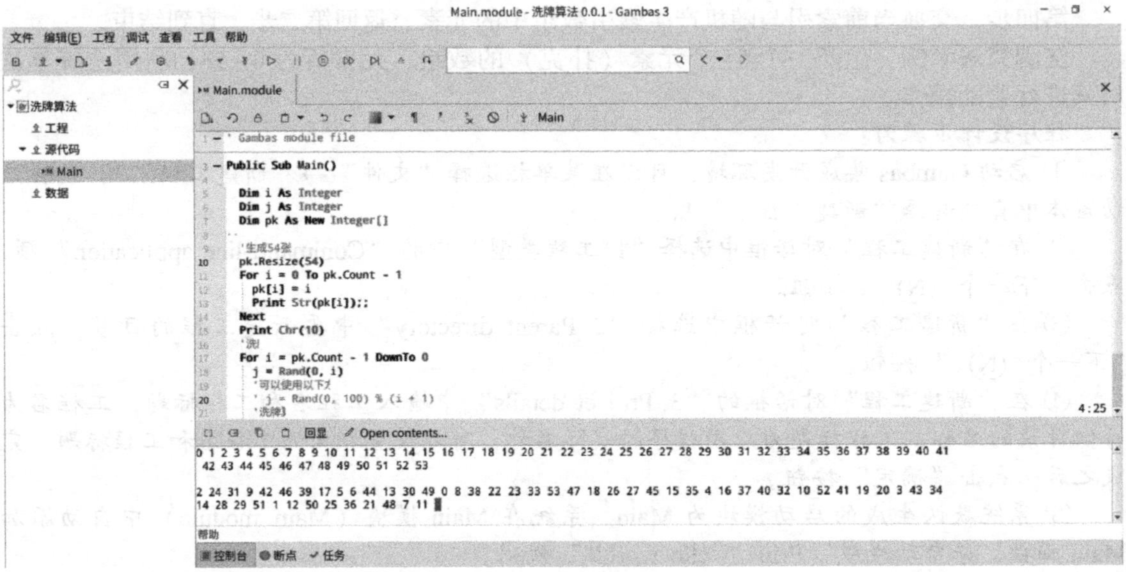

图 1-11　输出结果

1.4　矩阵和枚举

一般来说，矩阵是一个数学上的概念，而数组是计算机程序设计领域的概念。作为一种变换或映射，矩阵运算有着明确而严格的数学规则，而数组运算是 Gambas 软件定义的规则，其目的是使数据处理方便、操作简单，提高执行效率。二者联系主要体现在：在程序中，矩阵是以数组的形式存在的，一维数组相当于向量，二维数组相当于矩阵，可以认为矩阵是数组的子集。

枚举的本质就是从所有候选解中去搜索正确的解。使用该算法需要满足的条件包括：可预先确定候选解的数量；候选解的范围在求解之前必须有一个确定的集合。在计算机中处理矩阵和枚举，通常会使用二重或多重循环计算求解。

1.4.1　矩阵

在 Gambas 中，矩阵即二维数组，是一个按照长方阵列排列的复数或实数集合。矩阵的基本运算包括矩阵的加法、减法、乘法、转置等，其计算方法为：

矩阵加法：C[i,j]=A[i,j]+B[i,j]。

矩阵减法：C[i,j]=A[i,j]−B[i,j]。

矩阵乘法：C[i,j]=A[i,0]*B[0,j]+A[i,1]*B[1,j]+…+A[i,n]*B[n,j]。

矩阵转置：Swap A[i,j],A[j,i]。

矩阵基本运算举例：产生两个随机矩阵并计算矩阵的加法、减法、乘法和转置。

程序设计步骤为：

① 启动 Gambas 集成开发环境，可以在菜单栏选择“文件”→“新建工程...”，或在启动窗体中直接选择“新建工程...”项。

② 在“新建工程”对话框中选择“1. 工程类型”中的“Command-line application”项，点击“下一个（N）”按钮。

③ 在“新建工程”对话框中选择“2. Parent directory”中要新建工程的目录，点击“下一个（N）”按钮。

④ 在“新建工程”对话框的“3. Project details”中输入工程名和工程标题，工程名为存储目录的名称，工程标题为应用程序的实际名称，可以设置相同的工程名和工程标题。完成之后，点击“确定”按钮。

⑤ 系统默认生成的启动模块为 Main。系统在 Main 模块（Main. module）中自动添加 Main 函数，并自动生成“Print "Hello world"”代码。

⑥ 在 Main 模块中添加代码。

```
' Gambas module file

Public Sub Main()

  Dim i As Integer
  Dim j As Integer
  Dim k As Integer
  Dim A As New Integer[3,3]
  Dim B As New Integer[3,3]
  Dim C As New Integer[3,3]

  '产生矩阵 A
  For i=0 To 2
    For j=0 To 2
      A[i,j]=Rand(0,10)
      Print A[i,j],
    Next
    Print Chr(10)
  Next
  '产生矩阵 B
  For i=0 To 2
    For j=0 To 2
      B[i,j]=Rand(0,10)
    Next
  Next
  '矩阵加法
  For i=0 To 2
    For j=0 To 2
      C[i,j]=A[i,j]+B[i,j]
```

```
    Next
  Next
  '矩阵减法
  For i=0 To 2
    For j=0 To 2
      C[i,j]=A[i,j]-B[i,j]
    Next
  Next
  '矩阵乘法
  For i=0 To 2
    For j=0 To 2
      C[i,j]=0
      For k=0 To 2
        C[i,j]=C[i,j]+A[i,k]*B[k,j]
      Next
    Next
  Next
  '矩阵转置
  For i=0 To 2
    For j=i+1 To 2
      Swap A[i,j],A[j,i]
    Next
  Next
End
```

程序中，只对矩阵A的结果进行了打印输出，其余计算结果可采用断点调试形式显示。

⑦ 运行代码，输出结果，如图1-12所示。

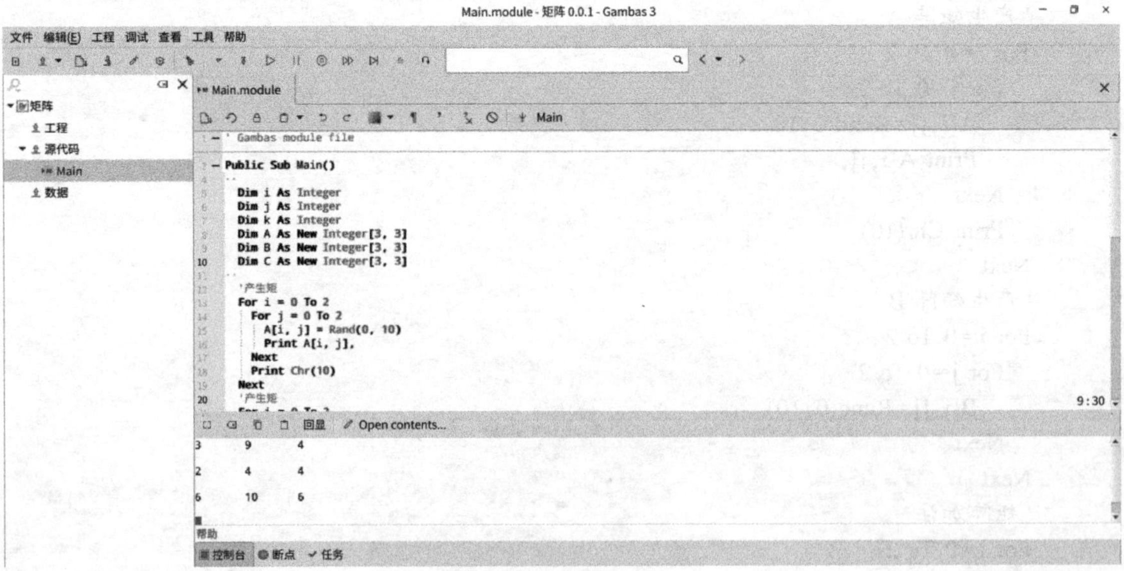

图1-12　输出结果

1.4.2 检索与枚举

求矩阵中最大元素及其所在的行和列，计算方法为：用变量 max 存放最大值，row 和 col 存放最大值所在行号和列号，按行检索每一个数组元素，如果该值大于 max，则将该值赋给 max，行号和列号赋给 row 和 col。

枚举法又称穷举法，计算方法为：一一列举每种可能的情况，并判断哪一种可能是符合要求的解。

检索与枚举举例：产生一个随机矩阵并检索其最大值以及最大值的行号和列号；将一张面值为 100 元的人民币等值换成 100 张 5 元、1 元和 0.5 元的零钱，要求每种零钱不少于 1 张，枚举所有组合方式。

程序设计步骤为：

① 启动 Gambas 集成开发环境，可以在菜单栏选择“文件”→“新建工程…”，或在启动窗体中直接选择“新建工程…”项。

② 在“新建工程”对话框中选择“1. 工程类型”中的“Command-line application”项，点击“下一个（N）”按钮。

③ 在“新建工程”对话框中选择“2. Parent directory”中要新建工程的目录，点击“下一个（N）”按钮。

④ 在“新建工程”对话框的“3. Project details”中输入工程名和工程标题，工程名为存储目录的名称，工程标题为应用程序的实际名称，可以设置相同的工程名和工程标题。完成之后，点击“确定”按钮。

⑤ 系统默认生成的启动模块为 Main。系统在 Main 模块（Main. module）中自动添加 Main 函数，并自动生成“Print "Hello world"”代码。

⑥ 在 Main 模块中添加代码。

```
' Gambas module file

Public Sub Main()

  Dim i As Integer
  Dim j As Integer
  Dim max As Integer
  Dim row As Integer
  Dim col As Integer
  Dim A As New Integer[3,3]

  '产生矩阵
  For i=0 To 2
    For j=0 To 2
      A[i,j]=Rand(0,10)
      Print A[i,j],
    Next
    Print Chr(10)
  Next
  '最大值
```

```
        max=A[0,0]
        '行和列
        row=0
        col=0
        For i=0 To 2
          For j=0 To 2
            If A[i,j]>max Then
              max=A[i,j]
              row=i
              col=j
            Endif
          Next
        Next
        Print "最大值为:"& max &"    行号为:"& row &"    列号为:"& col
        Print Chr(10)
        '枚举组合方式
        enumData
      End

      Public Sub enumData()

        Dim i As Integer
        Dim j As Integer
        Dim k As Integer

        Print "将面值为100元的人民币等值换成100张5元、1元和0.5元的零钱,每种零钱不少于1张,枚举组合方式"
        Print "5元","1元","0.5元"
        For i=1 To 20
          For j=1 To 100
            For k=1 To 200
              If 5*i+1*j+0.5*k=100 And i+j+k=100 Then
                Print i,j,k
              Endif
            Next
          Next
        Next
      End
```

⑦ 运行代码，输出结果，如图1-13所示。

1.5 递归算法

递归算法是指用自身的结构来描述自身。Gambas允许在一个Function函数的内部调用自己，即递归函数。递归处理一般用栈来实现，每调用一次自身，把当前参数压栈，直到递

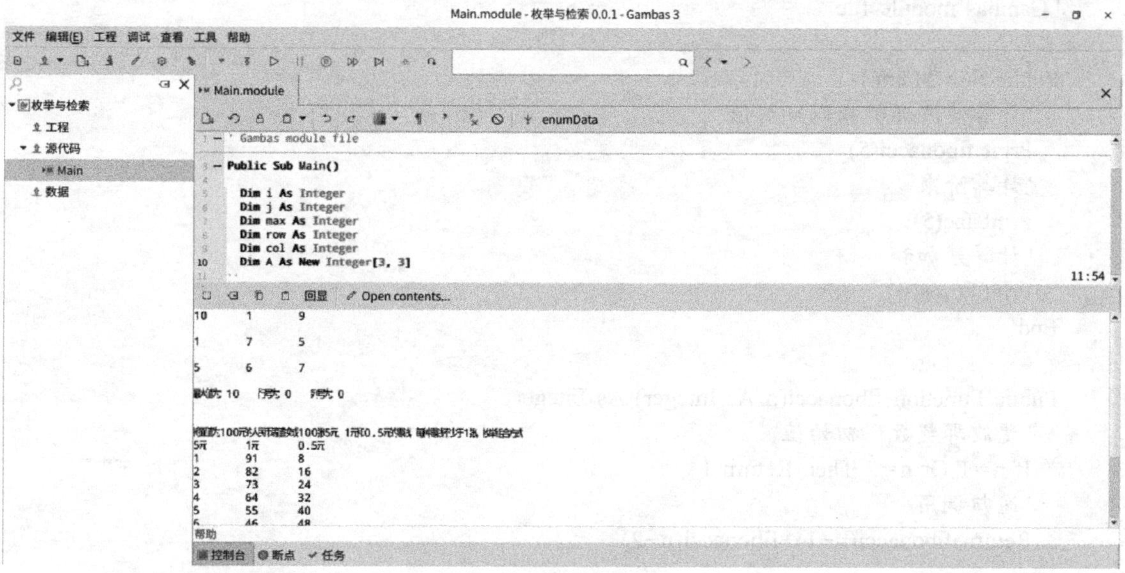

图 1-13　输出结果

归结束条件，然后从栈中弹出当前参数，直到栈空。递归条件为：递归结束条件及结束时的值，递归向终止条件发展。

斐波那契数列递归定义为：

$$fibonacci=\begin{cases}1 & (n=1)\\ 1 & (n=2)\\ fibonacci(n-1)+fibonacci(n-2) & (n>2)\end{cases}$$

阶乘递归定义为：

$$n!=\begin{cases}1 & (n=1)\\ n\times(n-1)! & (n>1)\end{cases}$$

累加和递归定义为：

$$sum=\begin{cases}1 & (n=1)\\ n+sum(n-1) & (n>1)\end{cases}$$

递归算法举例：利用递归算法计算斐波那契数列、阶乘和累加和。

程序设计步骤为：

① 启动 Gambas 集成开发环境，可以在菜单栏选择“文件”→“新建工程…”，或在启动窗体中直接选择“新建工程…”项。

② 在“新建工程”对话框中选择“1. 工程类型”中的“Command-line application”项，点击“下一个 (N)”按钮。

③ 在“新建工程”对话框中选择“2. Parent directory”中要新建工程的目录，点击“下一个 (N)”按钮。

④ 在“新建工程”对话框的“3. Project details”中输入工程名和工程标题，工程名为存储目录的名称，工程标题为应用程序的实际名称，可以设置相同的工程名和工程标题。完成之后，点击“确定”按钮。

⑤ 系统默认生成的启动模块为 Main。系统在 Main 模块（Main. module）中自动添加 Main 函数，并自动生成“Print "Hello world"”代码。

⑥ 在 Main 模块中添加代码。

```
'Gambas module file

Public Sub Main()
  '计算斐波那契数列当前值
  Print fibonacci(5)
  '计算阶乘
  Print fac(5)
  '计算累加和
  Print sum(10)
End

Public Function fibonacci(n As Integer) As Integer
  '斐波那契数列初始值
  If n=1 Or n=2 Then Return 1
  '递归调用
  Return fibonacci(n-1)+fibonacci(n-2)
End

Public Function fac(n As Integer) As Integer
  '阶乘初始值
  If n=1 Then Return 1
  '递归调用
  Return n*fac(n-1)
End

Public Function sum(n As Integer) As Integer
  '累加和初始值
  If n=1 Then Return 1
  '递归调用
  Return n+sum(n-1)
End
```

⑦ 运行代码，输出结果，如图 1-14 所示。

1.6 函数计算

函数计算包括数字积分和牛顿迭代法。数字积分又称数值积分，是求定积分近似值的数值方法，即用被积函数有限个抽样值的离散或加权平均近似值代替定积分的值；牛顿迭代法用来求解方程的近似根，需要确定迭代变量、建立迭代关系式和对迭代过程进行控制。

1.6.1 数字积分

数字积分是用近似计算的方法解决定积分问题。定积分可表示为 $\int_a^b f(x)\mathrm{d}x$ ，其几何意义是曲线 $y=f(x)$ 与直线 $x=a$、$x=b$ 以及 $y=0$ 所围成的图形的面积。将积分区域 $[a,b]$ 进行 n 等分，则将所围成的图形分成 n 个小曲边梯形，如图 1-15 所示。

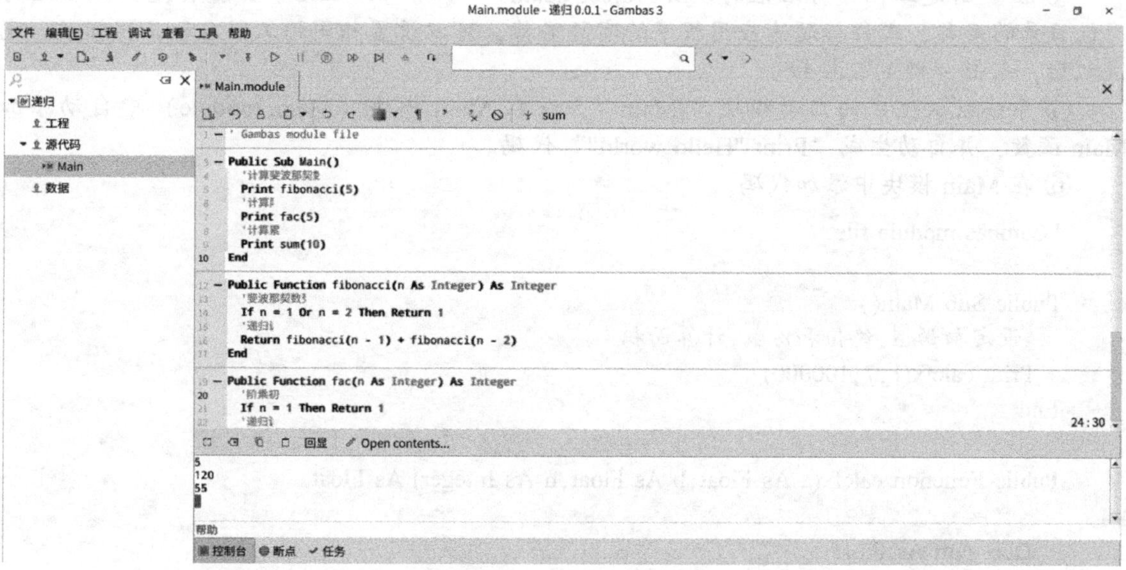

图 1-14 输出结果

每个小梯形的高为：

$$h=\frac{b-a}{n}$$

围成的图形的面积为：

$$\begin{aligned}s&=s_0+s_1+\cdots+s_{n-1}\\&=\frac{f(x_0)+f(x_1)}{2}h+\frac{f(x_1)+f(x_2)}{2}h+\cdots+\frac{f(x_{n-1})+f(x_n)}{2}h\\&=\left[\frac{f(x_0)+f(x_n)}{2}+f(x_1)+f(x_2)+\cdots+f(x_{n-1})\right]h\end{aligned}$$

式中，

$$\begin{cases}x_0=a\\x_n=b\\x_i=a+ih\end{cases}$$

求定积分 $\int_a^b(x^3+2x+5)\mathrm{d}x$ 的值。

程序设计步骤为：

① 启动 Gambas 集成开发环境，可以在菜单栏选择“文件”→“新建工程...”，或在启动窗体中直接选择“新建工程...”项。

② 在“新建工程”对话框中选择“1. 工程类型”中的“Command-line application”项，点击“下一个 (N) ”按钮。

③ 在“新建工程”对话框中选择“2. Parent directory”中要新建工程的目录，点击“下一个 (N) ”按钮。

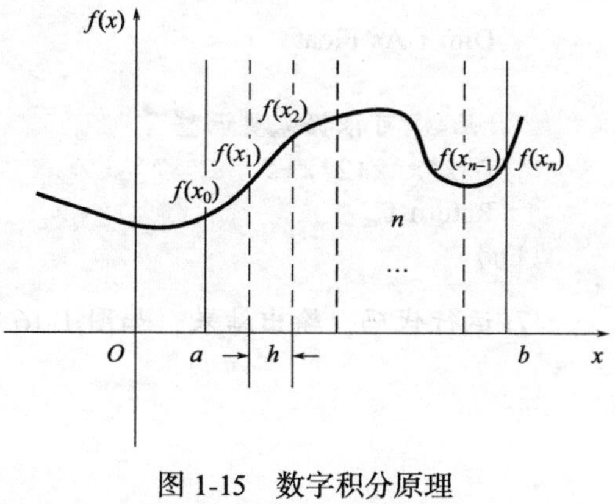

图 1-15 数字积分原理

④ 在“新建工程”对话框的“3. Project details”中输入工程名和工程标题，工程名为存储目录的名称，工程标题为应用程序的实际名称，可以设置相同的工程名和工程标题。完成之后，点击“确定”按钮。

⑤ 系统默认生成的启动模块为 Main。系统在 Main 模块（Main. module）中自动添加 Main 函数，并自动生成“Print "Hello world"”代码。

⑥ 在 Main 模块中添加代码。

```
' Gambas module file

Public Sub Main()
  '设定初始值、终值和份数,计算面积
  Print calcfx(1,7,100000)
End

Public Function calcfx(a As Float,b As Float,n As Integer) As Float

  Dim sum As Float
  Dim h As Float
  Dim x As Float
  Dim i As Integer

  '小梯形的高
  h=(b-a)/n
  '初始小梯形面积
  sum=(fx(a)+fx(b))/2
  '小梯形面积
  For i=1 To n-1
    x=a+i*h
    sum=sum+fx(x)
  Next
  Return sum*h
End

Public Function fx(x As Float) As Float

  Dim f As Float

  '函数,可根据需要调整
  f=x*x*x+2*x+5
  Return f
End
```

⑦ 运行代码，输出结果，如图 1-16 所示。

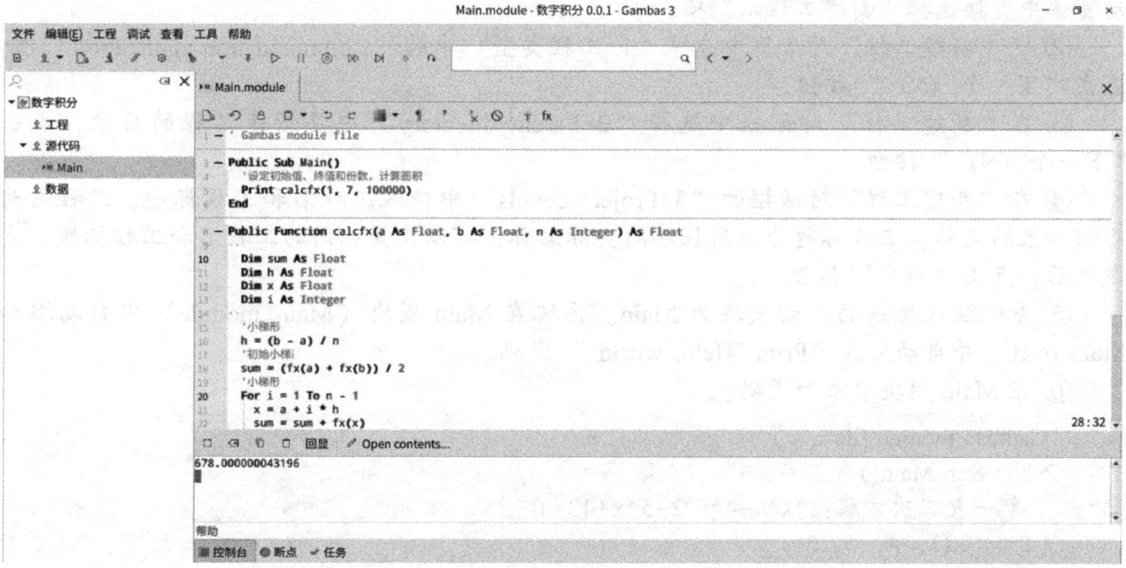

图 1-16　输出结果

1.6.2　牛顿迭代法

牛顿迭代法（Newton′s Method）或牛顿-拉夫逊法（Newton-Raphson Method），是牛顿在 17 世纪提出的一种在实数域和复数域上近似求解方程的方法。此方法利用计算机运算速度快、适合做重复性操作的特点，不断用变量的旧值递推新值。牛顿迭代法计算方法为：对于函数 $f(x)$，给定一个初始值 x_0 作为方程 $f(x)=0$ 的近似解，经过 $[x_0,f(x_0)]$ 点作曲线的切线，求该切线与 x 轴的交点，得到 x_1。x_1 比 x_0 更接近方程的真实解，再作 $[x_1,f(x_1)]$ 处的切线，如此重复进行，直到达到 $|x_n-x_{n-1}|<\varepsilon$ 的精度要求，如图 1-17 所示。

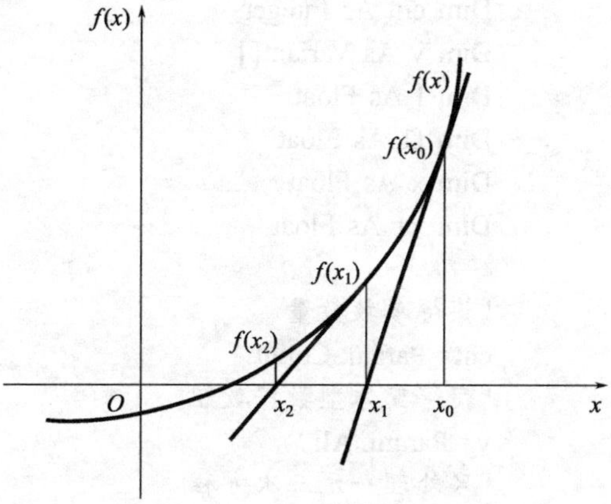

图 1-17　牛顿迭代法原理

该切线的斜率为曲线在该点的导数，即：

$$f'(x_0)=\frac{f(x_0)}{x_0-x_1}$$

则：

$$x_1=x_0-\frac{f(x_0)}{f'(x_0)}$$

可改写为：

$$x_{i+1}=x_i-\frac{f(x_i)}{f'(x_i)}$$

牛顿迭代法举例：用牛顿迭代法求解自定义的一元三次方程的一个根。

程序设计步骤为：

① 启动 Gambas 集成开发环境，可以在菜单栏选择“文件”→“新建工程...”，或在启

动窗体中直接选择“新建工程...”项。

② 在“新建工程”对话框中选择“1. 工程类型”中的“Command-line application”项，点击“下一个 (N) ”按钮。

③ 在“新建工程”对话框中选择“2. Parent directory”中要新建工程的目录，点击“下一个 (N) ”按钮。

④ 在“新建工程”对话框的“3. Project details”中输入工程名和工程标题，工程名为存储目录的名称，工程标题为应用程序的实际名称，可以设置相同的工程名和工程标题。完成之后，点击“确定”按钮。

⑤ 系统默认生成的启动模块为 Main。系统在 Main 模块（Main. module）中自动添加 Main 函数，并自动生成“Print "Hello world"”代码。

⑥ 在 Main 模块中添加代码。

```
' Gambas module file
Public Sub Main()
  '解一元三次方程:3*x^3-4*x^2-5*x+13=0
  Print fx(3,-4,-5,13)
End

Public Function fx(...) As Float

  Dim cnt As Integer
  Dim v As Variant[]
  Dim f As Float
  Dim f1 As Float
  Dim x As Float
  Dim x1 As Float

  '获得参数数量
  cnt=Param. Count
  '获得变体型数据数组
  v=Param. All
  '只处理一元三次方程
  If cnt<>4 Then Return
  '设置初始值
  x=3
  '迭代
  Do
    x=x1
    f=CFloat(v[0])*x*x*x+CFloat(v[1])*x*x+CFloat(v[2])*x+CFloat(v[3])
    f1=3*CFloat(v[0])*x*x+2*CFloat(v[1])*x+CFloat(v[2])
    x1=x-f/f1
  Loop While Abs(x1-x)>0. 0001    '精度控制
  Return x1
 End
```

程序中，Public Function fx(...) As Float，其中的参数列表为“...”，该方法可以接收附

加参数，每一个附加参数用 Param 传递。Param. Count 用于获得参数数量，Param. All 获得变体型数据数组，由于要转换为浮点型，使用 CFloat 函数转换数据类型，如 CFloat(v[0])是将变体型数据 v[0]转换为浮点型。

⑦ 运行代码，输出结果，如图 1-18 所示。

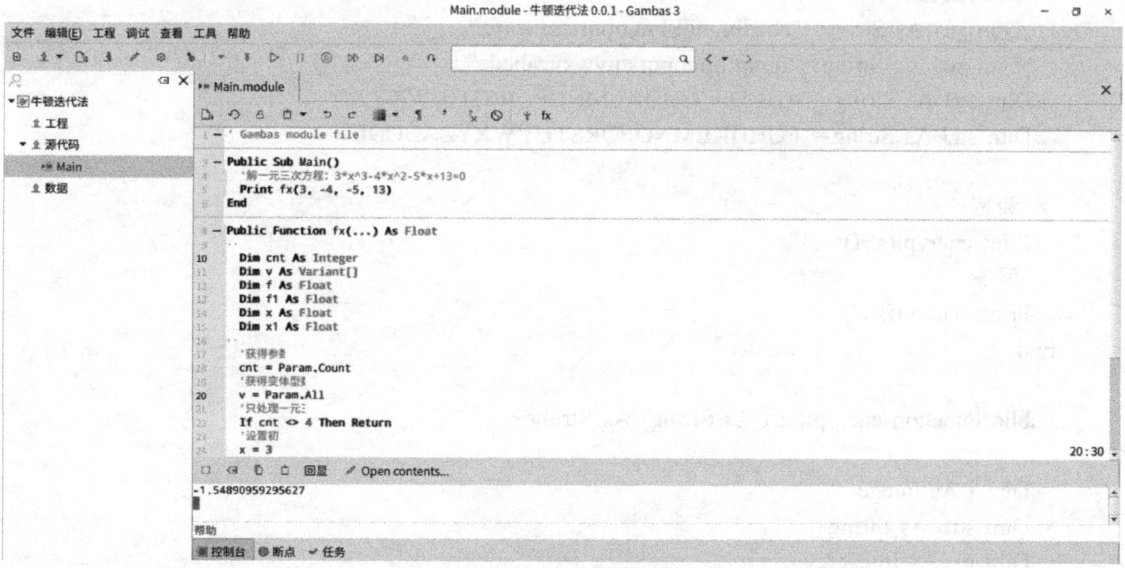

图 1-18　输出结果

1.7　字符串加解密

采用古典密码（替代密码）方式，对字符串进行加密，计算方法为：将每个字母加（或减）一个数值 k，即用它后面的第 k 个字母代替该字母，如 k=5 时，A→F，B→G，a→f，b→g，若字母超过 Z 或 z 则回到 A 或 a，形成一个闭环循环；解密过程与之相反。

字符串加解密举例：设计一个字符串加解密程序，完成字符串的加密操作和解密操作。

程序设计步骤为：

① 启动 Gambas 集成开发环境，可以在菜单栏选择“文件”→“新建工程...”，或在启动窗体中直接选择“新建工程...”项。

② 在“新建工程”对话框中选择“1. 工程类型”中的“Command-line application”项，点击“下一个（N）”按钮。

③ 在“新建工程”对话框中选择“2. Parent directory”中要新建工程的目录，点击“下一个（N）”按钮。

④ 在“新建工程”对话框的“3. Project details”中输入工程名和工程标题，工程名为存储目录的名称，工程标题为应用程序的实际名称，可以设置相同的工程名和工程标题。完成之后，点击“确定”按钮。

⑤ 系统默认生成的启动模块为 Main。系统在 Main 模块（Main. module）中自动添加 Main 函数，并自动生成“Print "Hello world"”代码。

⑥ 在 Main 模块中添加代码。

```
'Gambas module file

Public Sub Main()

  '测试数据
  'Dim strI As String="abcdefghijklmnopqrstuvwxyz"
  'Dim strJ As String="fghijklmnopqrstuvwxyzabcde"
  Dim strI As String="ABCDEFGHIJKLMNOPQRSTUVWXYZ"
  Dim strJ As String="FGHIJKLMNOPQRSTUVWXYZABCDE"

  '加密
  Print encrypt(strI)
  '解密
  Print decrypt(strJ)
End

Public Function encrypt(strI As String) As String

  Dim i As Integer
  Dim strp As String
  Dim nL As Integer
  Dim strT As String
  Dim iA As Integer
  Dim k As Integer

  '加密
  k=5
  i=1
  strp=""
  nL=Len(RTrim(strI))
  Do While (i<=nL)
    strT=Mid$(strI,i,1)      '取第i个字符
    If (strT>="A" And strT<="Z") Then
      iA=Asc(strT)+k
      If iA>Asc("Z") Then iA=iA-26
      strp=strp & Chr$(iA)
    Endif
    If strT>="a" And strT<="z" Then
      iA=Asc(strT) +k
      If iA>Asc("z") Then iA=iA-26
      strp=strp & Chr$(iA)
    Endif
    i=i+1
  Loop
  Return strp
```

```
End

Public Function decrypt(strI As String) As String

  Dim i As Integer
  Dim strp As String
  Dim nL As Integer
  Dim strT As String
  Dim iA As Integer
  Dim k As Integer

  '解密
  k=5
  i=1
  strp=""
  nL=Len(RTrim(strI))
  Do While (i<=nL)
    strT=Mid $(strI,i,1)      '取第i个字符
    If (strT>="A" And strT<="Z") Then
      iA=Asc(strT)-k
      If iA<Asc("A") TheniA=iA+26
      strp=strp & Chr $(iA)
    Endif
    If strT>="a" And strT<="z" Then
      iA=Asc(strT)-k
      If iA<Asc("a") Then iA=iA+26
      strp=strp & Chr $(iA)
    Endif
    i=i+1
  Loop
  Return strp
End
```

⑦ 运行代码，输出结果，如图 1-19 所示。

1.8 结构体信息处理

结构体是 Gambas 中一种数据类型，使用关键字 STRUCT 来标识所定义的结构体，主要用于与使用 C 语言的结构体库函数进行通信。该数据类型由一组称为成员（域或元素）的不同数据组成，其中每个成员可以具有不同的类型。结构体通常用来表示类型不同但是又相关的若干数据。结构体类型不是由系统定义的，而是需要用户定义。定义结构体变量以后，该变量可以像定义的其他变量一样使用。成员又称为成员变量，它是结构体所包含的若干个基本的结构类型，每个成员应声明具体的数据类型。

结构体信息处理举例：设计一个学生信息系统，记录并输出学生的学号、姓名、性别、年龄等基本信息，以及数学、语文、英语等成绩信息和通信地址等。

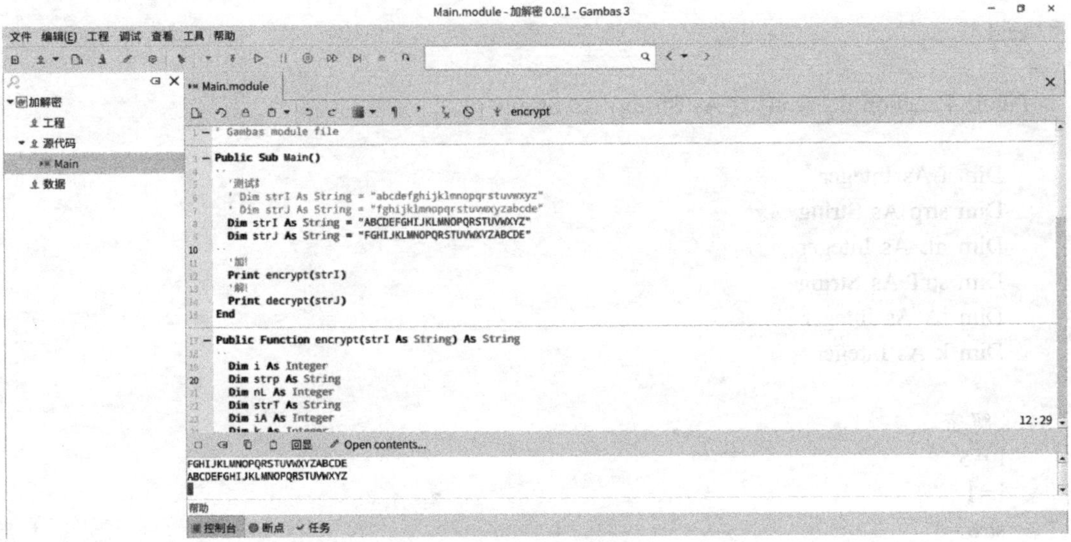

图 1-19　输出结果

程序设计步骤为：

① 启动 Gambas 集成开发环境，可以在菜单栏选择“文件”→“新建工程...”，或在启动窗体中直接选择“新建工程...”项。

② 在“新建工程”对话框中选择“1. 工程类型”中的“Command-line application”项，点击“下一个（N）”按钮。

③ 在“新建工程”对话框中选择“2. Parent directory”中要新建工程的目录，点击“下一个（N）”按钮。

④ 在“新建工程”对话框的“3. Project details”中输入工程名和工程标题，工程名为存储目录的名称，工程标题为应用程序的实际名称，可以设置相同的工程名和工程标题。完成之后，点击“确定”按钮。

⑤ 系统默认生成的启动模块为 Main。系统在 Main 模块（Main. module）中自动添加 Main 函数，并自动生成“Print "Hello world"”代码。

⑥ 在 Main 模块中添加代码。

```
' Gambas module file

Public Struct Student            '学生信息
  id As Integer
  name As String
  sex As String
  age As Integer
End Struct

Public Struct Course              '课程成绩
  id As Integer
  Math As Single
  Chinese As Single
  English As Single
End Struct
```

```
    Public Struct Communication        '通信地址
      man As Struct Student
      phone As String
      address As String
    End Struct

    '结构体变量数组
    Public stu[10] As Struct Student
    Public crs[10] As Struct Course
    Public info[1] As Struct Communication

  Public Sub Main()

    Dim i As Integer

    '初始化数据
    getData
    '输出数据
    For i=0 To 3
      If stu[i]. id=crs[i]. id Then
         Print stu[i]. id, stu[i]. name, stu[i]. sex, stu[i]. age, crs[i]. Math, crs[i]. Chinese, crs
[i]. English
      Endif
    Next
    Print info[0]. man. id, info[0]. man. name, info[0]. man. sex, info[0]. man. age, info[0]. phone,
info[0]. address
  End

  Public Sub getData()
    '赋值
    stu[0]. id=1
    stu[0]. name="Tom"
    stu[0]. sex="male"
    stu[0]. age=12

    stu[1]. id=2
    stu[1]. name="Mike"
    stu[1]. sex="male"
    stu[1]. age=13

    stu[2]. id=3
    stu[2]. name="Jones"
    stu[2]. sex="female"
    stu[2]. age=11

    stu[3]. id=4
    stu[3]. name="Lily"
    stu[3]. sex="female"
```

```
    stu[3]. age=12
    crs[0]. id=1
    crs[0]. Math=65
    crs[0]. Chinese=78
    crs[0]. English=68

    crs[1]. id=2
    crs[1]. Math=87
    crs[1]. Chinese=70
    crs[1]. English=90

    crs[2]. id=3
    crs[2]. Math=65
    crs[2]. Chinese=75
    crs[2]. English=86

    crs[3]. id=4
    crs[3]. Math=88
    crs[3]. Chinese=79
    crs[3]. English=67

    info[0]. man. id=stu[1]. id
    info[0]. man. name=stu[1]. name
    info[0]. man. sex=stu[1]. sex
    info[0]. phone="13245678988"
    info[0]. address="Beijing China"
End
```

⑦ 运行代码，输出结果，如图 1-20 所示。

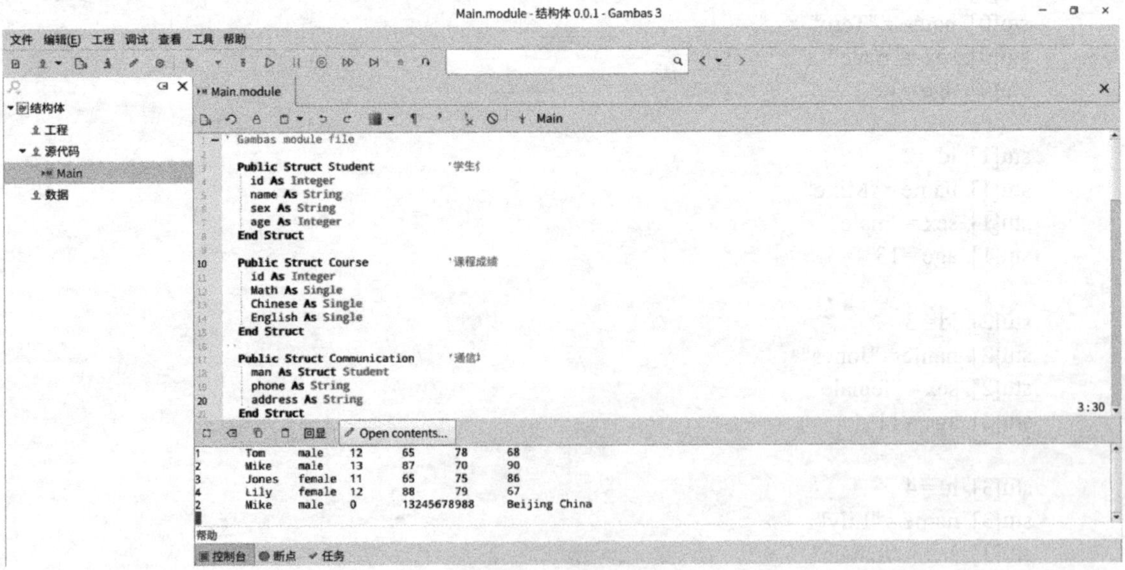

图 1-20 输出结果

第2章 视图类控件应用

视图（View）类控件是组成Gambas应用程序的重要对象，主要提供视图浏览功能，同时也能提供给用户信息输入、数据选择等辅助功能。视图类控件位于集成开发环境中控件工具箱的View标签页，这些控件来源于并且兼容Qt4、Qt5、GTK+2、GTK+3，可方便地发布和移植到各种Linux操作系统中。

本章介绍了Gambas的视图类控件使用方法，包括IconView、ListView、TreeView、ListBox、GridView、TableView、ListEditor、ColumnView、DirView、FileView、FileProperties、DocumentView、MessageView、ImageView控件以及与之关联的虚类，并给出了图标文件操作程序、列表程序、文件浏览器程序、图像缩放程序等示例，能够使读者快速掌握视图类控件的属性、方法、事件，以及相关程序设计方法。

2.1 图标视图类控件

图标视图类控件主要用于以图标形式显示文件类型和文件名，类似于Deepin下的深度文件管理器中用图标形式显示目录和文件。控件中显示的文件可以被选中，并且可以对文件进行各种操作，如打开文件、修改文件名、删除文件等。图标视图类控件主要包括：IconView和ListView控件。

2.1.1 IconView控件

IconView控件实现图标条目列表，条目按键值（Key）索引。控件有一个内部游标用于条目访问，可以使用MoveFirst、MoveNext、MoveTo等方法来移动内部游标，并用Item属性来获取指向的条目。该控件在不同操作系统下外观会有所不同，如图2-1所示。

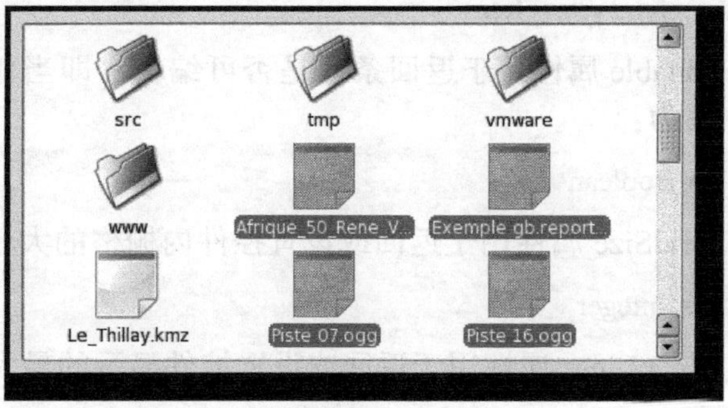

图2-1 IconView控件外观

（1）IconView 控件的主要属性

① Available 属性　Available 属性用于返回条目属性是否可用。函数声明为：

```
IconView. Available As Boolean
```

② Background 属性　Background 属性用于返回或设置控件背景颜色。函数声明为：

```
IconView. Background As Integer
```

③ Border 属性　Border 属性用于返回或设置控件是否具有边框。函数声明为：

```
IconView. Border As Boolean
```

④ ClientHeight 属性　ClientHeight 属性用于返回控件内部区域容纳条目的高度。函数声明为：

```
IconView. ClientHeight As Integer
```

⑤ ClientH 属性　ClientH 属性用于返回控件内部区域容纳条目的高度，与 ClientHeight 属性相同。函数声明为：

```
IconView. ClientH As Integer
```

⑥ ClientWidth 属性　ClientWidth 属性用于返回控件内部区域容纳条目的宽度。函数声明为：

```
IconView. ClientWidth As Integer
```

⑦ ClientW 属性　ClientW 属性用于返回控件内部区域容纳条目的宽度，与 ClientWidth 属性相同。函数声明为：

```
IconView. ClientW As Integer
```

⑧ Compare 属性　Compare 属性用于返回 Compare 事件对比结果。0 表示两个条目对比结果相同，1 表示第 1 个条目在第 2 个条目之后，-1 表示第 1 个条目在第 2 个条目之前。函数声明为：

```
IconView. Compare As Integer
```

⑨ Count 属性　Count 属性用于返回条目数量。函数声明为：

```
IconView. Count As Integer
```

⑩ Current 属性　Current 属性用于返回当前条目，如条目获得焦点或条目被选中。函数声明为：

```
IconView. Current As _IconView_Item
```

⑪ Editable 属性　Editable 属性用于返回条目是否可编辑，即当用户点击条目时是否可以对其重命名。函数声明为：

```
IconView. Editable As Boolean
```

⑫ GridSize 属性　GridSize 属性用于返回或设置控件内栅格的大小。函数声明为：

```
IconView. GridSize As Integer
```

⑬ IconLines 属性　IconLines 属性用于返回或设置控件显示的最大行数。函数声明为：

```
IconView. IconLines As Integer
```

⑭ IconSize 属性　IconSize 属性用于返回图标的最大尺寸。函数声明为：

```
IconView. IconSize As Integer
```

⑮ Item 属性　Item 属性用于返回内部游标指向的条目。如果内部游标不可用，则返回 NULL。函数声明为：

```
IconView. Item As _IconView_Item
```

⑯ Key 属性　Key 属性用于返回当前条目键值。函数声明为：

```
IconView. Key As String
```

⑰ Mode 属性　Mode 属性用于返回或设置选择模式。函数声明为：

```
IconView. Mode As Integer
```

⑱ Orientation 属性　Orientation 属性用于返回或设置控件方向，包括：Arrange. Vertical 文本在图标下面，与图标垂直显示；Arrange. Horizontal 文本在图标侧面，与图标水平显示。函数声明为：

```
IconView. Orientation As Integer
```

⑲ Picture 属性　Picture 属性用于返回或设置控件背景图片。函数声明为：

```
IconView. Picture As Picture
```

⑳ Renaming 属性　Renaming 属性用于返回控件条目是否可以修改名称。函数声明为：

```
IconView. Renaming As Boolean
```

㉑ ScrollBar 属性　ScrollBar 属性用于返回或设置控件是否具有滚动条。函数声明为：

```
IconView. ScrollBar As Integer
```

㉒ Sorted 属性　Sorted 属性用于返回或设置控件条目是否排序。函数声明为：

```
IconView. Sorted As Boolean
```

（2）IconView 控件的主要方法

① Add 方法　Add 方法用于添加条目到控件。函数声明为：

```
IconView. Add(Key As String, Text As String [, Picture As Picture, After As String]) As _
IconView_Item
```

Key 为新条目键值。
Text 为新条目文本。
Picture 为新条目图片。默认为无图片。
After 为新条目插入已有条目的后面。默认插入最后一条。

② Clear 方法　Clear 方法用于清除所有条目。函数声明为：

```
IconView. Clear()
```

③ Exist 方法　Exist 方法用于返回条目是否存在。函数声明为：

```
IconView. Exist(Key As String) As Boolean
```

Key 为条目键值。

④ FindAt 方法　FindAt 方法用于通过控件内相对坐标查找条目。如果找到，控件内部

游标移动到相关条目，返回 False，否则返回 True。函数声明为：

```
IconView. FindAt(X As Integer, Y As Integer) As Boolean
```

⑤ MoveBack 方法　MoveBack 方法用于将内部游标移动回来。如果失败，则返回 True。函数声明为：

```
IconView. MoveBack()
```

⑥ MoveFirst 方法　MoveFirst 方法用于移动内部游标到第一个条目。如果失败，则返回 True。函数声明为：

```
IconView. MoveFirst() As Boolean
```

⑦ MoveNext 方法　MoveNext 方法用于移动内部游标到下一个条目。如果失败，则返回 True。函数声明为：

```
IconView. MoveNext() As Boolean
```

⑧ MovePrevious 方法　MovePrevious 方法用于移动内部游标到上一个条目。如果失败，则返回 True。函数声明为：

```
IconView. MovePrevious() As Boolean
```

⑨ MoveTo 方法　MoveTo 方法用于移动内部游标到指定条目。如果失败，则返回 True。函数声明为：

```
IconView. MoveTo(Key As String) As Boolean
```

⑩ Remove 方法　Remove 方法用于删除一个条目。函数声明为：

```
IconView. Remove(Key As String)
```

⑪ SelectAll 方法　SelectAll 方法用于选中所有条目。函数声明为：

```
IconView. SelectAll()
```

⑫ UnselectAll 方法　UnselectAll 方法用于取消所有选中条目。函数声明为：

```
IconView. UnselectAll()
```

（3）IconView 控件的主要事件

① Activate 事件　Activate 事件当双击条目时触发。函数声明为：

```
Event IconView. Activate()
```

② Cancel 事件　Cancel 事件当重命名操作被取消时触发。函数声明为：

```
Event IconView. Cancel()
```

③ Click 事件　Click 事件当点击条目时触发。函数声明为：

```
Event IconView. Click()
```

④ Compare 事件　Compare 事件当两个条目对比时触发，结果存储在 Compare 属性中。函数声明为：

```
Event IconView. Compare(Key As String, OtherKey As String)
```

Key 为第一个条目键值。

OtherKey 为第二个条目键值。

⑤ Draw 事件　Draw 事件当指定条目图标被绘制时触发。函数声明为：

```
Event IconView. Draw(X As Integer,Y As Integer,Width As Integer,Height As Integer,Key As String)
```

X 为图标矩形区域的横坐标。
Y 为图标矩形区域的纵坐标。
Width 为图标矩形区域的宽度。
Height 为图标矩形区域的高度。
Key 为条目键值。

⑥ Rename 事件　Rename 事件当修改条目名称时触发。函数声明为：

```
Event IconView. Rename()
```

⑦ Select 事件　Select 事件当选择条目改变时触发。函数声明为：

```
Event IconView. Select()
```

2.1.2　_ IconView_ Item 虚类

_ IconView_ Item 虚类用于描述 IconView 控件的条目。

(1)　_ IconView_ Item 虚类的主要属性

① Editable 属性　Editable 属性用于返回或设置条目是否可编辑。函数声明为：

```
_IconView_Item. Editable As Boolean
```

② Height 属性　Height 属性用于返回条目高度。函数声明为：

```
_IconView_Item. Height As Integer
```

③ H 属性　H 属性用于返回条目高度，与 Height 属性相同。函数声明为：

```
_IconView_Item. H As Integer
```

④ Hovered 属性　Hovered 属性用于返回鼠标是否指向条目。函数声明为：

```
_IconView_Item. Hovered As Boolean
```

⑤ Key 属性　Key 属性用于返回条目键值。函数声明为：

```
_IconView_Item. Key As String
```

⑥ Picture 属性　Picture 属性用于返回条目图片。函数声明为：

```
_IconView_Item. Picture As Picture
```

⑦ RichText 属性　RichText 属性用于返回或设置条目的富文本。函数声明为：

```
_IconView_Item. RichText As String
```

⑧ Selected 属性　Selected 属性用于返回或设置条目是否被选中。函数声明为：

```
_IconView_Item. Selected As Boolean
```

⑨ Text 属性　Text 属性用于返回或设置条目文本。函数声明为：

```
_IconView_Item. Text As String
```

⑩ Width 属性　Width 属性用于返回条目宽度。函数声明为：

```
_IconView_Item. Width As Integer
```

⑪ W 属性　W 属性用于返回条目宽度，与 Width 属性相同。函数声明为：

```
_IconView_Item. W As Integer
```

⑫ X 属性　X 属性用于返回条目横坐标。函数声明为：

```
_IconView_Item. X As Integer
```

⑬ Y 属性　Y 属性用于返回条目纵坐标。函数声明为：

```
_IconView_Item. Y As Integer
```

（2）_ IconView_ Item 虚类的主要方法

① EnsureVisible 方法　EnsureVisible 方法用于使当前条目可见。函数声明为：

```
_IconView_Item. EnsureVisible()
```

② MoveAfter 方法　MoveAfter 方法用于移动条目到指定条目之后。函数声明为：

```
_IconView_Item. MoveAfter([Key As String])
```

Key 为条目键值。

③ MoveBefore 方法　MoveBefore 方法用于移动条目到指定条目之前。函数声明为：

```
_IconView_Item. MoveBefore([Key As String])
```

Key 为条目键值。

④ MoveFirst 方法　MoveFirst 方法用于移动条目到第一条。函数声明为：

```
_IconView_Item. MoveFirst()
```

⑤ MoveLast 方法　MoveLast 方法用于移动条目到最后一条。函数声明为：

```
_IconView_Item. MoveLast()
```

⑥ Rename 方法　Rename 方法用于修改条目名称。函数声明为：

```
_IconView_Item. Rename()
```

2.1.3　ListView 控件

ListView 控件实现图标条目列表，条目按键值（Key）索引，每个条目包含图标和字符串。控件有一个内部游标用于条目访问，可以使用 MoveFirst、MoveNext、MoveTo 等方法来移动内部游标，并用 Item 属性来获取指向的条目。该控件在不同操作系统下外观会有所不同，如图 2-2 所示。

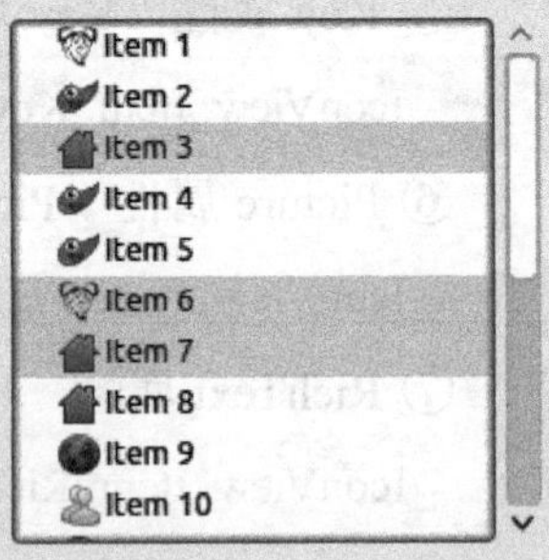

图 2-2　ListView 控件外观

ListView 控件的大部分属性、方法、事件与 IconView 控件类似，其主要方法为 Add 方法。

Add 方法用于添加条目到控件。函数声明为：

```
ListView. Add(Key As String,Text As String[,Picture As Picture,After As String]) As _TreeView
_Item
```

Key 为新条目键值。

Text 为新条目文本。

Picture 为新条目图片。默认为无图片。

After 为新条目插入已有条目的后面。默认插入最后一条。

2.1.4 图标文件操作程序设计

下面通过一个实例来学习 IconView 控件和 ListView 控件的使用方法。设计一个图标文件操作的应用程序，当选中 IconView 或 ListView 单选按钮后，点击“添加”按钮，可以在 IconView 或 ListView 控件内添加图标文件并显示，双击图标文件时会弹出提示信息。当需要查找指定的图标文件时，可以在文本框内输入指定的图标文件名，点击“查找”按钮，如果找到，会弹出找到提示信息，内部游标定位到指定的图标文件，如果文件不在当前显示区域，控件会自动滚动到当前图标文件所在的区域并显示；如果未找到，则会弹出未找到提示信息。当需要删除指定的图标文件时，可以在文本框内输入指定的图标文件名，点击“删除”按钮，如果该图标文件存在，会弹出删除提示信息，内部游标定位到当前删除的图标文件的下一个文件，如果图标文件不在当前显示区域，控件会自动滚动到当前删除图标文件所在的区域并显示；如果未找到图标文件，则会弹出未找到提示信息，如图 2-3 所示。

（1）实例效果预览

实例效果预览如图 2-3 所示。

图 2-3　图标文件操作程序窗体

（2）实例步骤

① 启动 Gambas 集成开发环境，可以在菜单栏选择“文件”→“新建工程...”，或在启动窗体中直接选择“新建工程...”项。

② 在“新建工程”对话框中选择“1. 工程类型”中的“Graphical application”项，点击“下一个（N）”按钮。

③ 在“新建工程”对话框中选择“2. Parent directory”中要新建工程的目录，点击“下一个（N）”按钮。

④ 在“新建工程”对话框的“3. Project details”中输入工程名和工程标题，工程名为存储目录的名称，工程标题为应用程序的实际名称，在这里设置相同的工程名和工程标题。

完成之后，点击“确定”按钮。

⑤ 系统默认生成的启动窗体名称（Name）为 FMain。在 FMain 窗体中添加 1 个 IconView 控件、1 个 ListView 控件、2 个 RadioButton 控件、3 个 Button 控件、1 个 TextBox 控件，如图 2-4 所示，并设置相关属性，如表 2-1 所示。

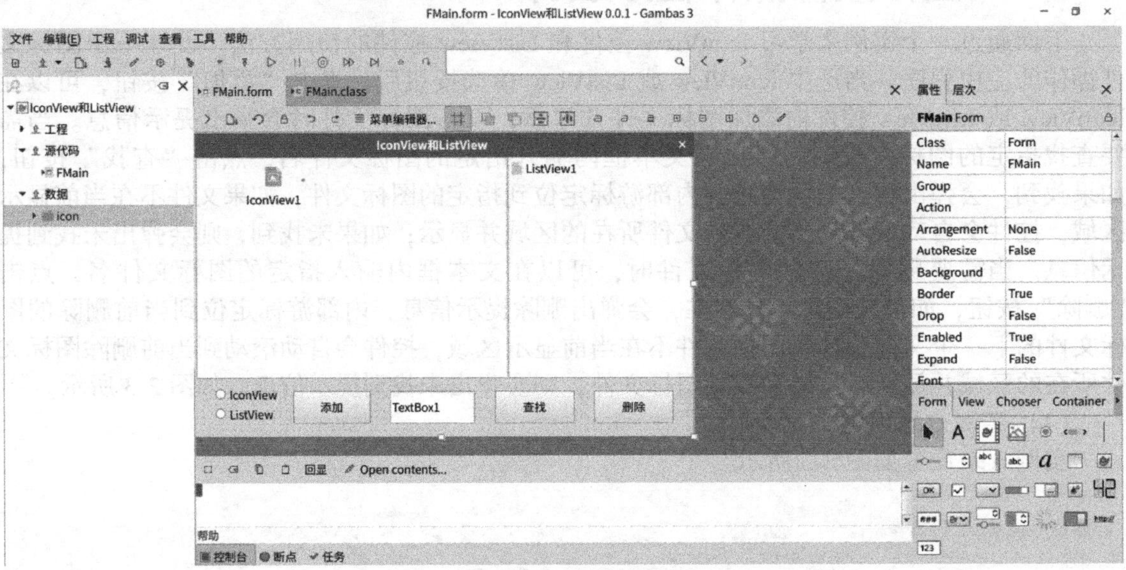

图 2-4 窗体设计

表 2-1 窗体和控件属性设置

名称	属性	说明
FMain	Text:IconView 和 ListView Resizable:False	标题栏显示的名称 固定窗体大小,取消最大化按钮
IconView1		显示图标条目
ListView1		显示图标列表
RadioButton1	Text:IconView	单选按钮
RadioButton2	Text:ListView	单选按钮
Button1	Text:添加	命令按钮,在指定控件中添加条目
Button2	Text:查找	命令按钮,按照 TextBox1 输入的内容查找
Button3	Text:删除	命令按钮,按照 TextBox1 输入的内容删除
TextBox1		输入指定条目

⑥ 设置 Tab 键响应顺序。在 FMain 窗体的“属性”窗口点击“层次”，出现控件切换排序，即按下键盘上的 Tab 键时，控件获得焦点的顺序。

⑦ 在 FMain 窗体中添加代码。

```
' Gambas class file

Public Sub Button1_Click()

  Dim f As String
```

```
    '选中 IconView 单选按钮
    If RadioButton1. Value Then
      '添加图标文件条目
      IconView1. Add("key","text",Picture["icon:/32/component"])
      IconView1. Add("key2","text2",Picture["icon:/32/access"])
      IconView1. Add("key3","text3",Picture["icon:/32/book"])
      '批量添加当前路径下的图标文件条目
      For Each f In Dir(Application. Path & "/icon/")
        IconView1. Add(f,f,Picture[Application. Path & "/icon/" & f])
      Next
    Endif
    '添加图标文件条目
    If RadioButton2. Value Then
      ListView1. Add("key","text",Picture["icon:/32/component"])
      ListView1. Add("key2","text2",Picture["icon:/32/access"])
      ListView1. Add("key3","text3",Picture["icon:/32/book"])
      '批量添加当前路径下的图标文件条目
      For Each f In Dir(Application. Path & "/icon/")
        ListView1. Add(f,f,Picture[Application. Path & "/icon/" & f])
      Next
    Endif
    '出现错误时返回
    Catch
      Return
End

Public Sub IconView1_DblClick()
    '双击图标时给出提示
    Message. Title="提示"
    Message. Info("您双击了" & IconView1. Current. Text & "按钮!","确定")
End

Public Sub Button2_Click()

    Dim i As Integer

    '在 IconView1 中查找条目
    If RadioButton1. Value Then
      '将控件内部游标移到第 1 个条目上
      IconView1. MoveFirst
      '循环查找
      For i=0 To IconView1. Count-1 Step 1
        If IconView1. Item. Text=TextBox1. Text Then
          '找到相关条目
          '条目在可视范围内
```

```
            IconView1. Item. EnsureVisible
            '选中当前条目
            IconView1. Item. Selected=True
            Message. Title="查找"
            Message. Info("文件找到!","确定")
            '返回,后续代码不再执行
            Return
          Else
            '找不到相关条目,游标和后移1个条目
            IconView1. MoveNext
          Endif
        Next
        Message. Title="查找"
        Message. Info("文件未找到!","确定")
      Endif
      '在ListView1中查找条目
      If RadioButton2. Value Then
        '将控件内部游标移到第1个条目上
        ListView1. MoveFirst
        '循环查找
        For i=0 To IconView1. Count-1 Step 1
          If ListView1. Item. Text=TextBox1. Text Then
            '找到相关条目
            '条目在可视范围内
            ListView1. Item. EnsureVisible
            '选中当前条目
            ListView1. Item. Selected=True
            Message. Title="查找"
            Message. Info("文件找到!","确定")
            '返回,后续代码不再执行
            Return
          Else
            '找不到相关条目,游标后移1个条目
            ListView1. MoveNext
          Endif
        Next
        Message. Title="查找"
        Message. Info("文件未找到!","确定")
      Endif
      '出现错误时返回
      Catch
        Return
    End

    Public Sub TextBox1_KeyPress()
```

```
   '按下回车键时调用查找按钮
   If Key.Code=Key.Return Then
     Button2_Click
   Endif
End

Public Sub Button3_Click()

   Dim i As Integer

   '在 IconView1 中删除条目
   If RadioButton1.Value Then
     '将控件内部游标移到第 1 个条目上
     IconView1.MoveFirst
     '循环查找并删除
     For i=0 To IconView1.Count-1 Step 1
       If IconView1.Item.Text=TextBox1.Text Then
         '条目在可视范围内
         IconView1.Item.EnsureVisible
         Message.Title="删除"
         Message.Info("删除文件!","确定")
         '删除条目
         IconView1.Remove(IconView1.Item.Key)
         '返回,后续代码不再执行
         Return
       Else
         IconView1.MoveNext
       Endif
     Next
     Message.Title="删除"
     Message.Info("文件未找到!","确定")
   Endif
   '在 ListView1 中删除条目
   If RadioButton2.Value Then
     '将控件内部游标移到第 1 个条目上
     ListView1.MoveFirst
     '循环查找并删除
     For i=0 To ListView1.Count-1 Step 1
       If ListView1.Item.Text=TextBox1.Text Then
         '条目在可视范围内
         ListView1.Item.EnsureVisible
         Message.Title="删除"
         Message.Info("删除文件!","确定")
         '删除条目
         ListView1.Remove(ListView1.Item.Key)
```

```
            '返回,后续代码不再执行
            Return
        Else
            ListView1. MoveNext
        Endif
      Next
      Message. Title="删除"
      Message. Info("文件未找到!","确定")
    Endif
End

Public Sub ListView1_DblClick()
    Message. Title="提示"
    Message. Info("您双击了" & ListView1. Current. Text & "按钮!","确定")
End
```

程序中，IconView1. Add("key","text",Picture["icon:/32/component"])语句向 IconView1 控件中添加一个条目，条目的键值为 key，名称为 text，也可以将二者进行相同的设置，条目的图标为内置的 32×32 的 component。通常情况下，采用键值索引操作条目会比较快捷。

For Each f In Dir(Application. Path & "/icon/")语句为遍历由 Dir 函数指定的路径下的所有文件，并将文件名存储到变量 f 中。每循环一次，变量 f 被赋值一次，之前的赋值被当前的赋值覆盖。

Button2_ Click 过程实现了按 TextBox1 中的内容进行查找的功能，代码冗余比较严重，可进行二次优化。

```
Public Sub Button2_Click()
    Message. Title= "查找"
    If RadioButton1. Value Then
        If IconView1. MoveTo(TextBox1. Text)= False Then
            IconView1. Item. EnsureVisible
            IconView1. Item. Selected= True
            Message. Info("文件找到!","确定")
        Else
            Message. Info("文件未找到!","确定")
        Endif
    Else
        If ListView1. MoveTo(TextBox1. Text)= False Then
            ListView1. Item. EnsureVisible
            ListView1. Item. Selected= True
            Message. Info("文件找到!","确定")
        Else
            Message. Info("文件未找到!","确定")
        Endif
    Endif
End
```

由于 IconView1 和 ListView1 控件的操作类似，函数使用方法也基本相同，可将二者均归为 Object 对象，进行统一管理，进一步优化代码。

```
Public Sub Button2_Click()

  Dim obj As Object

  If RadioButton1. Value Then
    obj=IconView1
  Else
    obj=ListView1
  Endif
  Message. Title="查找"
  If obj. MoveTo(TextBox1. Text)=False Then
     obj. Item. EnsureVisible
     obj. Item. Selected=True
     Message. Info("文件找到!","确定")
  Else
    Message. Info("文件未找到!","确定")
  Endif
End
```

同理，删除操作也可以进行类似优化。

```
Public Sub Button3_Click()

  Dim obj As Object

  If RadioButton1. Value Then
    obj=IconView1
  Else
    obj=ListView1
  Endif
  Message. Title="删除"
  If IconView1. MoveTo(TextBox1. Text)=False Then
    Message. Info("删除文件!","确定")
    obj. Remove(TextBox1. Text)
  Else
    Message. Info("文件未找到!","确定")
  Endif
End
```

2.2 列表视图类控件

列表视图类控件用来显示信息的分级视图，如结构、层次、索引等，大部分控件功能和表现类似于 Windows 下的资源管理器。控件中的各项信息都有一个与之相关的节点（对象或引用)，采用分层结构，每个节点又可派生新的对象或引用。部分控件可展开和折叠、显示和隐藏其中的节点。列表视图类控件主要包括：TreeView、ListBox、GridView、TableView、ListEditor 和 ColumnView 控件。

2.2.1 TreeView 控件

TreeView 控件实现带图标可选择文本条目的树状显示，条目按键值（Key）索引，每个条目显示一个图标和字符串。控件有一个内部游标用于条目访问，可以使用 MoveFirst、MoveNext、MoveTo 等方法来移动内部游标，并用 Item 属性来获取指向的条目。该控件在不同操作系统下外观会有所不同，如图 2-5 所示。

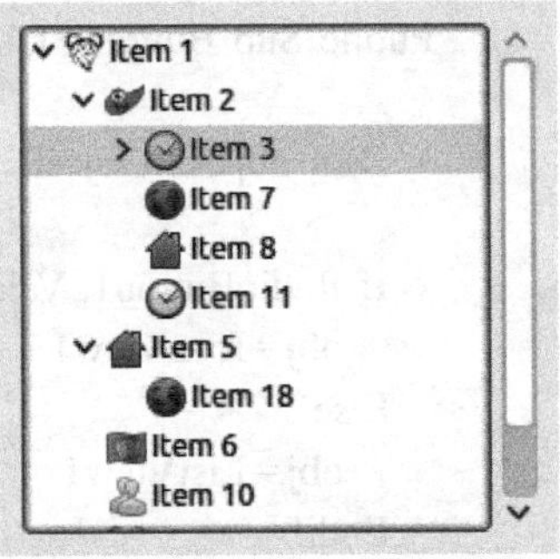

图 2-5 TreeView 控件外观

（1）TreeView 控件的主要属性

TreeView 控件的主要属性为 ShowLines 属性。

ShowLines 属性用于返回或设置树状行是否见。函数声明为：

```
TreeView. ShowLines As Boolean
```

（2）TreeView 控件的主要方法

TreeView 控件的主要方法为 Add 方法。

Add 方法用于添加条目到控件。函数声明为：

```
TreeView. Add(Key As String, Text As String[, Picture As Picture, Parent As String, After As String]) As _TreeView_Item
```

Key 为新条目键值。

Text 为新条目文本。

Picture 为新条目图片。默认为无图片。

Parent 为插入处的父条目的键值。默认新条目是一个根条目。

After 为新条目插入已有条目的后面，该条目必须和新条目有相同的父条目。默认新条目插入其父条目的子条目最后。

TreeView 控件的属性、方法和事件与 IconView、ListView 类似，这里不再赘述。

2.2.2 _TreeView_Item 虚类

_TreeView_Item 虚类用于描述 ListView、TreeView、ColumnView 控件的条目。

（1）_TreeView_Item 虚类的主要属性

① Background 属性　Background 属性用于设置或返回控件条目背景颜色。函数声明为：

```
_TreeView_Item. Background As Integer
```

② Children 属性　Children 属性用于返回该条目的子条目数量。函数声明为：

```
_TreeView_Item. Children As Integer
```

③ Count 属性　Count 属性用于返回条目数量。函数声明为：

```
_TreeView_Item. Count As Integer
```

④ Editable 属性　Editable 属性用于返回或设置条目是否可编辑。函数声明为：

```
_TreeView_Item. Editable As Boolean
```

⑤ Expanded 属性　Expanded 属性用于返回或设置条目是否展开，子条目是否可见。函

数声明为：

```
_TreeView_Item. Expanded As Boolean
```

⑥ Font 属性　Font 属性用于返回或设置条目的字体。函数声明为：

```
_TreeView_Item. Font As Font
```

⑦ Foreground 属性　Foreground 属性用于返回或设置条目文本的颜色。函数声明为：

```
_TreeView_Item. Foreground As Integer
```

⑧ Height 属性　Height 属性用于返回条目的高度。函数声明为：

```
_TreeView_Item. Height As Integer
```

⑨ H 属性　H 属性用于返回条目高度，与 Height 属性相同。函数声明为：

```
_TreeView_Item. H As Integer
```

⑩ Key 属性　Key 属性用于返回条目键值。函数声明为：

```
_TreeView_Item. Key As String
```

⑪ ParentKey 属性　ParentKey 属性用于返回父条目的键值，NULL 表示该条目没有父条目。函数声明为：

```
_TreeView_Item. ParentKey As String
```

⑫ Picture 属性　Picture 属性用于返回条目图片。函数声明为：

```
_TreeView_Item. Picture As Picture
```

⑬ RichText 属性　RichText 属性用于返回或设置条目的富文本。函数声明为：

```
_TreeView_Item. RichText As String
```

⑭ Selected 属性　Selected 属性用于返回或设置条目是否被选中。函数声明为：

```
_TreeView_Item. Selected As Boolean
```

⑮ Text 属性　Text 属性用于返回或设置条目文本。函数声明为：

```
_TreeView_Item. Text As String
```

⑯ Width 属性　Width 属性用于返回条目宽度。函数声明为：

```
_TreeView_Item. Width As Integer
```

⑰ W 属性　W 属性用于返回条目宽度，与 Width 属性相同。函数声明为：

```
_TreeView_Item. W As Integer
```

⑱ X 属性　X 属性用于返回条目横坐标。函数声明为：

```
_TreeView_Item. X As Integer
```

⑲ Y 属性　Y 属性用于返回条目纵坐标。函数声明为：

```
_TreeView_Item. Y As Integer
```

（2）_ TreeView_ Item 虚类的主要方法

① Clear 方法　Clear 方法用于清空该条目的所有子条目。函数声明为：

```
_TreeView_Item. Clear()
```

② Delete 方法　Delete 方法用于删除条目。函数声明为：

```
_TreeView_Item. Delete()
```

③ EnsureVisible 方法　EnsureVisible 方法用于使条目处于可见区域。函数声明为：

```
_TreeView_Item. EnsureVisible()
```

④ MoveAfter 方法　MoveAfter 方法用于移动条目到指定条目之后。函数声明为：

```
_TreeView_Item. MoveAfter ([Key As String])
```

Key 为条目键值。两个条目必须有相同的父条目，如果不指定 Key，则将该条目移动到父条目的第一个子条目位置。

⑤ MoveBefore 方法　MoveBefore 方法用于移动条目到指定条目之前。函数声明为：

```
_TreeView_Item. MoveBefore ([Key As String])
```

Key 为条目键值。两个条目必须有相同的父条目，如果不指定 Key，则将该条目移动到父条目的最后一个子条目位置。

⑥ MoveFirst 方法　MoveFirst 方法用于移动条目到父条目的第一个子条目位置。函数声明为：

```
_TreeView_Item. MoveFirst()
```

⑦ MoveLast 方法　MoveLast 方法用于移动条目到父条目的最后一个子条目位置。函数声明为：

```
_TreeView_Item. MoveLast()
```

⑧ Rename 方法　Rename 方法用于修改条目名称。函数声明为：

```
_TreeView_Item. Rename ([Column As Integer])
```

⑨ Reparent 方法　Reparent 方法用于修改条目的父条目。函数声明为：

```
_TreeView_Item. Reparent (NewParent As String)
```

NewParent 为新父条目键值。

2.2.3 ListBox 控件

ListBox 控件实现可选择文本条目的列表框。该控件在不同操作系统下外观会有所不同，如图 2-6 所示。

（1）ListBox 控件的主要属性

① Border 属性　Border 属性用于返回或设置控件是否具有边框。函数声明为：

```
ListBox. Border As Boolean
```

② Count 属性　Count 属性用于返回控件中包含的条目数量。函数声明为：

```
ListBox. Count As Integer
```

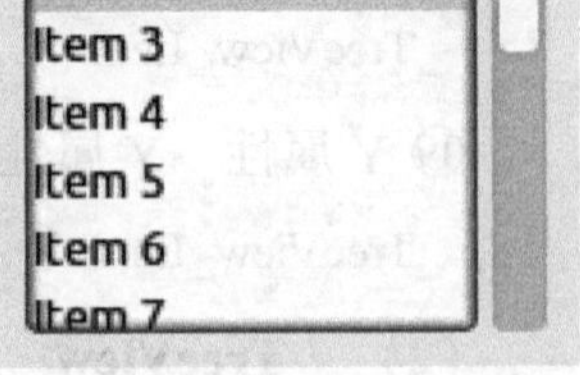

图 2-6　ListBox 控件外观

2

③ Current 属性　Current 属性用于返回当前条目。函数声明为：

```
ListBox. Current As _ListBox_Item
```

④ Font 属性　Font 属性用于返回或设置条目字体。函数声明为：

```
ListBox. Font As Font
```

⑤ Index 属性　Index 属性用于返回当前选中的条目的索引。函数声明为：

```
ListBox. Index As Integer
```

⑥ List 属性　List 属性用于返回或设置列表框内容。函数声明为：

```
ListBox. List As String[]
```

String[]为字符串数组。

举例说明：

将 ListBox 内容保存和重载于一个文本文件。当打开文件时，使用 Split 方法，每一行转换为 ListBox 中的一个条目。当保存文件时，使用 String[]. Join 方法来创建一个包含单个条目内容的单行字符串。

```
'打开文本文件用于在列表框中显示
Public Sub ButtonOpen_Click()
  Dialog. Filter=["*. lst","Lists","*. txt","Text Files","*","All Files"]
  If Dialog. OpenFile() Then Return
  ListBoxItems. List=Split(File. Load(Dialog. Path),"\\n")
Catch
  Message. Info("不能加载列表:\\n" & Dialog. Path & "\\n" & Error. Text)
End

'保存列表框内容到文本文件
Public Sub ButtonSave_Click()
  Dialog. Filter=["*. lst","Lists","*. txt","Text Files","*","All Files"]
  If Dialog. SaveFile() Then Return
  File. Save(Dialog. Path,ListBoxItems. List. Join("\\n"))
Catch
  Message. Info("不能保存列表:\\n" & Dialog. Path & "\\n" & Error. Text)
End
```

⑦ Mode 属性　Mode 属性用于返回或设置选中条目模式。函数声明为：

```
ListBox. Mode As Integer
```

Mode 属性使用 Select 静态类进行属性设置，如表 2-2 所示。

表 2-2　Mode 属性常量

常量名	常量值	备注
Select. None	0	无选择
Select. Single	1	单选模式
Select. Multiple	2	多选模式

⑧ ScrollBar 属性　ScrollBar 属性用于返回或设置滚动条类型。函数声明为：

```
ListBox. ScrollBar As Integer
```

ScrollBar 属性使用 Scroll 静态类进行设置，如表 2-3 所示。

表 2-3　ScrollBar 属性常量

常量名	常量值	备注
Scroll. None	0	不显示滚动条
Scroll. Horizontal	1	显示水平滚动条
Scroll. Vertical	2	显示垂直滚动条
Scroll. Both	3	显示水平和垂直滚动条

⑨ ScrollHeight 属性　ScrollHeight 属性用于返回显示内容高度。函数声明为：

```
ListBox. ScrollHeight As Integer
```

⑩ ScrollH 属性　ScrollH 属性用于返回显示内容高度，与 ScrollHeight 属性相同。函数声明为：

```
ListBox. ScrollH As Integer
```

⑪ ScrollWidth 属性　ScrollWidth 属性用于返回显示内容宽度。函数声明为：

```
ListBox. ScrollWidth As Integer
```

⑫ ScrollW 属性　ScrollW 属性用于返回显示内容宽度，与 ScrollWidth 属性相同。函数声明为：

```
ListBox. ScrollW As Integer
```

⑬ ScrollX 属性　ScrollX 属性用于返回或设置水平滚动位置。函数声明为：

```
ListBox. ScrollX As Integer
```

⑭ ScrollY 属性　ScrollY 属性用于返回或设置垂直滚动位置。函数声明为：

```
ListBox. ScrollY As Integer
```

⑮ Sorted 属性　Sorted 属性用于返回或设置条目是否排序。函数声明为：

```
ListBox. Sorted As Boolean
```

⑯ Text 属性　Text 属性用于返回选中条目的文本。函数声明为：

```
ListBox. Text As String
```

(2) ListBox 控件的主要方法

① Add 方法　Add 方法用于添加条目到控件。函数声明为：

```
ListBox. Add (Text As String[,Index As Integer])
```

Text 为新条目文本。

Index 为新条目索引。如果指定 Index，新条目插入 Index 指定位置，0 为第一个条目；如果不指定 Index，新条目插入最后。

② Clear 方法　Clear 方法用于清空条目。函数声明为：

```
ListBox. Clear()
```

③ Find 方法　Find 方法用于在控件中查找条目并返回其索引。如果找不到，则返回 -1。函数声明为：

```
ListBox. Find (Text As String[,Mode As Integer]) As Integer
```

Text 为待查找条目文本。
Mode 为查找模式。
④ Remove 方法　Remove 方法用于删除一个条目。函数声明为：

```
ListBox. Remove (Index As Integer[,Length As Integer])
```

⑤ Scroll 方法　Scroll 方法用于将控件中的内容滚动到指定位置。函数声明为：

```
ListBox. Scroll (X As Integer,Y As Integer)
```

X 为横坐标。
Y 为纵坐标。
⑥ SelectAll 方法　SelectAll 方法用于将 Mode 属性设置为 Select. Multiple，选中所有条目。函数声明为：

```
ListBox. SelectAll()
```

⑦ UnselectAll 方法　UnselectAll 方法用于取消所有选中条目。函数声明为：

```
ListBox. UnselectAll()
```

（3）ListBox 控件的主要事件

① Activate 事件　Activate 事件当双击条目时触发。函数声明为：

```
Event ListBox. Activate()
```

② Click 事件　Click 事件当点击条目时触发。函数声明为：

```
Event ListBox. Click()
```

③ Select 事件　Select 事件当改变选中条目时触发。函数声明为：

```
Event ListBox. Select()
```

2.2.4　GridView 控件

GridView 控件实现在表格中显示数据列表的功能，可以使用 Data 事件实现百万条数据批量录入功能。该控件在不同操作系统下外观会有所不同，如图 2-7 所示。

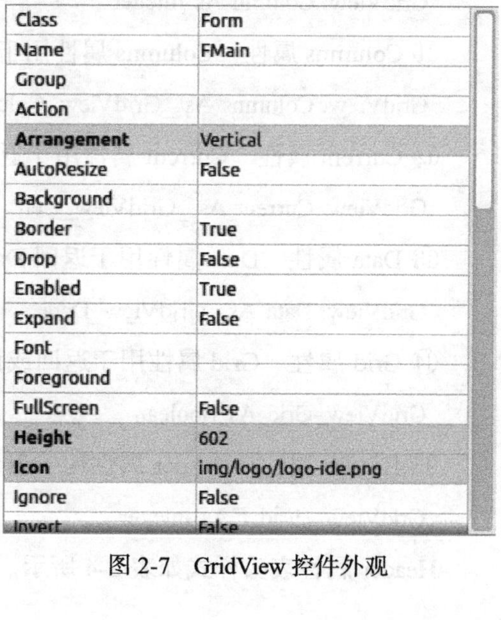

图 2-7　GridView 控件外观

（1）GridView 控件的主要属性

① AutoResize 属性　AutoResize 属性用于返回或设置是否自动调整大小使所有列可见，当 Expand 属性为 True 时有效。函数声明为：

```
GridView. AutoResize As Boolean
```

② Background 属性　Background 属性用于返回或设置控件的背景颜色。函数声明为：

```
GridView. Background As Integer
```

③ Border 属性　Border 属性用于返回或设置控件是否具有边框。函数声明为：

```
GridView. Border As Boolean
```

④ ClientHeight 属性　ClientHeight 属性用于返回包含单元格的内部区域高度。函数声明为：

```
GridView. ClientHeight As Integer
```

⑤ ClientH 属性　ClientH 属性用于返回包含单元格的内部区域高度，与 ClientHeight 属性相同。函数声明为：

```
GridView. ClientH As Integer
```

⑥ ClientWidth 属性　ClientWidth 属性用于返回包含单元格的内部区域宽度。函数声明为：

```
GridView. ClientWidth As Integer
```

⑦ ClientW 属性　ClientW 属性用于返回包含单元格的内部区域宽度，与 ClientWidth 属性相同。函数声明为：

```
GridView. ClientW As Integer
```

⑧ ClientX 属性　ClientX 属性用于返回包含单元格的内部区域的横坐标。函数声明为：

```
GridView. ClientX As Integer
```

⑨ ClientY 属性　ClientY 属性用于返回包含单元格的内部区域的纵坐标。函数声明为：

```
GridView. ClientY As Integer
```

⑩ Column 属性　Column 属性用于返回或设置当前列的索引。函数声明为：

```
GridView. Column As Integer
```

⑪ Columns 属性　Columns 属性用于返回每列的虚拟数组。函数声明为：

```
GridView. Columns As _GridView_Columns
```

⑫ Current 属性　Current 属性用于返回当前单元格。函数声明为：

```
GridView. Current As _GridView_Cell
```

⑬ Data 属性　Data 属性用于返回 Data 事件处理期间单元格存储的内容。函数声明为：

```
GridView. Data As _GridView_Data
```

⑭ Grid 属性　Grid 属性用于返回或设置是否显示网格。函数声明为：

```
GridView. Grid As Boolean
```

⑮ Header 属性　Header 属性用于返回或设置显示的表头样式。函数声明为：

```
GridView. Header As Integer
```

Header 属性表头样式如表 2-4 所示。

表 2-4 Header 属性常量

常量名	常量值	备注
GridView. None	0	不显示表头
GridView. Horizontal	1	显示水平表头
GridView. Vertical	2	显示垂直表头
GridView. Both	3	显示水平和垂直表头

⑯ Mode 属性 Mode 属性用于返回或设置选择模式。函数声明为：

```
GridView. Mode As Integer
```

⑰ Padding 属性 Padding 属性用于返回或设置默认的单元格填充，以像素计。函数声明为：

```
GridView. Padding As Integer
```

⑱ Resizable 属性 Resizable 属性用于返回或设置列表头是否可调整大小。函数声明为：

```
GridView. Resizable As Boolean
```

⑲ Row 属性 Row 属性用于返回或设置当前行的索引。函数声明为：

```
GridView. Row As Integer
```

⑳ Rows 属性 Rows 属性用于返回控件行的虚拟数组。函数声明为：

```
GridView. Rows As _GridView_Rows
```

㉑ ScrollBar 属性 ScrollBar 属性用于返回或设置滚动条样式。函数声明为：

```
GridView. ScrollBar As Integer
```

㉒ ScrollHeight 属性 ScrollHeight 属性用于返回内容高度。函数声明为：

```
GridView. ScrollHeight As Integer
```

㉓ ScrollH 属性 ScrollH 属性用于返回内容高度，与 ScrollHeight 属性相同。函数声明为：

```
GridView. ScrollH As Integer
```

㉔ ScrollWidth 属性 ScrollWidth 属性用于返回内容宽度。函数声明为：

```
GridView. ScrollWidth As Integer
```

㉕ ScrollW 属性 ScrollW 属性用于返回内容宽度，与 ScrollWidth 属性相同。函数声明为：

```
GridView. ScrollW As Integer
```

㉖ ScrollX 属性 ScrollX 属性用于返回或设置水平滚动条位置。函数声明为：

```
GridView. ScrollX As Integer
```

㉗ ScrollY 属性 ScrollY 属性用于返回或设置垂直滚动条位置。函数声明为：

```
GridView. ScrollY As Intcgcr
```

㉘ ShowCursor 属性 ShowCursor 属性用于返回或设置是否在当前单元格周围显示游

标。默认不显示。函数声明为：

```
GridView. ShowCursor As Boolean
```

㉙ Sorted 属性　Sorted 属性用于返回或设置是否通过点击列表头切换排序。函数声明为：

```
GridView. Sorted As Boolean
```

举例说明：

```
Public Sub GridView1_Sort()

    Dim Values, ValueSorted As New String[]
    Dim Nx, iNx As Integer

    '装载字符串数组
    For Nx=0 To GridView1. Rows. Max
      Values. Add(GridView1[Nx, GridView1. Columns. Sort]. Text)
    Next
    '排序
    ValueSorted=Values. Copy()
    ValueSorted. Sort(IIf(GridView1. Columns. Ascending, gb. Ascent, gb. Descent))
    '调换顺序
    For Nx=0 To ValueSorted. Max
     For iNx=0 To GridView1. Columns. Max
           Swap GridView1 [Nx, iNx]. Text, GridView1 [Values. Find (ValueSorted [Nx], 0, Nx),
iNx]. Text
      Next
      '添加数据
      Values. Clear()
      For iNx=0 To GridView1. Rows. Max
        Values. Add(GridView1[iNx, GridView1. Columns. Sort]. Text)
      Next
    Next
    GridView1. Refresh()
  End
```

单元格设置及填充举例说明：

```
' Fill grid explicitely
GridView1. Columns. Count=4
GridView1. Rows. Count=3
GridView1. Columns. Width=52
GridView1. Rows[1]. Height=52
GridView1[0,0]. Text="0,0"
GridView1[0,0]. Alignment=Align. Right
GridView1[1,1]. Text="1,1"
GridView1[0,1]. Text="0,1"
GridView1[1,0]. Picture=Picture["image. png"]
```

（2）GridView 控件的主要方法

① AddColumn 方法　AddColumn 方法用于添加列。函数声明为：

```
GridView. AddColumn (Text As String[,Width As Integer,Alignment As Integer]) As _GridView
_Column
```

Text 为列表头。

Width 为宽度，-1 表示该列必须适合其内容。

Alignment 为列对齐方式，包括 Align. Left、Align. Center、Align. Right 和 Align. Normal。

② Clear 方法　Clear 方法用于清空表格内容。该方法清除通过 Data 事件填充的内容，且行数保持不变。函数声明为：

```
GridView. Clear()
```

③ ColumnAt 方法　ColumnAt 方法用于返回指定行的列索引。函数声明为：

```
GridView. ColumnAt (X As Integer) As Integer
```

X 为指定行。

④ MoveTo 方法　MoveTo 方法用于移动游标到指定单元格。函数声明为：

```
GridView. MoveTo (Row As Integer,Column As Integer)
```

Row 为指定行。

Column 为指定列。

⑤ RowAt 方法　RowAt 方法用于返回指定列的行索引。函数声明为：

```
GridView. RowAt (Y As Integer) As Integer
```

Y 为指定列。

⑥ Scroll 方法　Scroll 方法用于将滚动条滚动到指定位置。函数声明为：

```
GridView. Scroll (X As Integer,Y As Integer)
```

⑦ Select 方法　Select 方法用于选择行。函数声明为：

```
GridView. Select ([Start As Integer,Length As Integer])
```

Start 为选择的第一行。如果未指定，则使用控件的第一行。

Length 为选定行数。如果未指定，则选择第一行；如果为负值，则选择所有行。

⑧ SelectAll 方法　SelectAll 方法用于选择所有。函数声明为：

```
GridView. SelectAll()
```

⑨ UnSelectAll 方法　UnSelectAll 方法用于取消所有选择。函数声明为：

```
GridView. UnSelectAll()
```

（3）GridView 控件的主要事件

① Activate 事件　Activate 事件当双击单元格时触发。函数声明为：

```
Event GridView. Activate()
```

② Change 事件　Change 事件当单元格内容改变时触发。函数声明为：

```
Event GridView. Change()
```

③ Click 事件　Click 事件当点击单元格时触发。函数声明为：

```
Event GridView. Click()
```

④ ColumnClick 事件　ColumnClick 事件当点击列表头时触发。函数声明为：

```
Event GridView. ColumnClick (Column As Integer)
```

Column 为列索引。

⑤ ColumnResize 事件　ColumnResize 事件当调整列大小时触发。函数声明为：

```
Event GridView. ColumnResize (Column As Integer)
```

Column 为列索引。

⑥ ColumnSize 事件　ColumnSize 事件当调整列大小时触发。函数声明为：

```
Event GridView. ColumnSize (Column As Integer)
```

Column 为列索引。

⑦ Data 事件　Data 事件当使用指定单元格中的数据时触发。函数声明为：

```
Event GridView. Data (Row As Integer,Column As Integer)
```

Row 为单元格行。

Column 为单元格列。

举例说明：

```
Public Sub GridView1_Data(Row As Integer,Column As Integer)
  GridView1. Data. Text="This is cell " & Row & "," & Column
End
```

⑧ RowClick 事件　RowClick 事件当点击行表头时触发。函数声明为：

```
Event GridView. RowClick (Row As Integer)
```

Row 为行索引。

⑨ RowResize 事件　RowResize 事件当调整行大小时触发。函数声明为：

```
Event GridView. RowResize (Row As Integer)
```

Row 为行索引。

⑩ RowSize 事件　RowSize 事件当调整行大小时触发。函数声明为：

```
Event GridView. RowSize (Row As Integer)
```

Row 为行索引。

⑪ Scroll 事件　Scroll 事件当滚动控件时触发。函数声明为：

```
Event GridView. Scroll()
```

⑫ Select 事件　Select 事件当选择改变时触发。函数声明为：

```
Event GridView. Select()
```

⑬ Sort 事件　Sort 事件当控件内容排序时触发。函数声明为：

```
Event GridView. Sort()
```

2.2.5 _GridView_Columns 虚类

GridView Columns 虚类用于描述 GridView 所有列的数组。

GridView Columns 虚类的主要属性包括：

① Ascending 属性　Ascending 属性用于返回或设置是否升序排序。函数声明为：

```
_GridView_Columns. Ascending As Boolean
```

② Count 属性　Count 属性用于返回或设置控件列数。函数声明为：

```
_GridView_Columns. Count As Integer
```

③ Height 属性　Height 属性用于返回列表头高度。函数声明为：

```
_GridView_Columns. Height As Integer
```

④ H 属性　H 属性用于返回列表头高度，与 Height 属性相同。函数声明为：

```
_GridView_Columns. H As Integer
```

⑤ Max 属性　Max 属性用于返回最大的列索引，即 Count-1。函数声明为：

```
_GridView_Columns. Max As Integer
```

⑥ Resizable 属性　Resizable 属性用于返回或设置列表头是否可调整大小。函数声明为：

```
_GridView_Columns. Resizable As Boolean
```

⑦ Sort 属性　Sort 属性用于返回或设置显示某列排序。-1 表示不显示。函数声明为：

```
_GridView_Columns. Sort As Integer
```

⑧ Width 属性　Width 属性用于返回或设置列宽度，最大宽度为 1024。函数声明为：

```
_GridView_Columns. Width As Integer
```

⑨ W 属性　W 属性用于返回或设置列宽度，最大宽度为 1024，与 Width 属性相同。函数声明为：

```
_GridView_Columns. W As Integer
```

2.2.6 _GridView_Column 虚类

GridView Column 虚类用于描述 GridView 的列。

GridView Column 虚类的主要属性包括：

① Alignment 属性　Alignment 属性用于返回或设置列标题的对齐方式和列单元格的默认对齐方式。函数声明为：

```
_GridView_Column. Alignment As Integer
```

② Background 属性　Background 属性用于返回或设置列单元格背景颜色。函数声明为：

```
_GridView_Column. Background As Integer
```

③ Expand 属性　Expand 属性用于返回或设置控件列是否自动调整宽度大小。如果未设置 AutoResize 属性，则此属性无效。函数声明为：

```
_GridView_Column. Expand As Boolean
```

④ Left 属性　Left 属性用于返回左侧位置。函数声明为：

```
_GridView_Column. Left As Integer
```

⑤ Resizable 属性　Resizable 属性用于返回或设置该列是否可调整大小。函数声明为：

```
_GridView_Column. Resizable As Boolean
```

⑥ Text 属性　Text 属性用于返回或设置列表头显示的文本。函数声明为：

```
_GridView_Column. Text As String
```

⑦ Title 属性　Title 属性用于返回或设置列表头显示的文本，与 Text 属性相同。函数声明为：

```
_GridView_Column. Title As String
```

⑧ Width 属性　Width 属性用于返回或设置列宽度，最大宽度为 1024。如果将宽度设置为-1，则将自动调整大小。函数声明为：

```
_GridView_Column. Width As Integer
```

⑨ W 属性　W 属性用于返回或设置列宽度，最大宽度为 1024，与 Width 属性相同。函数声明为：

```
_GridView_Column. W As Integer
```

⑩ X 属性　X 属性用于返回左侧位置，与 Left 属性相同。函数声明为：

```
_GridView_Column. X As Integer
```

2.2.7 _ GridView_ Cell 虚类

_ GridView_ Cell 虚类用于描述 GridView 单元格。

(1) _ GridView_ Cell 虚类的主要属性

① Alignment 属性　Alignment 属性用于返回或设置单元格文本的对齐方式，包含图片。函数声明为：

```
_GridView_Cell. Alignment As Integer
```

② Background 属性　Background 属性用于返回或设置单元格背景颜色。函数声明为：

```
_GridView_Cell. Background As Integer
```

③ Border 属性　Border 属性用于设置单元格边框类型。函数声明为：

```
_GridView_Cell. Border As Border
```

④ ColumnSpan 属性　ColumnSpan 属性用于返回或设置单元格跨越的列数。函数声明为：

```
_GridView_Cell. ColumnSpan As Integer
```

⑤ Font 属性　Font 属性用于返回或设置显示单元格文本字体。函数声明为：

```
_GridView_Cell. Font AsFont
```

⑥ Foreground 属性　Foreground 属性用于返回或设置单元格文本颜色。函数声明为：

```
_GridView_Cell. Foreground As Integer
```

⑦ Height 属性　Height 属性用于返回单元格高度。函数声明为：

```
_GridView_Cell. Height As Integer
```

⑧ H 属性　H 属性用于返回单元格高度，与 Height 属性相同。函数声明为：

```
_GridView_Cell. H As Integer
```

⑨ Left 属性　Left 属性用于返回单元格的水平位置。函数声明为：

```
_GridView_Cell. Left As Integer
```

⑩ Padding 属性　Padding 属性用于返回或设置单元格的内部填充，以像素计。函数声明为：

```
_GridView_Cell. Padding As Integer
```

⑪ Picture 属性　Picture 属性用于返回或设置单元格中显示的图片。如果同时显示图片和文本，则图片显示在文本旁边。函数声明为：

```
_GridView_Cell. Picture As Picture
```

⑫ RichText 属性　RichText 属性用于返回或设置单元格中显示的富文本。如果设置该属性，则忽略 Text 属性。函数声明为：

```
_GridView_Cell. RichText As String
```

⑬ RowSpan 属性　RowSpan 属性用于返回或设置单元格跨越的行数。函数声明为：

```
_GridView_Cell. RowSpan As Integer
```

⑭ Text 属性　Text 属性用于返回或设置单元格中显示的文本。函数声明为：

```
_GridView_Cell. Text As String
```

⑮ Top 属性　Top 属性用于返回单元格的垂直位置。函数声明为：

```
_GridView_Cell. Top As Integer
```

⑯ Width 属性　Width 属性用于返回单元格宽度。函数声明为：

```
_GridView_Cell. Width As Integer
```

⑰ WordWrap 属性　WordWrap 属性用于返回或设置单元格文本是否可换行。函数声明为：

```
_GridView_Cell. WordWrap As Boolean
```

⑱ X 属性　X 属性用于返回单元格的水平位置。函数声明为：

```
_GridView_Cell. X As Integer
```

⑲ Y 属性　Y 属性用于返回单元格的垂直位置。函数声明为：

```
_GridView_Cell. Y As Integer
```

(2) _ GridView_ Cell 虚类的主要方法

① Clear 方法　Clear 方法用于清空单元格内容，可使用 Data 事件恢复。函数声明为：

```
_GridView_Cell. Clear()
```

② EnsureVisible 方法　EnsureVisible 方法用于通过调整控件滚动条确保单元格可见。函数声明为：

```
_GridView_Cell. EnsureVisible()
```

③ Refresh 方法　Refresh 方法用于刷新单元格。函数声明为：

```
_GridView_Cell. Refresh()
```

2.2.8 _GridView_ Data 虚类

GridView Data 虚类用于描述在 Data 事件处理期间存储的单元格内容。

GridView Data 虚类的主要属性包括：

① Alignment 属性　Alignment 属性用于返回或设置单元格文本的对齐方式，包含图片的对齐方式。函数声明为：

```
_GridView_Data. Alignment As Integer
```

② Background 属性　Background 属性用于返回或设置单元格的背景颜色。函数声明为：

```
_GridView_Data. Background As Integer
```

③ Border 属性　Border 属性用于返回或设置单元格的边框样式。函数声明为：

```
_GridView_Data. Border As Border
```

④ Font 属性　Font 属性用于返回或设置单元格的文本字体。函数声明为：

```
_GridView_Data. Font As Font
```

⑤ Foreground 属性　Foreground 属性用于返回或设置单元格的文本颜色。函数声明为：

```
_GridView_Data. Foreground As Integer
```

⑥ Padding 属性　Padding 属性用于返回或设置单元格的内部填充。函数声明为：

```
_GridView_Data. Padding As Integer
```

⑦ Picture 属性　Picture 属性用于返回或设置单元格中显示的图片。如果同时有图片和文本，则图片在文本旁边。函数声明为：

```
_GridView_Data. Picture As Picture
```

⑧ RichText 属性　RichText 属性用于返回或设置单元格中显示的富文本。如果设置该属性，则忽略 Text 属性。函数声明为：

```
_GridView_Data. RichText As String
```

⑨ Text 属性　Text 属性用于返回或设置单元格显示的文本。函数声明为：

```
_GridView_Data. Text As String
```

⑩ WordWrap 属性　WordWrap 属性用于返回或设置单元格文本是否换行。函数声明为：

```
_GridView_Data. WordWrap As Boolean
```

2.2.9 GridView_ Rows 虚类

GridView_ Rows 虚类用于描述 GridView 所有行的数组。

（1）GridView_ Rows 虚类的主要属性

① Border 属性　Border 属性用于设置单元格边框类型。函数声明为：

```
_GridView_Rows. Border As Border
```

② Count 属性　Count 属性用于返回或设置行数。函数声明为：

```
_GridView_Rows. Count As Integer
```

③ Height 属性　Height 属性用于返回或设置行高，用于未使用 GridView. Rows. Height 属性显示设置高度的行。函数声明为：

```
_GridView_Rows. Height As Integer
```

④ H 属性　H 属性用于返回或设置行高，与 Height 属性相同。函数声明为：

```
_GridView_Rows. H As Integer
```

⑤ Max 属性　Max 属性用于返回最大行索引，即 Count-1。函数声明为：

```
_GridView_Rows. Max As Integer
```

⑥ Resizable 属性　Resizable 属性用于返回或设置行是否可调整大小。函数声明为：

```
_GridView_Rows. Resizable As Boolean
```

⑦ Selection 属性　Selection 属性用于返回所有选定行索引的排序数组。函数声明为：

```
_GridView_Rows. Selection As Integer[]
```

⑧ Width 属性　Width 属性用于返回行表头的宽度。函数声明为：

```
_GridView_Rows. Width As Integer
```

⑨ W 属性　W 属性用于返回行表头的宽度，与 Width 属性相同。函数声明为：

```
_GridView_Rows. W As Integer
```

（2）GridView_ Rows 虚类的主要方法

① Insert 方法　Insert 方法用于插入新行。函数声明为：

```
_GridView_Rows. Insert (Start As Integer[,Length As Integer])
```

Start 为插入新行的开始位置。
Length 为插入的行数。默认插入一行。

② Remove 方法　Remove 方法用于删除行。函数声明为：

```
_GridView_Rows. Remove (Start As Integer[,Length As Integer])
```

Start 为删除的第一行的位置。
Length 为删除的行数。默认删除一行。

③ Select 方法　Select 方法用于选择行。函数声明为：

```
_GridView_Rows. Select ([Start As Integer,Length As Integer])
```

Start 为选中的开始行的位置。如果未指定，默认为控件的第一行。

Length 为选中的行数。如果未指定，则选中一行；如果为负，则选中所有行。

④ SelectAll 方法　SelectAll 方法用于选中所有行。函数声明为：

```
_GridView_Rows. SelectAll()
```

⑤ UnSelect 方法　UnSelect 方法用于取消选中行。函数声明为：

```
_GridView_Rows. UnSelect ([Start As Integer,Length As Integer])
```

Start 为取消选中的开始行。如果未指定，则选择第一行。

Length 为取消选中的行数。如果未指定，则取消选中的第一行；如果为负，则取消所有行。

⑥ UnSelectAll 方法　UnSelectAll 方法用于取消所有选中行。函数声明为：

```
_GridView_Rows. UnSelectAll()
```

2.2.10　TableView 控件

TableView 控件是一个可编辑的 GridView。使用 Edit 方法编辑一个单元格，用户输入的数据通过 Save 事件保存。该控件在不同操作系统下外观会有所不同，如图 2-8 所示。

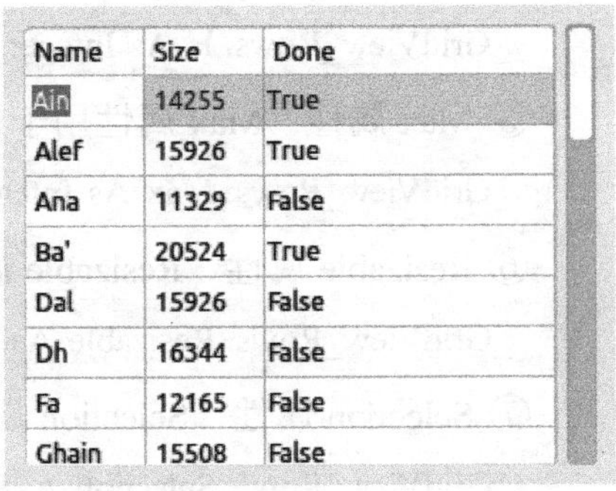

图 2-8　TableView 控件外观

（1）TableView 控件的主要属性

① Editor 属性　Editor 属性用于返回用于编辑单元格的控件。如果当前未编辑任何单元格，则返回 NULL。函数声明为：

```
TableView. Editor As Control
```

② NoKeyboard 属性　NoKeyboard 属性用于返回或设置是否通过方向键移动当前单元格。函数声明为：

```
TableView. NoKeyboard As Boolean
```

（2）TableView 控件的主要方法

① Cancel 方法　Cancel 方法用于取消对当前单元格的编辑。函数声明为：

```
TableView. Cancel()
```

② Edit 方法　Edit 方法用于编辑当前单元格。函数声明为：

```
TableView. Edit([List As String[],ReadOnly As Boolean])
```

List 为如果定义了 List，被编辑的单元格会用带 List 字符串数组的 ComboBox 控件填充。

ReadOnly 为 True 时，ComboBox 只读；为 False 时，单元格将用 TextBox 控件编辑。

③ EditWith 方法　EditWith 方法用于使用指定的控件编辑当前单元格。函数声明为：

```
TableView. EditWith(Editor As Control)
```

Editor 用于编辑单元格的控件。

④ Save 方法　Save 方法用于保存当前编辑并刷新单元格数据。函数声明为：

```
TableView. Save() As Boolean
```

（3）TableView 控件的主要事件

① Click 事件　Click 事件当点击单元格时触发。函数声明为：

```
Event TableView. Click()
```

② Hide 事件　Hide 事件当隐藏 TableView 控件时触发。函数声明为：

```
Event TableView. Hide()
```

③ Insert 事件　Insert 事件当用户通过在单元格内右下角敲击回车键请求一个插入时触发。函数声明为：

```
Event TableView. Insert()
```

④ Save 事件　Save 事件当指定单元格的数据被保存时触发。函数声明为：

```
Event TableView. Save(Row As Integer,Column As Integer,Value As String)
```

Row 为单元格的行。

Column 为单元格的列。

Value 为保存的值。

2.2.11　ListEditor 控件

ListEditor 控件实现添加、删除、编辑和排序列表功能。该控件在不同操作系统下外观会有所不同，如图 2-9 所示。

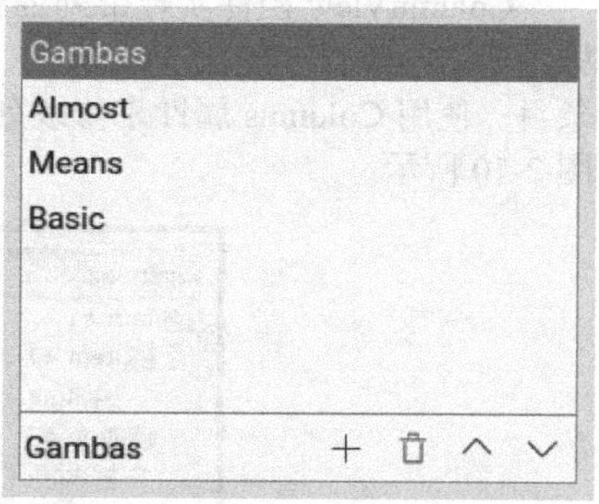

图 2-9　ListEditor 控件外观

（1）ListEditor 控件的主要属性

① Border 属性　Border 属性用于返回或设置控件是否具有边框。函数声明为：

```
ListEditor. Border As Boolean
```

② Editor 属性　Editor 属性用于返回用于编辑列表项的控件。函数声明为：

```
ListEditor. Editor As Control
```

③ List 属性　List 属性用于返回或设置列表内容。函数声明为：

```
ListEditor. List As String[]
```

④ Moveable 属性　Moveable 属性用于返回或设置列表条目是否可以移动。函数声明为：

```
ListEditor. Moveable As Boolean
```

⑤ ReadOnly 属性　ReadOnly 属性用于返回或设置列表内容是否可以修改。函数声明为：

```
ListEditor. ReadOnly As Boolean
```

⑥ Text 属性　Text 属性用于返回或设置当前条目文本。函数声明为：

```
ListEditor. Text As String
```

（2）ListEditor 控件的主要方法

① Add 方法　Add 方法用于在列表末尾添加一个新条目。函数声明为：

```
ListEditor. Add(Text As String)
```

Text 为新条目文本，不能为空字符串。

② Exist 方法　Exist 方法用于返回列表中是否存在指定条目。函数声明为：

```
ListEditor. Exist(Text As String) As Boolean
```

Text 为条目文本。

（3）ListEditor 控件的主要事件

① Add 事件　Add 事件当点击“+”按钮时触发。函数声明为：

```
Event ListEditor. Add()
```

② Change 事件　Change 事件当条目列表被修改时触发。函数声明为：

```
Event ListEditor. Change()
```

③ Select 事件　Select 事件当条目被选中时触发。函数声明为：

```
Event ListEditor. Select()
```

2.2.12　ColumnView 控件

ColumnView 控件实现带列的树状列表，条目按键值（Key）索引。控件有一个内部游标用于访问条目，使用 MoveTo、MoveFirst 等方法来移动内部游标，使用 Item 属性来获取条目，使用 Columns 属性来修改列数和布局。该控件在不同操作系统下外观会有所不同，如图 2-10 所示。

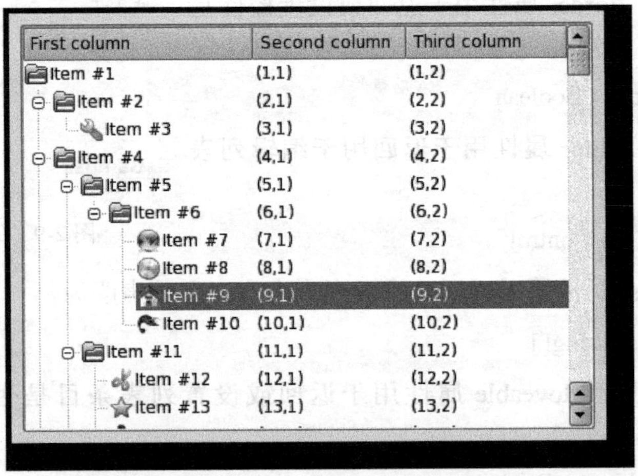

图 2-10　ColumnView 控件外观

（1）ColumnView 控件的主要属性

① AutoResize 属性　AutoResize 属性用于返回或设置控件是否自动调整大小。函数声明为：

```
ColumnView. AutoResize As Boolean
```

② Columns 属性　Columns 属性用于返回一个控件中所有列的虚拟集合。函数声明为：

```
ColumnView. Columns As _ColumnView_Columns
```

③ Header 属性　Header 属性用于指定表头是否可见。函数声明为：

```
ColumnView. Header As Boolean
```

④ Resizable 属性　Resizable 属性用于指定是否可调整列大小。函数声明为：

```
ColumnView. Resizable As Boolean
```

⑤ Settings 属性　Settings 属性用于返回或设置控件的布局状态。函数声明为：

```
ColumnView. Settings As String
```

⑥ ShowLines 属性　ShowLines 属性用于返回或设置行是否可见。函数声明为：

```
ColumnView. ShowLines As Boolean
```

（2）ColumnView 控件的主要方法

① Add 方法　Add 方法用于添加一个条目。函数声明为：

```
ColumnView. Add(Key As String,Text As String[,Picture As Picture,Parent As String,After As
String]) As _TreeView_Item
```

Key 为新条目键值。

Text 为新条目文本。

Picture 为条目图片。默认没有图片。

Parent 为插入位置父条目的键值。默认新条目是一个根条目。

After 为新条目后的条目键值。该条目必须和新条目有同一个父条目。默认新条目被添加到父条目的子条目最后。

② AddColumn 方法　AddColumn 方法用于添加一个新列。函数声明为：

```
ColumnView. AddColumn(Text As String [, Width As Integer, Alignment As Integer]) As _
GridView_Column
```

Text 为列标题。

Width 为列宽度，－1 表示自动调整列宽度。

Alignment 为排列方式，包括 Align. Left、Align. Center、Align. Right 和 Align. Normal。

2.2.13　_ColumnView_ Columns 虚类

ColumnView Columns 虚类是 ColumnView 中的所有列的虚拟集合。

ColumnView Columns 虚类的主要属性包括：

① Ascending 属性　Ascending 属性用于指定采用递增或递减排序。函数声明为：

```
_ColumnView_Columns. Ascending As Boolean
```

② Count 属性　Count 属性用于返回或设置列的数量。函数声明为：

```
_ColumnView_Columns. Count As Integer
```

③ Max 属性　Max 属性用于返回最大列索引。函数声明为：

```
_ColumnView_Columns. Max As Integer
```

④ Sort 属性　Sort 属性用于返回或设置条目排序。-1 表示条目不排序。函数声明为：

```
_ColumnView_Columns. Sort As Integer
```

2.2.14　列表程序设计

下面通过一个实例来学习 TreeView、ListBox、GridView、TableView、ListEditor、ColumnView 控件的使用方法。设计一个列表应用程序，当点击 TreeView 控件的数学、语文、英语项时展开学生名单，双击学生姓名后，会将学生姓名自动添加到 GridView、TableView 控件的姓名栏中；双击 ListBox 控件中的期中和期末，则会生成期中和期末成绩并添加到 GridView 控件中；在 ListEditor 控件中输入平时和作业项，双击后会添加到 TableView 控件中；双击 ColumnView 控件中的学生姓名，会自动生成平时和作业成绩，并可根据该成绩设置 TableView 控件中相关学生的成绩等次，包括优秀、良好、中等、及格、差，如图 2-11 所示。

（1）实例效果预览

实例效果预览如图 2-11 所示。

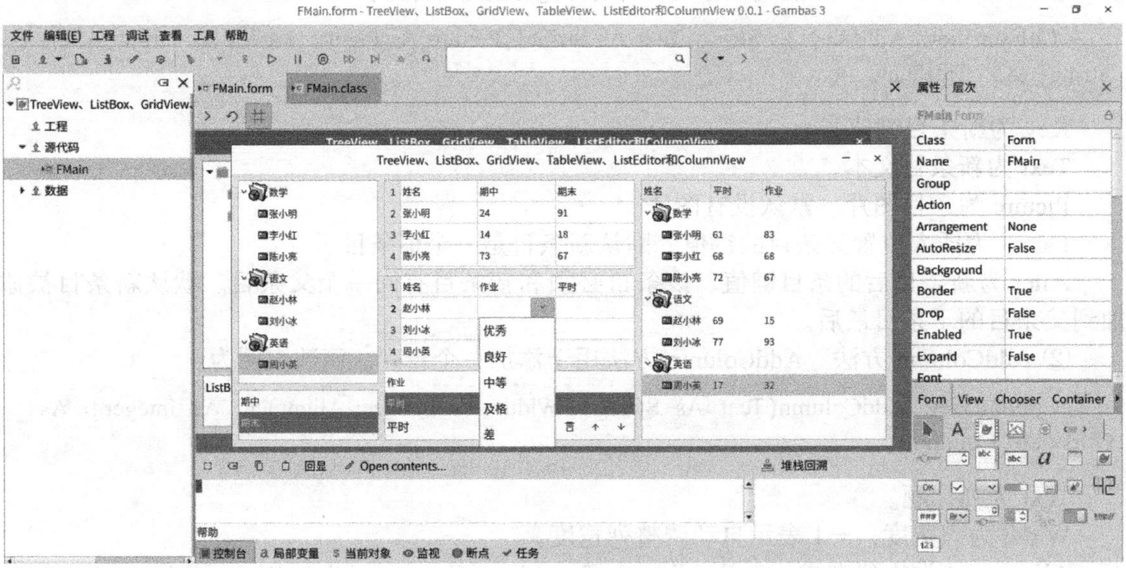

图 2-11　列表程序窗体

（2）实例步骤

① 启动 Gambas 集成开发环境，可以在菜单栏选择“文件”→“新建工程...”，或在启动窗体中直接选择“新建工程...”项。

② 在“新建工程”对话框中选择“1. 工程类型”中的“Graphical application”项，点击“下一个（N）”按钮。

③ 在“新建工程”对话框中选择“2. Parent directory”中要新建工程的目录，点击“下一个（N）”按钮。

④ 在“新建工程”对话框的“3. Project details”中输入工程名和工程标题，工程名为

存储目录的名称，工程标题为应用程序的实际名称，在这里设置相同的工程名和工程标题。完成之后，点击“确定”按钮。

⑤ 系统默认生成的启动窗体名称（Name）为FMain。在FMain窗体中添加1个TreeView控件、1个ListBox控件、1个GridView控件、1个TableView控件、1个ListEditor控件、1个ColumnView控件，如图2-12所示，并设置相关属性，如表2-5所示。

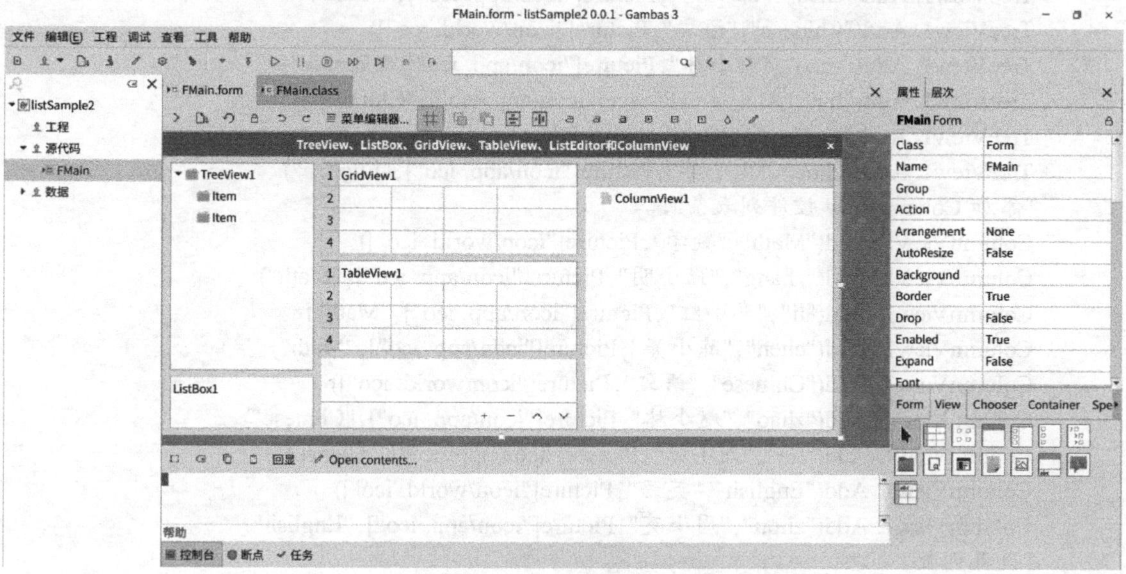

图 2-12 窗体设计

表 2-5 窗体和控件属性设置

名称	属性	说明
FMain	Text：TreeView、ListBox、GridView、TableView、ListEditor和ColumnView Resizable：False	标题栏显示的名称 固定窗体大小，取消最大化按钮
TreeView1		显示课程和学生姓名列表
ListBox1		显示期中和期末列表
GridView1	Header：Vertical	显示学生期中和期末成绩
TableView1	Header：Vertical	可修改的学生平时和作业等次
ListEditor1		显示可修改列表项
ColumnView1		显示学生平时和作业成绩

⑥ 设置Tab键响应顺序。在FMain窗体的“属性”窗口点击“层次”，出现控件切换排序，即按下键盘上的Tab键时，控件获得焦点的顺序。

⑦ 在FMain窗体中添加代码。

```
' Gambas class file

  Public i As Integer
  Public j As Integer
  Public k As Integer
```

```
Public Sub Form_Open()
  '添加 TreeView 控件列表条目
  TreeView1. Add("Math","数学",Picture["icon/world. ico"])
  TreeView1. Add("zhang","张小明",Picture["icon/app. ico"],"Math")
  TreeView1. Add("li","李小红",Picture["icon/app. ico"],"Math")
  TreeView1. Add("chen","陈小亮",Picture["icon/app. ico"],"Math")
  TreeView1. Add("Chinese","语文",Picture["icon/world. ico"])
  TreeView1. Add("zhao","赵小林",Picture["icon/app. ico"],"Chinese")
  TreeView1. Add("liu","刘小冰",Picture["icon/app. ico"],"Chinese")
  TreeView1. Add("English","英语",Picture["icon/world. ico"])
  TreeView1. Add("zhou","周小英",Picture["icon/app. ico"],"English")
  '添加 ColumnView 控件列表条目
  ColumnView1. Add("Math","数学",Picture["icon/world. ico"])
  ColumnView1. Add("zhang","张小明",Picture["icon/app. ico"],"Math")
  ColumnView1. Add("li","李小红",Picture["icon/app. ico"],"Math")
  ColumnView1. Add("chen","陈小亮",Picture["icon/app. ico"],"Math")
  ColumnView1. Add("Chinese","语文",Picture["icon/world. ico"])
  ColumnView1. Add("zhao","赵小林",Picture["icon/app. ico"],"Chinese")
  ColumnView1. Add("liu","刘小冰",Picture["icon/app. ico"],"Chinese")
  ColumnView1. Add("English","英语",Picture["icon/world. ico"])
  ColumnView1. Add("zhou","周小英",Picture["icon/app. ico"],"English")
  '设置列数
  ColumnView1. Columns. Count=3
  '设置列表头
  ColumnView1. Columns[0]. Text="姓名"
  ColumnView1. Columns[1]. Text="平时"
  ColumnView1. Columns[2]. Text="作业"
  '添加 ListBox 控件列表条目
  ListBox1. Add("期中")
  ListBox1. Add("期末")
  '设置 GridView 控件显示 4 行 3 列
  GridView1. Columns. Count=3
  GridView1. Rows. Count=4
  '调整控件列宽度
  GridView1. Columns. Width=GridView1. Width/3-10
  '设置 0 行 0 列单元格文本
  GridView1[0,0]. Text="姓名"
  '设置 TableView 控件显示 4 行 3 列
  TableView1. Columns. Count=3
  TableView1. Rows. Count=4
  '调整控件列宽度
  TableView1. Columns. Width=GridView1. Width/3-10
  '设置 0 行 0 列单元格文本
  TableView1[0,0]. Text="姓名"
End
```

```
Public Sub TableView1_Click()

  '设置单元格编辑控件为 ComboBox 控件
  Dim ls As String[]
  ls=["优秀","良好","中等","及格","差"]
  TableView1. Edit(ls,False)

  '设置单元格编辑控件为 ComboBox 控件
  'Dim cb As ComboBox
  'cb=New ComboBox(FMain)
  'cb. Add("优秀")
  'cb. Add("良好")
  'TableView1. EditWith(cb)

  '设置单元格编辑控件为 TextBox 控件
  'Dim tb As TextBox
  'tb=New TextBox(FMain)
  'TableView1. EditWith(tb)
End

Public Sub TableView1_Save(Row As Integer,Column As Integer,Value As String)
  '保存单元格文本
  TableView1[Row,Column]. Text=Value
End

Public Sub TableView1_Data(Row As Integer,Column As Integer)
  '用指定字符填充
  'TableView1. Data. Text="xxx"
End

Public Sub TreeView1_DblClick()
  '填充 GridView 控件单元格
  If TreeView1. Current. ParentKey="Math" Then
    Inc i
    GridView1[i,0]. Text=TreeView1. Current. Text
  Endif
  If i>=3 Then i=0
  '填充 TableView 控件单元格
  If TreeView1. Current. ParentKey="Chinese" Or TreeView1. Current. ParentKey="English" Then
    Inc j
    TableView1[j,0]. Text=TreeView1. Current. Text
  Endif
  If j>=3 Then j=0
End
```

```
Public Sub ListBox1_DblClick()
  '生成期中成绩
  If ListBox1. Current. Text="期中" Then
    GridView1[0,1]. Text="期中"
    GridView1[1,1]. Text=Str(Rand(0,100))
    GridView1[2,1]. Text=Str(Rand(0,100))
    GridView1[3,1]. Text=Str(Rand(0,100))
  Endif
  '生成期末成绩
  If ListBox1. Current. Text="期末" Then
    GridView1[0,2]. Text="期末"
    GridView1[1,2]. Text=Str(Rand(0,100))
    GridView1[2,2]. Text=Str(Rand(0,100))
    GridView1[3,2]. Text=Str(Rand(0,100))
  Endif
End

Public Sub ColumnView1_DblClick()
  If ColumnView1. Key="Math" Or ColumnView1. Key="Chinese" Or ColumnView1. key=
"English" Then
    '当条目为课程时,不生成成绩
  Else
    '当条目为姓名时,生成成绩
    ColumnView1[ColumnView1. Current. Key][1]=Str(Rand(0,100))
    ColumnView1[ColumnView1. Current. Key][2]=Str(Rand(0,100))
  Endif
End

Public Sub ListEditor1_Select()
  Inc k
  '将自定义条目填充到 TableView 控件
  TableView1[0,k]. Text=ListEditor1. Text
  If k>=2 Then k=0
End
```

程序中，TreeView1. Add("Math"，"数学"，Picture["icon/world. ico"])语句添加一个键值为 Math 的父条目，而 TreeView1. Add("zhang"，"张小明"，Picture["icon/app. ico"]，"Math")语句在 Math 父条目下添加一个键值为 zhang 的子条目，从而形成树状列表。

GridView 和 TableView 控件的主要属性、方法和事件类似，所不同的是，TableView 控件允许用户直接在单元格内进行编辑。单元格的引用采用二维数组形式，如：GridView1[0,0]、TableView1[0,0]。编辑 TableView 单元格时使用的控件可以用 Edit 或 EditWith 方法装载；Edit 方法用 ComboBox 控件填充数据，与用 EditWith 方法定义 ComboBox 控件再进行数据填充相比，在控件显示外观上会有略微差异；可以使用 TextBox 等文本编辑控件进行单元格编辑，其使用方法在程序中均以注释形式列出。

2.3 文件目录视图类控件

文件目录视图类控件一般用来显示文件、目录、层次结构、属性、文档内容等信息。与Dialog类弹出式标准对话框OpenFile、SelectDirectory等不同，该类控件能够直观地在窗体上显示相关目录、文件、属性等信息，方便用户操作。文件目录视图类控件主要包括：DirView、FileView、FileProperties、DocumentView控件。

2.3.1 DirView控件

DirView控件是一个实现目录及其子目录的TreeView。该控件在不同操作系统下外观会有所不同，如图2-13所示。

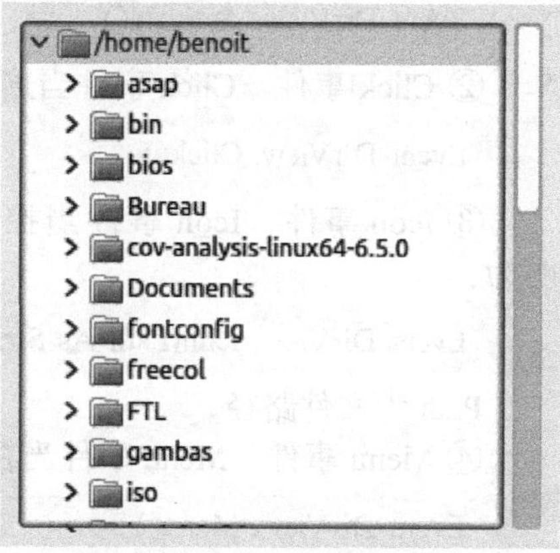

图 2-13　DirView控件外观

（1）DirView控件的主要属性

① Border属性　Border属性用于返回或设置控件是否具有边框。函数声明为：

```
DirView.Border As Boolean
```

② Current属性　Current属性用于返回当前选中的目录。函数声明为：

```
DirView.Current As String
```

③ HideRoot属性　HideRoot属性用于返回或设置根目录是否可见。函数声明为：

```
DirView.HideRoot As Boolean
```

④ Icon属性　Icon属性用于返回或设置用于显示文件或目录的图标。函数声明为：

```
DirView.Icon As Picture
```

⑤ Picture属性　Picture属性用于返回或设置用于显示根目录的图片。函数声明为：

```
DirView.Picture As Picture
```

⑥ Renaming属性　Renaming属性用于返回目录是否被重命名。函数声明为：

```
DirView.Renaming As Boolean
```

⑦ Settings属性　Settings属性用于返回或设置控件设置，数据类型为Variant数组。函数声明为：

```
DirView.Settings As Variant[]
```

⑧ ShowHidden属性　ShowHidden属性用于返回或设置控件是否显示隐藏目录。函数声明为：

```
DirView.ShowHidden As Boolean
```

（2）DirView控件的主要方法

① NewFolder方法　NewFolder方法用于在当前文件夹内创建一个新的文件夹。函数声明为：

```
DirView. NewFolder()
```

② Reload 方法　Reload 方法用于重新装载内容。函数声明为：

```
DirView. Reload()
```

③ Rename 方法　Rename 方法用于重命名当前所选目录。函数声明为：

```
DirView. Rename()
```

（3）DirView 控件的主要事件

① Activate 事件　Activate 事件当双击一个目录时触发。函数声明为：

```
Event DirView. Activate()
```

② Click 事件　Click 事件当选择一个目录时触发。函数声明为：

```
Event DirView. Click()
```

③ Icon 事件　Icon 事件当控件获取与指定文件或目录关联的图标时触发。函数声明为：

```
Event DirView. Icon(Path As String)
```

Path 为文件路径。

④ Menu 事件　Menu 事件当在一个目录上弹出快捷菜单时触发。函数声明为：

```
Event DirView. Menu()
```

⑤ Select 事件　Select 事件当选择一个目录时触发。函数声明为：

```
Event DirView. Select()
```

2.3.2　FileView 控件

FileView 控件显示目录中的文件，其文件可用图标或列表的形式显示。该控件在不同操作系统下外观会有所不同，如图 2-14 所示。

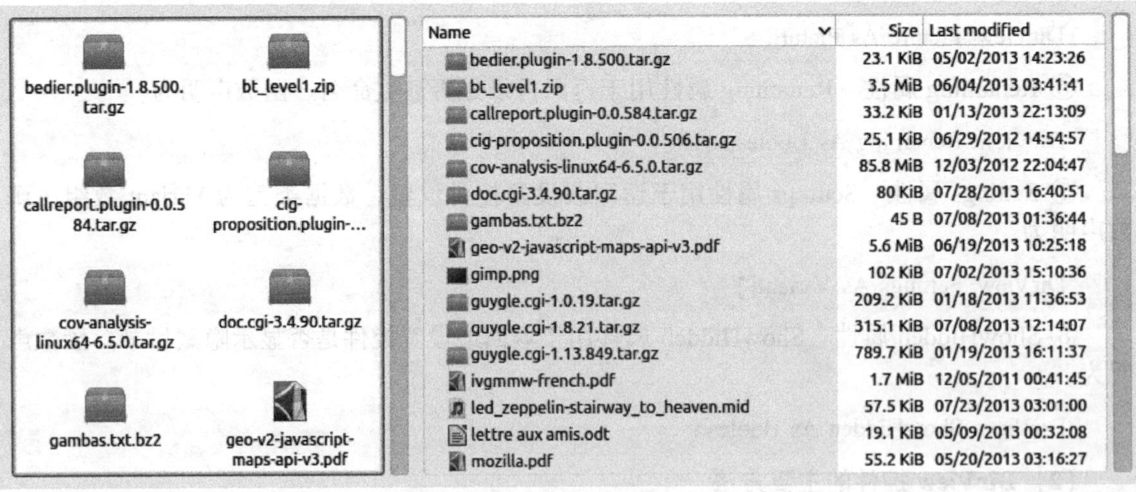

图 2-14　FileView 控件外观

2

（1）FileView 控件的主要属性

① Background 属性　Background 属性用于返回或设置控件的背景颜色。函数声明为：

```
FileView. Background As Integer
```

② Border 属性　Border 属性用于返回或设置控件是否具有边框。函数声明为：

```
FileView. Border As Boolean
```

③ Count 属性　Count 属性用于返回文件的数量。函数声明为：

```
FileView. Coun As Integer
```

④ Current 属性　Current 属性用于返回或设置当前选中的文件。函数声明为：

```
FileView. Current As String
```

⑤ Dir 属性　Dir 属性用于返回或设置显示的目录。函数声明为：

```
FileView. Dir As String
```

⑥ Filter 属性　Filter 属性用于返回或设置控件显示指定文件类型。函数声明为：

```
FileView. Filter As String[]
```

⑦ Foreground 属性　Foreground 属性用于返回或设置文本颜色。函数声明为：

```
FileView. Foreground As Integer
```

⑧ Icon 属性　Icon 属性用于返回或设置用于显示文件或目录的图标。函数声明为：

```
FileView. Icon As Picture
```

⑨ IconSize 属性　IconSize 属性用于返回或设置图标大小。函数声明为：

```
FileView. IconSize As Integer
```

⑩ Mode 属性　Mode 属性用于返回或设置文件的选择模式。函数声明为：

```
FileView. Mode As Integer
```

⑪ Selection 属性　Selection 属性用于当 Mode 属性设置为 Select. Multiple 时返回选中的文件列表。函数声明为：

```
FileView. Selection As String[]
```

⑫ Settings 属性　Settings 属性用于返回或设置控件的状态。函数声明为：

```
FileView. Settings As Variant[]
```

⑬ ShowDetailed 属性　ShowDetailed 属性用于返回或设置控件中是否用图标或列表查看文件细节。函数声明为：

```
FileView. ShowDetailed As Boolean
```

⑭ ShowDirectory 属性　ShowDirectory 属性用于返回或设置控件是否显示目录。函数声明为：

```
FileView. ShowDirectory As Boolean
```

⑮ ShowHidden 属性　ShowHidden 属性用于返回或设置控件中隐藏文件是否显示。函数声明为：

```
FileView. ShowHidden As Boolean
```

⑯ ShowPreview 属性　ShowPreview 属性用于返回或设置是否显示图像缩略图。函数声明为：

```
FileView. ShowPreview As Boolean
```

（2）FileView 控件的主要方法

① Reload 方法　Reload 方法用于再次装载当前目录，即刷新。函数声明为：

```
FileView. Reload()
```

② Rename 方法　Rename 方法用于重命名当前选中的文件。函数声明为：

```
FileView. Rename()
```

③ SelectAll 方法　SelectAll 方法用于选中所有文件。函数声明为：

```
FileView. SelectAll()
```

④ UnselectAll 方法　UnselectAll 方法用于取消选中的所有文件。函数声明为：

```
FileView. UnselectAll()
```

（3）FileView 控件的主要事件

① Activate 事件　Activate 事件当双击文件时触发。函数声明为：

```
Event FileView. Activate()
```

② Click 事件　Click 事件当选择一个文件时触发。函数声明为：

```
Event FileView. Click()
```

③ Icon 事件　Icon 事件当控件获取与指定文件或目录关联的图标时触发。函数声明为：

```
Event FileView. Icon(Path As String)
```

Path 为文件目录。

④ Menu 事件　Menu 事件当在一个目录上弹出快捷菜单时触发。函数声明为：

```
Event FileView. Menu()
```

⑤ Select 事件　Select 事件当选择一个目录时触发。函数声明为：

```
Event FileView. Select()
```

2.3.3 FileProperties 控件

FileProperties 控件以 TabPanel 形式显示文件属性。可以使用 Add 方法添加其他标签页。该控件在不同操作系统下外观会有所不同，如图 2-15 所示。

（1）FileProperties 控件的主要属性

① Border 属性　Border 属性用于返回或设置控件是否具有边框。函数声明为：

```
FileProperties. Border As Boolean
```

② Data 属性　Data 属性用于返回由 Data 事件填充的虚拟对象。函数声明为：

```
FileProperties. Data As _FilePropertiesData
```

③ Index 属性　Index 属性用于返回当前标签页的索引或通过其索引设置当前标签页。函数声明为：

```
FileProperties. Index As Integer
```

④ Path 属性　Path 属性用于返回或设置文件路径。如果路径是目录，则会自动计算目录占用存储空间的大小。函数声明为：

```
FileProperties. Path As String
```

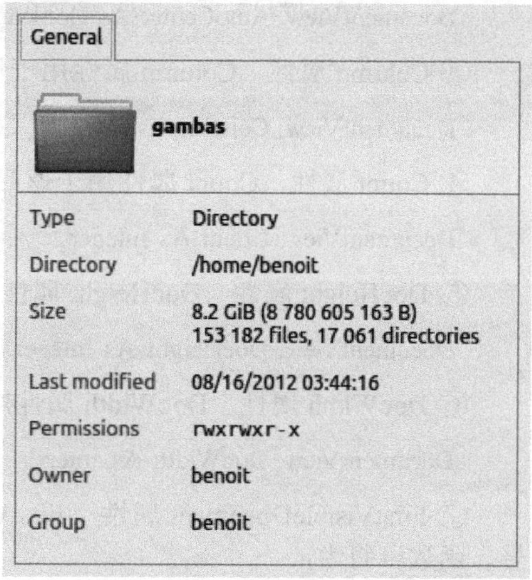

图 2-15　FileProperties 控件外观

（2）FileProperties 控件的主要方法

FileProperties 控件的主要方法为 Add 方法。

Add 方法用于在控件新标签页中插入一个容器或控件。函数声明为：

```
FileProperties. Add(Panel As Control, Title As String) As Integer
```

Panel 为新控件。

Title 为新标签页标题。

（3）FileProperties 控件的主要事件

① Click 事件　Click 事件当标签页改变时触发。函数声明为：

```
Event FileProperties. Click()
```

② Data 事件　Data 事件用于填充 Data 属性，定义文件的类型及其图标。函数声明为：

```
Event FileProperties. Data()
```

2.3.4　_FilePropertiesData 虚类

_ FilePropertiesData 虚类用于定义文件的属性。

_ FilePropertiesData 虚类的主要属性包括：

① Icon 属性　Icon 属性用于返回或设置与文件关联的图标。函数声明为：

```
_FilePropertiesData. Icon As Picture
```

② Type 属性　Type 属性用于返回或设置文件类型。函数声明为：

```
_FilePropertiesData. Type As String
```

2.3.5　DocumentView 控件

DocumentView 控件实现文档查看功能，允许使用不同的排列来显示不同的文档页面。

（1）DocumentView 控件的主要属性

① Arrangement 属性　Arrangement 属性用于返回或设置页面排列方式，包括 Arrange. Vertical、Arrange. Horizontal、Arrange. Row、Arrange. Column、Arrange. Fill。函数声明为：

```
DocumentView. Arrangement As Integer
```

② AutoCenter 属性　AutoCenter 属性用于返回或设置页面是否居中。函数声明为：

```
DocumentView. AutoCenter As Boolean
```

③ Column 属性　Column 属性用于根据排列模式显示列数或行数。函数声明为：

```
DocumentView. Column As Integer
```

④ Count 属性　Count 属性用于返回或设置显示的页面数，至少设置为 1。函数声明为：

```
DocumentView. Count As Integer
```

⑤ DocHeight 属性　DocHeight 属性用于返回或设置文档高度。函数声明为：

```
DocumentView. DocHeight As Integer
```

⑥ DocWidth 属性　DocWidth 属性用于返回或设置文档宽度。函数声明为：

```
DocumentView. DocWidth As Integer
```

⑦ FirstVisibleDocument 属性　FirstVisibleDocument 属性用于返回第一个可见页面的编号。函数声明为：

```
DocumentView. FirstVisibleDocument As Integer
```

⑧ LastVisibleDocument 属性　LastVisibleDocument 属性用于返回最后一个可见页面的编号。函数声明为：

```
DocumentView. LastVisibleDocument As Integer
```

⑨ Layout 属性　Layout 属性用于在 Layout 事件期间设置页面的宽度、高度。函数声明为：

```
DocumentView. Layout As _DocumentLayout
```

⑩ PageHeight 属性　PageHeight 属性用于返回或设置默认页面高度，当未定义 Layout 属性时有效。函数声明为：

```
DocumentView. PageHeight As Integer
```

⑪ PageWidth 属性　PageWidth 属性用于返回或设置默认页面宽度，当未定义 Layout 属性时有效。函数声明为：

```
DocumentView. PageWidth As Integer
```

⑫ ShowShadow 属性　ShowShadow 属性用于返回或设置是否显示文档阴影。函数声明为：

```
DocumentView. ShowShadow As Boolean
```

（2）DocumentView 控件的主要事件

① Draw 事件　Draw 事件当绘制控件时触发。函数声明为：

```
Event DocumentView. Draw(Page As Integer, Width As Integer, Height As Integer)
```

Page 为当前页面。
Width 为当前页面宽度。
Height 为当前页面高度。

② Finished 事件　Finished 事件当控件绘制完成时触发。函数声明为：

```
Event DocumentView. Finished()
```

③ Layout 事件　Layout 事件当控件排列布局改变时触发。函数声明为：

```
Event DocumentView. Layout(Page As Integer)
```

Page 为当前页面。

④ Zoom 事件　Zoom 事件当控件缩放时触发。函数声明为：

```
Event DocumentView. Zoom()
```

2.3.6 _DocumentLayout 虚类

_DocumentLayout 虚类的主要属性包括：

① Height 属性　Height 属性用于返回或设置页面高度。函数声明为：

```
_DocumentLayout. Height As Integer
```

② Orientation 属性　Orientation 属性用于返回或设置页面方向。函数声明为：

```
_DocumentLayout. Orientation As Integer
```

③ Width 属性　Width 属性用于返回或设置页面宽度。函数声明为：

```
_DocumentLayout. Width As Integer
```

2.3.7 文件浏览器程序设计

下面通过一个实例来学习 DirView、FileView、FileProperties 和 DocumentView 控件的使用方法。设计一个文件浏览器应用程序，当在 DirView 控件中选择一个目录时，会在 FileView 控件中显示该目录内的文件；当在 DirView 或 FileView 控件中选中一个目录或文件时，则在 FileProperties 控件中显示该目录或文件的类型、目录、最近修改、许可权限、属主、属组等属性；在 DocumentView 控件中显示一个十页的文档缩略图，如图 2-16 所示。

（1）实例效果预览

实例效果预览如图 2-16 所示。

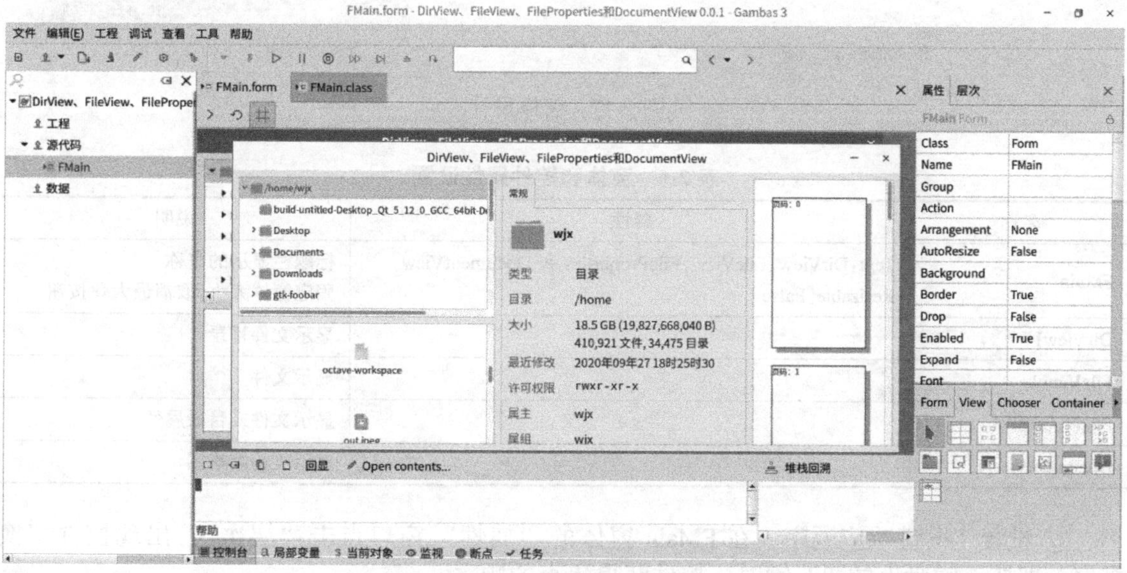

图 2-16　文件浏览器程序窗体

（2）实例步骤

① 启动 Gambas 集成开发环境，可以在菜单栏选择“文件”→“新建工程…”，或在启动窗体中直接选择“新建工程…”项。

② 在“新建工程”对话框中选择“1. 工程类型”中的“Graphical application”项，点击“下一个（N）”按钮。

③ 在“新建工程”对话框中选择“2. Parent directory”中要新建工程的目录，点击“下一个（N）”按钮。

④ 在“新建工程”对话框的“3. Project details”中输入工程名和工程标题，工程名为存储目录的名称，工程标题为应用程序的实际名称，在这里设置相同的工程名和工程标题。完成之后，点击“确定”按钮。

⑤ 系统默认生成的启动窗体名称（Name）为 FMain。在 FMain 窗体中添加 1 个 DirView 控件、1 个 FileView 控件、1 个 FileProperties 控件、1 个 DocumentView 控件，如图 2-17 所示，并设置相关属性，如表 2-6 所示。

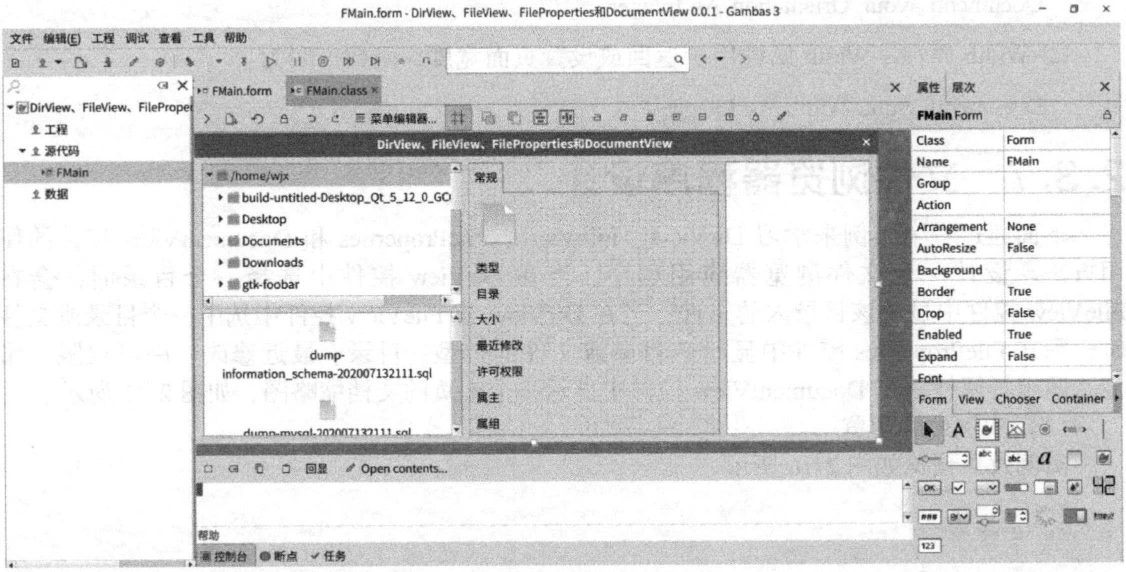

图 2-17 窗体设计

表 2-6 窗体和控件属性设置

名称	属性	说明
FMain	Text：DirView、FileView、FileProperties 和 DocumentView Resizable：False	标题栏显示的名称 固定窗体大小，取消最大化按钮
DirView1		显示文件目录
FileView1		显示文件
FileProperties1		显示文件或目录属性
DocumentView1		显示文档缩略图

⑥ 设置 Tab 键响应顺序。在 FMain 窗体的“属性”窗口点击“层次”，出现控件切换排序，即按下键盘上的 Tab 键时，控件获得焦点的顺序。

⑦ 在 FMain 窗体中添加代码。

```
' Gambas class file

Public Sub DirView1_Click()
  '在 FileView1 中显示由 DirView1 目录指定的文件
  FileView1. Dir=DirView1. Current
  '在 FileProperties1 中显示的属性由 DirView1 中的目录指定
  FileProperties1. Path=DirView1. Current
End

Public Sub FileView1_Click()
  '在 FileProperties1 中显示的文件属性由 FileView1 中的文件指定
  FileProperties1. Path=FileView1. Current
End

Public Sub Form_Open()
  '设置 DocumentView1 的显示文档页数、列数、文档宽度、文档高度、阴影
  DocumentView1. Count=10
  DocumentView1. Column=1
  DocumentView1. DocWidth=50
  DocumentView1. DocHeight=80
  DocumentView1. ShowShadow=True
End

Public Sub DocumentView1_Draw(Page As Integer, Width As Integer, Height As Integer)
  '在每页文档中显示页码
  Draw. Text("页码:" & Str(Page), 0, 0)
End
```

程序中，Public Sub DocumentView1_ Draw (Page As Integer, Width As Integer, Height As Integer) 语句在程序启动后初始化文档内容，从首页开始，直至完成对所有页面的绘制。使用 Draw. Text 函数绘制文本，并且文档以图片的形式显示。

2.4 信息图像视图类控件

信息图像视图类控件包含 MessageView 和 ImageView 控件。其中，MessageView 控件将提示信息以直观形式在窗体上显示，不需要使用 Message 类的弹出式消息框，并可以自定义提示文本和图标，灵活性更强；ImageView 控件可实现各类图片的浏览、查看、缩放等功能。

2.4.1 MessageView 控件

MessageView 控件用于显示临时消息，而不必使用消息框。使用该控件时，消息将连续显示，并且仅当不再有要读取的消息时，消息面板才会关闭。

(1) MessageView 控件的主要属性

① Animated 属性　Animated 属性用于返回或设置消息面板是否显示动画。函数声明为：

```
MessageView. Animated As Boolean
```

② Border 属性　Border 属性用于返回或设置控件是否具有边框。函数声明为：

```
MessageView. Border As Boolean
```

③ Separator 属性　Separator 属性用于返回或设置在面板下方或上方是否显示分隔符。函数声明为：

```
MessageView. Separator As Boolean
```

（2）MessageView 控件的主要方法

① Close 方法　Close 方法用于关闭消息面板。函数声明为：

```
MessageView. Close()
```

② Open 方法　Open 方法用于打开消息面板显示指定的消息。如果消息面板已经打开，消息将叠加在一起连续显示，当不再有要读取的消息时，消息面板才会关闭。函数声明为：

```
MessageView. Open(Text As String[,Icon As Picture])
```

Text 为消息文本。

Icon 为显示图标。

（3）MessageView 控件的主要事件

① Close 事件　Close 事件当消息面板关闭时触发。函数声明为：

```
Event MessageView. Close()
```

② Open 事件　Open 事件当消息面板打开时触发。函数声明为：

```
Event MessageView. Open()
```

2.4.2　ImageView 控件

ImageView 控件实现图像查看功能。该控件在不同操作系统下外观会有所不同，如图 2-18 所示。

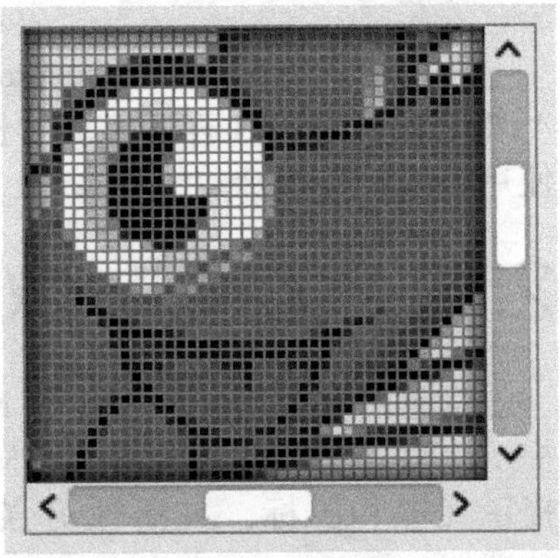

图 2-18　ImageView 控件外观

（1）ImageView 控件的主要属性

① Alignment 属性　Alignment 属性用于返回或设置图片的对齐方式。函数声明为：

```
ImageView. Alignment As Integer
```

② Border 属性　Border 属性用于返回或设置控件是否具有边框。函数声明为：

```
ImageView. Border As Boolean
```

③ Design 属性　Design 属性用于返回或设置控件是否处于设计模式。函数声明为：

```
ImageView. Design As Boolean
```

④ Image 属性　Image 属性用于返回或设置控件显示的图像。函数声明为：

```
ImageView. Image As Image
```

⑤ Grid 属性　Grid 属性用于返回或设置是否显示栅格。函数声明为：

```
ImageView. Grid As Boolean
```

⑥ ScrollHeight 属性　ScrollHeight 属性用于返回内容高度。函数声明为：

```
ImageView. ScrollHeight As Integer
```

⑦ ScrollH 属性　ScrollH 属性用于返回内容高度，与 ScrollHeight 属性相同。函数声明为：

```
ImageView. ScrollH As Integer
```

⑧ ScrollWidth 属性　ScrollWidth 属性用于返回内容宽度。函数声明为：

```
ImageView. ScrollWidth As Integer
```

⑨ ScrollW 属性　ScrollW 属性用于返回内容宽度，与 ScrollWidth 属性相同。函数声明为：

```
ImageView. ScrollW As Integer
```

⑩ ScrollX 属性　ScrollX 属性用于返回或设置水平滚动位置。函数声明为：

```
ImageView. ScrollX As Integer
```

⑪ ScrollY 属性　ScrollY 属性用于返回或设置垂直滚动位置。函数声明为：

```
ImageView. ScrollY As Integer
```

⑫ UseMouse 属性　UseMouse 属性用于返回或设置是否响应鼠标事件。函数声明为：

```
ImageView. UseMouse As Boolean
```

⑬ Zoom 属性　Zoom 属性用于返回或设置缩放级别。1 表示 100%，2 表示 200%，0.5 表示 50%，依此类推。函数声明为：

```
ImageView. Zoom As Float
```

（2）ImageView 控件的主要方法

① EnsureVisible 方法　EnsureVisible 方法用于使指定区域可见。函数声明为：

```
ImageView. EnsureVisible(X As Integer, Y As Integer, W As Integer, H As Integer)
```

X 为横坐标。
Y 为纵坐标。
W 为宽度。
H 为高度。

② ImageToView 方法　ImageToView 方法用于将像素点从图像坐标转换为视图坐标。函数声明为：

```
ImageView. ImageToView(ImagePoint As Point) As Point
```

ImagePoint 为图像像素点。

③ Scroll 方法　Scroll 方法用于将视图滚动到指定位置。函数声明为：

```
ImageView. Scroll(X As Integer, Y As Integer)
```

X 为横坐标。
Y 为纵坐标。

④ Update 方法　Update 方法用于用新图像更新视图，而无须重置缩放。函数声明为：

```
ImageView. Update([Image As Image])
```

Image 为图像。

⑤ ViewToImage 方法　ViewToImage 方法用于将像素点从视图坐标转换为图像坐标。函数声明为：

```
ImageView. ViewToImage(ViewPoint As Point) As Point
```

ViewPoint 为视图像素点。

⑥ ZoomFit 方法　ZoomFit 方法用于使图像适合视图区域。函数声明为：

```
ImageView. ZoomFit([Margin As Integer])
```

（3）ImageView 控件的主要事件

① Draw 事件　Draw 事件当绘制视图时触发。函数声明为：

```
Event ImageView. Draw(As Image)
```

View 为视图。

② Scroll 事件　Scroll 事件当视图滚动时触发。函数声明为：

```
Event ImageView. Scroll()
```

2.4.3　图像缩放程序设计

下面通过一个实例来学习 MessageView 和 ImageView 控件的使用方法。设计一个图像缩放应用程序，点击“装载图像”按钮后在 ImageView 控件中显示图片，当在 ImageView 控件中按下 Ctrl 键，并滚动鼠标滚轮时，可对图片进行缩放操作，向前滚动滚轮图片缩小，向后滚动滚轮图片放大，并在 MessageView 控件中实时显示放大缩小的比例，如图 2-19 所示。

（1）实例效果预览

实例效果预览如图 2-19 所示。

图 2-19　图像缩放程序窗体

(2) 实例步骤

① 启动 Gambas 集成开发环境，可以在菜单栏选择“文件”→“新建工程…”，或在启动窗体中直接选择“新建工程…”项。

② 在“新建工程”对话框中选择“1. 工程类型”中的“Graphical application”项，点击“下一个 (N)”按钮。

③ 在“新建工程”对话框中选择“2. Parent directory”中要新建工程的目录，点击“下一个 (N)”按钮。

④ 在“新建工程”对话框的“3. Project details”中输入工程名和工程标题，工程名为存储目录的名称，工程标题为应用程序的实际名称，在这里设置相同的工程名和工程标题。完成之后，点击“确定”按钮。

⑤ 系统默认生成的启动窗体名称（Name）为 FMain。在 FMain 窗体中添加 1 个 MessageView 控件、1 个 ImageView 控件、1 个 Label 控件、1 个 TextLabel 控件、1 个 Button 控件，如图 2-20 所示，并设置相关属性，如表 2-7 所示。

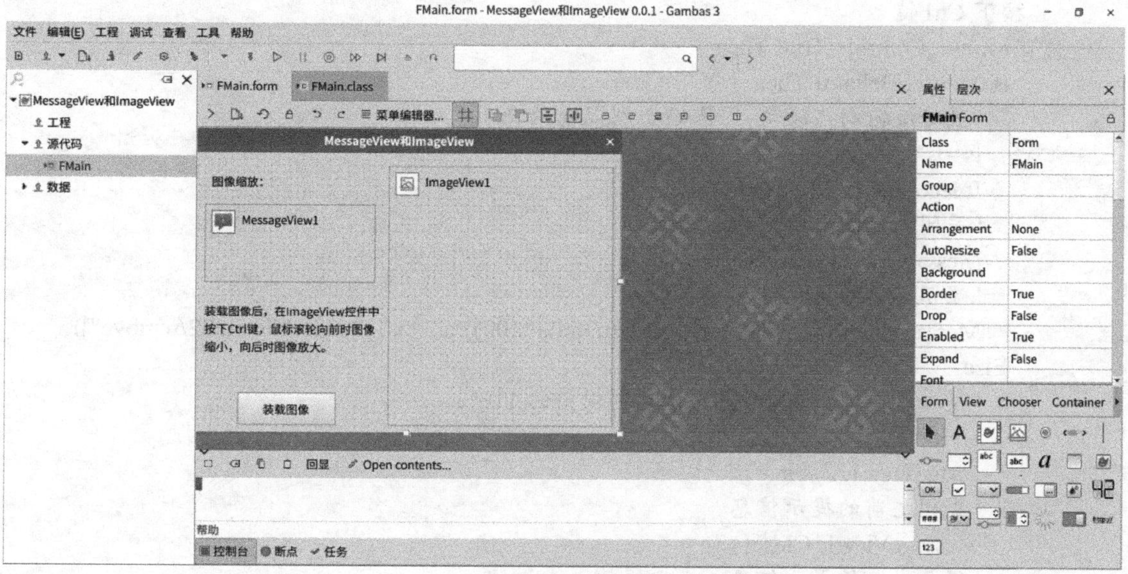

图 2-20 窗体设计

表 2-7 窗体和控件属性设置

名称	属性	说明
FMain	Text：MessageView 和 ImageView Resizable：False	标题栏显示的名称 固定窗体大小，取消最大化按钮
MessageView1		显示缩放提示信息
ImageView1		显示图片
Label1	Text：图像缩放：	显示文本
TextLabel1	Text：装载图像后，在 ImageView 控件中按下 Ctrl 键，鼠标滚轮向前时图像缩小，向后时图像放大	显示文本
Button1	Text：装载图像	命令按钮，响应相关点击事件

⑥ 设置 Tab 键响应顺序。在 FMain 窗体的“属性”窗口点击“层次”，出现控件切换

排序，即按下键盘上的 Tab 键时，控件获得焦点的顺序。

⑦ 在 FMain 窗体中添加代码。

```
' Gambas class file

Public ts As Float=1. 0

Public Sub Button1_Click()
  '设置分隔符
  MessageView1. Separator=True
  '装载图像
  ImageView1. Image=Image. Load("gambas. png")
End

Public Sub ImageView1_MouseWheel()
  '按下 Ctrl 键
  If Mouse. Control=True Then
    If Mouse. Delta>0 Then
      '鼠标滚轮向前滚动,图像缩小到以前的 90%
      ts=ts*0. 9
      ImageView1. Zoom=ts
      '关闭之前的提示信息
      MessageView1. Close()
      '显示当前的提示信息
      MessageView1. Open("缩小" & Str(Int(ts*100)) & "%",Picture["icon:/32/remove"])
    Else
      '鼠标滚轮向后滚动,图像放大到以前的 110%
      ts=ts*1. 1
      ImageView1. Zoom=ts
      '关闭之前的提示信息
      MessageView1. Close()
      '显示当前的提示信息
      MessageView1. Open("放大" & Str(Int(ts*100)) & "%",Picture["icon:/32/add"])
    Endif
  Endif
End
```

程序中，为了避免出现大量提示信息在 MessageView1 控件中叠加，而只显示当前图片的缩放值，使用 MessageView1. Close 函数将之前的信息关闭。

第3章 选择器类控件应用

选择器（Chooser）类控件是组成Gambas应用程序的重要对象，主要为用户提供文件、目录、日期、字体的选择功能，使其以可视化的形式存在于窗体中，直观且易于操作。选择器类控件位于集成开发环境中控件工具箱的Chooser标签页，这些控件来源于并且兼容Qt4、Qt5、GTK+2、GTK+3，可方便地发布和移植到各种Linux操作系统中。

本章介绍了Gambas的选择器类控件使用方法，包括DirChooser、FileChooser、DirBox、DateChooser控件、DateBox、FontChooser、FontBox控件以及与之关联的虚类，并给出了文件浏览程序、日期字体程序等示例，能够使读者快速掌握选择器类控件的属性、方法、事件，以及相关程序设计方法。

3.1 文件目录选择器类控件

文件目录选择器类控件类似于dialog类的OpenFile、SaveFile、SelectDirectory对话框函数，区别在于是否以可视化的形式直接显示在窗体上。可以通过这些控件操作文件或目录，如实现显示隐藏文件、重命名、复制、创建目录、用文件管理器打开等操作。文件目录选择器类控件主要包括：DirChooser、FileChooser、DirBox控件。

3.1.1 DirChooser控件

DirChooser控件实现目录选择功能。该控件在不同操作系统下外观会有所不同，如图3-1所示。

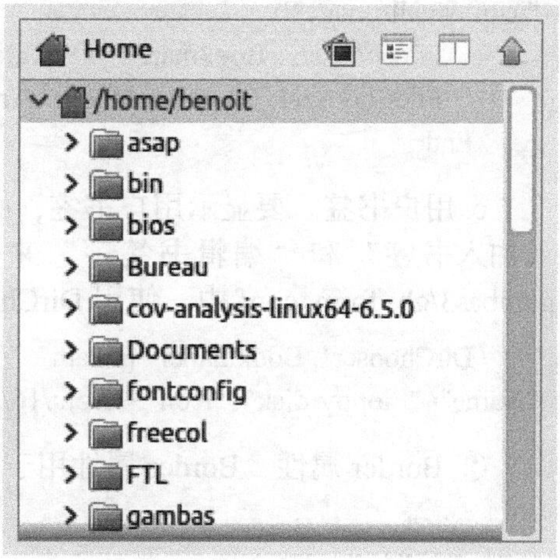

图3-1 DirChooser控件外观

（1）DirChooser控件的主要属性

① Bookmarks属性 Bookmarks属性用于返回或设置用户定义的书签列表。函数声明为：

```
DirChooser. Bookmarks As Collection[]
```

DirChooser控件和FileChooser控件具有完整的书签系统。启用时将ShowBookmark属性设置为True。书签菜单项将显示在控件下拉菜单中。该控件在不同操作系统下外观会有所不同，如图3-2所示。

下拉菜单包含3种书签：

a. 标准书签。标准书签包含“居家”和“系统”菜单项，如果装载组件 gb. desktop，则增加“桌面”菜单项。

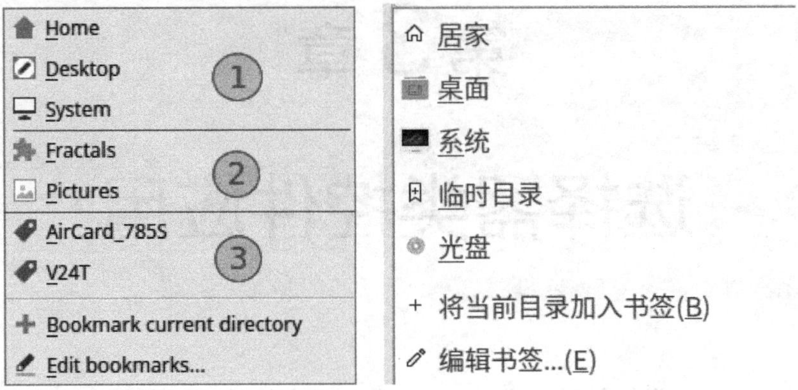

图 3-2　书签菜单项

b. 私有书签。可以通过 Bookmarks 属性访问私有书签。每个书签都由一个 Collection 对象描述，包含指向书签的 Path、Name、Icon 键名和对应的路径。其中，可选键名 Name 和 Icon 由书签指定名称和显示图标。私有书签依赖于指定的应用程序，在运行时创建，如：

```
Public Sub Form_Open()
  Dim cPrivateBookmarks As Collection[]
  Dim cBookmark As Collection

  cPrivateBookmarks=New Collection[]
  '创建书签集合
  cBookmark=New Collection
  cBookmark["Path"]=User. Home &/ "Images/Fractals"
  cBookmark["Name"]="Fractals"
  cBookmark["Icon"]="icon:/small/plugin"
  cPrivateBookmarks. Add(cBookmark)
  '私有书签
  cPrivateBookmarks. Add(["Path": User. Home &/ "Private/Pictures","Name": "Pictures","Icon":
"icon:/small/image"])
  Filechooser1. Bookmarks=cPrivateBookmarks
  FileChooser1. ShowBookmark=True
End
```

c. 用户书签。要显示用户书签，必须加载 gb. settings 组件。可以使用菜单项“将当前目录加入书签”和“编辑书签…”来创建和编辑用户书签。书签存储在 $HOME/. config/gambas3/gb. form. conf 中，使用 DirChooser 和 FileChooser 控件可在所有工程中共享，如：

```
DirChooser1. Bookmarks=[["Path": "/tmp","Name": "Temporary directory"],["Path": "/mnt/floppy",
"Name": "Floppy disk","Icon": "icon:/16/floppy"]]
```

② Border 属性　Border 属性用于返回或设置控件是否具有边框。函数声明为：

```
DirChooser. Border As Boolean
```

③ DirView 属性　DirView 属性用于返回控件内部使用的 DirView 控件。函数声明为：

```
DirChooser. DirView As DirView
```

④ FileView 属性　FileView 属性用于返回控件内部使用的 FileView 控件。函数声明为：

```
DirChooser. FileView As FileView
```

⑤ Icon 属性　Icon 属性用于返回或设置用于显示文件或目录的图标。函数声明为：

```
DirChooser. Icon As Picture
```

⑥ Picture 属性　Picture 属性用于返回或设置用于显示根目录的图片。函数声明为：

```
DirChooser. Picture As Picture
```

⑦ Root 属性　Root 属性用于返回或设置根目录路径。用户将不能离开根目录范围。函数声明为：

```
DirChooser. Root As String
```

⑧ SelectedPath 属性　SelectedPath 属性用于返回选中的目录。函数声明为：

```
DirChooser. SelectedPath As String
```

⑨ Settings 属性　Settings 属性用于返回或设置一个描述控件当前状态的字符串。Settings. Write 和 Settings. Read 使用该属性来存储和检索控件的设置。函数声明为：

```
DirChooser. Settings As Variant[]
```

⑩ ShowBookmark 属性　ShowBookmark 属性用于返回或设置书签菜单是否可见。函数声明为：

```
DirChooser. ShowBookmark As Boolean
```

⑪ ShowDetailed 属性　ShowDetailed 属性用于返回或设置文件以“查看细节”或“图像预览”方式显示。函数声明为：

```
DirChooser. ShowDetailed As Boolean
```

⑫ ShowFile 属性　ShowFile 属性用于返回或设置显示目录中文件窗口是否可见。函数声明为：

```
DirChooser. ShowFile As Boolean
```

⑬ ShowHidden 属性　ShowHidden 属性用于返回或设置隐藏文件或目录是否可见。函数声明为：

```
DirChooser. ShowHidden As Boolean
```

⑭ ShowPreview 属性　ShowPreview 属性用于返回或设置是否显示图像缩略图。函数声明为：

```
DirChooser. ShowPreview As Boolean
```

⑮ ShowSplitter 属性　ShowSplitter 属性用于返回或设置“显示文件”（拆分）按钮是否可见。

```
DirChooser. ShowSplitter As Boolean
```

⑯ Value 属性　Value 属性用于返回选中的目录，与 SelectedPath 属性相同。函数声明为：

```
DirChooser. Value As String
```

（2）DirChooser 控件的主要方法

DirChooser 控件的主要方法为 Reload 方法。

Reload 方法用于重新装载视图内容，即刷新。函数声明为：

```
DirChooser. Reload()
```

（3）DirChooser 控件的主要事件

① Activate 事件　Activate 事件当双击一个目录时触发。函数声明为：

```
Event DirChooser. Activate()
```

② Change 事件　Change 事件当目录改变时触发。函数声明为：

```
Event DirChooser. Change()
```

③ Icon 事件　Icon 事件当控件获取与指定文件或目录关联的图标时触发。函数声明为：

```
Event DirChooser. Icon(Path As String)
```

Path 为文件路径。

3.1.2 FileChooser 控件

FileChooser 控件允许用户选择一个文件或在相同目录下的文件列表。该控件在不同操作系统下外观会有所不同，如图 3-3 所示。

图 3-3　FileChooser 控件外观

（1）FileChooser 控件的主要属性

① Bookmarks 属性　Bookmarks 属性用于返回或设置用户定义的书签列表。函数声明为：

```
FileChooser. Bookmarks As Collection[]
```

② Border 属性　Border 属性用于返回或设置控件是否具有边框。函数声明为：

```
FileChooser. Border As Boolean
```

③ Dir 属性　Dir 属性用于返回或设置当前目录。函数声明为：

```
FileChooser. Dir As String
```

④ DirView 属性　DirView 属性用于返回控件内部使用的 DirView 控件。函数声明为：

```
FileChooser. DirView As DirView
```

⑤ Extension 属性　Extension 属性用于返回可用于在 FileChooser 控件内插入扩展的内部容器。函数声明为：

```
FileChooser. Extension As Container
```

⑥ FileView 属性　FileView 属性用于返回控件内部使用的 FileView 控件。函数声明为：

```
FileChooser. FileView As FileView
```

⑦ Filter 属性　Filter 属性用于返回或设置过滤器显示指定的文件类型。函数声明为：

```
FileChooser. Filter As String[]
```

该属性接收一个符合指定结构的字符串数组：第一过滤器，第一过滤器描述，第二过滤器，第二过滤器描述……

过滤器字符串是用分号分隔的使用通配符的文件模式列表，过滤器描述可以是任意字符串，过滤器字符串被自动附加到过滤器描述，如：

```
FileChooser1. Filter=["*. png;*. jpg;*. jpeg;*. bmp","图片文件","*. svg;*. wmf","绘图文件"]
```

⑧ FilterIndex 属性　FilterIndex 属性用于返回或设置被 FileChooser 控件使用的过滤器索引。-1 表示显示所有的文件。函数声明为：

```
FileChooser. FilterIndex As Integer
```

⑨ Icon 属性　Icon 属性用于返回或设置用于显示文件或目录的图标。函数声明为：

```
FileChooser. Icon As Picture
```

⑩ Margin 属性　Margin 属性用于返回或设置 TextBox 和过滤器 ComboBox 周围是否有空白。函数声明为：

```
FileChooser. Margin As Boolean
```

⑪ Multi 属性　Multi 属性用于返回或设置是否可以多选。函数声明为：

```
FileChooser. Multi As Boolean
```

⑫ Picture 属性　Picture 属性用于返回或设置 FileChooser 目录查看显示的图片。函数声明为：

```
FileChooser. Picture As Picture
```

⑬ ReadOnly 属性　ReadOnly 属性用于返回或设置 FileChooser 是否只读。当想选择一个必须存在的文件时使用只读属性。函数声明为：

```
FileChooser. ReadOnly As Boolean
```

⑭ Root 属性　Root 属性用于返回或设置根目录路径。函数声明为：

```
FileChooser. Root As String
```

⑮ SelectedPath 属性　SelectedPath 属性用于返回选中的目录。函数声明为：

```
FileChooser. SelectedPath As String
```

⑯ SelectedPaths 属性　SelectedPaths 属性用于当 Multi 属性为 True 时返回所有选中文件的列表。函数声明为：

```
FileChooser. SelectedPaths As String[]
```

⑰ Settings 属性　Settings 属性用于返回或设置一个描述控件当前状态的字符串。Settings. Write 和 Settings. Read 使用该属性来存储和检索控件的设置。函数声明为：

```
FileChooser. Settings As Variant[]
```

⑱ ShowBookmark 属性　ShowBookmark 属性用于返回或设置书签菜单是否可见。函数声明为：

```
FileChooser. ShowBookmark As Boolean
```

⑲ ShowButton 属性　ShowButton 属性用于返回或设置标准对话框按钮“OK”和“Cancel”是否可见。函数声明为：

```
FileChooser. ShowButton As Boolean
```

⑳ ShowDetailed 属性　ShowDetailed 属性用于返回或设置文件以“查看细节”或“图像预览”方式显示。函数声明为：

```
FileChooser. ShowDetailed As Boolean
```

㉑ ShowDirectory 属性　ShowDirectory 属性用于返回是否在控件中显示目录。函数声明为：

```
FileChooser. ShowDirectory As Boolean
```

㉒ ShowFile 属性　ShowFile 属性用于返回或设置 TextBox 控件是否可见，默认为可见。函数声明为：

```
FileChooser. ShowFile As Boolean
```

㉓ ShowHidden 属性　ShowHidden 属性用于返回或设置隐藏文件或目录是否可见。函数声明为：

```
FileChooser. ShowHidden As Boolean
```

㉔ ShowPreview 属性　ShowPreview 属性用于返回或设置是否显示图像缩略图。函数声明为：

```
FileChooser. ShowPreview As Boolean
```

㉕ Value 属性　Value 属性当 Multi 属性为 False 时，与 SelectedPath 属性相同；当 Multi 属性为 True 时，与 SelectedPaths 属性相同。函数声明为：

```
FileChooser. Value As Variant
```

(2) FileChooser 控件的主要方法

① Reload 方法　Reload 方法用于重新装载视图内容，即刷新。函数声明为：

```
FileChooser. Reload()
```

② SetFocus 方法　SetFocus 方法用于获得焦点。函数声明为：

```
FileChooser. SetFocus()
```

(3) FileChooser 控件的主要事件

① Activate 事件　Activate 事件当双击一个文件时触发。函数声明为：

```
Event FileChooser. Activate()
```

② Change 事件　Change 事件当目录改变时触发。函数声明为：

```
Event DirChooser. Change()
```

③ Cancel 事件　Cancel 事件当点击取消按钮时触发。函数声明为：

```
Event FileChooser. Cancel()
```

④ Change 事件　Change 事件当选中的文件改变时触发。函数声明为：

```
Event FileChooser. Change()
```

⑤ Icon 事件　Icon 事件当控件获取与指定文件或目录关联的图标时触发。函数声明为：

```
EventFileChooser. Icon(Path As String)
```

Path 为文件路径。

3.1.3 DirBox 控件

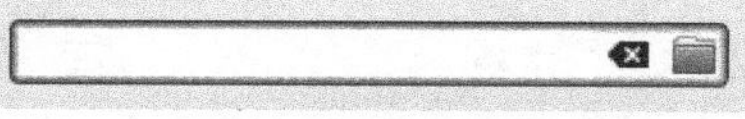

图 3-4　DirBox 控件外观

DirBox 控件实现目录选择功能。该控件在不同操作系统下外观会有所不同，如图 3-4 所示。

(1) DirBox 控件的主要属性

① Border 属性　Border 属性用于返回或设置控件是否具有边框。函数声明为：

```
DirBox. Border As Boolean
```

② Value 属性　Value 属性用于返回或设置所选目录。函数声明为：

```
DirBox. Value As String
```

(2) DirBox 控件的主要事件

① Change 事件　Change 事件当选择目录时触发。函数声明为：

```
Event DirBox. Change()
```

② Click 事件　Click 事件当选择目录时触发，与 Change 事件相同。函数声明为：

```
Event DirBox. Click()
```

3.1.4 文件浏览程序设计

下面通过一个实例来学习 DirChooser、DirBox 和 FileChooser 控件的使用方法。设计一个应用程序，可以在 DirChooser、DirBox 控件中选择文件目录，在 FileChooser 控件中选择文件，点击“选择”按钮弹出所选内容的消息框，并可向书签中添加自定义菜单项，如图 3-5 所示。

（1）实例效果预览

实例效果预览如图 3-5 所示。

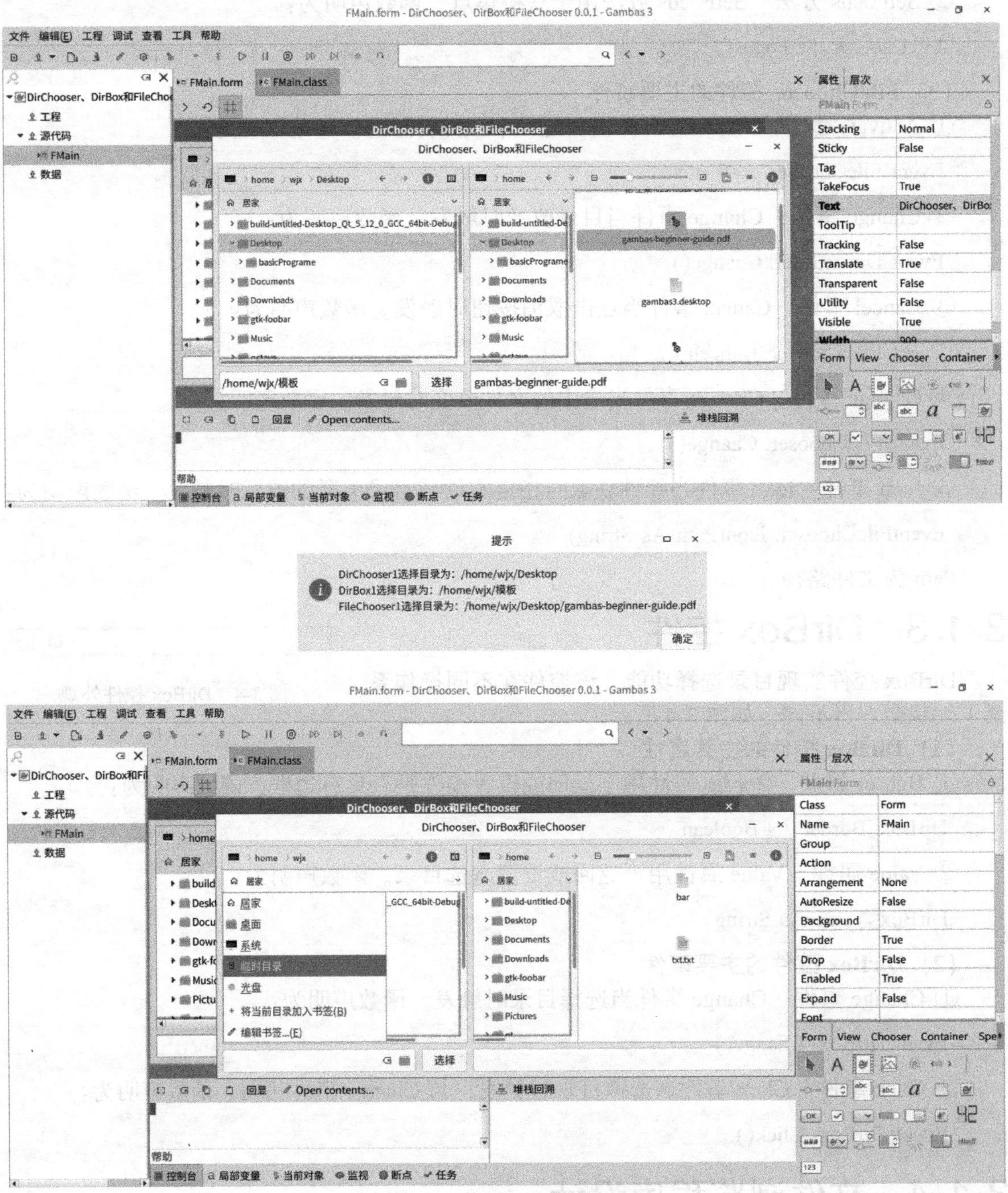

图 3-5　文件浏览程序窗体

（2）实例步骤

① 启动 Gambas 集成开发环境，可以在菜单栏选择“文件”→“新建工程…”，或在启动窗体中直接选择“新建工程…”项。

② 在“新建工程”对话框中选择“1. 工程类型”中的“Graphical application”项，点击“下一个（N）”按钮。

③ 在“新建工程”对话框中选择“2. Parent directory”中要新建工程的目录，点击“下一个（N）”按钮。

④ 在“新建工程”对话框的“3. Project details”中输入工程名和工程标题，工程名为存储目录的名称，工程标题为应用程序的实际名称，在这里设置相同的工程名和工程标题。完成之后，点击“确定”按钮。

⑤ 系统默认生成的启动窗体名称（Name）为 FMain。在 FMain 窗体中添加 1 个 DirChooser 控件、1 个 FileChooser 控件、1 个 DirBox 控件、1 个 Button 控件，如图 3-6 所示，并设置相关属性，如表 3-1 所示。

⑥ 在菜单中选择“工程”→“属性…”项，在弹出的“工程属性”对话框中，勾选“gb. desktop”项，系统会自动增加“gb. desktop. x11”项，在“居家”下拉菜单中显示“桌面”菜单项。

⑦ 设置 Tab 键响应顺序。在 FMain 窗体的“属性”窗口点击“层次”，出现控件切换排序，即按下键盘上的 Tab 键时，控件获得焦点的顺序。

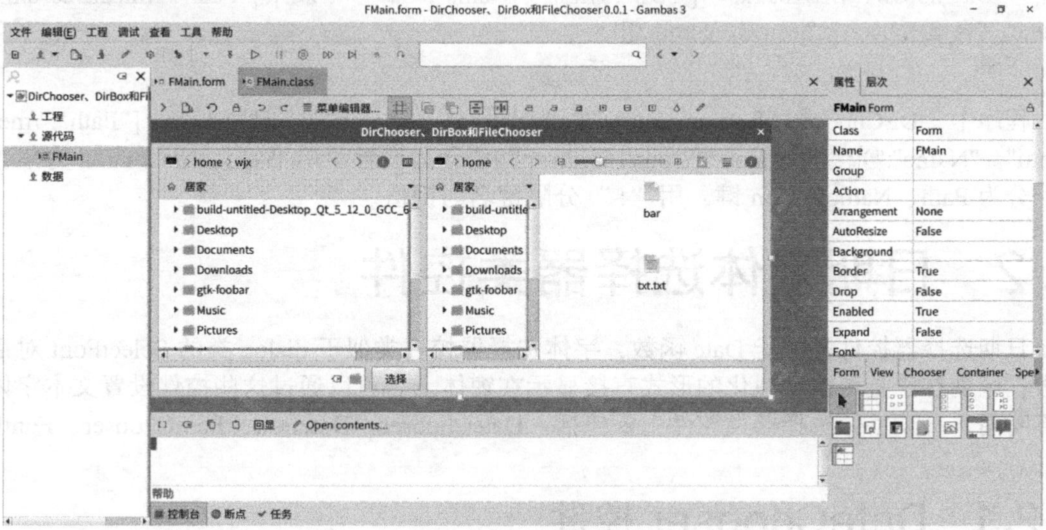

图 3-6　窗体设计

表 3-1　窗体和控件属性设置

名称	属性	说明
FMain	Text：DirChooser、DirBox 和 FileChooser Resizable：False	标题栏显示的名称 固定窗体大小，取消最大化按钮
DirChooser1		显示目录选择器
FileChooser1		显示文件选择器
DirBox1		显示目录框
Button1	Text：选择	命令按钮，响应相关点击事件

⑧ 在 FMain 窗体中添加代码。

```
' Gambas class file

Public Sub Button1_Click()

  Dim inf As String

  '获得各控件的当前目录或文件
  inf="DirChooser1 选择目录为:" & DirChooser1. value & "\n"
  inf=inf & "DirBox1 选择目录为:" & DirBox1. value & "\n"
  inf=inf & "FileChooser1 选择目录为:" & FileChooser1. value
  '以对话框形式显示
  Message. Title="提示"
  Message. Info(inf,"确定")
End

Public Sub Form_Open()
  '添加 gb. desktop 组件后,显示"桌面"菜单项
  '显示临时目录和光盘菜单项
  DirChooser1. Bookmarks=[["Path": "/tmp","Name": "临时目录"],["Path": "/media/cdrom","
Name": "光盘","Icon": "icon:/16/cdrom"]]
End
```

程序中，DirChooser1. Bookmarks=[["Path":"/tmp", "Name":"临时目录"], ["Path":"/media/cdrom", "Name":"光盘", "Icon":"icon:/16/cdrom"]]语句为设置菜单书签，Bookmarks 为集合类型，分为 Path、Name、Icon 键，用“:”分隔键名与键值。

3.2 日期字体选择器类控件

日期选择器控件类似于 Date 函数，字体选择器控件类似于 dialog 类的 SelectFont 对话框函数，区别在于是否以可视化的形式直接显示在窗体上。可以通过这些控件设置文本字体和计算时间。日期字体选择器类控件主要包括：DateChooser、DateBox、FontChooser、FontBox 控件。

3.2.1 DateChooser 控件

DateChooser 控件是一个日期选择器，允许用户选择日历中的一个日期。该控件在不同操作系统下外观会有所不同，如图 3-7 所示。

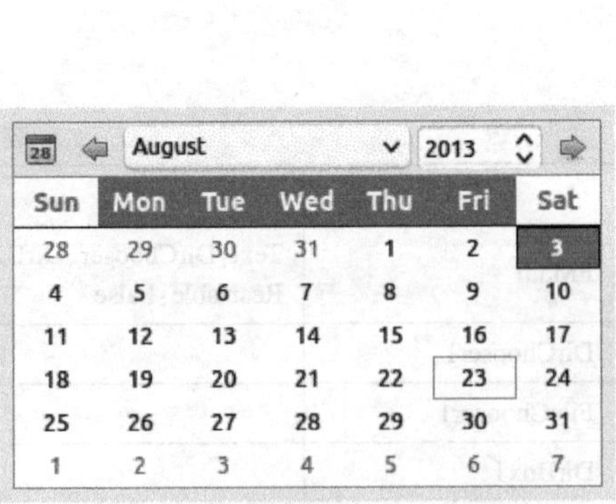

图 3-7 DateChooser 控件外观

(1) DateChooser 控件的主要属性

① Border 属性 Border 属性用于返回或设置控件是否具有边框。函数声明为：

```
DateChooser. Border As Boolean
```

② Colors 属性 Colors 属性用于返回一个虚类，该虚类允许为指定日期定义颜色。函数声明为：

```
DateChooser. Colors As _DateChooser_Colors
```

③ Data 属性　Data 属性用于返回定义显示指定日期的虚拟对象。在 Data 事件处理期间填充该属性有效。函数声明为：

```
DateChooser. Data As _DateChooser_Data
```

④ Day 属性　Day 属性用于返回选中日期的日部分。函数声明为：

```
DateChooser. Day As Integer
```

⑤ MaxValue 属性　MaxValue 属性用于返回或设置可以选择的最大日期。默认值为 NULL，则最大日期为最大可能日期。函数声明为：

```
DateChooser. MaxValue As Date
```

⑥ MinValue 属性　MinValue 属性用于返回或设置可以选择的最小日期。默认值为 NULL，则最小日期为最小可能日期。函数声明为：

```
DateChooser. MinValue As Date
```

⑦ Mode 属性　Mode 属性用于返回或设置日期显示模式。函数声明为：

```
DateChooser. Mode As Integer
```

Mode 属性日期显示模式常量如表 3-2 所示。

表 3-2　Mode 属性常量

常量名	常量值	备注
DateChooser. DateOnly	0	选择日期
DateChooser. DateTime	1	选择日期时间
DateChooser. TimeOnly	2	选择时间

⑧ Month 属性　Month 属性用于返回选中日期的月份部分。函数声明为：

```
DateChooser. Month As Integer
```

⑨ Value 属性　Value 属性用于返回或设置选中的日期。函数声明为：

```
DateChooser. Value As Date
```

⑩ Year 属性　Year 属性用于返回选中日期的年份部分。函数声明为：

```
DateChooser. Year As Integer
```

（2）DateChooser 控件的主要方法

DateChooser 控件的主要方法为 SetFocus 方法。

SetFocus 方法用于获得焦点。函数声明为：

```
DateChooser. SetFocus()
```

（3）DateChooser 控件的主要事件

① Activate 事件　Activate 事件当双击一个日期时触发。函数声明为：

```
Event DateChooser. Activate()
```

② Cancel 事件　Cancel 事件当按下 Esc 键取消选择时触发。函数声明为：

```
Event DateChooser. Cancel()
```

③ Change 事件　Change 事件当日历中的日期改变时触发。函数声明为：

```
Event DateChooser. Change()
```

④ Click 事件　Click 事件当点击日历或时间面板时触发。函数声明为：

```
Event DateChooser. Click()
```

⑤ Data 事件　Data 事件当日历中显示指定日期时触发。函数声明为：

```
Event DateChooser. Data(Date As Date)
```

Date 为指定日期。

3.2.2 _DateChooser_Colors 虚类

_DateChooser_Colors 虚类允许为指定的日期定义颜色。

（1）_DateChooser_Colors 虚类的定义

返回和设置与日期关联的特定颜色。

```
…=_DateChooser_Colors[…] (gb. form)
Dim hDateChooser As DateChooser
Dim anInteger As Integer
anInteger=hDateChooser. Colors[Date As Date]
hDateChooser. Colors[Date As Date]=anInteger
```

（2）_DateChooser_Colors 虚类的主要方法

_DateChooser_Colors 虚类的主要方法为 Clear 方法。

Clear 方法用于将所有日期重置为默认颜色。函数声明为：

```
_DateChooser_Colors. Clear()
```

3.2.3 _DateChooser_Data 虚类

_DateChooser_Data 虚类定义显示指定日期。

_DateChooser_Data 虚类的主要属性包括：

① Background 属性　Background 属性用于返回或设置背景颜色。默认值为 Color. Default。函数声明为：

```
_DateChooser_Data. Background As Integer
```

② Font 属性　Font 属性用于返回或设置字体。函数声明为：

```
_DateChooser_Data. Font As Font
```

③ Foreground 属性　Foreground 属性用于返回或设置文本颜色。默认值为 Color. Default。函数声明为：

```
_DateChooser_Data. Foreground As Integer
```

④ Text 属性　Text 属性目前未使用。函数声明为：

```
_DateChooser_Data. Text As String
```

3.2.4 DateBox 控件

图 3-8 DateBox 控件外观

DateBox 控件允许编辑日期值。该控件在不同操作系统下外观会有所不同，如图 3-8 所示。

（1）DateBox 控件的主要属性

① Border 属性　Border 属性用于返回或设置控件是否具有边框。函数声明为：

```
DateBox. Border As Boolean
```

② Mode 属性　Mode 属性用于返回或设置日期显示模式。函数声明为：

```
DateBox. Mode As Integer
```

③ ReadOnly 属性　ReadOnly 属性用于返回或设置是否可以修改文本。函数声明为：

```
DateBox. ReadOnly As Boolean
```

④ Text 属性　Text 属性用于返回控件显示的文本。函数声明为：

```
DateBox. Text As String
```

⑤ Value 属性　Value 属性用于返回或设置控件显示的日期。如果输入的日期无效则返回 NULL。函数声明为：

```
DateBox. Value As Date
```

（2）DateBox 控件的主要事件

① Activate 事件　Activate 事件当双击一个日期或按下空格键时触发。函数声明为：

```
Event DateBox. Activate()
```

② Change 事件　Change 事件当控件内容改变时触发。函数声明为：

```
Event DateBox. Change()
```

③ Click 事件　Click 事件当点击日期时触发。函数声明为：

```
Event DateBox. Click()
```

3.2.5 FontChooser 控件

FontChooser 控件允许选择字体。该控件在不同操作系统下外观会有所不同，如图 3-9 所示。

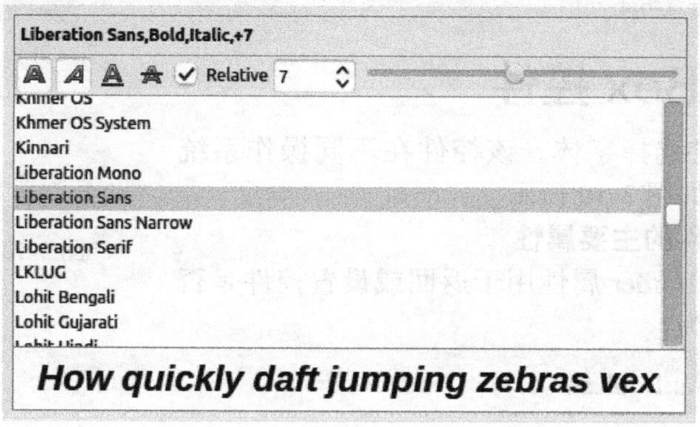

图 3-9 FontChooser 控件外观

（1）FontChooser 控件的主要属性

① Border 属性　Border 属性用于返回或设置控件是否具有边框。函数声明为：

```
FontChooser. Border As Boolean
```

② FixedOnly 属性　FixedOnly 属性用于返回或设置是否仅显示固定字体。函数声明为：

```
FontChooser. FixedOnly As Boolean
```

③ SelectedFont 属性　SelectedFont 属性用于返回或设置选择的字体字符串。函数声明为：

```
FontChooser. SelectedFont As String
```

④ ShowLabel 属性　ShowLabel 属性用于返回或设置是否显示标签。函数声明为：

```
FontChooser. ShowLabel As Boolean
```

⑤ ShowPreview 属性　ShowPreview 属性用于返回或设置是否显示预览。函数声明为：

```
FontChooser. ShowPreview As Boolean
```

⑥ ShowRelative 属性　ShowRelative 属性用于返回或设置指定的相对字体大小。函数声明为：

```
FontChooser. ShowRelative As Boolean
```

⑦ ShowStyle 属性　ShowStyle 属性用于返回或设置是否可以选择字体类型。函数声明为：

```
FontChooser. ShowStyle As Boolean
```

⑧ Value 属性　Value 属性用于返回或设置选择的字体字符串，与 SelectedFont 属性相同。函数声明为：

```
FontChooser. Value As String
```

（2）FontChooser 控件的主要事件

① Activate 事件　Activate 事件当双击一个字体时触发。函数声明为：

```
Event FontChooser. Activate()
```

② Change 事件　Change 事件当选择的字体改变时触发。函数声明为：

```
Event FontChooser. Change()
```

3.2.6　FontBox 控件

FontBox 控件允许选择字体。该控件在不同操作系统下外观会有所不同，如图 3-10 所示。

图 3-10　FontBox 控件外观

（1）FontBox 控件的主要属性

① Border 属性　Border 属性用于返回或设置控件是否具有边框。函数声明为：

```
FontBox. Border As Boolean
```

② Default 属性　Default 属性用于返回或设置控件的默认字体。函数声明为：

```
FontBox. Default As String
```

③ Value 属性　Value 属性用于返回或设置所选字体。函数声明为：

```
FontBox. Value As String
```

（2）FontBox 控件的主要事件

① Change 事件　Change 事件当选择的字体改变时触发。函数声明为：

```
Event FontChooser. Change()
```

② Click 事件　Click 事件当选择的字体改变时触发，与 Change 事件相同。函数声明为：

```
Event FontBox. Click()
```


3.2.7　日期字体程序设计

下面通过一个实例来学习 DateChooser、DateBox、FontChooser 和 FontBox 控件的使用方法。设计一个应用程序，可以在 DateChooser、DateBox 控件中选择日期时间，双击时可以将日期添加到 TextArea 控件中，并可以通过 FontChooser、FontBox 控件来设置字体、字号等，如图 3-11 所示。

（1）实例效果预览

实例效果预览如图 3-11 所示。

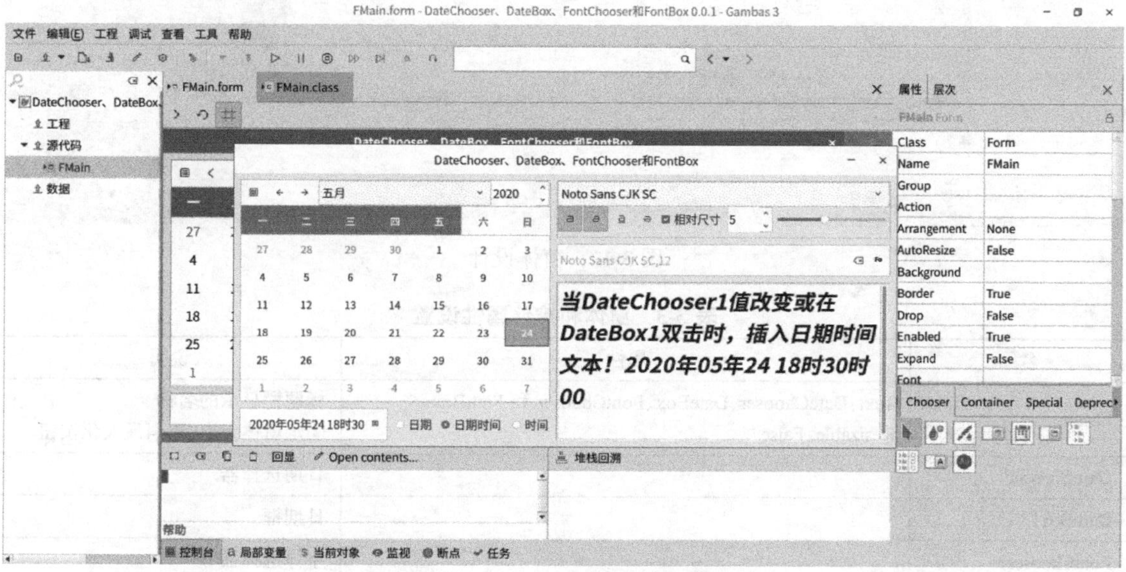

图 3-11　日期字体程序窗体

（2）实例步骤

① 启动 Gambas 集成开发环境，可以在菜单栏选择“文件”→“新建工程……”，或在启动窗体中直接选择“新建工程…”项。

② 在“新建工程”对话框中选择“1. 工程类型”中的“Graphical application”项，点击“下一个（N）”按钮。

③ 在“新建工程”对话框中选择“2. Parent directory”中要新建工程的目录，点击“下一个（N）”按钮。

④ 在“新建工程”对话框的“3. Project details”中输入工程名和工程标题，工程名为存储目录的名称，工程标题为应用程序的实际名称，在这里设置相同的工程名和工程标题。完成之后，点击“确定”按钮。

⑤ 系统默认生成的启动窗体名称（Name）为 FMain。在 FMain 窗体中添加 1 个 DateChooser 控件、1 个 DateBox 控件、1 个 FontChooser 控件、1 个 FontBox 控件、1 个 TextArea 控件、3 个 RadioButton 控件，如图 3-12 所示，并设置相关属性，如表 3-3 所示。

⑥ 设置 Tab 键响应顺序。在 FMain 窗体的“属性”窗口点击“层次”，出现控件切换排序，即按下键盘上的 Tab 键时，控件获得焦点的顺序。

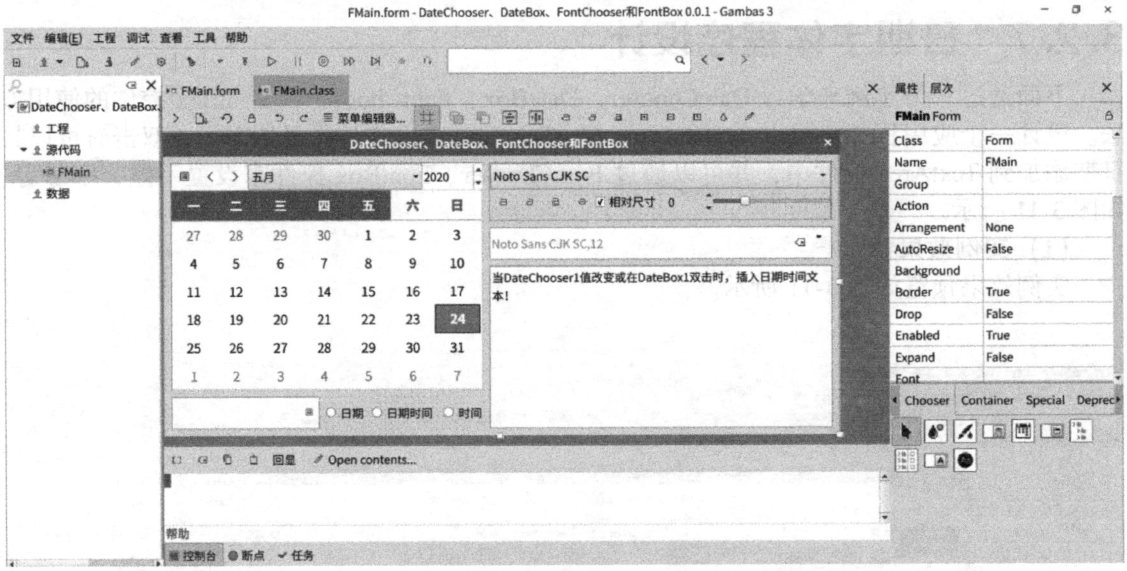

图 3-12　窗体设计

表 3-3　窗体和控件属性设置

名称	属性	说明
FMain	Text：DateChooser、DateBox、FontChooser 和 FontBox Resizable：False	标题栏显示的名称 固定窗体大小，取消最大化按钮
DateChooser1		日期选择器
DateBox1		日期框
FontChooser1		字体选择器
FontBox1		字体框
TextArea1	ScrollBar：Vertical Text：当 DateChooser1 值改变或在 DateBox1 双击时，插入日期时间文本	显示插入的文本，设置文本字体
RadioButton1	Group：dt Text：日期	单选按钮

续表

名称	属性	说明
RadioButton2	Group:dt Text:日期时间	单选按钮
RadioButton3	Group:dt Text:时间	单选按钮

⑦ 在 FMain 窗体中添加代码。

```
'Gambas class file

Public Sub DateBox1_DblClick()

  Dim tmp As String
  '将数据转换为文本字符串并换行
  tmp=Str(DateBox1.Value) & "\n"
  TextArea1.Insert(tmp)
End

Public Sub dt_Click()
  '设置 DateBox1 显示模式
  Select Case Last.Name
    Case "RadioButton1"
      DateBox1.Mode=DateChooser.DateOnly
    Case "RadioButton2"
      DateBox1.Mode=DateChooser.DateTime
    Case "RadioButton3"
      DateBox1.Mode=DateChooser.TimeOnly
  End Select
End

Public Sub DateChooser1_Change()

  Dim tmp As String

  '将数据转换为文本字符串并换行
  tmp=Str(DateChooser1.Value) & "\n"
  TextArea1.Insert(tmp)
End

Public Sub FontChooser1_Change()

  Dim tmp As String

  '设置文本字体
```

```
    tmp=FontChooser1. Value
    TextArea1. Font=Font[tmp]
End

Public Sub FontBox1_Click()

    Dim nam As String

    '设置文本字体
    nam=FontBox1. Value
    TextArea1. Font=Font[nam]
End
```

程序中，TextArea1. Font=Font[nam]语句为设置文本字体，其中，nam为字体名称文本，包含字体、字号、粗体、斜体、下划线、删除线、相对尺寸等，如：“Noto Sans CJK SC, 16”表示字体为Noto Sans CJK SC，字号为16；“Noto Sans CJK SC,Bold,Italic,Underline, Strikeout, +1”表示字体为Noto Sans CJK SC，设置粗体、斜体、下划线、删除线，相对尺寸为+1。

第4章 容器类控件应用

容器类（Container）控件是组成Gambas应用程序的主要对象，主要作为其他功能控件的容器来使用，用于将功能控件分类规划、排序对齐和集中管理。容器类控件位于集成开发环境中控件工具箱的Container标签页，这些控件来源于并且兼容Qt4、Qt5、GTK+2、GTK+3，可方便地发布和移植到各种Linux操作系统中。

本章介绍了Gambas的容器类控件使用方法，包括Frame、Panel、ScrollView、ScrollArea、Expander、HBox、HPanel、VBox、VPanel、HSplit、VSplit、IconPanel、ToolPanel、SidePanel、TabStrip、TabPanel、Wizard控件以及与之关联的虚类，并给出了基本容器类控件程序、扩展容器类控件程序等示例，能够使读者快速掌握容器类控件的属性、方法、事件，以及相关程序设计方法。

4.1 基本容器类控件

基本容器类控件是一类用于存放其他控件的控件，其自身功能较弱，一般是通过被包含的一组控件完成相应的功能，无论在设计时还是在运行时，都可以对容器中任何一个控件进行独立操作，且不会影响其他控件；功能类控件的封装比容器类控件更为严格，但也因此丧失了一些灵活性，在程序设计时一般会搭配使用。基本容器类控件主要包括：Frame、Panel、ScrollView、ScrollArea、Expander、HBox、HPanel、VBox、VPanel、HSplit、VSplit等类型。

4.1.1 Frame控件

Frame控件是一个带有蚀刻边框和标签的容器。该控件在不同操作系统下外观会有所不同，如图4-1所示。

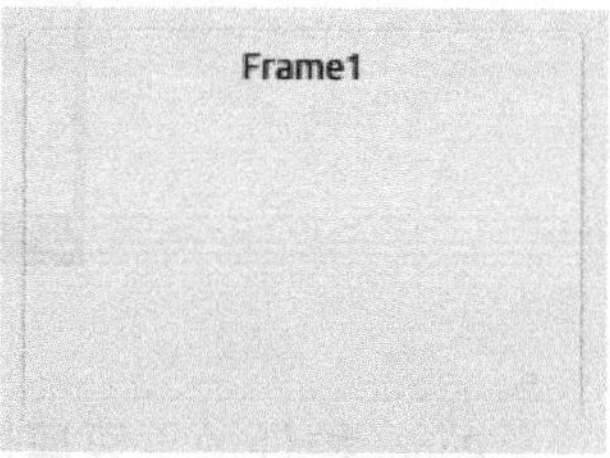

图4-1 Frame控件外观

Frame控件的主要属性包括：

① Arrangement属性 Arrangement属性用于返回或设置容器中控件的排列方式。函数声明为：

```
Frame. Arrangement As Integer
```

② AutoResize属性 AutoResize属性用于返回或设置控件是否自动调整大小以适应显示内容。函数声明为：

```
Frame. AutoResize As Boolean
```

③ Caption属性 Caption属性用于返回或设置控件标题，与Text属性相同。函数声

明为：

```
Frame. Caption As String
```

④ Indent 属性　Indent 属性用于返回或设置容器中的控件是否缩进。缩进量为 Desktop. Scale 中规定的像素值。函数声明为：

```
Frame. Indent As Boolean
```

⑤ Invert 属性　Invert 属性用于返回或设置是否进行水平或垂直排列方向颠倒。如设置该属性，则从左到右的水平对齐方式将变为从右到左的水平对齐方式。函数声明为：

```
Frame. Invert As Boolean
```

⑥ Margin 属性　Margin 属性用于返回或设置容器边界与控件之间是否有边距。边距为 Desktop. Scale 中规定的像素值。如定义了 Padding 属性，则边距为 Padding 值。函数声明为：

```
Frame. Margin As Boolean
```

⑦ Padding 属性　Padding 属性用于返回或设置容器中控件之间的间隔或容器内部边距的像素数。函数声明为：

```
Frame. Padding As Integer
```

⑧ Spacing 属性　Spacing 属性用于返回或设置容器内控件是否隔开。函数声明为：

```
Frame. Spacing As Boolean
```

⑨ Text 属性　Text 属性用于返回或设置控件标题。函数声明为：

```
Frame. Text As String
```

⑩ Title 属性　Title 属性用于返回或设置控件标题，与 Text 属性相同。函数声明为：

```
Frame. Title As String
```

4.1.2 Panel 控件

Panel 控件实现一个带可变边框的容器。该控件在不同操作系统下外观会有所不同，如图 4-2 所示。

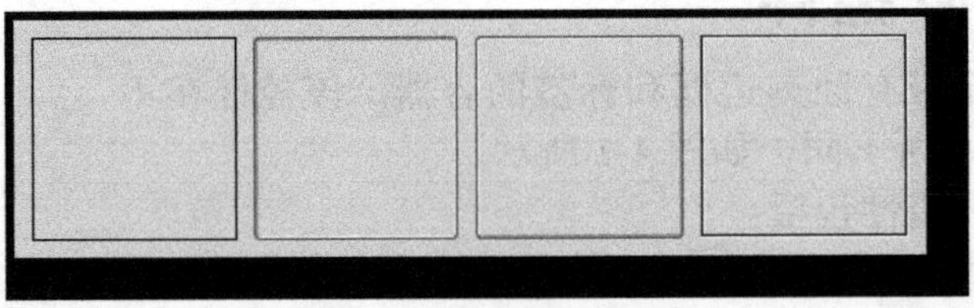

图 4-2　Panel 控件外观

Panel 控件的主要属性包括：

① Arrangement 属性　Arrangement 属性用于返回或设置容器中控件的排列方式。函数声明为：

```
Panel. Arrangemen As Integer
```

② AutoResize 属性　AutoResize 属性用于返回或设置控件是否自动调整大小以适应显示内容。函数声明为：

```
Panel. AutoResize As Boolean
```

③ Border 属性　Border 属性用于返回或设置控件的边框类型。函数声明为：

```
Panel. Border As Integer
```

④ Indent 属性　Indent 属性用于返回或设置容器中的控件是否缩进。缩进量为 Desktop. Scale 中规定的像素值。函数声明为：

```
Panel. Indent As Boolean
```

⑤ Invert 属性　Invert 属性用于返回或设置是否进行水平或垂直排列方向颠倒。如设置该属性，则从左到右的水平对齐方式将变为从右到左的水平对齐方式。函数声明为：

```
Panel. Invert As Boolean
```

⑥ Margin 属性　Margin 属性用于返回或设置容器边界与控件之间是否有边距。函数声明为：

```
Panel. Margin As Boolean
```

⑦ Padding 属性　Padding 属性用于返回或设置容器中控件之间的间隔或容器内部边距的像素数。函数声明为：

```
Panel. Padding As Integer
```

⑧ Spacing 属性　Spacing 属性用于返回或设置容器中控件是否隔开。函数声明为：

```
Panel. Spacing As Boolean
```

4.1.3 ScrollView 控件

ScrollView 控件是具有滚动内容功能的容器。该控件在不同操作系统下外观会有所不同，如图 4-3 所示。

图 4-3　ScrollView 控件外观

（1）ScrollView 控件的主要属性

① ScrollHeight 属性　ScrollHeight 属性用于返回控件内容高度，与 ContentsH 属性、ContentsHeight 属性相同。函数声明为：

```
ScrollView. ScrollHeight As Integer
```

② ScrollWidth 属性　ScrollWidth 属性用于返回控件内容宽度，与 ContentsW 属性、ContentsWidth 属性相同。函数声明为：

```
ScrollView. ScrollWidth As Integer
```

③ Expand 属性　Expand 属性用于返回或设置容器中的内容是否展开。函数声明为：

```
ScrollView. Expand As Boolean
```

④ Scrolling 属性　Scrolling 属性用于返回控件是否正在滚动。函数声明为：

```
ScrollView. Scrolling As Boolean
```

⑤ Shadow 属性　Shadow 属性用于返回或设置滚动区域控件是否显示内部阴影。函数

声明为：

```
ScrollView. Shadow As Boolean
```

⑥ Tablet 属性　Tablet 属性用于返回或设置是否将平板电脑事件作为鼠标事件接收。函数声明为：

```
ScrollView. Tablet As Boolean
```

⑦ UseMouse 属性　UseMouse 属性用于返回或设置是否响应鼠标滚轮事件。函数声明为：

```
ScrollView. UseMouse As Boolean
```

⑧ View 属性　View 属性用于返回内部使用的控件。函数声明为：

```
ScrollView. View As DrawingArea
```

⑨ Window 属性　Window 属性用于返回顶级窗口。函数声明为：

```
ScrollView. Window As Window
```

（2）ScrollView 控件的主要方法

① EnsureVisible 方法　EnsureVisible 方法用于指定滚动区域可见。函数声明为：

```
ScrollView. EnsureVisible(X As Integer, Y As Integer, W As Integer, H As Integer) As Boolean
```

X 为横坐标。
Y 为纵坐标。
W 为区域宽度。
H 为区域高度。

② RefreshRect 方法　RefreshRect 方法用于刷新控件中指定矩形区域。函数声明为：

```
ScrollView. RefreshRect(X As Integer, Y As Integer, Width As Integer, Height As Integer)
```

X 为横坐标。
Y 为纵坐标。
Width 为区域宽度。
Height 为区域高度。

③ ResizeContents 方法　ResizeContents 方法用于指定控件内容大小。函数声明为：

```
ScrollView. ResizeContents(Width As Integer, Height As Integer)
```

Width 为区域宽度。
Height 为区域高度。

④ ResizeScaled 方法　ResizeScaled 方法用于改变控件大小。指定的坐标乘以 Desktop. Scale。函数声明为：

```
ScrollView. ResizeScaled(Width As Float, Height As Float)
```

（3）ScrollView 控件的主要事件

① Enter 事件　Enter 事件当鼠标进入控件时触发。函数声明为：

```
Event ScrollView. Enter()
```

② Resize 事件　Resize 事件当调整控件大小时触发。函数声明为：

```
Event ScrollView. Resize()
```

③ Scroll 事件　Scroll 事件当控件滚动时触发。函数声明为：

```
Event ScrollView. Scroll()
```

4.1.4　ScrollArea 控件

ScrollArea 控件是一个带滚动条的 DrawingArea 控件，使用 ResizeContents 方法定义内容大小；使用 Draw 事件绘制图形时，要考虑 ScrollX 和 ScrollY 属性的值；无 Cached 属性；可使用 Shadow 属性绘制阴影。该控件在不同操作系统下外观会有所不同，如图 4-4 所示。

图 4-4　ScrollArea 控件外观

（1）ScrollArea 控件的主要属性

① Background 属性　Background 属性用于返回或设置背景颜色。函数声明为：

```
ScrollArea. Background As Integer
```

② ClientHeight 属性　ClientHeight 属性用于返回控件内容的高度。函数声明为：

```
ScrollArea. ClientHeight As Integer
```

③ ClientH 属性　ClientH 属性用于返回控件内容的高度，与 ClientHeight 属性相同。函数声明为：

```
ScrollArea. ClientH As Integer
```

④ ClientWidth 属性　ClientWidth 属性用于返回控件内容的宽度。函数声明为：

```
ScrollArea. ClientWidth As Integer
```

⑤ ClientW 属性　ClientW 属性用于返回控件内容的宽度，与 ClientWidth 属性相同。函数声明为：

```
ScrollArea. ClientW As Integer
```

⑥ Focus 属性　Focus 属性用于返回或设置控件是否接收键盘事件和焦点。函数声明为：

```
ScrollArea. Focus As Boolean
```

⑦ Foreground 属性　Foreground 属性用于返回或设置控件的文本颜色。函数声明为：

```
ScrollArea. Foreground As Integer
```

⑧ NoBackground 属性　NoBackground 属性用于返回或设置控件是否自动绘制其背景。函数声明为：

```
ScrollArea. NoBackground As Boolean
```

⑨ NoShadow 属性　NoShadow 属性用于返回或设置控件是否禁用阴影。函数声明为：

```
ScrollArea. NoShadow As Boolean
```

⑩ Painted 属性　Painted 属性用于返回或设置是否用 Paint 类而不是 draw 类绘制。从 Gambas 3. 4 开始已弃用该属性。函数声明为：

```
ScrollArea. Painted As Boolean
```

⑪ ScrollBar 属性　ScrollBar 属性用于返回或设置滚动条样式。函数声明为：

```
ScrollArea. ScrollBar As Integer
```

⑫ Tablet 属性　Tablet 属性用于返回或设置是否将平板电脑事件作为鼠标事件接收。函数声明为：

```
ScrollArea. Tablet As Boolean
```

⑬ Tracking 属性　Tracking 属性用于返回或设置控件是否将接收 MouseMove 事件。函数声明为：

```
ScrollArea. Tracking As Boolean
```

⑭ UseMouse 属性　UseMouse 属性用于返回或设置控件是否响应鼠标滚轮事件。函数声明为：

```
ScrollArea. UseMouse As Boolean
```

（2）ScrollArea 控件的主要方法

① EnsureVisible 方法　EnsureVisible 方法用于指定滚动区域可见。函数声明为：

```
ScrollArea. EnsureVisible(X As Integer, Y As Integer, W As Integer, H As Integer) As Boolean
```

X 为横坐标。
Y 为纵坐标。
W 为区域宽度。
H 为区域高度。

② RefreshRect 方法　RefreshRect 方法用于刷新控件中指定矩形区域。函数声明为：

```
ScrollArea. RefreshRect(X As Integer, Y As Integer, Width As Integer, Height As Integer)
```

X 为横坐标。
Y 为纵坐标。
Width 为区域宽度。
Height 为区域高度。

③ ResizeContents 方法　ResizeContents 方法用于指定控件内容大小。函数声明为：

```
ScrollArea. ResizeContents(Width As Integer, Height As Integer)
```

Width 为区域宽度。
Height 为区域高度。

④ Scroll 方法　Scroll 方法用于滚动控件到指定位置。函数声明为：

```
ScrollArea. Scroll(X As Integer, Y As Integer) As Boolean
```

X 为横坐标。
Y 为纵坐标。

（3）ScrollArea 控件的主要事件

① Draw 事件　Draw 事件当重绘时触发。从 Gambas 3.4 开始弃用该属性。函数声明为：

```
Event ScrollArea. Draw()
```

② Font 事件　Font 事件当字体改变时触发。函数声明为：

```
Event ScrollArea. Font()
```

③ Resize 事件　Resize 事件当调整控件内容大小时触发。函数声明为：

```
Event ScrollArea. Resize()
```

④ Scroll 事件　Scroll 事件当控件滚动时触发。函数声明为：

```
Event ScrollArea. Scroll()
```

4.1.5 Expander 控件

Expander 控件是一个能收缩隐藏其内容的容器控件。该控件在不同操作系统下外观会有所不同，如图 4-5 所示。

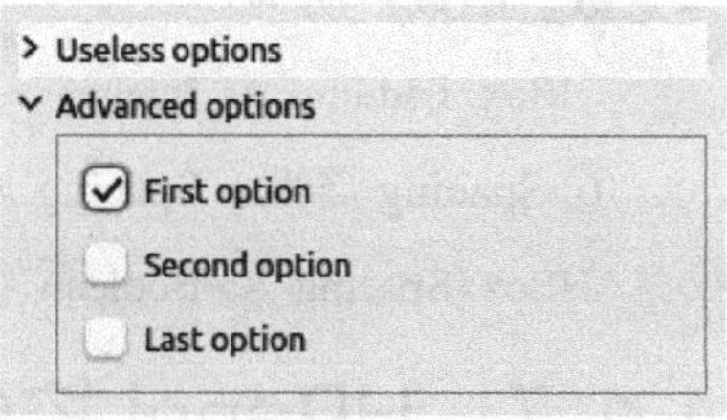

图 4-5　Expander 控件外观

（1）Expander 控件的主要属性

① Animated 属性　Animated 属性用于返回或设置当控件收缩或扩展其内容时是否显示动画。函数声明为：

```
Expander. Animated As Boolean
```

② Border 属性　Border 属性用于返回或设置控件是否具有边框。函数声明为：

```
Expander. Border As Boolean
```

③ Hidden 属性　Hidden 属性用于返回或设置是否隐藏控件内容。函数声明为：

```
Expander. Hidden As Boolean
```

④ Text 属性　Text 属性用于返回或设置标签。函数声明为：

```
Expander. Text As String
```

⑤ TextFont 属性　TextFont 属性用于返回或设置标签使用的字体。函数声明为：

```
Expander. TextFont As Font
```

（2）Expander 控件的主要事件

① Hide 事件　Hide 事件当控件收缩其内容时触发。函数声明为：

```
Event Expander. Hide()
```

② Show 事件　Show 事件当控件扩展其内容时触发。函数声明为：

```
Event Expander. Show()
```

4.1.6 HBox 控件

HBox 控件是一个能水平排列内部控件的容器，类似于一个 Arrangement 属性设置为 Arrange. Horizontal 的无边框 Panel。

HBox 控件的主要属性包括：

① AutoResize 属性　AutoResize 属性用于返回或设置容器是否会自动改变大小以适应其内容。函数声明为：

```
HBox. AutoResize As Boolean
```

② Indent 属性　Indent 属性用于返回或设置容器中的控件是否缩进。函数声明为：

```
HBox. Indent As Boolean
```

③ Invert 属性　Invert 属性用于返回或设置水平或垂直排列方向颠倒。函数声明为：

```
HBox. Invert As Boolean
```

④ Margin 属性　Margin 属性用于返回或设置容器边界与内部控件之间是否有边距。函数声明为：

```
HBox. Margin As Boolean
```

⑤ Padding 属性　Padding 属性用于返回或设置内部控件之间的间隔或容器内部边距的像素数。函数声明为：

```
HBox. Padding As Integer
```

⑥ Spacing 属性　Spacing 属性用于返回或设置内部控件是否隔开。函数声明为：

```
HBox. Spacing As Boolean
```

4.1.7　HPanel 控件

HPanel 控件是一个先从上到下，再从左到右排列其内部控件的容器，类似于一个 Arrangement 属性设置为 Arrange. Row 的无边框 Panel。

HPanel 控件的主要属性包括：

① AutoResize 属性　AutoResize 属性用于返回或设置容器是否会自动改变大小以适应其内容。函数声明为：

```
HPanel. AutoResize As Boolean
```

② Indent 属性　Indent 属性用于返回或设置容器中的控件是否缩进。函数声明为：

```
HPanel. Indent As Boolean
```

③ Invert 属性　Invert 属性用于返回或设置水平或垂直排列方向颠倒。函数声明为：

```
HPanel. Invert As Boolean
```

④ Margin 属性　Margin 属性用于返回或设置容器边界与内部控件之间是否有边距。函数声明为：

```
HPanel. Margin As Boolean
```

⑤ Padding 属性　Padding 属性用于返回或设置内部控件之间的间隔或容器内部边距的像素数。函数声明为：

```
HPanel. Padding As Integer
```

⑥ Spacing 属性　Spacing 属性用于返回或设置内部控件是否隔开。函数声明为：

```
HPanel. Spacing As Boolean
```

4.1.8　VBox 控件

VBox 控件是一个能垂直排列内部控件的容器，类似于一个 Arrangement 属性设置为 Arrange. Vertical 的无边框 Panel。

VBox 控件的主要属性包括：

① AutoResize 属性　AutoResize 属性用于返回或设置容器是否会自动改变大小以适应其内容。函数声明为：

```
VBox. AutoResize As Boolean
```

② Indent 属性　Indent 属性用于返回或设置容器中的控件是否缩进。函数声明为：

```
VBox. Indent As Boolean
```

③ Invert 属性　Invert 属性用于返回或设置水平或垂直排列方向颠倒。函数声明为：

```
VBox. Invert As Boolean
```

④ Margin 属性　Margin 属性用于返回或设置容器边界与内部控件之间是否有边距。函数声明为：

```
VBox. Margin As Boolean
```

⑤ Padding 属性　Padding 属性用于返回或设置内部控件之间的间隔或容器内部边距的像素数。函数声明为：

```
VBox. Padding As Integer
```

⑥ Spacing 属性　Spacing 属性用于返回或设置内部控件是否隔开。函数声明为：

```
VBox. Spacing As Boolean
```

4.1.9 VPanel 控件

VPanel 控件是一个先从左到右，再从上到下排列内部控件的容器，类似于一个 Arrangement 属性设置为 Arrange. Column 的无边框 Panel。

VPanel 控件的主要属性包括：

① AutoResize 属性　AutoResize 属性用于返回或设置容器是否会自动改变大小以适应其内容。函数声明为：

```
VPanel. AutoResize As Boolean
```

② Indent 属性　Indent 属性用于返回或设置容器中的控件是否缩进。函数声明为：

```
VPanel. Indent As Boolean
```

③ Invert 属性　Invert 属性用于返回或设置水平或垂直排列方向颠倒。函数声明为：

```
VPanel. Invert As Boolean
```

④ Margin 属性　Margin 属性用于返回或设置容器边界与内部控件之间是否有边距。函数声明为：

```
VPanel. Margin As Boolean
```

⑤ Padding 属性　Padding 属性用于返回或设置内部控件之间的间隔或容器内部边距的像素数。函数声明为：

```
VPanel. Padding As Integer
```

⑥ Spacing 属性　Spacing 属性用于返回或设置内部控件是否隔开。函数声明为：

```
VPanel. Spacing As Boolean
```

4.1.10 HSplit 控件

HSplit 控件实现水平分割器功能，是一个水平布局其内部控件的容器，并允许用户通过拖拽内部控件间的边界线来改变其大小。该控件在不同操作系统下外观会有所不同，如图 4-6 所示。

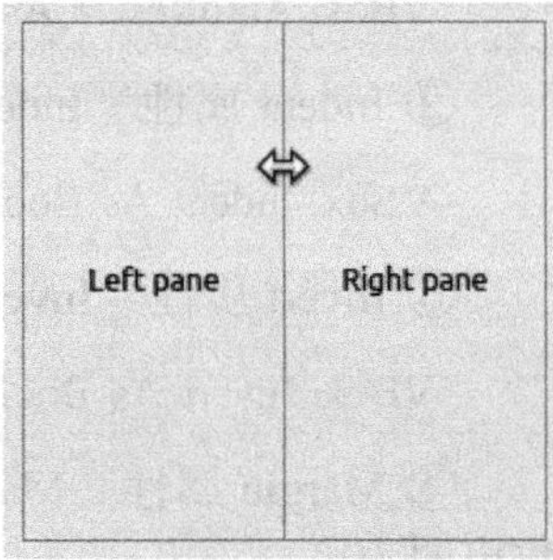

图 4-6 HSplit 控件外观

（1）HSplit 控件的主要属性

① Border 属性 Border 属性用于返回或设置控件是否具有边框。函数声明为：

```
HSplit. Border As Boolean
```

② Layout 属性 Layout 属性用于返回或设置控件布局。函数声明为：

```
HSplit. Layout As Integer[]
```

该属性以整型数组的形式表示内部控件的相对大小。如果拆分后的子项多于数组中的项，则这些子项的相对大小为 0，即它们是隐藏的。设置控件布局，如：

```
HSplit1. Layout=[40,60]
```

③ Settings 属性 Settings 属性用于返回或设置控件布局，与 Layout 属性相同。函数声明为：

```
HSplit. Settings As Integer[]
```

（2）HSplit 控件的主要事件

HSplit 控件的主要事件为 Resize 事件。

Resize 事件当调整内部控件的大小时触发。函数声明为：

```
Event HSplit. Resize()
```

4.1.11 VSplit 控件

VSplit 控件实现垂直分割器功能，是一个垂直布局其内部控件的容器，并允许用户通过拖拽内部控件间的边界线来改变其大小。该控件在不同操作系统下外观会有所不同，如图 4-7 所示。

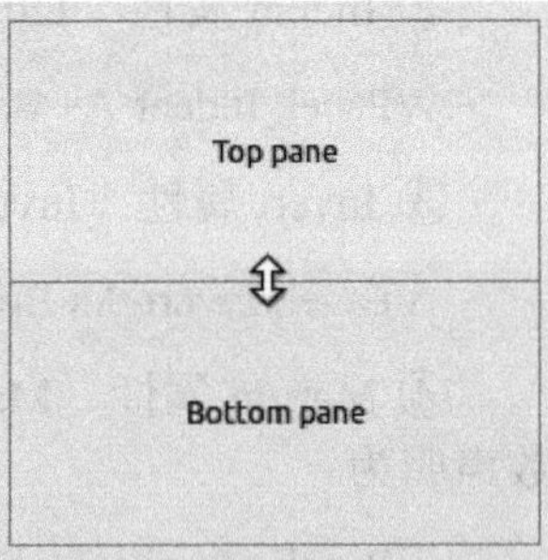

图 4-7 VSplit 控件外观

（1）VSplit 控件的主要属性

① Border 属性 Border 属性用于返回或设置控件是否具有边框。函数声明为：

```
VSplit. Border As Boolean
```

② Layout 属性 Layout 属性用于返回或设置控件布局。函数声明为：

```
VSplit. Layout As Integer[]
```

该属性以整型数组的形式表示内部控件的相对大小。如果拆分后的子项多于数组中的项，则这些子项的相对大小为 0，即它们是隐藏的。设置控件布局，如：

```
VSplit1. Layout=[40,60]
```

③ Settings 属性　Settings 属性用于返回或设置控件布局，与 Layout 属性相同。函数声明为：

```
VSplit. Settings As Integer[]
```

（2）VSplit 控件的主要事件

Resize 事件　Resize 事件当调整内部控件的大小时触发。函数声明为：

```
Event VSplit. Resize()
```

4.1.12　基本容器类控件程序设计

下面通过一个实例来学习基本容器类控件的使用方法。设计一个应用程序，在 HBox、VBox、HPanel、VPanel、Panel 控件内部放置子控件，除 Panel 外，其他控件轮廓一般不可见，且内部控件会按控件类型自动排列对齐；ScrollView、ScrollArea 控件可用于图形绘制与图片显示；HSplit、VSplit 控件用于动态调整控件的大小；Expander、Frame 控件都具有外部轮廓和提示标签，内部可放置其他控件，不同之处在于 Expander 可实现自动缩放，如图 4-8 所示。

（1）实例效果预览

实例效果预览如图 4-8 所示。

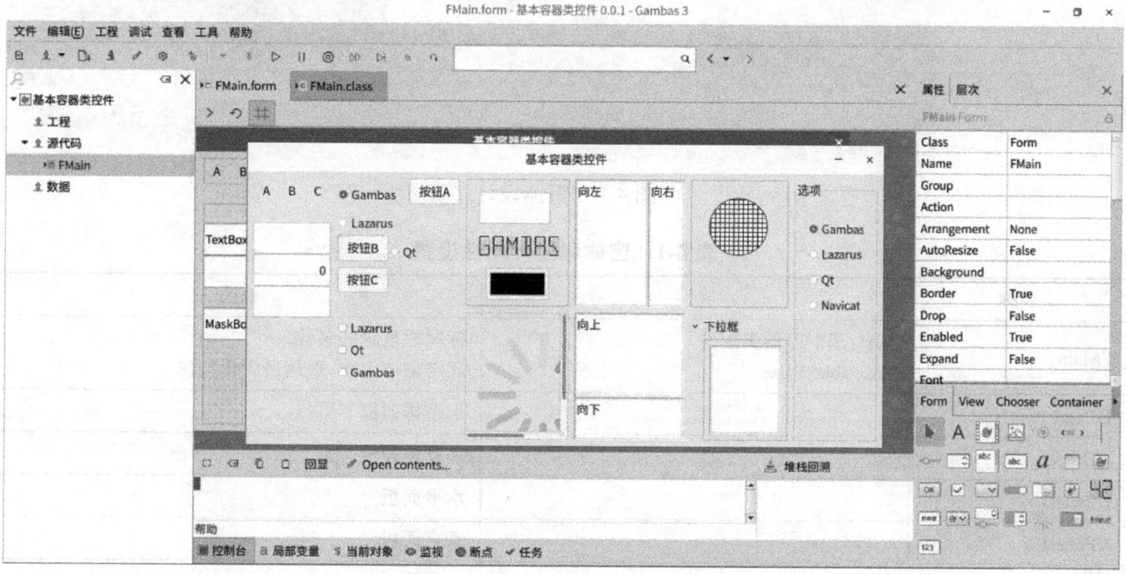

图 4-8　基本容器类控件程序窗体

（2）实例步骤

① 启动 Gambas 集成开发环境，可以在菜单栏选择“文件”→“新建工程…”，或在启动窗体中直接选择“新建工程…”项。

② 在“新建工程”对话框中选择“1. 工程类型”中的“Graphical application”项，点击“下一个（N）”按钮。

③ 在“新建工程”对话框中选择“2. Parent directory”中要新建工程的目录，点击“下一个（N）”按钮。

④ 在“新建工程”对话框的“3. Project details”中输入工程名和工程标题，工程名为存储目录的名称，工程标题为应用程序的实际名称，在这里设置相同的工程名和工程标题。完成之后，点击“确定”按钮。

⑤ 系统默认生成的启动窗体名称（Name）为 FMain。在 FMain 窗体中添加 1 个 HBox 控件、1 个 VBox 控件、1 个 HPanel 控件、1 个 VPanel 控件、1 个 Panel 控件、1 个 ScrollView 控件、1 个 HSplit 控件、1 个 VSplit 控件、1 个 ScrollArea 控件、1 个 Expander 控件、1 个 Frame 控件以及其他辅助控件若干，如图 4-9 所示，并设置相关属性，如表 4-1 所示。

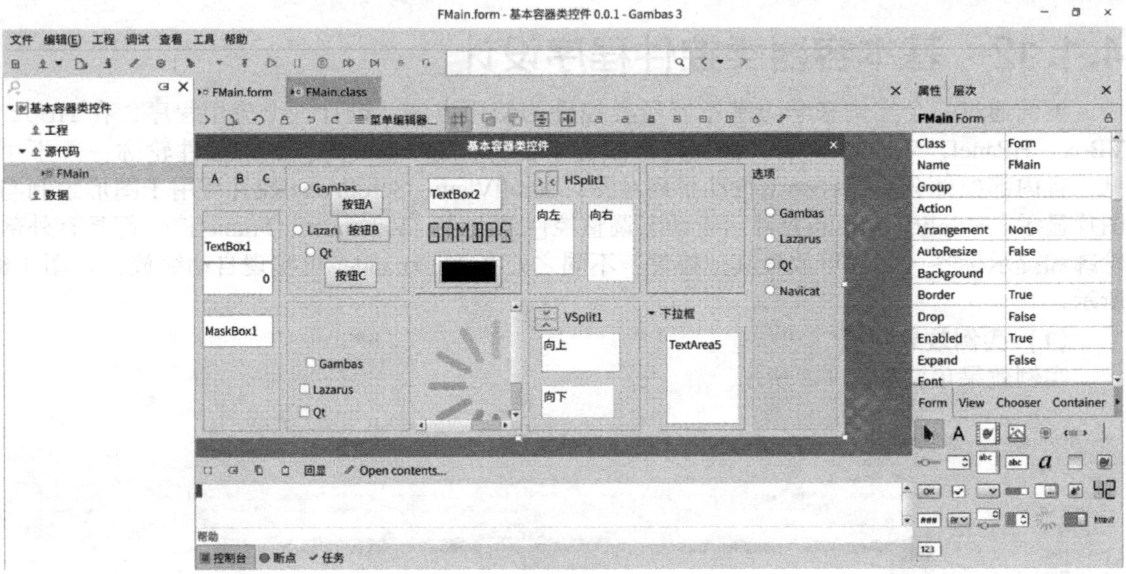

图 4-9 窗体设计

表 4-1 窗体和控件属性设置

名称	属性	说明
FMain	Text:基本容器类控件 Resizable:False	标题栏显示的名称 固定窗体大小,取消最大化按钮
HBox1		水平排列框
VBox1		垂直排列框
HPanel1		水平面板
VPanel1		垂直面板
Panel1		面板
ScrollView1		滚动视图
HSplit1		水平分割器
VSplit1		垂直分割器
ScrollArea1		滚动区域
Expander1	Text:下拉框	扩展器
Frame1	Text:选项	框架

⑥ 设置 Tab 键响应顺序。在 FMain 窗体的“属性”窗口点击“层次”，出现控件切换排序，即按下键盘上的 Tab 键时，控件获得焦点的顺序。

⑦ 在 FMain 窗体中添加代码。

```
' Gambas class file

Public Sub ScrollArea1_Draw()
  Draw. Foreground=Color. Red
  Draw. FillStyle=Fill. Cross
  Draw. Circle(80,80,50)
End
```

程序中，HBox1、VBox1、HPanel1、VPanel1、VPanel1 容器中的控件不需要手工排序，系统会自动排列对齐。HSplit1、VSplit1 在运行时，当鼠标悬停在两个控件之间的分隔区域时，光标会变为分隔符形状，按下鼠标左键拖拽可以调整控件的相对大小。

4

4.2 扩展容器类控件

扩展容器类控件是对基本容器类控件在功能上和外观上的扩展，是多个相同或不同功能基本容器类控件的集合。扩展容器类控件在使用时可以视为一个整体，但无论是在设计阶段还是在运行阶段，其所包含的控件都是可以识别和独立操作的。扩展容器类控件主要包括：IconPanel、ToolPanel、SidePanel、TabStrip、TabPanel、Wizard 等类型。

4.2.1 IconPanel 控件

IconPanel 控件是一个多容器控件，使用大图标显示其不同的选项卡。该控件在不同操作系统下外观会有所不同，如图 4-10 所示。

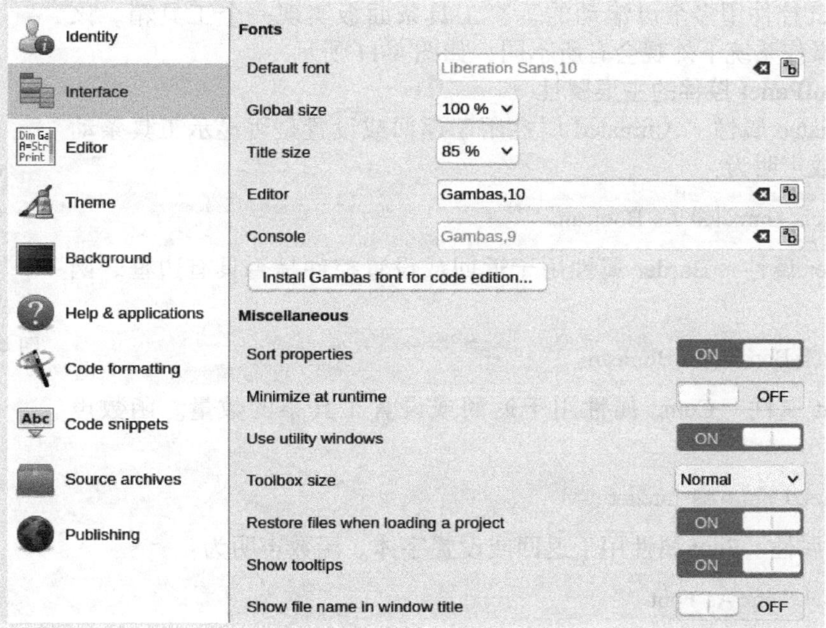

图 4-10 IconPanel 控件外观

（1）IconPanel 控件的主要属性

① Border 属性　Border 属性用于返回或设置控件是否具有边框。函数声明为：

```
IconPanel. Border As Boolean
```

② Count 属性　Count 属性用于返回选项卡数量。函数声明为：

```
IconPanel. Count As Integer
```

③ Index 属性　Index 属性用于返回或设置当前选项卡的索引。函数声明为：

```
IconPanel. Index As Integer
```

④ Picture 属性　Picture 属性用于返回或设置当前选项卡的图片。函数声明为：

```
IconPanel. Picture As Picture
```

⑤ Text 属性　Text 属性用于返回或设置当前选项卡的文本。函数声明为：

```
IconPanel. Text As String
```

⑥ TextFont 属性　TextFont 属性用于返回或设置控件左侧窗格使用的字体。如果为 NULL，则使用 Font 属性值。函数声明为：

```
IconPanel. TextFont As Font
```

（2）IconPanel 控件的主要事件

IconPanel 控件的主要事件为 Click 事件。

Click 事件当选项卡改变时触发。函数声明为：

```
Event IconPanel. Click()
```

4.2.2　ToolPanel 控件

ToolPanel 控件用多个可滚动的垂直工具条面板实现一个工具箱。该控件在不同操作系统下外观会有所不同，如图 4-11 所示。

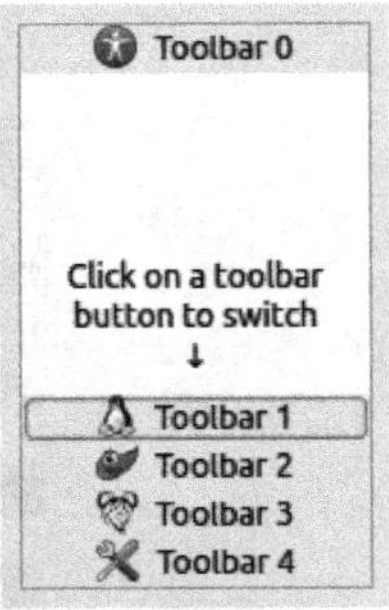

图 4-11　ToolPanel 控件外观

（1）ToolPanel 控件的主要属性

① Animated 属性　Animated 属性用于返回或设置是否显示工具条动画效果。函数声明为：

```
ToolPanel. Animated As Boolean
```

② Border 属性　Border 属性用于返回或设置控件是否具有边框。函数声明为：

```
ToolPanel. Border As Boolean
```

③ Count 属性　Count 属性用于返回或设置工具条的数量。函数声明为：

```
ToolPanel. Count As Integer
```

④ Font 属性　Font 属性用于返回或设置字体。函数声明为：

```
ToolPanel. Font As Font
```

⑤ Index 属性　Index 属性用于返回或设置当前工具条的索引。函数声明为：

```
ToolPanel. Index As Integer
```

⑥ Picture 属性　Picture 属性用于返回或设置当前工具条按钮的图片。函数声明为：

```
ToolPanel. Picture As Picture
```

⑦ Text 属性　Text 属性用于返回或设置当前工具条的文本。函数声明为：

```
ToolPanel. Text As String
```

⑧ TextFont 属性　TextFont 属性用于返回或设置用于显示工具条文本的字体。函数声明为：

```
ToolPanel. TextFont As Font
```

（2）ToolPanel 控件的主要事件

IconPanel 控件的主要事件为 Click 事件。

Click 事件当选择一个工具条时触发。函数声明为：

```
Event ToolPanel. Click()
```

4

4.2.3 SidePanel 控件

SidePanel 控件实现一个能隐藏和改变大小的容器。SidePanel 控件根据 Orientation 属性值可放置在上侧、下侧、左侧、右侧；当用户点击边框上的两个小箭头按钮之一时，控件将隐藏或显示；当用户按下鼠标左键并拖拽两个小箭头按钮之间的边框时可改变控件大小。该控件在不同操作系统下外观会有所不同，如图 4-12 所示。

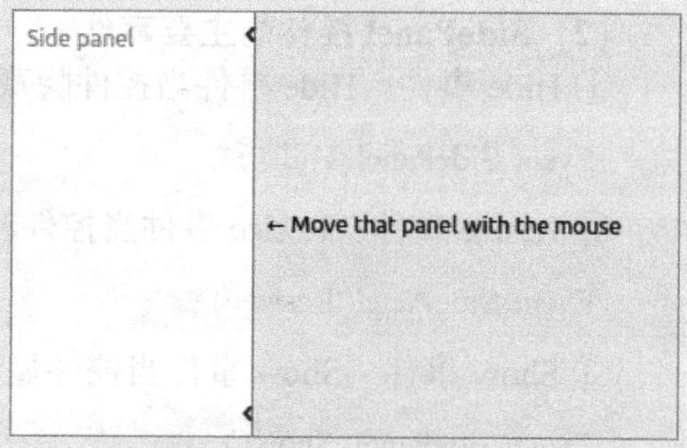

图 4-12　SidePanel 控件外观

（1）SidePanel 控件的主要属性

① Border 属性　Border 属性用于返回或设置控件是否具有边框。函数声明为：

```
SidePanel. Border As Boolean
```

② Design 属性　Design 属性用于返回控件是否处于设计模式。函数声明为：

```
SidePanel. Design As Boolean
```

③ Dimension 属性　Dimension 属性用于返回控件的大小，当处于水平状态时返回宽度，当处于垂直状态时返回高度。函数声明为：

```
SidePanel. Dimension As Integer
```

④ Hidden 属性　Hidden 属性用于返回或设置控件是否隐藏。函数声明为：

```
SidePanel. Hidden As Boolean
```

⑤ MinSize 属性　MinSize 属性用于返回或设置控件最小尺寸。函数声明为：

```
SidePanel. MinSize As Integer
```

⑥ Resizable 属性　Resizable 属性用于返回或设置控件是否可以改变大小。函数声明为：

```
SidePanel. Resizable As Boolean
```

⑦ Separator 属性　Separator 属性用于返回或设置是否在边框上显示分隔符。函数声明为：

```
SidePanel. Separator As Boolean
```

⑧ Settings 属性　Settings 属性用于返回或设置控件状态。使用 Settings. Write 和 Settings. Read 存储和读取控件状态。函数声明为：

```
SidePanel. Settings As Variant[]
```

⑨ Tooltip 属性　Tooltip 属性用于返回或设置鼠标悬停时显示的提示。函数声明为：

```
SidePanel. Tooltip As String
```

⑩ Transparent 属性　Transparent 属性用于返回或设置控件的缩放小箭头是否可见。函数声明为：

```
SidePanel. Transparent As Boolean
```

⑪ Value 属性　Value 属性与 Hidden 属性相反。函数声明为：

```
SidePanel. Value As Boolean
```

（2）SidePanel 控件的主要事件

① Hide 事件　Hide 事件当控件隐藏时触发。函数声明为：

```
Event SidePanel. Hide()
```

② Resize 事件　Resize 事件当控件改变大小时触发。函数声明为：

```
Event SidePanel. Resize()
```

③ Show 事件　Show 事件当控件显示时触发。函数声明为：

```
Event SidePanel. Show()
```

4.2.4 TabStrip 控件

TabStrip 控件实现一个标签页容器。该控件在不同操作系统下外观会有所不同，如图 4-13 所示。

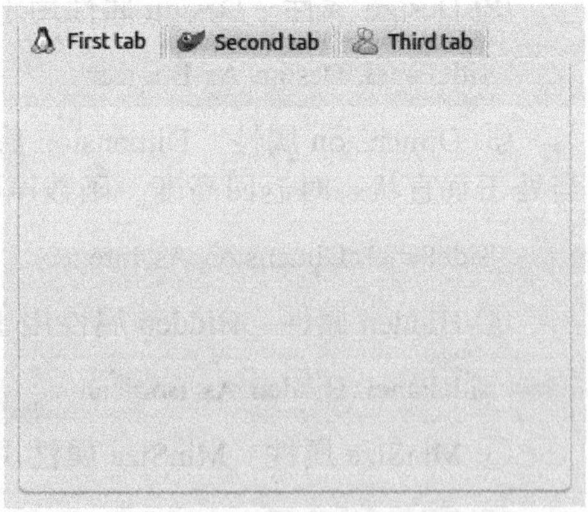

图 4-13　TabStrip 控件外观

在设计状态下编辑标签页的标题及其他属性，操作步骤为：

- 设置 TabStrip 的 Count 属性，获得所需的标签页数量。
- 依次选择 TabStrip 上的标签页，在“属性”窗口中编辑 Text 属性。
- 当前编辑标签页所有属性均可在“属性”窗口中设置。

（1）TabStrip 控件的主要属性

① Arrangement 属性　Arrangement 属性用于返回或设置容器中控件的排列方式。函数声明为：

```
TabStrip. Arrangement As Integer
```

② AutoResize 属性　AutoResize 属性用于返回或设置控件自动调整大小以适应内容。函数声明为：

```
TabStrip. AutoResize As Boolean
```

③ Caption 属性　Caption 属性用于返回或设置当前标签页的标题，与 Text 属性相同。函数声明为：

```
TabStrip. Caption As String
```

④ ClientHeight 属性　ClientHeight 属性用于返回用户区域内容的高度。函数声明为：

```
TabStrip. ClientHeight As Integer
```

⑤ ClientH 属性　ClientH 属性用于返回用户区域内容的高度，与 ClientHeight 属性相同。函数声明为：

```
TabStrip. ClientH As Integer
```

⑥ ClientWidth 属性　ClientWidth 属性用于返回用户区域内容的宽度。函数声明为：

```
TabStrip. ClientWidth As Integer
```

⑦ ClientW 属性　ClientW 属性用于返回用户区域内容的宽度，与 ClientWidth 属性相同。函数声明为：

```
TabStrip. ClientW As Integer
```

⑧ ClientX 属性　ClientX 属性用于返回相对于容器的顶部边框横坐标的位置。函数声明为：

```
TabStrip. ClientX As Integer
```

⑨ ClientY 属性　ClientY 属性用于返回相对于容器的顶部边框纵坐标的位置。函数声明为：

```
TabStrip. ClientY As Integer
```

⑩ Closable 属性　Closable 属性用于返回或设置每个标签页是否具有关闭按钮。函数声明为：

```
TabStrip. Closable As Boolean
```

⑪ Count 属性　Count 属性用于返回或设置标签页数量。函数声明为：

```
TabStrip. Count As Integer
```

⑫ Current 属性　Current 属性用于返回当前标签页。函数声明为：

```
TabStrip. Current As . TabStripContainer
```

⑬ Enabled 属性　Enabled 属性用于返回或设置控件是否可用。函数声明为：

```
TabStrip. Enabled As Boolean
```

⑭ Indent 属性　Indent 属性用于返回或设置容器中的控件是否缩进。缩进量为 Desktop. Scale 中规定的像素值。函数声明为：

```
TabStrip. Indent As Boolean
```

⑮ Index 属性　Index 属性用于返回或设置当前标签页的索引。函数声明为：

```
TabStrip. Index As Integer
```

⑯ Invert 属性　Invert 属性用于返回或设置水平或垂直排列方向颠倒。函数声明为：

```
TabStrip. Invert As Boolean
```

⑰ Margin 属性　Margin 属性用于返回或设置容器边界与其中控件之间是否有边距。函数声明为：

```
TabStrip. Margin As Boolean
```

⑱ Orientation 属性　Orientation 属性用于返回或设置标签页的方向。函数声明为：

```
TabStrip. Orientation As Integer
```

⑲ Padding 属性　Padding 属性用于返回或设置内部控件之间的间隔或容器内部边距的像素数。函数声明为：

```
TabStrip. Padding As Integer
```

⑳ Picture 属性　Picture 属性用于返回或设置当前标签页中显示的图片。函数声明为：

```
TabStrip. Picture As Picture
```

㉑ Spacing 属性　Spacing 属性用于返回或设置内部控件是否隔开。函数声明为：

```
TabStrip. Spacing As Boolean
```

㉒ Text 属性　Text 属性用于返回或设置当前标签页的标题。函数声明为：

```
TabStrip. Text As String
```

㉓ TextFont 属性　TextFont 属性用于返回或设置标签页字体。函数声明为：

```
TabStrip. TextFont As Font
```

（2）TabStrip 控件的主要方法

TabStrip 控件的主要方法为 FindIndex 方法。

FindIndex 方法用于返回包含指定控件的标签页的索引。如果找不到返回-1。函数声明为：

```
TabStrip. FindIndex(Child As Control) As Integer
```

Child 为控件。

（3）TabStrip 控件的主要事件

① Click 事件　Click 事件当点击一个标签页时触发。函数声明为：

```
Event TabStrip. Click()
```

② Close 事件　Close 事件当点击标签页的关闭按钮时触发。函数声明为：

```
Event TabStrip. Close(Index As Integer)
```

Index 为当前标签页索引。

4.2.5 TabPanel 控件

TabPanel 控件实现一个标签页容器控件，可用 TabStrip 替换。该控件在不同操作系统下外观会有所不同，如图 4-14 所示。

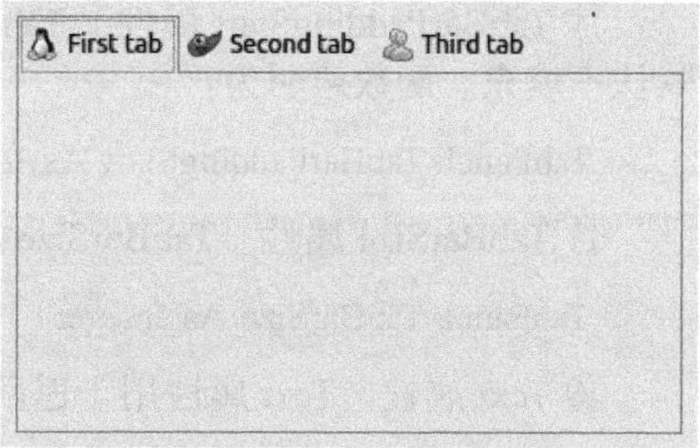

图 4-14　TabPanel 控件外观

（1）TabPanel 控件的主要属性

① Background 属性　Background 属性用于返回或设置控件的背景颜色。函数声明为：

```
TabPanel. Background As Integer
```

② Border 属性　Border 属性用于返回或设置控件是否具有边框。函数声明为：

```
TabPanel. Border As Boolean
```

③ Closable 属性　Closable 属性用于返回或设置每个标签页是否具有关闭按钮。函数声明为：

```
TabPanel. Closable As Boolean
```

④ CloseButton 属性　CloseButton 属性用于返回或设置标签页是否显示关闭按钮。当点击时会触发 CloseAll 事件。函数声明为：

```
TabPanel. CloseButton As Boolean
```

⑤ Count 属性　Count 属性用于返回或设置标签页数量。函数声明为：

```
TabPanel. Count As Integer
```

⑥ Current 属性　Current 属性用于返回当前标签页。函数声明为：

```
TabPanel. Current As _TabPanelContainer
```

⑦ Font 属性　Font 属性用于返回或设置文本的字体。函数声明为：

```
TabPanel. Font As Font
```

⑧ Highlight 属性　Highlight 属性用于返回或设置当前标签页是否为高光状态。函数声明为：

```
TabPanel. Highlight As Boolean
```

⑨ Index 属性　Index 属性用于返回或设置当前标签页的索引。函数声明为：

```
TabPanel. Index As Integer
```

⑩ Moveable 属性　Moveable 属性用于返回或设置标签页是否可移动。函数声明为：

```
TabPanel. Moveable As Boolean
```

⑪ Orientation 属性　Orientation 属性用于返回或设置标签页的方向。函数声明为：

```
TabPanel. Orientation As Integer
```

⑫ Picture 属性　Picture 属性用于返回或设置当前标签页中显示的图片。函数声明为：

```
TabPanel. Picture As Picture
```

⑬ TabBarPaddingEnd 属性　TabBarPaddingEnd 属性用于返回或设置标签页末尾填充。默认不填充。函数声明为：

```
TabPanel. TabBarPaddingEnd As Integer
```

⑭ TabBarPaddingStart 属性　TabBarPaddingStart 属性用于返回或设置标签页开头填充。默认不填充。函数声明为：

```
TabPanel. TabBarPaddingStart As Integer
```

⑮ TabBarSize 属性　TabBarSize 属性用于返回标签栏的高度。函数声明为：

```
TabPanel. TabBarSize As Integer
```

⑯ Text 属性　Text 属性用于返回或设置当前标签页的标题。函数声明为：

```
TabPanel. Text As String
```

⑰ TextFont 属性　TextFont 属性用于返回或设置标签页字体。函数声明为：

```
TabPanel. TextFont As Font
```

(2) TabPanel 控件的主要方法

TabPanel 控件的主要方法为 Remove 方法。

Remove 方法用于删除指定索引的标签页。函数声明为：

```
TabPanel. Remove(Index As Integer)
```

Index 为标签页索引。

(3) TabPanel 控件的主要事件

① Click 事件　Click 事件当点击标签页时触发。函数声明为：

```
Event TabPanel. Click()
```

② Close 事件　Close 事件当点击标签页的关闭按钮时触发。函数声明为：

```
Event TabPanel. Close(Index As Integer)
```

Index 为当前标签页索引。

③ CloseAll 事件　CloseAll 事件当按下全局关闭按钮时触发。函数声明为：

```
Event TabPanel. CloseAll()
```

④ Move 事件　Move 事件当标签页移动位置时触发。函数声明为：

```
Event TabPanel. Move(Source As Integer, Target As Integer)
```

Source 为源位置。

Target 为目标位置。

4.2.6 .TabStripContainer 虚类

.TabStripContainer 虚类用于描述 TabStrip 控件的一个标签页。

(1). TabStripContainer 虚类的主要属性

① Caption 属性　Caption 属性用于返回或设置标签页的标题，与 Text 属性相同。函数声明为：

```
.TabStripContainer. Caption As String
```

② Children 属性　Children 属性用于返回包含于标签页内的每个子控件的集合。函数声明为：

```
.TabStripContainer. Children As .TabStripContainer. Children
```

③ Enabled 属性　Enabled 属性用于返回或设置标签页是否可用。函数声明为：

```
.TabStripContainer.Enabled As Boolean
```

④ Picture 属性　Picture 属性用于返回或设置标签页中显示的图片。函数声明为：

```
.TabStripContainer.Picture As Picture
```

⑤ Text 属性　Text 属性用于返回或设置标签页的标题。函数声明为：

```
.TabStripContainer.Text As String
```

⑥ Visible 属性　Visible 属性用于返回或设置标签页是否可见。函数声明为：

```
.TabStripContainer.Visible As Boolean
```

(2).TabStripContainer 虚类的主要方法

.TabStripContainer 虚类的主要方法为 Delete 方法。

Delete 方法用于删除标签页。函数声明为：

```
.TabStripContainer.Delete()
```

4.2.7 .TabStripContainer.Children 虚类

.TabStripContainer.Children 虚类用于描述一个标签页中所有子控件的虚拟集合。

.TabStripContainer.Children 虚类的主要属性为 Count 属性。

Count 属性用于返回子控件的数量。函数声明为：

```
.TabStripContainer.Children.Count As Integer
```

4.2.8 _TabPanelContainer 虚类

_TabPanelContainer 虚类用于描述 TabPanel 的一个标签页。

(1) _TabPanelContainer 虚类的主要属性

① Closable 属性　Closable 属性用于返回或设置指定标签页是否可关闭。如果设置了 TabPanel.Closable 属性，则无论该属性设置为何值，所有标签页都可关闭。函数声明为：

```
_TabPanelContainer.Closable As Boolean
```

② Picture 属性　Picture 属性用于返回或设置标签页图片。函数声明为：

```
_TabPanelContainer.Picture As Picture
```

③ RichText 属性　RichText 属性用于返回或设置标签页富文本。函数声明为：

```
_TabPanelContainer.RichText As String
```

④ Text 属性　Text 属性用于返回或设置标签页文本。函数声明为：

```
_TabPanelContainer.Text As String
```

⑤ Visible 属性　Visible 属性用于返回或设置标签页是否可见。函数声明为：

```
_TabPanelContainer.Visible As Boolean
```

(2) _TabPanelContainer 虚类的主要方法

_TabPanelContainer 虚类的主要方法为 Delete 方法。

Delete 方法用于删除标签页。函数声明为：

```
_TabPanelContainer. Delete()
```

4.2.9 Wizard 控件

Wizard 控件提供向导类界面的多容器，在设计阶段，可通过点击“上一步”“下一个”按钮进行页面切换。该控件在不同操作系统下外观会有所不同，如图 4-15 所示。

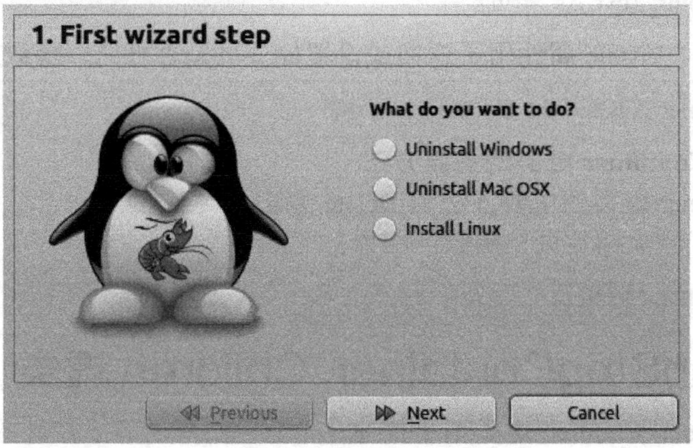

图 4-15 Wizard 控件外观

（1）Wizard 控件的主要属性

① ActionPicture 属性 ActionPicture 属性用于返回或设置向导中结束按钮图片。默认不显示图片。函数声明为：

```
Wizard. ActionPicture As Picture
```

② ActionText 属性 ActionText 属性用于返回或设置向导结束按钮文本。默认为“确定”。函数声明为：

```
Wizard. ActionText As String
```

③ Animated 属性 Animated 属性用于返回或设置向导步骤之间是否有过渡动画。函数声明为：

```
Wizard. Animated As Boolean
```

④ Border 属性 Border 属性用于返回或设置向导是否具有边框。函数声明为：

```
Wizard. Border As Boolean
```

⑤ Count 属性 Count 属性用于返回或设置向导步骤数量。函数声明为：

```
Wizard. Count As Integer
```

⑥ Index 属性 Index 属性用于返回或设置当前向导步骤索引。函数声明为：

```
Wizard. Index As Integer
```

⑦ LastIndex 属性 LastIndex 属性用于在 Change 事件中返回前一个向导步骤索引。函数声明为：

```
Wizard. LastIndex As Integer
```

⑧ Picture 属性　Picture 属性用于返回或设置当前向导步骤的标题栏图片。函数声明为：

```
Wizard. Picture As Picture
```

⑨ ShowButton 属性　ShowButton 属性用于返回或设置是否显示向导底部面板按钮。函数声明为：

```
Wizard. ShowButton As Boolean
```

⑩ ShowIndex 属性　ShowIndex 属性用于返回或设置是否显示向导步骤索引。函数声明为：

```
Wizard. ShowIndex As Boolean
```

⑪ ShowTitle 属性　ShowTitle 属性用于返回或设置是否显示标题栏。函数声明为：

```
Wizard. ShowTitle As Boolean
```

⑫ Text 属性　Text 属性用于返回或设置在当前向导步骤文本。函数声明为：

```
Wizard. Text As String
```

⑬ TextFont 属性　TextFont 属性用于返回或设置向导标题字体。默认使用 Font 属性。函数声明为：

```
Wizard. TextFont As Font
```

（2）Wizard 控件的主要方法

① MoveNext 方法　MoveNext 方法用于模拟点击“下一个”按钮，移至下一步。函数声明为：

```
Wizard. MoveNext()
```

② MovePrevious 方法　MovePrevious 方法用于模拟点击“上一步”按钮，移至上一步。函数声明为：

```
Wizard. MovePrevious()
```

③ Update 方法　Update 方法用于刷新向导。函数声明为：

```
Wizard. Update()
```

（3）Wizard 控件的主要事件

① BeforeChange 事件　BeforeChange 事件当向导步骤索引改变前触发。函数声明为：

```
EventWizard. BeforeChange()
```

② Cancel 事件　Cancel 事件当点击向导的“取消”按钮时触发。函数声明为：

```
Event Wizard. Cancel()
```

③ Change 事件　Change 事件当向导步骤索引改变时触发。函数声明为：

```
Event Wizard. Change()
```

④ Click 事件　Click 事件当向导步骤索引改变时触发，与 Change 事件相同。函数声明为：

```
Event Wizard. Click()
```

⑤ Close 事件 Close 事件当完成所有的向导步骤并点击“确定”按钮时触发。函数声明为：

```
Event Wizard. Close()
```

4.2.10 扩展容器类控件程序设计

下面通过一个实例来学习扩展容器类控件的使用方法。设计一个应用程序，在 IconPanel、ToolPanel 控件中设置“办公学习”“图形图像”“系统管理”三个选项卡，每个选项卡中设置若干选项，点击选项卡时会显示相关选项；在 TabPanel、TabStrip 控件中设置“办公”“图形”等标签页，点击标签页的标签时会显示相关标签页内容；将 SidePanel 控件设置为下拉隐藏式，点击下方的小箭头时会自动收缩或还原；在 Wizard 控件中设置“办公学习”“图形图像”“系统管理”标签页，通过“上一步”和“下一个”按钮依次切换，如图 4-16 所示。

（1）实例效果预览

实例效果预览如图 4-16 所示。

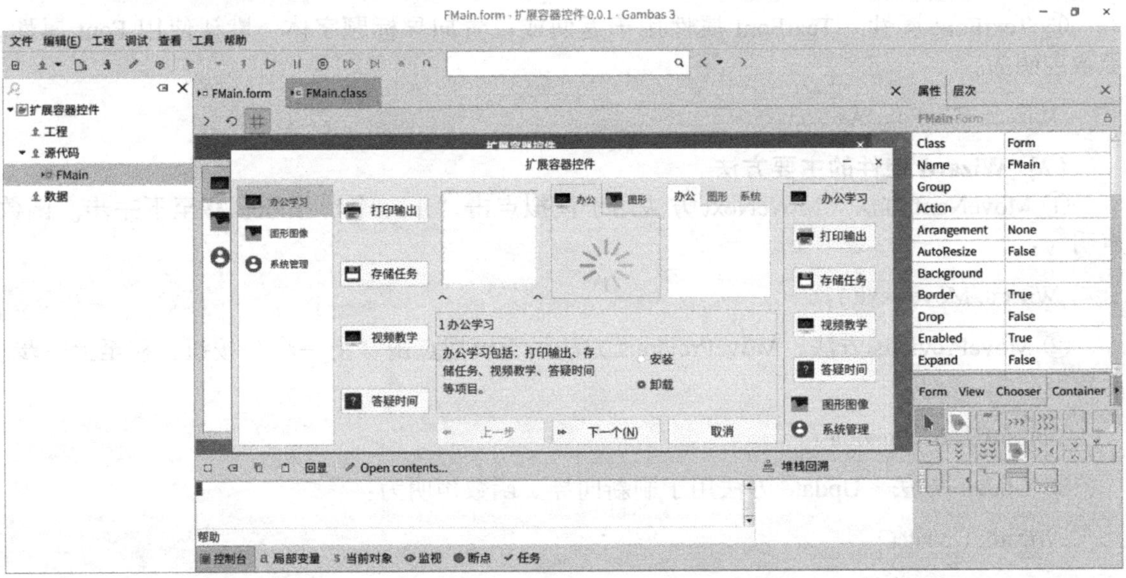

图 4-16 扩展容器类控件程序窗体

（2）实例步骤

① 启动 Gambas 集成开发环境，可以在菜单栏选择“文件”→“新建工程...”，或在启动窗体中直接选择“新建工程...”项。

② 在“新建工程”对话框中选择“1. 工程类型”中的“Graphical application”项，点击“下一个（N）”按钮。

③ 在“新建工程”对话框中选择“2. Parent directory”中要新建工程的目录，点击“下一个（N）”按钮。

④ 在“新建工程”对话框的“3. Project details”中输入工程名和工程标题，工程名为存储目录的名称，工程标题为应用程序的实际名称，在这里设置相同的工程名和工程标题。完成之后，点击“确定”按钮。

⑤ 系统默认生成的启动窗体名称（Name）为 FMain。在 FMain 窗体中添加 1 个

IconPanel 控件、1 个 SidePanel 控件、1 个 TabPanel 控件、1 个 TabStrip 控件、1 个 ToolPanel 控件、1 个 Wizard 控件、其他控件若干，如图 4-17 所示，并设置相关属性，如表 4-2 所示。

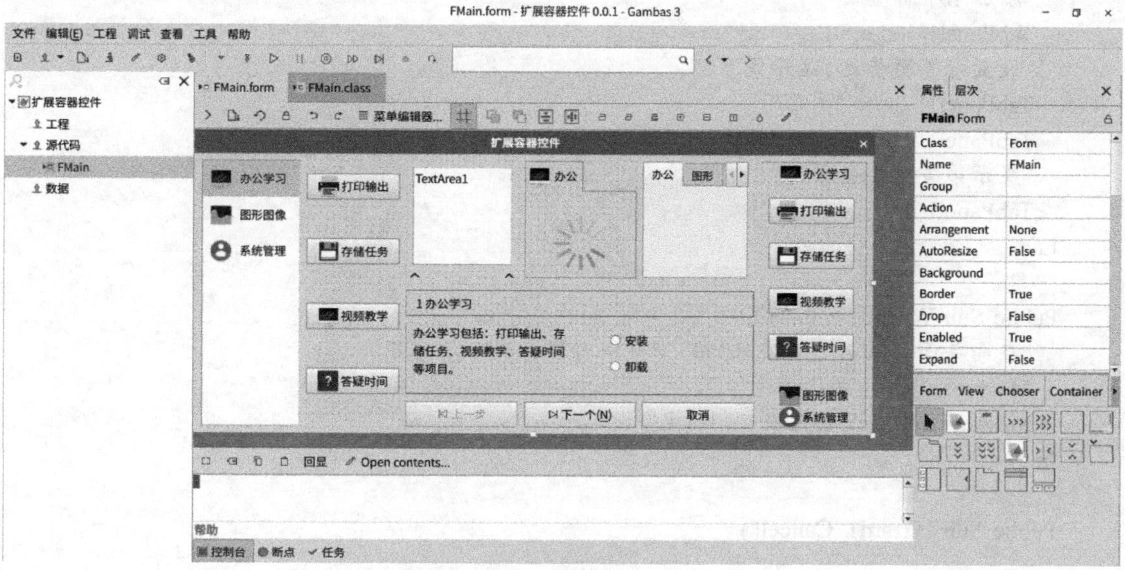

图 4-17　窗体设计

表 4-2　窗体和控件属性设置

名称	属性	说明
FMain	Text:扩展容器类控件 Resizable:False	标题栏显示的名称 固定窗体大小,取消最大化按钮
IconPanel1	Border:True Count:3 Text:办公学习、图形图像、系统管理	图标工具箱面板
SidePanel1		侧拉工具箱面板
TabPanel1	Count:2 Text:办公 Picture:icon:/32/system	标签页容器面板
TabStrip1	Count:3 Text:办公、图形、系统 TextFont:-1	标签页容器面板
ToolPanel1	Border:True Count:3 Text:办公学习、图形图像、系统管理	工具箱面板
Wizard1	Count:3 Text:办公学习、图形图像、系统管理	向导

⑥ 设置 Tab 键响应顺序。在 FMain 窗体的“属性”窗口点击“层次”，出现控件切换排序，即按下键盘上的 Tab 键时，控件获得焦点的顺序。

⑦ 在 FMain 窗体中添加代码。

```
'Gambas class file

Public Sub Form_Open()
  '添加 1 个标签页
  TabPanel1. index=1
  '设置标签页标题、显示图片
  TabPanel1. Text="图形"
  TabPanel1. Picture=Picture["icon:/32/component"]
  '显示第首个标签页
  TabPanel1. Index=0
End

Public Sub Wizard1_Close()
  '在向导面板最后一步点击"确定"按钮时弹出提示消息框
  Message. Title="提示"
  Message. Info("设置完成!","确定")
End

Public Sub Wizard1_Cancel()

  Dim res As Integer

  '在向导面板点击"取消"按钮时弹出警告消息框
  Message. Title="警告"
  '在消息框中选择"确定"按钮时回滚到第 1 步
  res=Message. Warning("要取消设置吗?","确定","取消")
  If res=1 Then
    Wizard1. MovePrevious()
    Wizard1. MovePrevious()
  Endif
End
```

第5章 专业类控件应用

专业类（Special）控件是组成Gambas应用程序的主要对象，主要为用户提供打印输出和定时器功能。专业类控件位于集成开发环境中控件工具箱的Special标签页，这些控件来源于并且兼容Qt4、Qt5、GTK+2、GTK+3，可方便地发布和移植到各种Linux操作系统中。

本章介绍了Gambas的打印方法和打印机类控件使用方法，包括打印步骤、打印机事件处理、绘制页面、Printer控件，并给出了打印设置程序示例，能够使读者快速掌握打印流程，打印机类控件的属性、方法、事件，以及相关程序设计方法。

5.1 打印方法

打印方法是Gambas打印输出程序设计的一般方法。通常情况下，用户可以指定打印的数据、页码、份数等，这些参数保存在相关属性中，通过绘制程序来实现打印操作。打印方法主要包括：打印步骤、打印机事件处理、绘制页面。

5.1.1 打印步骤

Printer控件可实现将文档输出到打印机，或将文件按指定格式（如PDF格式）保存的功能。文档打印步骤为：

① 实例化一个Printer对象。

② 调用Configure方法，显示打印设置对话框。

③ 调用Print方法，进行打印处理。

④ 在开始打印时触发Begin事件。在Begin事件处理程序中通过设置Count属性来确定打印页数。

⑤ 如果在Begin事件处理程序中未定义Count属性，则将连续触发Paginate事件，直到最终定义该属性。

⑥ Draw事件处理程序将打印文档的每一页。

⑦ 在打印处理结束时，调用End事件终止打印。

系统自动在打印处理Begin事件前调用Paint. Begin，在End事件后调用Paint. End，不需要编写该代码。

5.1.2 打印机事件处理

如果需要在Gambas3中打印文档，要创建一个新的Printer对象，通过调用Printer. Configure方法进行打印设置，调用Printer. Print方法开始打印作业。

在本地事件循环中，打印机控件响应以下事件：

- Begin
- Paginate
- Draw
- End

其中，Draw 事件必须实现，其他事件可选。

（1）Begin 事件

Begin 事件在开始打印时触发。如果能够确定打印的页数，则可以在该处定义 Printer. Count 属性，否则，应通过 Paginate 事件来布局文档并计算页数。默认打印一页。

（2）Paginate 事件

Paginate 事件在后台对文档进行分页。如果没有定义事件处理程序，则不会触发。一般在 Begin 事件处理程序中定义 Count 属性。如果触发该事件，则将连续重复执行该事件处理程序，直到明确定义 Count 属性为止。

（3）Draw 事件

Draw 事件为打印每一页时调用一次。当前页码由 Printer. Page 属性返回。所有绘制都通过 Paint 类或 Draw 类完成。

（4）End 事件

End 事件在打印过程结束时触发。

5.1.3 绘制页面

（1）页面尺寸

页面绘制是在一个矩形内完成的，该矩形可带有或不带页边距。矩形的原点为（0，0），矩形的大小为（Paint. Width，Paint. Height）。

（2）页边距

打印机通常不会打印页边距的空白处。仅当设置了 Printer. FullPage 属性时，才会打印整个页面。否则，将考虑页边距。建议始终在设置 Printer. FullPage 的情况下进行打印，让用户选择设置页边距。

（3）绝对坐标

可以使用以厘米或毫米为单位的绝对坐标。使用 Printer. PaperWidth 和 Printer. PaperHeight 属性，以毫米为单位返回纸张尺寸；使用 Paint. Scale 方法缩放坐标系，以毫米为单位。

举例说明：

```
Dim MyPrinter As Printer

MyPrinter=New Printer As "MyPrinter"
…
Public Sub MyPrinter_Draw()
  Paint. Scale(Paint. Width/MyPrinter. PaperWidth,Paint. Height/MyPrinter. PaperHeight)
  …
End
```

（4）字体大小

可以使用 Paint. Font. Size 属性返回字体的绝对大小，以印刷点为单位，即 1/72in，约 0. 353mm（1in=25. 4mm）。如 10 磅字体适合在屏幕上绘制文本，对于纸张来说则较大，这是由于打印机分辨率远大于屏幕分辨率，因此打印尺寸较小。字体大小可根据绘制矩阵进行修改（如使用 Paint. Scale、Paint. Translate、Paint. Rotate 等）。

5.2 Printer 控件

（1）Printer 控件的主要属性

① CollateCopies 属性　CollateCopies 属性用于返回或设置是否允许多份副本。函数声明为：

```
Printer. CollateCopies As Boolean
```

② Count 属性　Count 属性用于返回或设置打印文档中的页数。默认打印一页。函数声明为：

```
Printer. Count As Integer
```

③ Duplex 属性　Duplex 属性用于返回或设置双面打印模式。函数声明为：

```
Printer. Duplex As Integer
```

Duplex 属性打印模式常量如表 5-1 所示。

表 5-1　Duplex 属性打印模式常量

常量名	常量值	备注
Printer. Simplex	0	单面打印
Printer. Horizontal	1	纵向打印，双面打印
Printer. Vertical	2	横向打印，双面打印

④ FirstPage 属性　FirstPage 属性用于返回或设置打印的第一页。如果设置为 0，则打印整个文档。函数声明为：

```
Printer. FirstPage As Integer
```

⑤ FullPage 属性　FullPage 属性用于返回或设置是否在页边距内打印。默认为 False，使用页边距。函数声明为：

```
Printer. FullPage As Boolean
```

⑥ GrayScale 属性　GrayScale 属性用于返回或设置是否使用灰度或彩色打印。函数声明为：

```
Printer. GrayScale As Boolean
```

⑦ LastPage 属性　LastPage 属性用于返回或设置打印的最后一页。如果设置为 0，则打印到最后一页。函数声明为：

```
Printer. LastPage As Integer
```

⑧ Name 属性　Name 属性用于返回或设置打印机名称。函数声明为：

```
Printer. Name As String
```

⑨ NumCopies 属性　NumCopies 属性用于返回或设置打印份数。函数声明为：

```
Printer. NumCopies As Integer
```

⑩ Orientation 属性　Orientation 属性用于返回或设置打印方向。函数声明为：

```
Printer. Orientation As Integer
```

Orientation 属性打印方向常量如表 5-2 所示。

表 5-2　Orientation 属性打印方向常量

常量名	常量值	备注
Printer. Portrait	0	纵向打印，页面高度大于宽度
Printer. Landscape	1	横向打印，页面宽度大于高度

⑪ OutputFile 属性　OutputFile 属性用于返回或设置 PDF 或 PostScript 输出文件的路径。函数声明为：

```
Printer. OutputFile As String
```

⑫ Page 属性　Page 属性用于返回当前打印页面。函数声明为：

```
Printer. Page As Integer
```

⑬ Paper 属性　Paper 属性用于返回或设置纸张类型。函数声明为：

```
Printer. Paper As Integer
```

Paper 属性打印纸张类型常量如表 5-3 所示。

表 5-3　Paper 属性打印纸张类型常量

常量名	常量值	备注
Printer. A3	1	297mm×420mm
Printer. A4	2	210mm×297mm，8. 26in×11. 69in，默认值
Printer. A5	3	148mm×210mm
Printer. B5	4	182mm×257mm，7. 17in×10. 13in
Printer. Letter	5	216mm×279mm，8. 5in×11in
Printer. Executive	6	191mm×254mm，7. 5in×10in
Printer. Legal	7	216mm×356mm，8. 5in×14in

⑭ PaperHeight 属性　PaperHeight 属性用于返回或设置自定义纸张高度，以毫米计。函数声明为：

```
Printer. PaperHeight As Float
```

⑮ PaperWidth 属性　PaperWidth 属性用于返回或设置自定义纸张宽度，以毫米计。函数声明为：

```
Printer. PaperWidth As Float
```

⑯ Resolution 属性　Resolution 属性用于返回或设置打印机分辨率，以 DPI（每英寸/点数）计。函数声明为：

```
Printer. Resolution As Integer
```

⑰ ReverseOrder 属性　ReverseOrder 属性用于返回或设置是否以相反的顺序打印文档页面。函数声明为：

```
Printer. ReverseOrder As Boolean
```

（2）Printer 控件的主要静态属性

① Default 属性　Default 属性用于返回默认打印机名称。函数声明为：

```
Printer. Default As String
```

② List 属性　List 属性用于返回打印机列表。函数声明为：

```
Printer. List As String[]
```

（3）Printer 控件的主要方法

① Cancel 方法　Cancel 方法用于中止当前打印作业。函数声明为：

```
Printer. Cancel()
```

② Configure 方法　Configure 方法用于打开打印机设置对话框。如果按下“取消”按钮，返回 True，否则返回 False。函数声明为：

```
Printer. Configure() As Boolean
```

③ Print 方法　Print 方法用于执行打印作业。如果取消打印或出现错误，返回 True，否则返回 False。函数声明为：

```
Printer. Print() As Boolean
```

（4）Printer 控件的主要事件

① Begin 事件　Begin 事件当开始打印时触发。如果能确定打印的页数，则可以在该处定义 Count 属性。默认仅打印一页。函数声明为：

```
Event Printer. Begin()
```

② Draw 事件　Draw 事件当打印页面时触发。事件处理程序内部使用 Paint 类或 Draw 类绘制页面，由 Page 属性确定打印的页数。函数声明为：

```
Event Printer. Draw()
```

③ End 事件　End 事件当打印完成后触发。函数声明为：

```
Event Printer. End()
```

④ Paginate 事件　Paginate 事件当后台对文档进行分页时触发。如果未定义 Count 属性，则将连续触发 Paginate 事件，直到最终定义 Count 属性。函数声明为：

```
Event Printer. Paginate()
```

5.3 打印设置程序设计

下面通过一个实例来学习 Printer 控件的使用方法。设计一个应用程序，功能为：可以设置文本字体，如字体名称、相对尺寸、粗体、斜体、相对尺寸等；点击“打印设置”按钮，弹出“打印”对话框，当系统连接到打印机时，可选择相关打印机，否则可选择“打印到文件”选项，并且可以设置输出文件的名称、输出格式（PDF、Postscript、SVG）、保存的文件夹、范围和副本等；点击“打印预览（V）”按钮时，文档以PDF形式输出并显示；点击“打印”按钮时，文档从打印机输出，如图5-1所示。

（1）实例效果预览

实例效果预览如图5-1所示。

（2）实例步骤

① 启动Gambas集成开发环境，可以在菜单栏选择“文件”→“新建工程...”，或在启动窗体中直接选择“新建工程...”项。

② 在“新建工程”对话框中选择“1. 工程类型”中的“Graphical application”项，点击“下一个（N）”按钮。

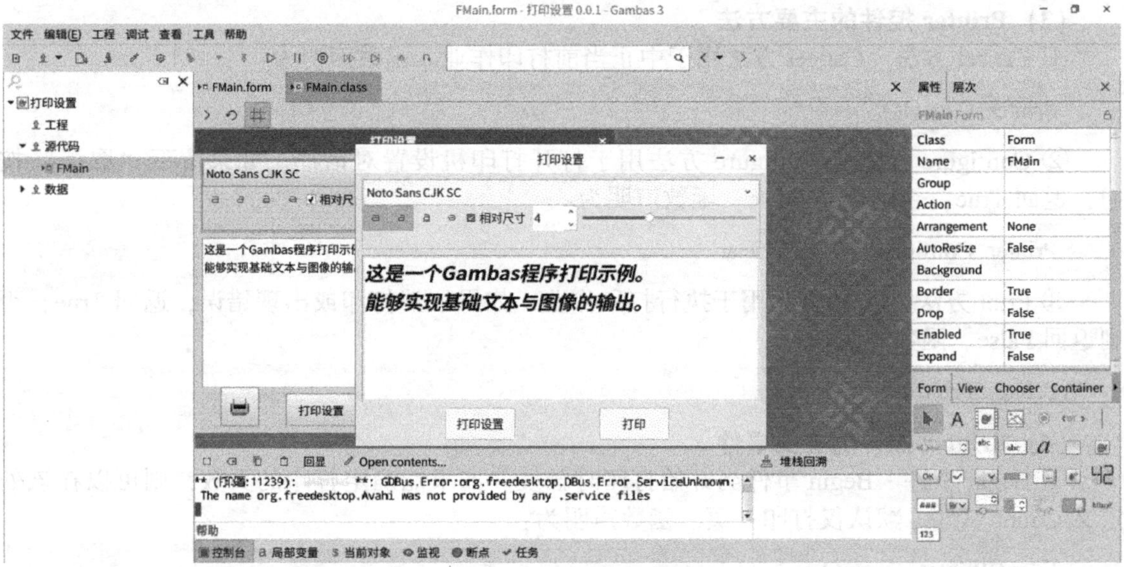

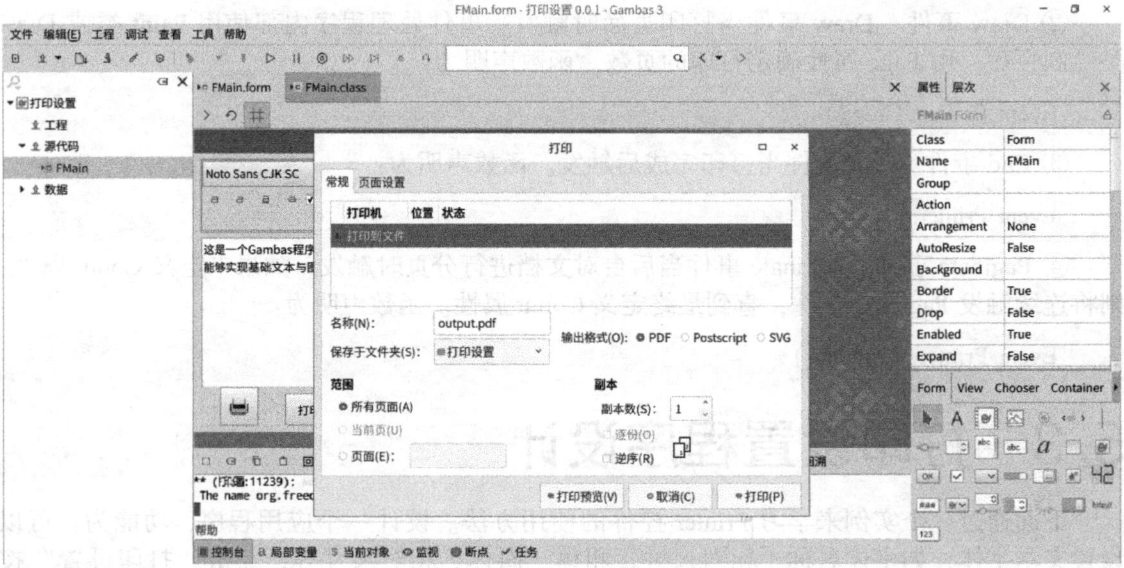

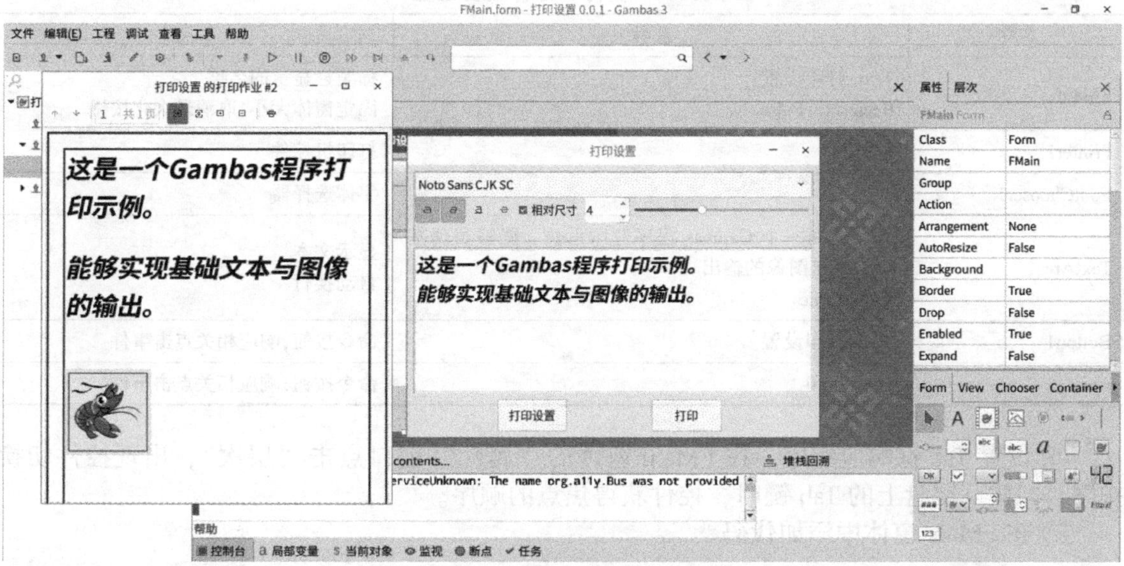

图 5-1 打印设置程序窗体

③ 在“新建工程”对话框中选择“2. Parent directory”中要新建工程的目录，点击“下一个（N）”按钮。

④ 在“新建工程”对话框的“3. Project details”中输入工程名和工程标题，工程名为存储目录的名称，工程标题为应用程序的实际名称，在这里设置相同的工程名和工程标题。完成之后，点击“确定”按钮。

⑤ 系统默认生成的启动窗体名称（Name）为 FMain。在 FMain 窗体中添加 1 个 Printer 控件、1 个 FontChooser 控件、1 个 TextArea 控件、2 个 Button 控件，如图 5-2 所示，并设置相关属性，如表 5-4 所示。

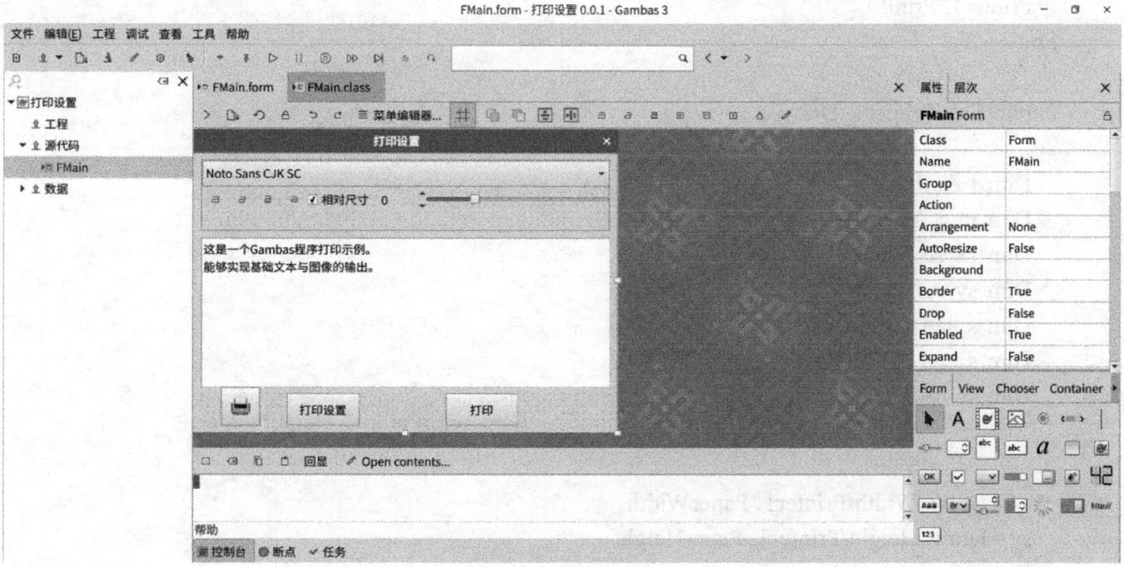

图 5-2 窗体设计

表 5-4　窗体和控件属性设置

名称	属性	说明
FMain	Text:打印设置 Resizable:False	标题栏显示的名称 固定窗体大小,取消最大化按钮
Printer1		打印机控件
FontChooser1		字体选择器
TextArea1	Text:这是一个 Gambas 程序打印示例。能够实现基础文本与图像的输出 Wrap:True	显示文本 自动换行
Button1	Text:打印设置	命令按钮,响应相关点击事件
Button2	Text:打印	命令按钮,响应相关点击事件

⑥ 设置 Tab 键响应顺序。在 FMain 窗体的“属性”窗口点击“层次”，出现控件切换排序，即按下键盘上的 Tab 键时，控件获得焦点的顺序。

⑦ 在 FMain 窗体中添加代码。

```
' Gambas class file

  Public j As Integer

Public Sub Button1_Click()
  '打印机设置
  Printer1. Configure()
End

Public Sub Button2_Click()
  '打印
  Printer1. Print()
End

Public Sub Printer1_Draw()

  Dim i As Integer
  Dim img As Image
  Dim sx As Float
  Dim sy As Float
  Dim s_left As Integer
  Dim s_top As Integer
  Dim sr As String[]

  '设置缩放比例
  sx=Draw. Width/Printer1. PaperWidth
  sy=Draw. Height/Printer1. PaperHeight
  Draw. Scale(sx,sy)
```

```
    '设置左边距、上边距
    s_left=10
    S_top=10
    '开始绘制
    Draw. Begin(Printer1)
    '绘制矩形区域
    Draw. Rect(0,0,Printer1. PaperWidth,Printer1. PaperHeight)
    '绘制内部区域
    Draw. Rect(s_left,s_top,Printer1. PaperWidth-20,Printer1. PaperHeight-20)
    '装载图像
    img=Image. Load("shrimp. png")
    '绘制图像
     Draw. Image ( img, s _ left + Draw. LineWidth, Printer1. PaperHeight/2, img. Width/sx,
img. Height/sy)
    '设置字体
    Draw. Font=Font[FontChooser1. Value]
    '拆分文本
    sr=Split(TextArea1. Text,"\n")
    For i=0 To sr. Count-1
      '逐行绘制文本
      Draw. RichText(sr[i], s_left+Draw. LineWidth, s_top+(i+j)*Draw. TextHeight(sr[i]),
Printer1. PaperWidth-20,Printer1. PaperHeight-20)
      If Draw. TextWidth(sr[i])>(Printer1. PaperWidth-20) Then
        j=j+Draw. TextWidth(sr[i])/(Printer1. PaperWidth-20)
      Endif
    Next
    Draw. End
  End

  Public Sub Printer1_Begin()
    '设置打印页数、纸张类型、分辨率、是否具有页边距
    Printer1. Count=1
    Printer1. Paper=Printer1. A4
    Printer1. Resolution=600
    Printer1. FullPage=True
  End

  Public Sub FontChooser1_Change()
    '设置文本字体
    TextArea1. Font=Font[FontChooser1. Value]
  End
```

第6章 弃用类控件应用

弃用类（Deprecated）控件是组成 Gambas 应用程序的辅助对象，主要为用户提供对象嵌入和控件列表功能。弃用类控件位于集成开发环境中控件工具箱的 Deprecated 标签页，这些控件来源于并且兼容 Qt4、Qt5、GTK+2、GTK+3，由于系统的变迁和开发工具的升级，该类控件作用正逐步被取代，处于弃用地位，出于与早期版本兼容的原因会部分保留。

本章介绍了 Gambas 的弃用类控件使用方法，包括 X11 简介、Embedder 控件，并给出了嵌入式 mplayer 播放器程序和嵌入式扫描仪程序示例，能够使读者快速掌握弃用类控件的属性、方法、事件，以及相关程序设计方法。

6.1 X11 简介

X11（X）即 X Window 系统，是一种基于图形显示的窗口系统。X11 是在 Unix、类 Unix 操作系统以及 OpenVMS 上建立图形用户界面的标准工具包和协议，并可用于几乎所有的操作系统。

X 协议于 1984 年由 MIT 提出，1987 年 9 月定为 X11，由 X 基金会领导。X11 为 GUI 环境构建提供了基本框架，包括屏幕绘图、移动窗口以及与鼠标、键盘交互等。X11 没有定义 UI 的呈现方式，因此，以 X11 为基础的窗口类型复杂多样，不同程序的界面展示方式可能完全不同。

X11 分为服务器和客户机两部分，与通常的认知相反，终端是服务器，而应用程序是客户机，本地的 X11 显示程序提供显示服务，为服务器；远端应用程序使用该服务，为客户机。客户机和服务器可以运行在同一台计算机上，也可以分布在不同的计算机上。为了使远端客户机程序显示到本地服务器上，用户一般需要启动一个终端模拟器以及 telnet 或 ssh 通信方式。一个 X11 服务器可与多个客户机程序通信。服务器接收图形输出（窗口）请求并反馈用户输入（键盘、鼠标、触摸屏）信息。服务器可以是一个能显示到其他显示系统的应用程序，控制某个设备视频输出的系统程序，也可以是特殊硬件。

X11 没有规范应用程序界面，如按钮、对话框、标题栏等，这些都由窗口管理器（Window Managers）、GUI 构件工具包、桌面环境（Desktop Environments）或应用程序指定的 GUI（如 POS 机）等用户软件提供。窗口管理器用于控制程序的位置和外观，如 KDE 的 Kwin、GNOME 的 Metacity、X 的 twm，界面表现形式类似于 Microsoft 的 Windows 和 Apple 的 Macintosh，但控制机制完全不同。

6. 2　Embedder 控件

Embedder 控件提供一个能嵌入来自任何其他 X11 应用程序的 X11 窗口的控件。被嵌入的应用程序应遵循 XEmbed 嵌入式协议。

Gambas 应用程序默认不遵循 XEmbed 嵌入式协议。要遵循它，应用程序必须获取来自嵌入式应用程序的窗口句柄，并使用 Application. Embedder 属性嵌入嵌入式控件中。

（1）Embedder 控件的主要属性

Embedder 控件的主要属性为 Client 属性。

Client 属性用于返回被嵌入的应用程序的 X11 窗口标识符。函数声明为：

```
Embedder. Client As Integer
```

（2）Embedder 控件的主要方法

① Discard 方法　Discard 方法用于释放被嵌入的窗口。函数声明为：

```
Embedder. Discard()
```

② Embed 方法　Embed 方法用于嵌入一个 X11 应用程序。函数声明为：

```
Embedder. Embed(Client As Integer)
```

Client 为被嵌入的 X11 窗口标识符。

（3）Embedder 控件的主要事件

① Close 事件　Close 事件当被嵌入的应用程序关闭时触发。函数声明为：

```
Event Embedder. Close()
```

② Embed 事件　Embed 事件当子窗口被嵌入时触发。函数声明为：

```
Event Embedder. Embed()
```

③ Error 事件　Error 事件当嵌入过程失败时触发。函数声明为：

```
Event Embedder. Error()
```

6. 3　嵌入式 mplayer 播放器程序设计

mplayer 是一个用途广泛的开源媒体播放器，为 GPLv3 下开源项目，支持主流多媒体播放格式，在 Linux 中使用命令行操作。mplayer 在使用前需要进行安装。

打开终端，输入命令安装：

```
sudo apt-get install mplayer
```

mplayer 具有 slave 模式，即在运行过程中能够接收用户的输入命令，可以和系统的标准输入输出进行数据交互。

下面通过一个实例来学习 Embedder 控件的使用方法。设计一个多媒体播放应用程序：仿照 Deepin 下“影院”的外观与功能，可以实现打开多媒体文件并播放、暂停、继续、快进、快退、音量调节等功能。在外观上，删除传统的标题栏，重新定义屏幕左上角的应用程序图标，右上角的打开、最小化、最大化、关闭按钮，设计新的标题栏拖拽方式和拖拽时鼠标的样式；设计进度条，实时显示播放进度，双击进度条可调整播放进度，以及显示当前播放时间和总时长等，如图 6-1 所示。

（1）实例效果预览

实例效果预览如图 6-1 所示。

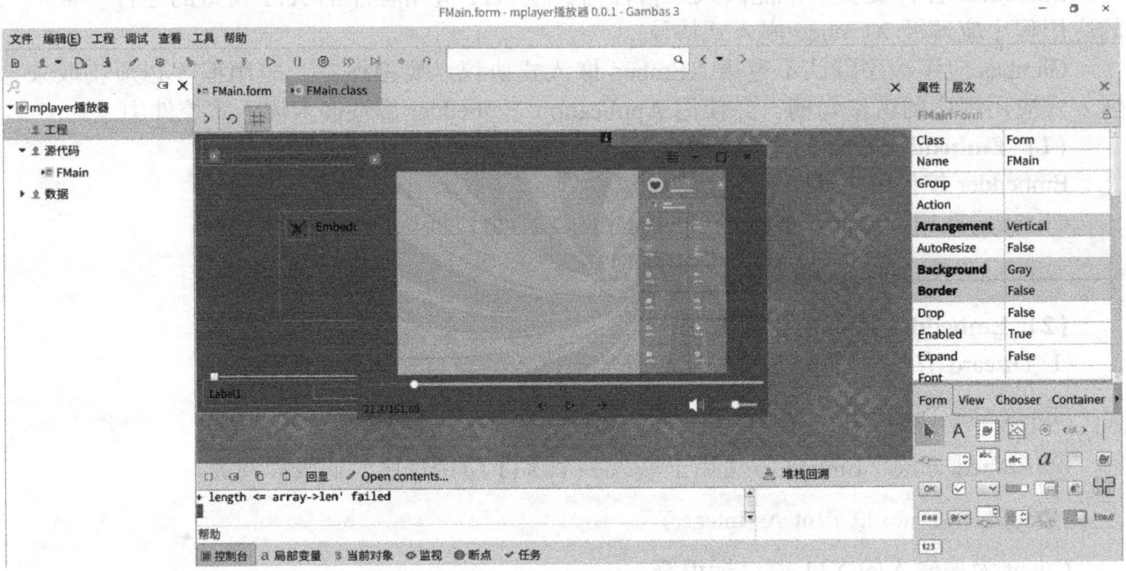

图 6-1　嵌入式 mplayer 播放器窗体

（2）实例步骤

① 启动 Gambas 集成开发环境，可以在菜单栏选择“文件”→“新建工程...”，或在启动窗体中直接选择“新建工程...”项。

② 在“新建工程”对话框中选择“1. 工程类型”中的“Graphical application”项，点击“下一个（N）”按钮。

③ 在“新建工程”对话框中选择“2. Parent directory”中要新建工程的目录，点击“下一个（N）”按钮。

④ 在“新建工程”对话框的“3. Project details”中输入工程名和工程标题，工程名为存储目录的名称，工程标题为应用程序的实际名称，在这里设置相同的工程名和工程标题。完成之后，点击“确定”按钮。

⑤ 系统默认生成的启动窗体名称（Name）为 FMain。在 FMain 窗体中添加 9 个 ToolButton 控件、1 个 Embedder 控件、1 个 Timer 控件、2 个 Slider 控件、4 个 HBox 控件，如图 6-2 所示，并设置相关属性，如表 6-1 所示。

表 6-1　窗体和控件属性设置

名称	属性	说明
FMain	Text：mplayer 播放器 Arrangement：Vertical Background：Gray Border：False	标题栏显示的名称 窗体中控件垂直排列 背景颜色为灰色 无边框
ToolButton1	Picture：icon:/32/video	多媒体图标
ToolButton2	Picture：icon:/32/menu	打开多媒体文件
ToolButton3	Picture：icon:/32/remove	最小化

续表

名称	属性	说明
ToolButton4	Picture:icon:/32/stop	最大化
ToolButton5	Picture:icon:/32/view-normal	关闭
ToolButton6	Picture:icon:/32/previous	向前快进
ToolButton7	Picture:icon:/32/play	播放
ToolButton8	Picture:icon:/32/next	向后快进,快退
ToolButton9	Picture:icon:/32/volume	静音
Embedder1	Expand:True	嵌入器控件
Timer1		定时器,实时更新播放进度
Slider1		播放进度
Slider2	Value:50	音量调节
HBox1	Margin:True	顶部标题栏,顺序排列功能按钮
HBox2	Margin:True	底部控制栏,顺序排列功能按钮
HBox3	Expand:True	占位符,分隔两个控件
HBox4	Expand:True	占位符,分隔两个控件

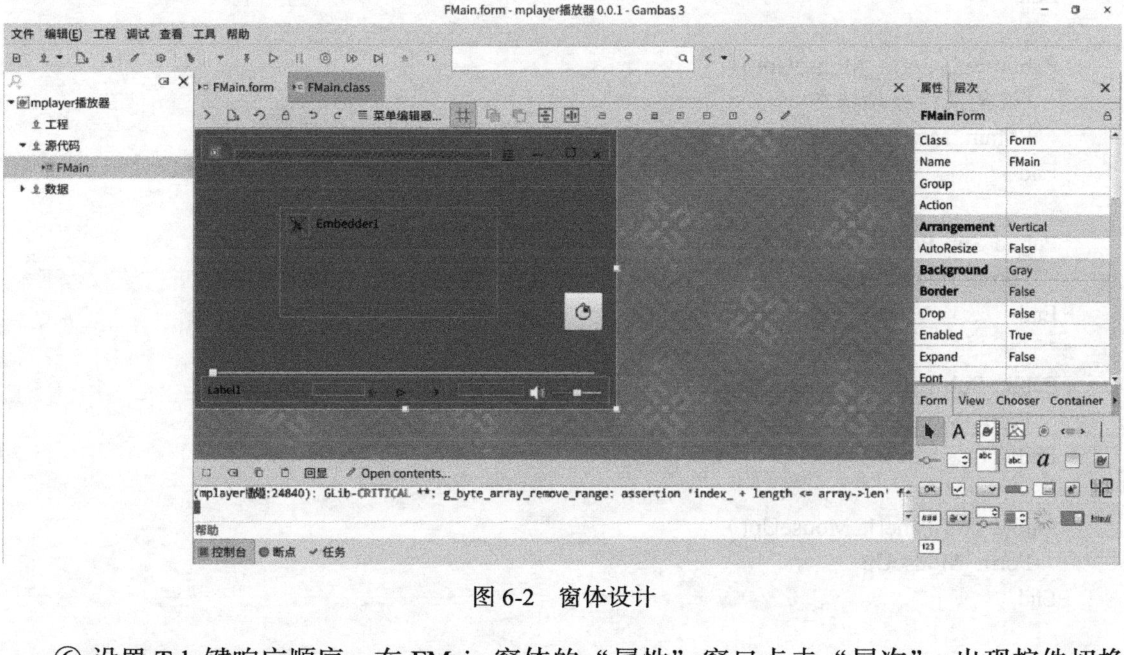

图 6-2　窗体设计

⑥ 设置 Tab 键响应顺序。在 FMain 窗体的“属性”窗口点击“层次”，出现控件切换排序，即按下键盘上的 Tab 键时，控件获得焦点的顺序。

⑦ 在 FMain 窗体中添加代码。

```
' Gambas class file

  Public p As Process
  Public x1 As Integer
```

```
    Public y1 As Integer
    Public mp As Process
    Public op As Integer
    Public flag As Boolean

Public Sub Form_MouseDown()
    '获得鼠标按下时的坐标
    x1=Mouse.X
    y1=Mouse.Y
    '设置鼠标形状
    FMain.Mouse=Mouse.SizeAll
End

Public Sub Form_MouseMove()
    '拖拽窗体移动
    If Mouse.Left Then
        FMain.X=Mouse.ScreenX-x1
        FMain.y=Mouse.ScreenY-y1
    Endif
End

Public Sub Form_MouseUp()
    '恢复鼠标原始状态
    FMain.Mouse=Mouse.Default
End

Public Sub Panel1_MouseDown()
    Form_MouseDown
End

Public Sub Panel1_MouseMove()
    Form_MouseMove
End

Public Sub Panel1_MouseUp()
    Form_MouseUp
End

Public Sub Panel2_MouseDown()
    Form_MouseDown
End

Public Sub Panel2_MouseMove()
    Form_MouseMove
End
```

```
Public Sub Panel2_MouseUp()
  Form_MouseUp
End

Public Sub ToolButton2_Click()
  '打开多媒体文件
  Dialog. Title="打开"
  Dialog. Path=". "
  Dialog. Filter=["*. mkv;*. mp4;*. mp3;*. wma;*. 3gp;*. wav;*. avi;*. rmvb;*. rm;*. ts;
*. wmv","视频文件"]
  If Dialog. OpenFile() Then Return
  '嵌入多媒体播放器
  mp=Exec["mplayer","-slave","-quiet","-zoom","-wid",Str(Embedder1. Handle),Dialog. Path]
For Input Output As "Process"
  Timer1. Enabled=True
End

Public Sub Process_Read()

  Dim s As String
  Dim ss As String[]
  Dim pos As Integer
  Dim poss As Integer

  '获取播放信息
  Read #Last,s,-256
  pos=InStr(s,"ANS_TIME_POSITION=")
  If pos>0 Then
    ss=Split(s,"\n")
    poss=InStr(ss[1],"ANS_LENGTH=")
    Label1. Text=Mid(ss[0],pos+Len("ANS_TIME_POSITION=")) & "/" & Mid(ss[1],poss+
Len("ANS_LENGTH="))
    '设置播放总时长和当前播放位置
    Slider1. MaxValue=Val(Mid(ss[1],poss+Len("ANS_LENGTH=")))
    Slider1. Value=Val(Mid(ss[0],pos+Len("ANS_TIME_POSITION=")))
  Endif
  '错误处理
  Catch
    Return
End

Public Sub ToolButton3_Click()
  '最小化
  FMain. Minimized=True
End
```

```
Public Sub ToolButton4_Click()
  '最大化
  If FMain. Maximized Then
    FMain. Maximized=False
    FMain. Width=576
    FMain. Height=387
  Else
    FMain. Maximized=True
  Endif
End

Public Sub ToolButton5_Click()
  '关闭窗体
  FMain. Close
End

Public Sub ToolButton6_Click()
  '向前
  Print #mp,"seek-2 0\n"
End

Public Sub ToolButton7_Click()
  '播放与暂停
  If op=0 Then
    Write #mp,"pause\n"
    ToolButton7. Picture=Picture["icon:/32/pause"]
    op=1
    Timer1. Enabled=False
  Else
    Write #mp,"play\n"
    ToolButton7. Picture=Picture["icon:/32/play"]
    op=0
    Timer1. Enabled=True
  Endif
  Catch
    Return
End

Public Sub ToolButton8_Click()
  '向后
  Write #mp,"seek+2 0\n"
End

Public Sub Timer1_Timer()
  '获得播放位置和总时长
  Write #mp,"get_time_pos\n"
```

```
  Write #mp,"get_time_length\n"
End

Public Sub ToolButton9_Click()
  '设置静音
  If flag=False Then
    Write #mp,"mute 1\n"
    flag=True
  Else
    Write #mp,"mute 0\n"
    flag=False
  Endif
End

Public Sub Slider1_MouseDown()
  '双击调整播放位置
  Write #mp,"seek " & Str(Slider1. Value) & " 2\n"
End

Public Sub Slider2_Change()
  '设置音量
  Write #mp,"volume " & Str(Slider2. Value) & " 100\n"
End
```

程序中，mp = Exec ["mplayer","-slave","-quiet","-zoom","-wid",Str(Embedder1. Handle), Dialog. Path] For Input Output As "Process"语句中的-slave 参数为切换到被动模式，mplayer 运行在其他程序在后端，依附于调用的窗体或窗体内容器；-quiet 参数为简化屏幕输出，尤其是阻止显示状态行数据；-zoom 为在可能的情况下允许使用软件缩放；-wid 参数为将 mplayer 绑定至一个已有的窗口，并充填所给窗口。

嵌入式 mplayer 播放器操作功能包括：

a. 暂停功能。

```
Print #mp,"pause\n"
```

或

```
Write #mp,"pause\n"
```

Print 与 Write 作用相同，二者可互换。

b. 获取播放文件的总时长和当前播放位置。

```
Write #mp,"get_time_pos\n"
Write #mp,"get_time_length\n"
```

c. 快进功能。

seek<value>[type]

type 为 0 时表示相对值形式，为 1 时表示百分比，为 2 时表示绝对值。

Write #mp，"seek+2 0\n"语句为相对于当前位置快进 2s。

d. 音量调节。

```
volume<value>[abs]
```

Write #mp,"volume-1\n"语句为音量减小。
Write #mp,"volume+1\n"语句为音量增加。
e. 静音功能。

```
mute[value]
```

Write #mp,"mute 1\n"语句为关闭静音。
Write #mp,"mute 0\n"语句为开启静音。

6.4 嵌入式扫描仪程序设计

Gambas 提供了扫描仪应用组件 gb. scanner，应用设计较为灵活，但函数操作复杂，且存在一定的适配难度。这里调用 Linux 下通用的扫描仪应用 SANE（Scanner Access Now Easy）实现与各类扫描仪接口的连接。

6.4.1 扫描仪通用接口 SANE

SANE 是一个通用应用程序编程接口（API），提供扫描仪硬件统一的标准化访问接口，能有效屏蔽底层硬件的异构性，可同时为平板扫描仪、手持式扫描仪、视频和静止相机、图像采集卡等提供接口驱动服务。SANE 在使用前需要进行安装。

下载安装 SANE 后端工具，在终端输入命令：

```
sudo apt-get install sane
```

或

```
sudo apt-get install sane-utils
```

下载安装 SANE 前端程序 xsane，在终端输入命令：

```
sudo apt-get install xsane
```

启动扫描仪前端应用程序方法为：

```
xsane &
```

xsane 启动过程如图 6-3 所示。

(a) 启动界面

(b) xsane操作界面

图 6-3 启动 xsane

采用简化 GUI 前端，输入命令为：

```
xscanimage &
```

xscanimage 启动过程如图 6-4 所示。

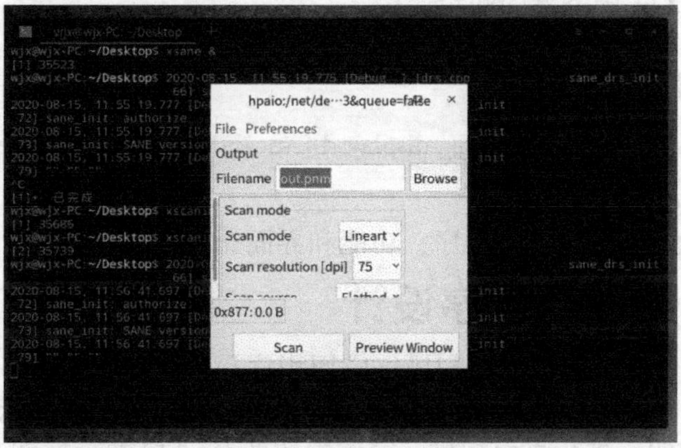

图 6-4 启动 xscanimage

6.4.2 sane 命令

（1）xsane 命令

xsane 命令格式为：

```
xsane [--version|-v] [--license|-l] [--device-settings file |-d file] [--viewer|-V] [--save|-s] [--copy|-c] [--fax|-f] [--mail|-m] [--no-mode-selection|-n] [--Fixed|-F] [--Resizable|-R] [--print-filenames|-p] [--force-filename name |-N name][--display d] [--sync] [devicename]
```

可简化表示为：

```
xsane[OPTION]…[DEVICE]
```

[DEVICE] 为后端设备文件，如 umax:/dev/scanner。

[OPTION] 为以下项目的组合：

-h 或--help 为显示帮助信息。

-v 或--version 为打印版本信息。

-l 或--license 为打印许可证信息。

-d 或--device-settings file 为装载设备设置信息。

-V 或--viewer 为启动检视器。

-s 或--save 为储存模式。

-c 或--copy 为复制模式。

-m 或--multipage 为多页面模式。

-f 或--fax 为传真模式。

-e 或--email 为电子邮件模式。

-n 或--no-mode-selection 为禁用菜单。

-F 或--Fixed 为固定主窗口大小。

-R 或--Resizable 为可调整主窗口大小。

-p 或--print-filenames 为打印由 xsane 创建的图像文件。

-N 或--force-filename name 为强制文件名并禁用用户文件名选择。

--display X11-display 为输出重定向到 X11 显示。

--no-xshm 为不使用共享内存。

--sync 为请求与 X11 服务器的同步连接。

（2） xscanimage 命令

xscanimage 命令格式为：

```
xscanimage[--version|-V][--help|-h][--display d][--no-xshm][--sync][devicename]
```

命令参数与 xsane 相同。

xscanimage 为简化的 GUI 前端程序，功能和界面比 xsane 更简单。

6.4.3 扫描仪应用程序设计

下面通过一个实例来学习嵌入式扫描仪应用程序设计方法。设计一个扫描仪应用程序，点击“启动”按钮，可以启动 xsane，启动完成后，会在右半部分显示 xsane 嵌入式操作窗口；点击“扫描”按钮，进行页面扫描，窗体中的两个“扫描”按钮功能相同；点击“显示图像”按钮，可在左半部分显示扫描的图像，如图 6-5 所示。该扫描方式可适配办公环境中的有线、无线、云扫描等。

（1） 实例效果预览

实例效果预览如图 6-5 所示。

（2） 实例步骤

① 启动 Gambas 集成开发环境，可以在菜单栏选择“文件”→“新建工程...”，或在启动窗体中直接选择“新建工程...”项。

② 在“新建工程”对话框中选择“1. 工程类型”中的“Graphical application”项，点击“下一个（N）”按钮。

③ 在“新建工程”对话框中选择“2. Parent directory”中要新建工程的目录，点击“下一个（N）”按钮。

④ 在“新建工程”对话框的“3. Project details”中输入工程名和工程标题，工程名为存储目录的名称，工程标题为应用程序的实际名称，在这里设置相同的工程名和工程标题。

图 6-5　扫描仪应用程序窗体

完成之后，点击“确定”按钮。

⑤ 在菜单中选择“工程”→“属性…”项，在弹出的“工程属性”对话框中，勾选“gb. desktop”项，系统会自动添加“gb. desktop. x11”项。

⑥ 系统默认生成的启动窗体名称（Name）为 FMain。在 FMain 窗体中添加 1 个 ScrollView 控件、1 个 PictureBox 控件、1 个 Embedder 控件、1 个 Timer 控件、3 个 Button 控件，如图 6-6 所示，并设置相关属性，如表 6-2 所示。

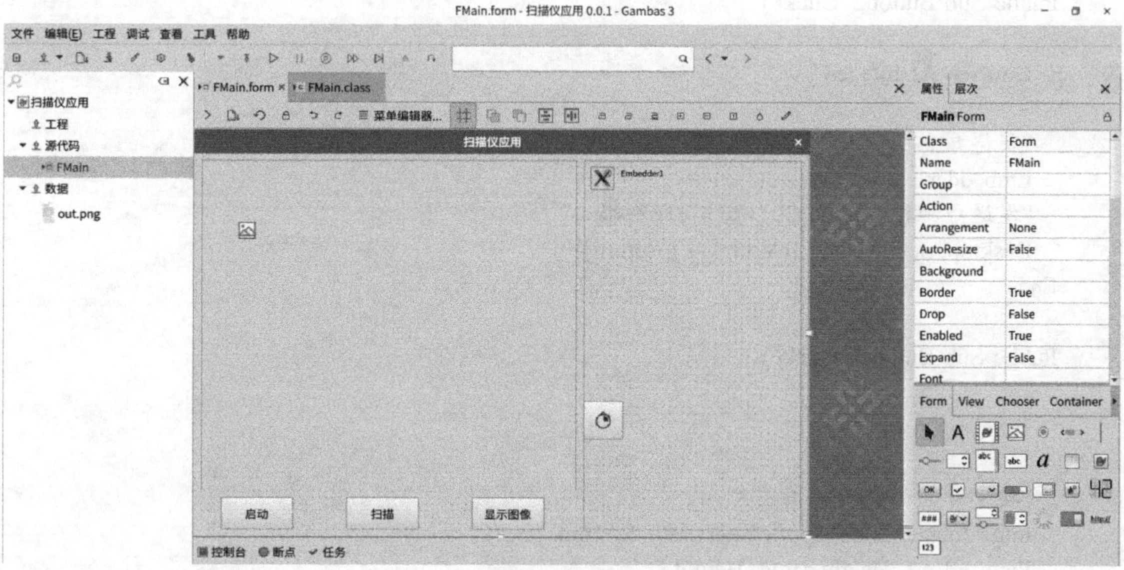

图 6-6　窗体设计

表 6-2　窗体和控件属性设置

名称	属性	说明
FMain	Text:扫描仪应用 Resizable:False	标题栏显示的名称 固定窗体大小,取消最大化按钮
ScrollView1		放置 PictureBox1 控件在其中
PictureBox1		显示扫描图像
Embedder1		嵌入器,嵌入 xsane 操作界面
Timer1	Enabled:True	定时器
Button1	Text:启动	命令按钮,响应相关点击事件
Button2	Text:扫描	命令按钮,响应相关点击事件
Button3	Text:显示图像	命令按钮,响应相关点击事件

⑦ 设置 Tab 键响应顺序。在 FMain 窗体的“属性”窗口点击“层次”，出现控件切换排序，即按下键盘上的 Tab 键时，控件获得焦点的顺序。

⑧ 在 FMain 窗体中添加代码。

```
' Gambas class file

  Public xs As Process

Public Sub Button1_Click()
  '启动 xsane 扫描仪应用,存储模式,扫描结果存储于工程目录下,名为 out. png
  xs=Shell "xsane -s -N" & Application. Path &/ "out. png"
End

Public Sub Button2_Click()

  Dim res As Integer[]

  '获得焦点
  Embedder1. SetFocus
  '发送虚拟按键命令 Ctrl+回车,即扫描
  Desktop. SendKeys("{[Control_L][Return]}")
End

Public Sub Button3_Click()

  Dim img As Image

  '按实际大小显示扫描图片
  img=Image. Load(Application. Path &/ "out. png")
  PictureBox1. Height=img. Height
  PictureBox1. Width=img. Width
  PictureBox1. Left=0
```

```
    PictureBox1. Top=0
    PictureBox1. Picture=img. Picture
End

Public Sub Timer1_Timer()

    Dim res As Integer[]
    Dim i As Integer

    '查找以标题 xsane 开头的窗口,找到后嵌入本窗体
    res=Desktop. FindWindow("xsane*")
    Try i=res[0]
    If i>0 Then
        Embedder1. Embed(res[0])
    Endif
End

Public Sub Form_Close()
    '关闭
    Try xs. Close
    FMain. Close
End
```

程序中，将 PictureBox1 控件放入 ScrollView1 控件中，扫描的图像按原始大小在 PictureBox1 控件中显示，当超出 ScrollView1 的显示区域时，会自动增加 ScrollBar 滚动条，可以拖拽滚动条或在滚动条区域滚动鼠标滚轮来显示其他区域。

res=Desktop. FindWindow("xsane*")语句查找当前窗口中所有以 xsane 开头的窗体，并存储到一个整型数组中，Embedder1. Embed(res[0])语句将找到的第一个窗体嵌入 Embedder1 控件中并显示，此时，该独立窗体立即从窗口和状态栏中消失，转而嵌入新的窗体中。

6

第 7 章

高级控件应用

高级控件是组成 Gambas 应用程序的重要内容，主要作为综合应用程序的扩展功能使用，用于富文本编辑、PDF 文档阅读、Web 页面浏览、地图应用、多媒体应用和系统托盘设计等。这些控件来源于并且兼容 Qt4、Qt5、GTK+2、GTK+3，可方便地发布和移植到各种 Linux 操作系统中。

本章介绍 Gambas 的高级控件与相关类的使用方法，包括 TextEdit、Balloon、PDF、WebView、MapView、MediaView、TrayIcon 类与控件以及关联的虚类，并给出了富文本编辑器程序、PDF 阅读器程序、网页浏览器程序、地图应用程序、多媒体播放器程序、系统托盘程序等示例，能够使读者快速掌握高级控件的属性、方法、事件，以及相关程序设计方法。

7.1 富文本与提示框类控件

富文本控件在允许用户输入和编辑文本的同时，提供了比普通的 TextBox、TextArea 控件更高级的格式特征，如设置文本字体、颜色，进行表格、图文混排，编辑 html、xml 文件等；Balloon 类与 Message 类相似，呈现出一个气球形态，内部可以显示相关提示信息。二者配合可进行办公类富文本应用程序的开发。

7.1.1 TextEdit 控件

TextEdit 控件实现了富文本编辑器，提供了类似于 WPS 文字的处理功能，可以设置文本的字体、大小、颜色、段落，插入表格、图片等。

（1）TextEdit 控件的主要属性

① Border 属性　Border 属性用于返回或设置控件是否具有边框。函数声明为：

```
TextEdit. Borde As Boolean
```

② Format 属性　Format 属性用于返回格式化当前所选文本（如果未选择文本，则为当前段落）的虚拟对象。函数声明为：

```
TextEdit. Format As . TextEdit. Format
```

③ Index 属性　Index 属性用于返回或设置当前字符在当前段落中的位置。函数声明为：

```
TextEdit. Index As Integer
```

④ Paragraph 属性 Paragraph 属性用于返回或设置当前段落的索引，第一段索引值为 0。函数声明为：

```
TextEdit. Paragraph As Integer
```

⑤ Pos 属性 Pos 属性用于返回或设置光标位置，从文本开头开始计数。如果为 UTF-8 方式，必须使用 String 类将该位置转换为字符串中的字节索引。函数声明为：

```
TextEdit. Pos As Integer
```

⑥ ReadOnly 属性 ReadOnly 属性用于返回或设置是否允许修改文本。函数声明为：

```
TextEdit. ReadOnly As Boolean
```

⑦ RichText 属性 RichText 属性用于返回或设置控件的富文本。函数声明为：

```
TextEdit. RichText As String
```

⑧ ScrollBar 属性 ScrollBar 属性用于返回或设置显示的滚动条类型。函数声明为：

```
TextEdit. ScrollBar As Integer
```

⑨ ScrollX 属性 ScrollX 属性用于返回或设置 TextEdit 滚动区域的左侧位置。函数声明为：

```
TextEdit. ScrollX As Integer
```

⑩ ScrollY 属性 ScrollY 属性用于返回或设置 TextEdit 滚动区域的顶部位置。函数声明为：

```
TextEdit. ScrollY As Integer
```

⑪ Selected 属性 Selected 属性用于返回选择的文本。函数声明为：

```
TextEdit. Selected As Boolean
```

⑫ Selection 属性 Selection 属性用于返回用于管理所选文本的对象。函数声明为：

```
TextEdit. Selection As . TextEdit. Selection
```

⑬ Text 属性 Text 属性用于返回或设置控件的文本。函数声明为：

```
TextEdit. Text As String
```

⑭ TextHeight 属性 TextHeight 属性用于返回控件中显示的富文本高度。函数声明为：

```
TextEdit. TextHeight As Integer
```

⑮ TextWidth 属性 TextWidth 属性用于返回控件中显示的富文本宽度。函数声明为：

```
TextEdit. TextWidth As Integer
```

⑯ Wrap 属性 Wrap 属性用于返回或设置文本是否可以自动换行。函数声明为：

```
TextEdit. Wrap As Boolean
```

(2) TextEdit 控件的主要方法

① Clear 方法 Clear 方法用于清除文本。函数声明为：

```
TextEdit. Clear()
```

② Copy 方法　Copy 方法用于将选中的文本复制到剪贴板。函数声明为：

```
TextEdit. Copy()
```

③ Cut 方法　Cut 方法用于将所选文本剪切到剪贴板中。函数声明为：

```
TextEdit. Cut()
```

④ EnsureVisible 方法　EnsureVisible 方法用于通过在必要时滚动文本区域的内容，确保光标在屏幕中可见。函数声明为：

```
TextEdit. EnsureVisible()
```

⑤ Insert 方法　Insert 方法用于在光标位置插入指定的文本。函数声明为：

```
TextEdit. Insert(Text As String)
```

Text 为待插入文本。

⑥ Paste 方法　Paste 方法用于将剪贴板内容粘贴到光标位置。函数声明为：

```
TextEdit. Paste()
```

⑦ Redo 方法　Redo 方法用于恢复上一次操作。函数声明为：

```
TextEdit. Redo()
```

⑧ Select 方法　Select 方法用于指定选中的文本。函数声明为：

```
TextEdit. Select([Start As Integer, Length As Integer])
```

Start 为文本中第一个选中字符的位置。
Length 为选中文本的长度。
如果未指定任何参数，则选中整个文本。

⑨ SelectAll 方法　SelectAll 方法用于选中整个文本。函数声明为：

```
TextEdit. SelectAll()
```

⑩ ToIndex 方法　ToIndex 方法用于将位置转换为段落编号内的字符索引。函数声明为：

```
TextEdit. ToIndex(Pos As Integer) As Integer
```

Pos 为当前位置。

⑪ ToParagraph 方法　ToParagraph 方法用于将位置转换为段落编号。函数声明为：

```
TextEdit. ToParagraph(Pos As Integer) As Integer
```

Pos 为当前位置。

⑫ ToPos 方法　ToPos 方法用于将段落编号与段落内的字符索引转换为位置。函数声明为：

```
TextEdit. ToPos(Paragraph As Integer, Index As Integer) As Integer
```

Paragraph 为段落编号。
Index 为段落内的字符索引。

⑬ Undo 方法　Undo 方法用于撤销上一个操作。函数声明为：

```
TextEdit. Undo()
```

⑭ Unselect 方法　Unselect 方法用于取消当前选中的文本。函数声明为：

```
TextEdit. Unselect()
```

（3）TextEdit 控件的主要事件

① Change 事件　Change 事件当文本改变时触发。函数声明为：

```
Event TextEdit. Change()
```

② Cursor 事件　Cursor 事件当光标位置改变时触发。函数声明为：

```
Event TextEdit. Cursor()
```

7.1.2　. TextEdit. Format 虚类

. TextEdit. Format 虚类用于格式化当前所选文本，如果未选择文本，则格式化当前段落。

. TextEdit. Format 虚类的主要属性包括：

① Alignment 属性　Alignment 属性用于返回或设置当前段落或当前所选文本的对齐方式。函数声明为：

```
. TextEdit. Format. Alignment As Integer
```

② Background 属性　Background 属性用于返回或设置当前所选文本的背景颜色。函数声明为：

```
. TextEdit. Format. Background As Integer
```

③ Color 属性　Color 属性用于返回或设置当前所选文本的颜色。函数声明为：

```
TextEdit. Format. Color As Integer
```

④ Font 属性　Font 属性用于返回或设置当前所选文本的字体。函数声明为：

```
. TextEdit. Format. Font As Font
```

7.1.3　. TextEdit. Selection 虚类

. TextEdit. Selection 虚类用于管理所选文本。

（1）. TextEdit. Selection 虚类的主要属性

① Length 属性　Length 属性用于返回所选文本的长度，以字符计。函数声明为：

```
. TextEdit. Selection. Length As Integer
```

② RichText 属性　RichText 属性用于返回或设置当前选中的富文本。函数声明为：

```
. TextEdit. Selection. RichText As String
```

③ Start 属性　Start 属性用于返回当前所选文本的起始位置。函数声明为：

```
. TextEdit. Selection. Start As Integer
```

④ Text 属性　Text 属性用于返回或设置当前选中的文本。函数声明为：

```
. TextEdit. Selection. Text As String
```

（2）. TextEdit. Selection 虚类的主要方法

. TextEdit. Selection 虚类的主要方法为 Hide 方法。

Hide 方法用于取消当前选中的文本。函数声明为：

```
. TextEdit. Selection. Hide()
```

7.1.4 Balloon 类

Balloon 类在一个气球（提示框）中显示信息和可选图标，可以部分替代 Message 类功能。该类在不同操作系统下外观会有所不同，如图 7-1 所示。

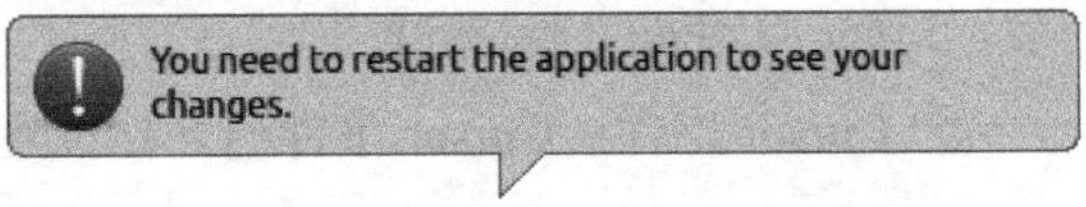

图 7-1 Balloon 类提示框外观

（1）Balloon 类的主要静态属性

① Control 属性　Control 属性用于返回气球指向的控件。如果没有气球被显示，返回 NULL。函数声明为：

```
Balloon. Control As Control
```

② Delay 属性　Delay 属性用于返回或设置气球显示的时间，以毫秒计。函数声明为：

```
Balloon. Delay As Integer
```

③ Font 属性　Font 属性用于返回或设置气球文本的字体。函数声明为：

```
Balloon. Font As Font
```

④ Visible 属性　Visible 属性用于返回气球是否可见。函数声明为：

```
Balloon. Visible As Boolean
```

（2）Balloon 类的主要静态方法

① Delete 方法　Delete 方法用于在气球中显示带有删除图标的消息。函数声明为：

```
Balloon. Delete(Message As String, Control As Control[, X As Integer, Y As Integer])
```

Message 为显示的文本。
Control 为气球将指向的控件。
X 为气球将指向的横坐标。
Y 为气球将指向的纵坐标。
如果未指定 X 和 Y，气球指向控件中心。

② Error 方法　Error 方法用于在气球中显示带有错误图标的信息。函数声明为：

```
Balloon. Error(Message As String, Control As Control[, X As Integer, Y As Integer])
```

Message 为显示的文本。
Control 为气球将指向的控件。
X 为气球将指向的横坐标。
Y 为气球将指向的纵坐标。
如果未指定 X 和 Y，气球指向控件中心。

③ Hide 方法　Hide 方法用于隐藏气球。函数声明为：

```
Balloon. Hide([Control As Control])
```

Control 为气球将指向的控件。如果指定 Control，气球只要指向 Control 就被隐藏。

④ Info 方法　Info 方法用于在气球中显示带有信息图标的信息。函数声明为：

```
Balloon. Info(Message As String,Control As Control[,X As Integer,Y As Integer])
```

Message 为显示的文本。

Control 为气球将指向的控件。

X 为气球将指向的横坐标。

Y 为气球将指向的纵坐标。

如果未指定 X 和 Y，气球指向控件中心。

⑤ Question 方法　Question 方法用于在气球中显示带有问题图标的信息。函数声明为：

```
Balloon. Question(Message As String,Control As Control[,X As Integer,Y As Integer])
```

Message 为显示的文本。

Control 为气球将指向的控件。

X 为气球将指向的横坐标。

Y 为气球将指向的纵坐标。

如果未指定 X 和 Y，气球指向控件中心。

⑥ Warning 方法　Warning 方法用于在气球中显示带有警告图标的信息。函数声明为：

```
Balloon. Warning(Message As String,Control As Control[,X As Integer,Y As Integer])
```

Message 为显示的文本。

Control 为气球将指向的控件。

X 为气球将指向的横坐标。

Y 为气球将指向的纵坐标。

如果未指定 X 和 Y，气球指向控件中心。

7.1.5 富文本编辑器程序设计

下面通过一个实例来学习 TextEdit 控件和 Balloon 类的使用方法。设计一个应用程序，可以新建、打开、保存富文本，包括. txt、. htm、. html、. mhtml、. xml 等格式，并且可以对富文本进行编辑，包括添加、修改、删除文本，设置粗体、斜体、下划线、删除线、左对齐、居中、右对齐、两端对齐，设置文本颜色、背景颜色，设置字体、字号，以及获得帮助等，如图 7-2 所示。

（1）实例效果预览

实例效果预览如图 7-2 所示。

（2）实例步骤

① 启动 Gambas 集成开发环境，可以在菜单栏选择“文件”→“新建工程…”，或在启动窗体中直接选择“新建工程…”项。

② 在“新建工程”对话框中选择“1. 工程类型”中的“Graphical application”项，点击“下一个（N）”按钮。

③ 在“新建工程”对话框中选择“2. Parent directory”中要新建工程的目录，点击“下一个（N）”按钮。

④ 在“新建工程”对话框的“3. Project details”中输入工程名和工程标题，工程名为存储目录的名称，工程标题为应用程序的实际名称，在这里设置相同的工程名和工程标题。完成之后，点击“确定”按钮。

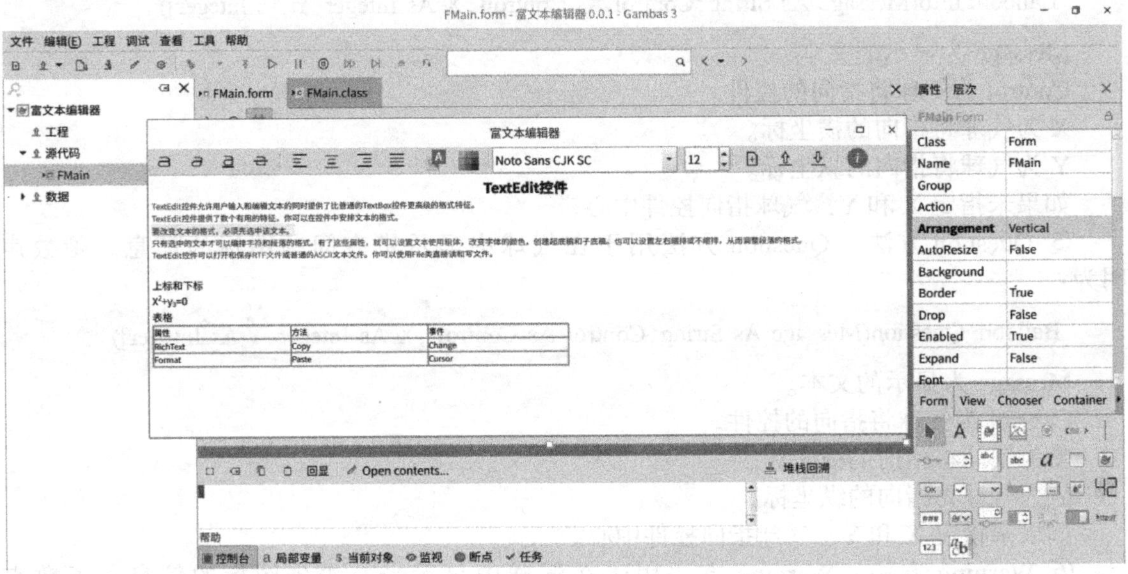

图 7-2　富文本编辑器程序窗体

⑤ 在菜单中选择“工程”→“属性...”项，在弹出的“工程属性”对话框中，勾选“gb. qt5. ext”项，系统会自动勾选“gb. qt5”项，同时应删除“gb. gui”项，在控件工具栏中会添加相应的控件。

⑥ 系统默认生成的启动窗体名称（Name）为 FMain。在 FMain 窗体中添加 1 个 TextEdit 控件、2 个 HBox 控件、14 个 ToolButton 控件、1 个 ComboBox 控件、1 个 SpinBox 控件、5 个 Separator 控件，如图 7-3 所示，并设置相关属性，如表 7-1 所示。

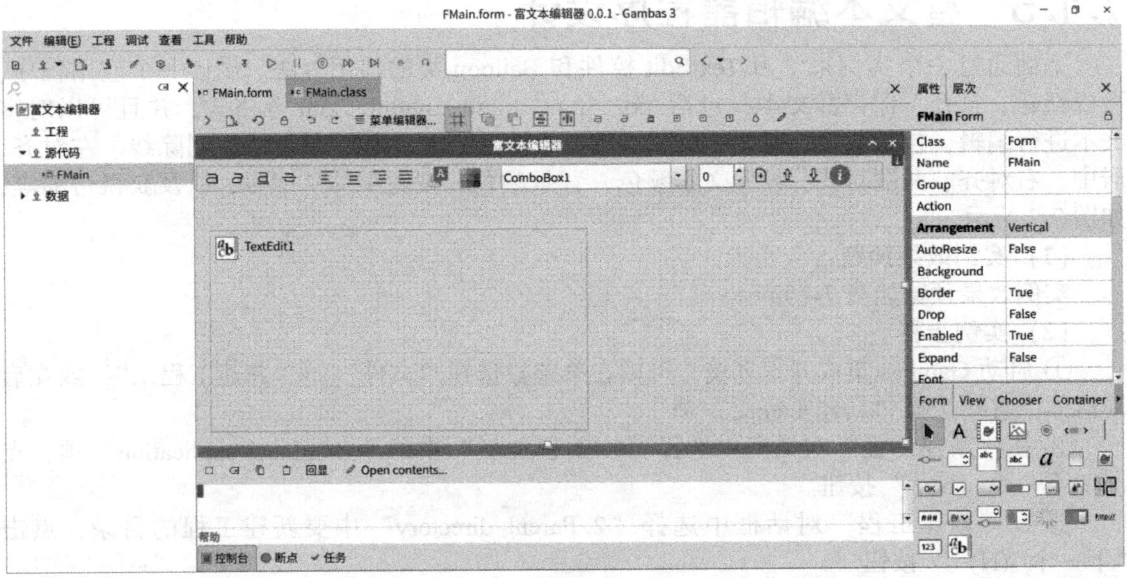

图 7-3　窗体设计

表 7-1　窗体和控件属性设置

名称	属性	说明
FMain	Text:富文本编辑器 Arrangement:Vertical	标题栏显示的名称 窗体中控件自动垂直排列
TextEdit1	Expand:True Expand:True Wrap:True	在窗体内自动展开 充满整个窗体 自动换行
HBox1		顺序排列工具栏按钮
HBox2		占位符,分隔两个控件
ToolButton1	Picture:icon:/32/text-bold Toggle:True ToolTip:粗体	加粗 实现按下和弹起两种状态 鼠标悬停时显示提示信息
ToolButton2	Picture:icon:/32/text-italic Toggle:True ToolTip:斜体	斜体 实现按下和弹起两种状态 鼠标悬停时显示提示信息
ToolButton3	Picture:icon:/32/text-underline Toggle:True ToolTip:下划线	下划线 实现按下和弹起两种状态 鼠标悬停时显示提示信息
ToolButton4	Picture:icon:/32/text-strike Toggle:True ToolTip:删除线	删除线 实现按下和弹起两种状态 鼠标悬停时显示提示信息
ToolButton5	Picture:icon:/32/text-left Radio:True Toggle:True ToolTip:左对齐	左对齐 按钮互斥,只有一个处于选中状态 实现按下和弹起两种状态 鼠标悬停时显示提示信息
ToolButton6	Picture:icon:/32/text-center Radio:True Toggle:True ToolTip:居中	居中 按钮互斥,只有一个处于选中状态 实现按下和弹起两种状态 鼠标悬停时显示提示信息
ToolButton7	Picture:icon:/32/text-right Radio:True Toggle:True ToolTip:右对齐	右对齐 按钮互斥,只有一个处于选中状态 实现按下和弹起两种状态 鼠标悬停时显示提示信息
ToolButton8	Picture:icon:/32/text-fill Radio:True Toggle:True ToolTip:两端对齐	两端对齐 按钮互斥,只有一个处于选中状态 实现按下和弹起两种状态 鼠标悬停时显示提示信息
ToolButton9	Picture:icon:/32/language ToolTip:文本颜色	文本颜色 鼠标悬停时显示提示信息
ToolButton10	Picture:icon:/32/color ToolTip:背景颜色	背景颜色 鼠标悬停时显示提示信息
ToolButton11	Picture:icon:/32/new ToolTip:新建	新建 鼠标悬停时显示提示信息
ToolButton12	Picture:icon:/32/open ToolTip:打开	打开 鼠标悬停时显示提示信息

续表

名称	属性	说明
ToolButton13	Picture：icon:/32/save ToolTip：保存	保存 鼠标悬停时显示提示信息
ToolButton14	Picture：icon:/32/info ToolTip：系统帮助	系统帮助 鼠标悬停时显示提示信息
ComboBox1	ToolTip：字体	设置字体，鼠标悬停时显示提示信息
SpinBox1	ToolTip：字号	设置字号，鼠标悬停时显示提示信息
Separator1		分隔符
Separator2		分隔符
Separator3		分隔符
Separator4		分隔符
Separator5		分隔符

⑦ 设置Tab键响应顺序。在FMain窗体的“属性”窗口点击“层次”，出现控件切换排序，即按下键盘上的Tab键时，控件获得焦点的顺序。

⑧ 在FMain窗体中添加代码。

```
' Gambas class file

Public Sub Form_Open()

  Dim s As String

  '枚举系统字体
  For Each s In Fonts
    ComboBox1. Add(s)
  Next
End

Public Sub ToolButton1_Click()
  '粗体
  TextEdit1. Format. Font. Bold=Last. Value
End

Public Sub ToolButton2_Click()
  '斜体
  TextEdit1. Format. Font. Italic=Last. Value
End

Public SubToolButton3_Click()
  '下划线
  TextEdit1. Format. Font. Underline=Last. Value
End
```

```
Public Sub ToolButton4_Click()
  '删除线
  TextEdit1. Format. Font. Strikeout=Last. Value
End

Public Sub ToolButton5_Click()
  '左对齐
  TextEdit1. Format. Alignment=Align. Left
End

Public Sub ToolButton6_Click()
  '居中
  TextEdit1. Format. Alignment=Align. Center
End

Public Sub ToolButton7_Click()
  '右对齐
  TextEdit1. Format. Alignment=Align. Right
End

Public Sub ToolButton8_Click()
  '两端对齐
  TextEdit1. Format. Alignment=Align. Justify
End

Public Sub ComboBox1_Click()
  '字体
  TextEdit1. Format. Font. Name=Last. Text
End

Public Sub SpinBox1_Change()
  '字号
  TextEdit1. Format. Font. Size=Last. Value
  TextEdit1. SetFocus
End

Public Sub ToolButton9_Click()
  '文本颜色
  Dialog. Title="选择颜色"
  If Dialog. SelectColor() Then Return
  TextEdit1. Format. Color=Dialog. Color
End

Public Sub ToolButton10_Click()
  '背景颜色
```

```
    Dialog. Title="选择颜色"
    If Dialog. SelectColor() Then Return
    TextEdit1. Format. Background=Dialog. Color
End

Public SubToolButton11_Click()
    '新建
    If TextEdit1. Tag=True Then
        Balloon. Warning("文件已经修改,未保存,请先保存当前文件,再创建新文件!",
TextEdit1)
        Return
    Endif
    '清除文本
    TextEdit1. Clear
End

Public Sub ToolButton12_Click()
    '打开
    If TextEdit1. Tag=True Then
        Balloon. Warning("文件已经修改,未保存,请先保存当前文件,再创建新文件!",
TextEdit1)
        Return
    Endif
    Dialog. Title="打开"
    Dialog. Filter=["*. txt","文本文件","*. htm;*. html;*. mhtml","网页文件","*. xml","xml 文件"]
    Dialog. Path=". "
    If Dialog. OpenFile() Then Return
    TextEdit1. RichText=File. Load(Dialog. Path)
    '文件状态,修改为 True,否则为 False
    TextEdit1. Tag=False
End

Public Sub ToolButton13_Click()
    '保存
    Dialog. Title="保存"
    Dialog. Filter= ["*. txt","文本文件","*. htm; *. html; *. mhtml","网页文件","*. xml",
"xml 文件"]
    Dialog. Path=". "
    If Dialog. SaveFile() Then Return
    File. Save(Dialog. Path, TextEdit1. RichText)
    '文件状态,修改为 True,否则为 False
    TextEdit1. Tag=False
End
```

```
Public Sub ToolButton14_Click()
  '系统帮助
  Balloon. Info("富文本编辑器，可以进行文本的\n粗体、斜体、下划线、删除线设置，\n左对齐、居中、右对齐、两端对齐设置，\n文本颜色、背景颜色、字体、字号设置，\n以及文件的新建、打开、保存，系统帮助等操作。",Last)
End

Public Sub TextEdit1_Cursor()
  '锁定控件，防止误操作
  Object. Lock(ToolButton1)
  Object. Lock(ToolButton2)
  Object. Lock(ToolButton3)
  Object. Lock(ToolButton4)
  Object. Lock(ToolButton5)
  Object. Lock(ToolButton6)
  Object. Lock(ToolButton7)
  Object. Lock(ToolButton8)
  Object. Lock(ComboBox1)
  Object. Lock(SpinBox1)
  '显示当前文本的粗体、斜体、下划线、删除线设置
  ToolButton1. Value=TextEdit1. Format. Font. Bold
  ToolButton2. Value=TextEdit1. Format. Font. Italic
  ToolButton3. Value=TextEdit1. Format. Font. Underline
  ToolButton4. Value=TextEdit1. Format. Font. Strikeout
  '显示当前文本的左对齐、居中、右对齐、两端对齐设置
  Select Case TextEdit1. Format. Alignment
    Case Align. Left
      ToolButton5. Value=True
    Case Align. Center
      ToolButton6. Value=True
    Case Align. Right
      ToolButton7. Value=True
    Case Align. Justify
      ToolButton8. Value=True
  End Select
  '显示当前文本的字体、字号设置
  ComboBox1. Text=TextEdit1. Format. Font. Name
  SpinBox1. Value=TextEdit1. Format. Font. Size
  '解锁
  Object. Unlock(ToolButton1)
  Object. Unlock(ToolButton2)
  Object. Unlock(ToolButton3)
  Object. Unlock(ToolButton4)
  Object. Unlock(ToolButton5)
  Object. Unlock(ToolButton6)
```

```
    Object. Unlock(ToolButton7)
    Object. Unlock(ToolButton8)
    Object. Unlock(ComboBox1)
    Object. Unlock(SpinBox1)
End

Public Sub TextEdit1_Change()
    '文件状态,修改为 True,否则为 False
    TextEdit1. Tag=True
End
```

7.2 PDF 类

Gambas 可以使用 gb. pdf 组件的 poppler 库来操作 PDF 文档。该组件包含 4 个类，即：PdfDocument、PdfLayout、PdfPageMode、PdfRect。

7.2.1 PdfDocument 类

PdfDocument 类用于显示 PDF 文档内容。

(1) PdfDocument 类的主要属性

① Count 属性　Count 属性用于返回 PDF 文档页数。函数声明为：

```
PdfDocument. Count As Integer
```

② HasIndex 属性　HasIndex 属性用于返回 PDF 文档是否具有索引。函数声明为：

```
PdfDocument. HasIndex As Boolean
```

③ Index 属性　Index 属性用于返回用于访问索引内容的虚拟对象。函数声明为：

```
PdfDocument. Index As . PdfDocument. Index
```

④ Info 属性　Info 属性用于返回 PDF 文档信息的虚拟对象。函数声明为：

```
PdfDocument. Info As . PdfDocument. Info
```

⑤ Orientation 属性　Orientation 属性用于返回或设置 PDF 显示方向。它可以是以下常量之一：PdfDocument. Normal、PdfDocument. Sideways、PdfDocument. Inverted、PdfDocument. SidewaysInverted。函数声明为：

```
PdfDocument. Orientation As Integer
```

⑥ Ready 属性　Ready 属性用于返回是否已成功打开。函数声明为：

```
PdfDocument. Ready As Boolean
```

⑦ Zoom 属性　Zoom 属性用于返回或设置页面缩放。其中 1 表示 100%，0. 5 表示 50%，2 表示 200%，依此类推。函数声明为：

```
PdfDocument. Zoom As Float
```

(2) PdfDocument 类的主要方法

① Close 方法　Close 方法用于关闭 PDF 文档。函数声明为：

```
PdfDocument. Close()
```

② Open 方法　Open 方法用于打开指定的 PDF 文档。函数声明为：

```
PdfDocument. Open(File As String)
```

（3）PdfDocument 类的主要常量

PdfDocument 类的主要常量如表 7-2 所示。

表 7-2　PdfDocument 类的主要常量

常量名	常量值	备注
PdfDocument. Goto	0	转到
PdfDocument. Normal	0	常规模式
PdfDocument. GotoRemote	1	转到远程
PdfDocument. Launch	2	启动
PdfDocument. Uri	3	uri
PdfDocument. Named	4	命名
PdfDocument. Movie	5	播放
PdfDocument. Unknown	11	未知状态
PdfDocument. Sideways	90	旋转 90°
PdfDocument. Inverted	180	旋转 180°
PdfDocument. SidewaysInverted	270	旋转 270°

7.2.2　. PdfDocument. Index 虚类

. PdfDocument. Index 虚类用于访问索引内容。

（1）. PdfDocument. Index 虚类的主要属性

① Count 属性　Count 属性用于返回 PDF 文档页数。函数声明为：

```
. PdfDocument. Index. Count As Integer
```

② Data 属性　Data 属性用于返回 PDF 文档数据。函数声明为：

```
. PdfDocument. Index. Data As . PdfDocumentPage. Link. Data
```

③ Expanded 属性　Expanded 属性用于返回是否扩展。函数声明为：

```
. PdfDocument. Index. Expanded As Boolean
```

④ HasChildren 属性　HasChildren 属性用于返回是否有子类。函数声明为：

```
. PdfDocument. Index. HasChildren As Boolean
```

⑤ Text 属性　Text 属性用于返回文本。函数声明为：

```
. PdfDocument. Index. Text Text As String
```

⑥ Title 属性　Title 属性用于返回标题。函数声明为：

```
. PdfDocument. Index. Title As String
```

(2). PdfDocument. Index 虚类的主要方法

① MoveChild 方法　MoveChild 方法用于移到子类。函数声明为：

```
. PdfDocument. Index. MoveChild() As Boolean
```

② MoveNext 方法　MoveNext 方法用于移到下一个。函数声明为：

```
. PdfDocument. Index. MoveNext() As Boolean
```

③ MoveParent 方法　MoveParent 方法用于移到父类。函数声明为：

```
. PdfDocument. Index. MoveParent() As Boolean
```

④ MovePrevious 方法　MovePrevious 方法用于移到上一个。函数声明为：

```
. PdfDocument. Index. MovePrevious() As Boolean
```

⑤ MoveRoot 方法　MoveRoot 方法用于移到根目录。函数声明为：

```
. PdfDocument. Index. MoveRoot()
```

7.2.3 .PdfDocumentPage. Link. Data 虚类

. PdfDocumentPage. Link. Data 虚类表示链接的内容。

. PdfDocumentPage. Link. Data 虚类的主要属性包括：

① Page 属性　Page 属性用于返回当前页。函数声明为：

```
. PdfDocumentPage. Link. Data. Page As Integer
```

② Parameters 属性　Parameters 属性用于返回链接参数。函数声明为：

```
. PdfDocumentPage. Link. Data. Parameters As String
```

③ Rect 属性　Rect 属性用于返回矩形区域。函数声明为：

```
. PdfDocumentPage. Link. Data. Rect As PdfRect
```

④ Target 属性　Target 属性用于返回目标字符串。函数声明为：

```
. PdfDocumentPage. Link. Data. Target As String
```

⑤ Type 属性　Type 属性用于返回类型。函数声明为：

```
. PdfDocumentPage. Link. Data. Type As Integer
```

⑥ Zoom 属性　Zoom 属性用于返回缩放值。函数声明为：

```
. PdfDocumentPage. Link. Data. Zoom As Float
```

7.2.4 .PdfDocument. Info 虚类

. PdfDocument. Info 虚类用于获取有关 PDF 文档信息。

. PdfDocument. Info 虚类的主要属性包括：

① Author 属性　Author 属性用于返回文档的作者。函数声明为：

```
. PdfDocument. Info. Author As String
```

② CanAddNotes 属性　CanAddNotes 属性用于返回添加的注释。函数声明为：

```
. PdfDocument. Info. CanAddNotes As Boolean
```

③ CanCopy 属性　CanCopy 属性用于返回是否可以复制文档。函数声明为：

```
.PdfDocument.Info.CanCopy As Boolean
```

④ CanModify 属性　CanModify 属性用于返回是否可以修改文档。函数声明为：

```
.PdfDocument.Info.CanModify As Boolean
```

⑤ CanPrint 属性　CanPrint 属性用于返回是否可以打印文档。函数声明为：

```
.PdfDocument.Info.CanPrint As Boolean
```

⑥ CreationDate 属性　CreationDate 属性用于返回文档的创建日期。函数声明为：

```
.PdfDocument.Info.CreationDate As Date
```

⑦ Creator 属性　Creator 属性用于返回文档的创建者。函数声明为：

```
.PdfDocument.Info.Creator As String
```

⑧ Format 属性　Format 属性用于返回文档的格式。函数声明为：

```
.PdfDocument.Info.Format As String
```

⑨ Keywords 属性　Keywords 属性用于返回与文档关联的关键字。函数声明为：

```
.PdfDocument.Info.Keywords As String
```

⑩ Layout 属性　Layout 属性用于返回文档的页面布局。函数声明为：

```
.PdfDocument.Info.Layout As Integer
```

⑪ Linearized 属性　Linearized 属性用于返回文档是否线性化。线性化可以在网络环境中提高访问效率。函数声明为：

```
.PdfDocument.Info.Linearized As Boolean
```

⑫ Mode 属性　Mode 属性用于返回文档的显示模式。函数声明为：

```
.PdfDocument.Info.Mode As Integer
```

⑬ ModificationDate 属性　ModificationDate 属性用于返回文档的最后修改日期。函数声明为：

```
.PdfDocument.Info.ModificationDate As Date
```

⑭ Producer 属性　Producer 属性用于返回文档的生产者。函数声明为：

```
.PdfDocument.Info.Producer As String
```

⑮ Subject 属性　Subject 属性用于返回文档的主题。函数声明为：

```
.PdfDocument.Info.Subject As String
```

⑯ Title 属性　Title 属性用于返回文档的标题。函数声明为：

```
.PdfDocument.Info.Title As String
```

7.2.5 PdfLayout 类

PdfLayout 类为页面布局的常量列表，与 PdfDocument.Info.Layout 属性相关。PdfLayout 类的主要常量如表 7-3 所示。

表 7-3 PdfLayout 类常量

常量名	常量值	备注
PdfLayout. Unset	0	取消设置
PdfLayout. SinglePage	1	单页
PdfLayout. OneColumn	2	单列
PdfLayout. TwoColumnLeft	3	左双列
PdfLayout. TwoColumnRight	4	右双列
PdfLayout. TwoPageLeft	5	左双页
PdfLayout. TwoPageRight	6	右双页

7.2.6 PdfPageMode 类

PdfPageMode 类为文档显示模式常量列表，与 PdfDocument. Info. Mode 属性相关。PdfPageMode 类的主要常量如表 7-4 所示。

表 7-4 PdfPageMode 类常量

常量名	常量值	备注
PdfPageMode. Unset	0	取消设置
PdfPageMode. UseOutlines	1	使用大纲
PdfPageMode. UseThumbs	2	使用 Thumbs
PdfPageMode. FullScreen	3	全屏
PdfPageMode. UseOC	4	使用 OC
PdfPageMode. UseAttachments	5	使用附件

7.2.7 PdfRect 类

PdfRect 类为页面的矩形区域。

PdfRect 类的主要属性包括：

① Bottom 属性　Bottom 属性用于返回矩形区域底部坐标。函数声明为：

```
PdfRect. Bottom As Float
```

② H 属性　H 属性用于返回矩形区域高度，与 Height 属性相同。函数声明为：

```
PdfRect. H As Float
```

③ Height 属性　Height 属性用于返回矩形区域高度。函数声明为：

```
PdfRect. Height As Float
```

④ Left 属性　Left 属性用于返回矩形区域左侧横坐标。函数声明为：

```
PdfRect. Left As Float
```

⑤ Right 属性　Right 属性用于返回矩形区域右侧横坐标。函数声明为：

```
PdfRect. Right As Float
```

⑥ Top 属性　Top 属性用于返回矩形区域顶部坐标。函数声明为：

```
PdfRect. Top As Float
```

⑦ W 属性　W 属性用于返回矩形区域宽度，与 Width 属性相同。函数声明为：

```
PdfRect. W As Float
```

⑧ Width 属性　Width 属性用于返回矩形区域宽度。函数声明为：

```
PdfRect. Width As Float
```

⑨ X 属性　X 属性用于返回矩形区域横坐标。函数声明为：

```
PdfRect. X As Float
```

⑩ Y 属性　Y 属性用于返回矩形区域纵坐标。函数声明为：

```
PdfRect. Y As Float
```

7.2.8 PDF 阅读器程序设计

下面通过一个实例来学习 PDF 类的使用方法。设计一个 PDF 阅读器应用程序，仿照 WPS PDF 的外观与功能，可以实现打开 PDF 文档、定位页码、首页、上一页、下一页、尾页、全屏、单页、双页、预览、文字识别、查找等功能，可以设置默认、日间、夜间、护眼、羊皮纸等显示模式。窗体的左侧为缩略图，左侧为正文显示栏，可以拖拽两栏的中间部分调整显示大小，如图 7-4 所示。

（1）实例效果预览

实例效果预览如图 7-4 所示。

图 7-4　PDF 阅读器程序窗体

（2）实例步骤

① 启动 Gambas 集成开发环境，可以在菜单栏选择“文件”→“新建工程…”，或在启动窗体中直接选择“新建工程…”项。

② 在“新建工程”对话框中选择“1. 工程类型”中的“Graphical application”项，点

击“下一个（N）”按钮。

③ 在“新建工程”对话框中选择“2. Parent directory”中要新建工程的目录，点击“下一个（N）”按钮。

④ 在“新建工程”对话框的“3. Project details”中输入工程名和工程标题，工程名为存储目录的名称，工程标题为应用程序的实际名称，在这里设置相同的工程名和工程标题。完成之后，点击“确定”按钮。

⑤ 在菜单中选择“工程”→“属性…”项，在弹出的“工程属性”对话框中，勾选“gb. pdf”项，即基于 Poppler 库的 PDF 演示器。

⑥ 系统默认生成的启动窗体名称（Name）为 FMain。在 FMain 窗体中添加 1 个 HBox 控件、9 个 ToolButton 控件、4 个 Separator 控件、1 个 ValueBox 控件、1 个 Label 控件、1 个 MenuButton 控件、1 个 PictureBox 控件、1 个 ButtonBox 控件、1 个 HSplit 控件、2 个 DocumentView 控件，如图 7-5 所示，并设置相关属性，如表 7-5 所示。

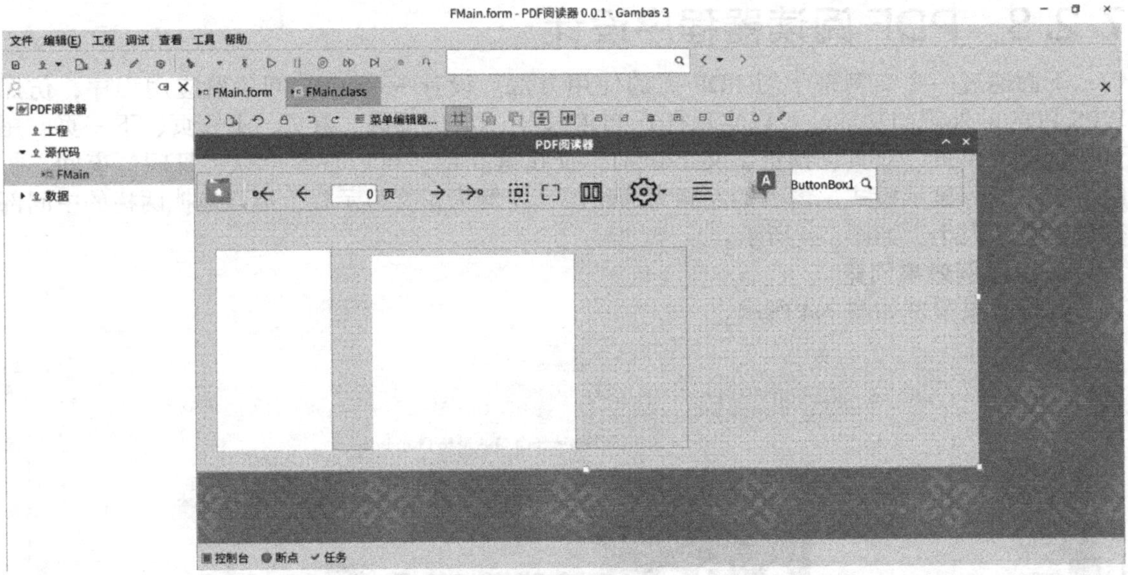

图 7-5　窗体设计

表 7-5　窗体和控件属性设置

名称	属性	说明
FMain	Text：PDF 阅读器 Arrangement：Vertical	标题栏显示的名称 窗体中控件垂直排列
HBox1	Margin：True Spacing：True	容器控件
ToolButton1	Picture：icon:/64/file-manager ToolTip：打开 PDF 文档	打开 PDF 文档
ToolButton2	Picture：icon:/64/first ToolTip：首页	首页
ToolButton3	Picture：icon:/64/previous ToolTip：上一页	上一页

续表

名称	属性	说明
ToolButton4	Picture:icon:/64/next ToolTip:下一页	下一页
ToolButton5	Picture:icon:/64/last ToolTip:尾页	尾页
ToolButton6	Picture:icon:/64/select-all ToolTip:全屏	全屏
ToolButton7	Picture:icon:/64/zoom-fit ToolTip:单页 Radio:True Toggle:True	单页与双页互斥
ToolButton8	Picture:icon:/64/view-split-h ToolTip:双页 Radio:True Toggle:True	单页与双页互斥
ToolButton9	Picture:icon:/64/language ToolTip:文字识别	文字识别
Separator1		分隔符
Separator2		分隔符
Separator3		分隔符
Separator4		分隔符
ValueBox1		显示当前页码
Label1	Text:页	标签控件
MenuButton1	Border:False Menu:Menu1 Picture:icon:/64/options ToolTip:背景	点击弹出背景菜单
PictureBox1	Picture:icon:/64/properties Stretch:True ToolTip:预览	预览
ButtonBox1	Picture:icon:/32/find ToolTip:查找	查找
HSplit1		左右两栏分隔容器控件
DocumentView1	Background:White	右栏,主显示区
DocumentView2	Background:White	左栏,显示缩略图

⑦ 菜单隐藏在 MenuButton1 中，当点击控件右侧小箭头时弹出下拉菜单，设置菜单相关属性，如表 7-6 所示。

表 7-6 菜单属性设置

名称	属性	说明
Menu1	Caption:Menu1 Visible:False	Menu1 菜单

续表

名称	属性	说明
Menu2	Caption:默认 Group:conf Radio:True Checked:True	菜单项 响应 conf 事件 与其他菜单项互斥 显示选中标志
Menu3	Caption:日间 Group:conf Radio:True	菜单项 响应 conf 事件 与其他菜单项互斥
Menu4	Caption:夜间 Group:conf Radio:True	菜单项 响应 conf 事件 与其他菜单项互斥
Menu5	Caption:护眼 Group:conf Radio:True	菜单项 响应 conf 事件 与其他菜单项互斥
Menu6	Caption:羊皮纸 Group:conf Radio:True	菜单项 响应 conf 事件 与其他菜单项互斥

⑧ 设置 Tab 键响应顺序。在 FMain 窗体的“属性”窗口点击“层次”，出现控件切换排序，即按下键盘上的 Tab 键时，控件获得焦点的顺序。

⑨ 在 FMain 窗体中添加代码。

```
' Gambas class file

  Public pdf As PdfDocument
  Public idx1 As Integer
  Public idx2 As Integer
  Public flag As Integer
  Public pg As String
  Public fs As String

Public Sub Form_Open()
  '设置分割比例,左栏占 10%,右栏占 90%
  HSplit1. Layout=[10,90]
End

Public Sub DocumentView1_Draw(Page As Integer, Width As Integer, Height As Integer)

  Dim img As Image
  Dim s As String

  '获得 pdf 文件图像
  img=pdf[Page+1]. Image
  '显示图像
  PictureBox1. Picture=img. Picture
```

```
    Select Case flag
      Case 1   '默认

      Case 2   '日间
        img=img. Contrast(0. 8)
      Case 3   '夜间
        img=img. Replace(&HFFFFFF,&Hc9c9c9)
      Case 4   '护眼
        img=img. Replace(&HFFFFFF,&Hcddec2)
      Case 5' 羊皮纸
        img=img. Replace(&HFFFFFF,&Hdfd8be)
    End Select
    '预览
    PictureBox1. Picture=img. Picture
    '显示 pdf 文件图像
    Draw. Image(img,0,0,Width,Height)
    '获得当前页
    idx1=Page
    '设置当前页
    ValueBox1. Value=Str(Page)
  End

  Public SubDocumentView2_Draw(Page As Integer,Width As Integer,Height As Integer)
    '显示 pdf 文件图像
    Draw. Image(pdf[Page+1]. Image,0,0,Width,Height)
    '获得当前页
    idx2=Page
  End

  Public Sub DocumentView2_DblClick()
    '双击左栏页面时在右栏显示
    DocumentView1[idx2]. EnsureVisible
  End

  Public Sub Form_Resize()
    '改变大小
    HSplit1. Height=FMain. Height- HSplit1. Top
  End

  Public Sub ToolButton1_Click()
    '打开 pdf 文件
    Dialog. Title="打开"
    Dialog. Path=". "
    Dialog. Filter=["*. PDF","PDF 文件"]
    If Dialog. OpenFile() Then Return
```

```
    '创建 pdf 文档
    pdf=New PdfDocument
    '打开
    pdf. Open(Dialog. Path)
    '右栏
    '显示 1 列
    DocumentView1. Column=1
    '页数
    DocumentView1. Count=pdf. Count
    '页宽
    DocumentView1. PageWidth=pdf[1]. Width
    '页高
    DocumentView1. PageHeight=pdf[1]. Height
    '左栏
    DocumentView2. Column=1
    DocumentView2. Count=pdf. Count
    DocumentView2. PageWidth=pdf[1]. Width
    DocumentView2. PageHeight=pdf[1]. Height
    '显示页数
    Label1. Text=Str(pdf. Count-1) & "页"
End

Public Sub ToolButton2_Click()
    '首页
    DocumentView1[0]. EnsureVisible
    Catch
        Return
End

Public Sub ToolButton3_Click()
    '上一页
    DocumentView1[idx1-2]. EnsureVisible
    Catch
        Return
End

Public Sub ToolButton4_Click()
    '下一页
    DocumentView1[idx1+1]. EnsureVisible
    Catch
        Return
End

Public Sub ToolButton5_Click()
    '尾页
```

```
    DocumentView1[pdf. Count-1]. EnsureVisible
    Catch
      Return
  End

  Public Sub ToolButton6_Click()
    '全屏
    If HSplit1. Layout[0]>10 Then
      HSplit1. Layout=[0,100]
    Else
      HSplit1. Layout=[10,90]
    Endif
  End

  Public Sub ToolButton7_Click()
    '单页
    DocumentView1. Column=1
  End

  Public Sub ToolButton8_Click()
    '双页
    DocumentView1. Column=2
  End

  Public Sub ToolButton9_Click()

    Dim s As String

    '文字识别
    s=pdf[idx1]. Select(0,0,pdf[idx1]. Width,pdf[idx1]. Height)
    '复制到系统剪贴板
    Clipboard. Copy(s)
    s=s & "\n\n 已经复制到系统剪贴板!"
    Message. Title="文字识别"
    Message. Info(s,"确定")
    Catch
      Return
  End

  Public Sub ButtonBox1_Click()

    Dim i As Integer
    Dim b As Boolean
    Dim sp As String[]
```

```
    '查找
    '按下控件右侧的图标后,跳转到指定页面
    If fs==ButtonBox1. Text Then
      sp=Split(pg," ")
      For i=0 To sp. Count
        If Val(sp[i])>idx1 Then
          DocumentView1[Val(sp[i])-1]. EnsureVisible
          Break
        Endif
      Next
    Else
      pg=""
      For i=1 To pdf. Count
        '查找
        b=pdf[i]. Find(ButtonBox1. Text)
        If b=False Then
          pg=pg & Str(i) & " "
          Continue
        Endif
      Next
      sp=Split(pg," ")
      If sp. Count>0 Then
        DocumentView1[Val(sp[0])-1]. EnsureVisible
      Endif
    Endif
    fs=ButtonBox1. Text
    Catch
      Return
End

Public Sub ButtonBox1_KeyPress()
    '按下回车键查找
    If Key. Code=Key. Return Or Key. Code=Key. Enter Then
      ButtonBox1_Click
    Endif
End

Public Sub ValueBox1_KeyPress()
    '按下回车键查找相关页码
    If Key. Code=Key. Return Or Key. Code=Key. Enter Then
      DocumentView1[ValueBox1. Value-1]. EnsureVisible
    Endif
    Catch
      Return
End
```

```
Public Sub conf_Click()
  '菜单
  Select Case Last. Name
    Case "Menu2"  '默认
      flag=1
    Case "Menu3"  '日间
      flag=2
    Case "Menu4"  '夜间
      flag=3
    Case "Menu5"  '护眼
      flag=4
    Case "Menu6"  '羊皮纸
      flag=5
  End Select
  '刷新显示
  DocumentView1. Refresh
End
```

程序中，在界面设计上采用左右分栏形式，使用DocumentView控件显示，左栏为PDF文档缩略图，右栏为正文，通过拖拽中间的分隔部分来调整左栏和右栏大小。实际上，左栏与右栏功能完全相同，均可进行正文阅读。字符串查找功能是利用PDF类的Find函数查找指定文本，找到后存储相关的页码，以备后期使用。

7.3 gb. qt5. webkit组件

gb. qt5. webkit 组件包含 Cookie、WebDownload、WebDownloads、WebElement、WebFrame、WebHitTest、WebSettings、WebView，实现将WebKit浏览器嵌入应用程序的功能。WebKit是一个开源的浏览器引擎，优势在于高效稳定，兼容性好，且源码结构清晰，易于维护。

7.3.1 WebView控件

WebView控件实现了WebKit浏览器。该控件在不同操作系统下外观会有所不同，Gambas帮助系统使用了该控件，如图7-6所示。

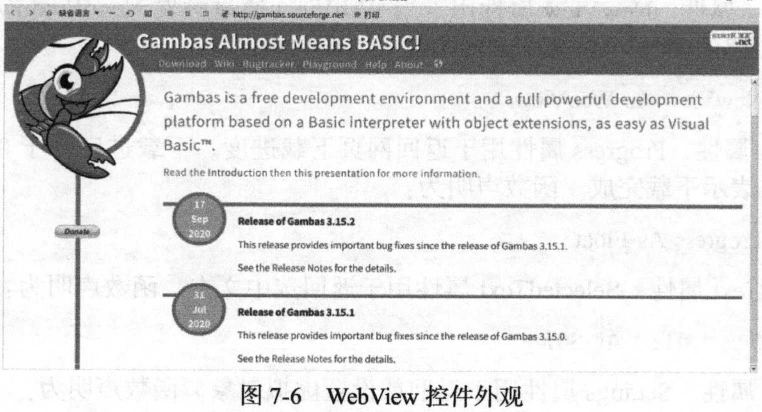

图7-6 WebView控件外观

(1) WebView 控件的主要属性

① Auth 属性 Auth 属性用于返回用于管理 HTTP 身份验证的虚拟对象。函数声明为：

```
WebView. Auth As . WebView. Auth
```

② Cookies 属性 Cookies 属性用于返回或设置存储在 cookie 中的 cookie 数组。函数声明为：

```
WebView. Cookies As Cookie[]
```

③ Current 属性 Current 属性用于返回当前框架。函数声明为：

```
WebView. Current As WebFrame
```

④ Document 属性 Document 属性用于返回主框架 document 元素。函数声明为：

```
WebView. Document As WebElement
```

⑤ Editable 属性 Editable 属性用于返回或设置 WebView 是否可编辑。函数声明为：

```
WebView. Editable As Boolean
```

WebView 控件可用来作为 HTML 编辑器，其方法是将 Editable 属性设置为 True。如果以编程方式修改页面内容，必须使用 Eval 方法运行 JavaScript document. execCommandDOM API。

⑥ Frame 属性 Frame 属性用于返回网页的根框架。函数声明为：

```
WebView. Frame As WebFrame
```

⑦ HTML 属性 HTML 属性用于返回或设置网页显示的 HTML。函数声明为：

```
WebView. HTML As String
```

⑧ History 属性 History 属性用于返回用于管理浏览器历史记录的虚拟对象。函数声明为：

```
WebView. History As . WebView. History
```

⑨ Icon 属性 Icon 属性用于返回网页的图标。如果没有图标，则返回 NULL。函数声明为：

```
WebView. Icon As Picture
```

⑩ NewView 属性 NewView 属性用于当 WebView 通过触发 NewWindow 事件来请求新窗口时，使新创建的 WebView 使用之前的设置。函数声明为：

```
WebView. NewView As WebView
```

⑪ Progress 属性 Progress 属性用于返回网页下载进度。下载进度介于 0~1 之间，0 表示开始下载，1 表示下载完成。函数声明为：

```
WebView. Progress As Float
```

⑫ SelectedText 属性 SelectedText 属性用于返回选中文本。函数声明为：

```
WebView. SelectedText As String
```

⑬ Settings 属性 Settings 属性用于返回或设置虚拟对象。函数声明为：

```
WebView. Settings As . WebView. Settings
```

⑭ Status 属性　Status 属性用于返回或设置状态字符串。函数声明为：

```
WebView. Status As String
```

⑮ Text 属性　Text 属性用于返回无 HTML 标记文本。函数声明为：

```
WebView. Text As String
```

⑯ TextZoom 属性　TextZoom 属性用于返回或设置文本缩放系数。1.0 表示 100%。函数声明为：

```
WebView. TextZoom As Float
```

⑰ Title 属性　Title 属性用于返回网页标题。函数声明为：

```
WebView. Title As String
```

⑱ Url 属性　Url 属性用于返回或设置 URL。函数声明为：

```
WebView. Url As String
```

⑲ UserAgent 属性　UserAgent 属性用于返回或设置 Web 服务器的用户代理字符串。如果为 NULL，则发送默认的用户代理。函数声明为：

```
WebView. UserAgent As String
```

⑳ Zoom 属性　Zoom 属性用于返回或设置网页缩放比例。1.0 表示 100%。函数声明为：

```
WebView. Zoom As Float
```

（2）WebView 控件的主要方法

① Back 方法　Back 方法用于后退。函数声明为：

```
WebView. Back()
```

② Eval 方法　Eval 方法用于返回 JavaScript。函数声明为：

```
WebView. Eval(JavaScript As String) As Variant
```

JavaScript 为脚本字符串。

③ FindText 方法　FindText 方法用于在 HTML 页面中搜索文本。如果搜索失败，返回 True；搜索成功，返回 False。函数声明为：

```
WebView. FindText([Text As String, Backward As Boolean, CaseSensitive As Boolean, Wrap As Boolean]) As Boolean
```

Text 为要搜索的文本。
Backward 向后搜索为 True，否则为 False。
CaseSensitive 区分大小写为 True，否则为 False。
Wrap 为自动换行。

④ Forward 方法　Forward 方法用于向前。函数声明为：

```
WebView. Forward()
```

⑤ HitTest 方法　HitTest 方法用于返回在 HTML 页面上指定位置找到的内容。函数声

明为：

```
WebView. HitTest(X As Integer,Y As Integer) As WebHitTest
```

X 为横坐标。

Y 为纵坐标。

⑥ Reload 方法　Reload 方法用于刷新，即重新加载。函数声明为：

```
WebView. Reload([BypassCache As Boolean])
```

⑦ Stop 方法　Stop 方法用于停止当前页面的加载。函数声明为：

```
WebView. Stop()
```

（3） WebView 控件的主要事件

① Auth 事件　Auth 事件当 HTTP 身份验证时触发。函数声明为：

```
Event WebView. Auth()
```

举例说明：

```
Public Sub WebView_Auth()

  Dim hView As WebView=Last

  ' FAuth is a form that asks for the user and the password
  If Not FAuth. Run(hView. Auth. Url,hView. Auth. Realm) Then
    hView. Auth. User=FAuth. User
    hView. Auth. Password=FAuth. Password
  Endif
End
```

② Click 事件　Click 事件当点击时触发。函数声明为：

```
Event WebView. Click(Frame As WebFrame)
```

③ Download 事件　Download 事件当文件下载时触发。函数声明为：

```
Event WebView. Download(Download As WebDownload)
```

Download 为下载对象。

④ Error 事件　Error 事件当文件下载失败时触发。函数声明为：

```
Event WebView. Error()
```

⑤ Icon 事件　Icon 事件当页面图标检索时触发。函数声明为：

```
Event WebView. Icon()
```

⑥ Link 事件　Link 事件当鼠标悬停链接时触发。函数声明为：

```
Event WebView. Link(Url As String)
```

URL 为链接的 URL。

⑦ Load 事件　Load 事件当页面完全加载时触发。函数声明为：

```
Event WebView. Load()
```

⑧ NewFrame 事件　NewFrame 事件当创建新框架时触发。函数声明为：

```
Event WebView. NewFrame(Frame As WebFrame)
```

Frame 为创建的框架。

⑨ NewWindow 事件　NewWindow 事件当打开新窗口或新标签页时触发。函数声明为：

```
Event WebView. NewWindow(Modal As Boolean)
```

Modal 为新窗口的模态。

⑩ Progress 事件　Progress 事件当页面加载进度更新时触发。函数声明为：

```
Event WebView. Progress()
```

⑪ Select 事件　Select 事件当在页面中选择了某些内容时触发。函数声明为：

```
Event WebView. Select()
```

⑫ Status 事件　Status 事件当页面在状态栏显示某些内容时触发。函数声明为：

```
Event WebView. Status()
```

⑬ Title 事件　Title 事件当检索页面标题时触发。函数声明为：

```
Event WebView. Title()
```

7.3.2　. WebView. Auth 虚类

. WebView. Auth 虚类实现了 HTTP 身份验证。

. WebView. Auth 虚类的主要属性包括：

① Password 属性　Password 属性用于设置身份验证所需的密码。函数声明为：

```
. WebView. Auth. Password As String
```

② Realm 属性　Realm 属性用于返回认证域。函数声明为：

```
. WebView. Auth. Realm As String
```

③ Url 属性　Url 属性用于返回身份验证的 URL。函数声明为：

```
. WebView. Auth. Url As String
```

④ User 属性　User 属性用于设置身份验证所需的用户名。函数声明为：

```
. WebView. Auth. User As String
```

7.3.3　WebFrame 类

WebFrame 类为 WebView 内的一个框架。WebView 至少包含一个框架，即根框架。

（1）WebFrame 类的主要属性

① Children 属性　Children 属性用于返回当前框架所有子框架的虚拟集合。函数声明为：

```
WebFrame. Children As . WebFrame. Children
```

② Document 属性　Document 属性用于返回框架的 document 元素。document 元素用于对框架内容的访问。函数声明为：

```
WebFrame. Document As WebElement
```

③ HTML 属性　HTML 属性用于返回框架 HTML 内容。函数声明为：

```
WebFrame. HTML As String
```

④ Name 属性　Name 属性用于返回框架名称。函数声明为：

```
WebFrame. Name As String
```

⑤ Parent 属性　Parent 属性用于返回父框架。如果该框架是其 WebView 的根框架，则返回 NULL。函数声明为：

```
WebFrame. Parent As WebFrame
```

⑥ Text 属性　Text 属性用于以文本形式返回框架内容。函数声明为：

```
WebFrame. Text As String
```

⑦ Url 属性　Url 属性用于返回框架 URL。函数声明为：

```
WebFrame. Url As String
```

（2）WebFrame 类的主要方法

① Eval 方法　Eval 方法用于返回 JavaScript 值。函数声明为：

```
WebFrame. Eval(JavaScript As String) As Variant
```

JavaScript 为脚本字符串。

② Print 方法　Print 方法用于将框架内容传输给指定的打印机对象。函数声明为：

```
WebFrame. Print(Printer As Printer)
```

Printer 为打印机。

7.3.4　.WebFrame. Children 虚类

. WebFrame. Children 虚类是一个框架的所有子框架的虚拟集合。

. WebFrame. Children 虚类的主要属性为 Count 属性。

Count 属性用于返回子框架的数量。函数声明为：

```
. WebFrame. Children. Count As Integer
```

7.3.5　WebElement 类

WebElement 类提供了对 WebFrame 中 DOM 元素的访问。WebElement 对象允许访问文档模型，该文档模型由 DOM 元素的树状结构组成。树状结构的根称为 document 元素，可以使用 WebFrame. Document 进行访问。使用 FindAll 和 FindFirst 访问指定元素，或使用 First、Next 等 Parent 属性遍历文档。

（1）WebElement 类的主要属性

① Child 属性　Child 属性用于返回元素的第一个子级，与 First 属性相同。函数声明为：

```
WebElement. Child As WebElement
```

② Classes 属性　Classes 属性用于返回元素的类列表。函数声明为：

```
WebElement. Classes As String[]
```

③ Document 属性　Document 属性用于返回元素所属的文档。函数声明为：

```
WebElement. Document As WebElement
```

④ First 属性　First 属性用于返回元素的第一个子级。函数声明为：

```
WebElement. First As WebElement
```

⑤ Frame 属性　Frame 属性用于返回所属的框架。函数声明为：

```
WebElement. Frame As WebFrame
```

⑥ Geometry 属性　Geometry 属性用于返回元素相对于其框架的大小。函数声明为：

```
WebElement. Geometry As Rect
```

⑦ HTML 属性　HTML 属性用于返回 HTML 元素，包括开始和结束标签及其属性，或用指定的标记替换元素的内容及标记。函数声明为：

```
WebElement. HTML As String
```

⑧ HasFocus 属性　HasFocus 属性用于如果元素具有输入焦点时返回 True，否则返回 False。函数声明为：

```
WebElement. HasFocus As Boolean
```

⑨ InnerHTML 属性　InnerHTML 属性用于返回元素的开始和结束标记之间的 HTML 内容，或用指定的标记替换元素的内容以及标记。函数声明为：

```
WebElement. InnerHTML As String
```

⑩ Last 属性　Last 属性用于返回元素的最后一个子级。函数声明为：

```
WebElement. Last As WebElement
```

⑪ Next 属性　Next 属性用于返回元素的下一个同级。函数声明为：

```
WebElement. Next As WebElement
```

⑫ Parent 属性　Parent 属性用于返回父元素。如果该元素是根文档元素，则返回 NULL。函数声明为：

```
WebElement. Parent As WebElement
```

⑬ Previous 属性　Previous 属性用于返回元素的上一个同级。函数声明为：

```
WebElement. Previous As WebElement
```

⑭ Style 属性　Style 属性用于返回一个虚拟数组，用于处理元素的自定义 CSS 样式。函数声明为：

```
WebElement. Style As WebElement. Style
```

⑮ Tag 属性　Tag 属性用于返回元素的标签名称。函数声明为：

```
WebElement. Tag As String
```

（2）WebElement 类的主要方法

① Add 方法　Add 方法用于将解析标记结果作为元素的最后一个子元素。函数声明为：

```
WebElement. Add(Markup As String)
```

Markup 为标记文本。

② AddAfter 方法　AddAfter 方法用于在元素后插入解析标记结果。函数声明为：

```
WebElement. AddAfter(Markup As String)
```

Markup 为标记文本。

③ AddBefore 方法　AddBefore 方法用于在元素前插入解析标记结果。函数声明为：

```
WebElement. AddBefore(Markup As String)
```

Markup 为标记文本。

④ AddClass 方法　AddClass 方法用于将指定类添加到元素。函数声明为：

```
WebElement. AddClass(Class As String)
```

Class 为类。

⑤ AddFirst 方法　AddFirst 方法用于将解析标记结果作为元素的第一个子级。函数声明为：

```
WebElement. AddFirst(Markup As String)
```

Markup 为标记文本。

⑥ Clear 方法　Clear 方法用于从元素中删除所有子级。函数声明为：

```
WebElement. Clear()
```

⑦ Delete 方法　Delete 方法用于从文档中删除元素。函数声明为：

```
WebElement. Delete()
```

⑧ Enclose 方法　Enclose 方法用于用解析标记结果将元素的内容标记为最低子级。函数声明为：

```
WebElement. Enclose(Markup As String)
```

Markup 为标记文本。

⑨ Eval 方法　Eval 方法用于执行 JavaScript 代码。函数声明为：

```
WebElement. Eval(JavaScript As String) As Variant
```

JavaScript 为脚本字符串。

⑩ FindAll 方法　FindAll 方法用于返回与指定 CSS 选择器 selectorQuery 匹配的子元素的新列表。如果没有匹配的元素，则返回一个空列表。函数声明为：

```
WebElement. FindAll(Selector As String) As WebElement[]
```

⑪ FindFirst 方法　FindFirst 方法用于返回与指定 CSS 选择器 selectorQuery 匹配的第一个子元素。函数声明为：

```
WebElement. FindFirst(Selector As String) As WebElement
```

⑫ HasAttribute 方法　HasAttribute 方法用于如果元素具有指定的属性时返回 True，否则返回 False。函数声明为：

```
WebElement. HasAttribute(Attribute As String) As Boolean
```

Attribute 为指定属性。

⑬ Paint 方法　Paint 方法用于将元素绘制到当前的设备中。函数声明为：

```
WebElement. Paint([Clip As Rect])
```

⑭ RemoveAttribute 方法　RemoveAttribute 方法用于从元素中删除指定属性。函数声明为：

```
WebElement. RemoveAttribute(Attribute As String)
```

Attribute 为指定属性。

⑮ RemoveClass 方法　RemoveClass 方法用于从元素中删除指定类。函数声明为：

```
WebElement. RemoveClass(Class As String)
```

Class 为类。

⑯ Replace 方法　Replace 方法用于用解析标记结果替换元素。该方法不会替换<html>、<head>、<body>等标记。函数声明为：

```
WebElement. Replace(Markup As String)
```

Markup 为标记文本。

⑰ SetFocus 方法　SetFocus 方法用于获得输入焦点。函数声明为：

```
WebElement. SetFocus()
```

7.3.6　. WebView. History 虚类

. WebView. History 虚类是一个 WebView 历史记录的虚拟类。

(1). WebView. History 虚类的主要属性

① Count 属性　Count 属性用于返回历史记录中的 URL 数。函数声明为：

```
. WebView. History. Count As Integer
```

② Index 属性　Index 属性用于返回或设置历史 URL 的索引。函数声明为：

```
. WebView. History. Index As Integer
```

③ Max 属性　Max 属性用于返回历史记录中的 URL-1。函数声明为：

```
. WebView. History. Max As Integer
```

④ MaxSize 属性　MaxSize 属性用于返回或设置历史记录的最大空间。函数声明为：

```
. WebView. History. MaxSize As Integer
```

(2). WebView. History 虚类的主要方法

. WebView. History 虚类的主要方法为 Clear 方法。

Clear 方法用于清除历史记录。函数声明为：

```
. WebView. History. Clear()
```

7.3.7　. WebView. Settings 虚类

. WebView. Settings 虚类定义 WebView 的设置。

. WebView. Settings 虚类的主要方法为 Reset 方法。

Reset 方法用于将 WebView 设置标志重置为其默认值。函数声明为：

```
. WebView. Settings. Reset(Flag As Integer)
```

Flag 为标志。

7.3.8 网页浏览器程序设计

下面通过一个实例来学习 webkit 组件的使用方法。设计一个网页浏览应用程序，仿照 Deepin 下的“Google Chrome”的外观与功能，可以实现打开网页、前进、后退、刷新、查找等功能以及根据要求在新窗口打开链接；在网页内的链接处右击，可弹出快捷菜单，包括“打开链接”“在新窗口中打开”“保存链接...”“复制链接”，能满足基本的上网需要和办公要求，如图 7-7 所示。

（1）实例效果预览

实例效果预览如图 7-7 所示。

图 7-7　网页浏览器程序窗体

（2）实例步骤

① 启动 Gambas 集成开发环境，可以在菜单栏选择“文件”→“新建工程...”，或在启动窗体中直接选择“新建工程...”项。

② 在“新建工程”对话框中选择“1. 工程类型”中的“Graphical application”项，点击“下一个（N）”按钮。

③ 在“新建工程”对话框中选择“2. Parent directory”中要新建工程的目录，点击“下一个（N）”按钮。

④ 在“新建工程”对话框的“3. Project details”中输入工程名和工程标题，工程名为存储目录的名称，工程标题为应用程序的实际名称，在这里设置相同的工程名和工程标题。完成之后，点击“确定”按钮。

⑤ 在菜单中选择“工程”→“属性...”项，在弹出的“工程属性”对话框中，勾选“gb. qt5. webkit”项，系统会自动勾选“gb. qt5”项，并且提示取消“gb. gui”项，在控件工具栏中会添加相应的控件。

⑥ 系统默认生成的启动窗体名称（Name）为 FMain。在 FMain 窗体中添加 1 个 WebView 控件、6 个 ToolButton 控件、2 个 TextBox 控件、1 个 Spinner 控件、2 个 HBox 控件、1 个 VBox 控件，如图 7-8 所示，并设置相关属性，如表 7-7 所示。

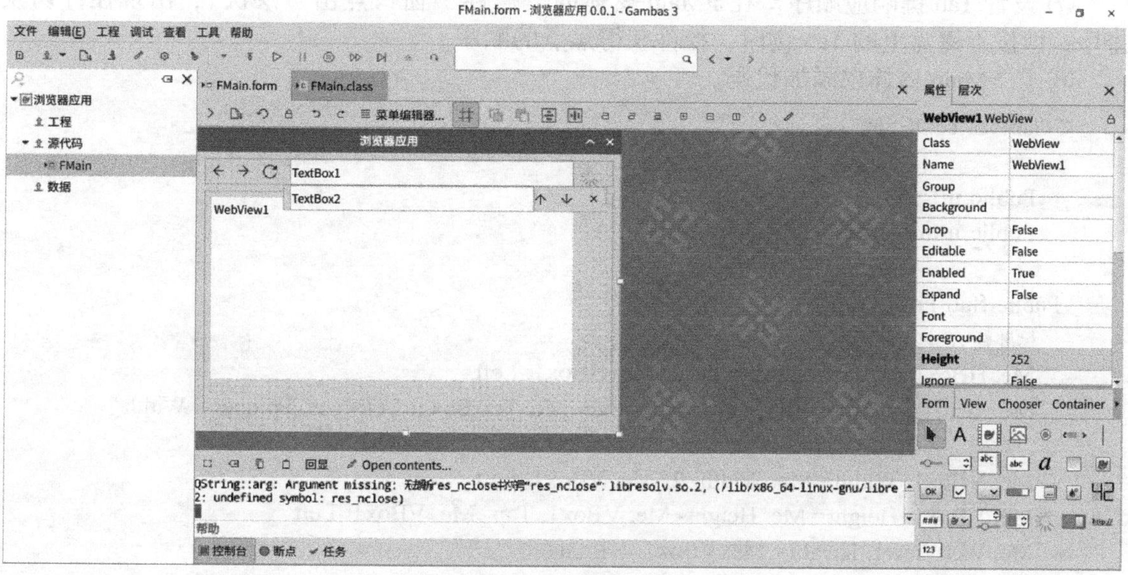

图 7-8　窗体设计

表 7-7　窗体和控件属性设置

名称	属性	说明
FMain	Text:浏览器应用	标题栏显示的名称
WebView1	Public:True	显示网页
ToolButton1	Picture:icon:/32/previous	后退
ToolButton2	Picture:icon:/32/next	前进
ToolButton3	Picture:icon:/32/refresh	刷新，即重新加载

续表

名称	属性	说明
ToolButton4	Picture：icon:/32/up Public：True	查找上一个 公有类型，可在其他窗体中调用
ToolButton5	Picture：icon:/32/down Public：True	查找下一个 公有类型，可在其他窗体中调用
ToolButton6	Picture：icon:/32/close Public：True	关闭查找框 公有类型，可在其他窗体中调用
TextBox1	Public：True	公有类型，可在其他窗体中调用
TextBox2	Public：True	公有类型，可在其他窗体中调用
Spinner1		加装动画
HBox1		顶部工具栏，顺序排列功能按钮
HBox2	Background：Background Visible：False	顶部工具栏，顺序排列功能按钮 运行时不可见，按下 Ctrl+F 调用
VBox1		放置 WebView1 控件

⑦ 设置 Tab 键响应顺序。在 FMain 窗体的“属性”窗口点击“层次”，出现控件切换排序，即按下键盘上的 Tab 键时，控件获得焦点的顺序。

⑧ 在 FMain 窗体中添加代码。

```
'Gambas class file

  Public urls As String
  Public urlm As String

Public Sub Form_Resize()
  '调整大小
  Me.HBox1.Width=Me.Width-2*Me.HBox1.Left
  Me.TextBox1.Width=Me.HBox1.Width-Me.TextBox1.Left-Me.Spinner1.Width

  Me.VBox1.Width=Me.Width-2*Me.VBox1.Left
  Me.VBox1.Height=Me.Height-Me.VBox1.Top-Me.VBox1.Left
  Me.WebView1.Height=Me.VBox1.Height

  Me.HBox2.Width=Me.Width-Me.HBox2.Left-Me.HBox1.Left
  Me.TextBox2.Width=Me.HBox2.Width-Me.TextBox2.Left-3*Me.ToolButton4.Width
End

Public Sub TextBox1_KeyPress()
  '按下回车键,打开网页
  If Key.Code=Key.Return Or Key.Code=Key.Enter Then
    '设置 url
    Me.WebView1.Url=Me.TextBox1.Text
```

```
    '设置焦点
    Me. WebView1. SetFocus
  Endif
End

Public Sub WebView1_NewWindow(Modal As Boolean)

  Dim frm As FMain

  '创建新窗体
  frm=New FMain
  '显示窗体
  frm. Show
  '标题显示 url
  If urls Then
    '单击打开
    frm. TextBox1. Text=urls
  Else
    '右击菜单打开
    frm. TextBox1. Text=urlm
  Endif
  '设置 url
  frm. WebView1. Url=frm. TextBox1. Text
  frm. WebView1. SetFocus
  '清空变量
  urlm=""
  urls=""
End

PublicSub WebView1_Link(Url As String)
  '读取当前 url
  urls=Url
End

Public Sub WebView1_Progress()
  '设置窗体标题
  Me. Text=Me. WebView1. Title
  '下载完成前显示动画
  If Me. WebView1. Progress<1 Then
    Me. Spinner1. Enabled=True
  Else
    Me. Spinner1. Enabled=False
  Endif
End
```

```
Public Sub ToolButton1_Click()
  '后退
  Me. WebView1. Back
End

Public Sub ToolButton2_Click()
  '前进
  Me. WebView1. Forward
End

Public Sub ToolButton3_Click()
  '刷新,即重新加载
  Me. WebView1. Reload
End

Public Sub Form_KeyPress()
  If Key. Control And Key. Code=Key["f"] Then
    Me. HBox2. Visible=Not Me. HBox2. Visible
    Me. TextBox2. SetFocus
  Endif
End

Public Sub ToolButton4_Click()
  '查找上一个
  Me. WebView1. FindText(Me. TextBox2. Text,True,False,False)
End

Public Sub ToolButton5_Click()
  '查找下一个
   Me. WebView1. FindText(Me. TextBox2. Text,False,False,False)
End

Public Sub ToolButton6_Click()
  '关闭查找框
  Me. HBox2. Visible=False
End

Public Sub TextBox2_KeyPress()
  '按下回车键,查找下一个
  If Key. Return Or Key. Enter Then
    ToolButton5_Click
  Endif
End

Public Sub WebView1_MouseWheel()
```

```
    '按下 Ctrl 键后滚动鼠标滚轮缩放网页
    If Mouse. Control And Mouse. Delta <> 0 Then
      Me. WebView1. Zoom=Me. WebView1. Zoom*(1+0. 1*Mouse. Delta)
    Endif
End

Public Sub WebView1_Download(Download As WebDownload)

    Dim s As String
    Dim wv As WebView
    Dim hf As File

    '下载
    Dialog. Title="保存"
    Dialog. Path=User. Home & "/Downloads/"
    Dialog. Path &=File. Name(download. Url)
    '存储路径中不能有空格
    If Dialog. SaveFile() Then Return
    s="wget- P " & Dialog. Path & " " & download. Url
    Shell s
End

Public Sub WebView1_Menu()
    '在网页中右击时获得 url
    urlm=urls
End
```

7.4 gb. map 组件

gb. map 组件主要包括 MapView、Map、Geo、MapBounds、MapPoint、Proj，实现多个图层的地图显示。系统中使用了 OpenStreetMap 开源、免费、可编辑的全球地图，由各国志愿者构建，并通过开放内容许可证发布，可逐步降低对 Google Maps 的依赖程度。

7.4.1 MapView 控件

MapView 控件实现了一个地图显示功能。该控件在不同操作系统下外观会有所不同，如图 7-9 所示。

图 7-9　MapView 控件外观

（1）MapView 控件的主要属性

① AllowEffect 属性　AllowEffect 属性用于返回或设置是否开启控件显示效果。函数声明为：

```
MapView. AllowEffect As Boolean
```

② Border 属性　Border 属性用于返回或设置边框类型。函数声明为：

```
MapView. Border As Integer
```

③ Lock 属性　Lock 属性用于返回或设置是否加锁。函数声明为：

```
MapView. Lock As Boolean
```

④ Map 属性　Map 属性用于返回内部 Map 对象。函数声明为：

```
MapView. Map As Map
```

⑤ ShowControls 属性　ShowControls 属性用于返回或设置显示内部缩放控件。函数声明为：

```
MapView. ShowControls As Boolean
```

（2）MapView 控件的主要方法

MapView 控件的主要方法为 SetCenter 方法。

SetCenter 方法用于居中显示。函数声明为：

```
MapView. SetCenter(hMapPoint As MapPoint)
```

（3）MapView 控件的主要事件

① Click 事件　Click 事件当点击时触发。函数声明为：

```
Event MapView. Click()
```

② Draw 事件　Draw 事件当绘制图像时触发。函数声明为：

```
Event MapView. Draw()
```

7.4.2 Map 类

Map 类类似于地图的绘制引擎，初始化完成后，只需更改 X、Y、Width 和 Height 属性并调用 Draw 方法即可绘制地图。

（1）Map 类的主要静态属性

Map 类的主要静态属性为 Debug 属性。

Debug 属性用于返回或设置是否允许调试。函数声明为：

```
Map. Debug As Boolean
```

（2）Map 类的主要属性

① Bounds 属性　Bounds 属性用于返回地图经纬度坐标。函数声明为：

```
Map. Bounds As MapBounds
```

② Center 属性　Center 属性用于返回或设置地图的中心点。函数声明为：

```
Map. Center As MapPoint
```

③ Count 属性　Count 属性用于返回_ MapShape 和_ MapLayer 图层的地图图层数。函数声明为：

```
Map. Count As Integer
```

④ DefaultCache 属性　DefaultCache 属性用于返回或设置用于存储 Tiles Layer 文件的默认缓冲路径。函数声明为：

```
Map. DefaultCache As String
```

⑤ Height 属性　Height 属性用于返回或设置地图高度。函数声明为：

```
Map. Height As Integer
```

⑥ Left 属性　Left 属性用于返回或设置地图左边界位置。函数声明为：

```
Map. Left As Integer
```

⑦ MaxZoom 属性　MaxZoom 属性用于返回或设置最大地图缩放级别。函数声明为：

```
Map. MaxZoom As Integer
```

⑧ PixelBox 属性　PixelBox 属性用于返回矩形区域。函数声明为：

```
Map. PixelBox As Rect
```

⑨ Proxy 属性　Proxy 属性用于返回用于定义 Proxy 和 Authentication 参数的_ MapProxy 虚类。函数声明为：

```
Map. Proxy As _MapProxy
```

⑩ Top 属性　Top 属性用于返回或设置地图上边界位置。函数声明为：

```
Map. Top As Integer
```

⑪ Width 属性　Width 属性用于返回或设置地图的宽度。函数声明为：

```
Map. Width As Integer
```

⑫ X 属性　X 属性用于返回或设置地图左边界位置。函数声明为：

```
Map. X As Integer
```

⑬ Y 属性　Y 属性用于返回或设置地图上边界位置。函数声明为：

```
Map. Y As Integer
```

⑭ Zoom 属性　Zoom 属性用于返回或设置实际的地图缩放级别。函数声明为：

```
Map. Zoom As Integer
```

（3）Map 类的主要方法

① AddShape 方法　AddShape 方法用于添加一个_ MapShape 图层。函数声明为：

```
Map. AddShape(Name As String) As _MapShape
```

Name 为图层名称。

举例说明：

```
Dim hMap As New Map
hMap. AddShape("Shape Layer")
```

② AddTile 方法　AddTile 方法用于将远程服务器或本地缓存的_ MapTile 图层添加到当前地图。函数声明为：

```
Map. AddTile(Name As String, Pattern As String[, Args As Collection, CacheName As String]) As
_MapTile
```

Name 为图层名称。

Pattern 为 Tileserver 模式。

Args 为提交给 TileServer 的参数。

CacheName 为存储图像的本地文件夹。

举例说明：

```
Private hMap As New Map
Public Sub _New()
  hMap. AddTile("OpenStreet","http://{s}. tile. openstreetmap. org/{z}/{x}/{y}. png")
End
```

上述代码从 OpenStreetMap 的服务器中检索 Tiles，其中，{s} 为服务器字母（a、b 或 c），{z} 为 Tiles 的缩放级别，{x}、{y} 为 Tiles 坐标。

TileServers 可使用 OpenStreetMaps、NOAA、ArcGis 提供的方案。

③ Draw 方法　Draw 方法用于绘制地图。函数声明为：

```
Map. Draw()
```

④ Exists 方法　Exists 方法用于返回指定的_ MapShape 或_ MapLayer 图层是否实际存在。函数声明为：

```
Map. Exists(Name As String[,Mode As Integer]) As Boolean
```

Name 为图层名称。

Mode 为名称匹配。

⑤ GetShape 方法　GetShape 方法用于返回一个现有的_ MapShape 图层对象。函数声明为：

```
Map. GetShape(Name As String) As _MapShape
```

Name 为 Shape 层名称。

举例说明：

```
Private hMap As New Map

Public Sub _New()
  hMap. AddShape("MyShape")
  hMap. GetShape("MyShape"). Opacity=0. 3
  hMap. GetShape("MyShape"). AddPoint("MyPoint",MapPoint(48. 86,2. 33))
End

Public Sub DrawingArea1_Draw()
  hMap. Width=Draw. Width
  hMap. Height=Draw. Height
  hMap. Draw()
End
```

⑥ GetTile 方法　GetTile 方法用于返回一个现有的_ MapTile Layer 对象。函数声明为：

```
Map. GetTile(Name As String) As _MapTile
```

Name 为图块层名称。

举例说明：

```
Private hMap As New Map

Public Sub _New()
  hMap. AddTile("OpenStreet", "http://{s}. tile. openstreetmap. org/{z}/{x}/{y}. png")
  hMap. GetTile("OpenStreet"). Copyright = "OpenStreetMap contributors"
  hMap. GetTile("OpenStreet"). Opacity = 0. 3
End

Public Sub DrawingArea1_Draw()
  hMap. Width = Draw. Width
  hMap. Height = Draw. Height
  hMap. Draw()
End
```

⑦ Grab 方法　Grab 方法用于返回具有指定边界、宽度、高度、边距的图像。如果未定义缩放比例，则使用最佳渲染缩放比例。函数声明为：

```
Map. Grab(Bounds As MapBounds, iWidth As Integer, iHeight As Integer[, Padding As Integer, Zoom As Integer]) As Image
```

⑧ MapPointToPixelRel 方法　MapPointToPixelRel 方法用于返回一个点。函数声明为：

```
Map. MapPointToPixelRel(hMapPoint As MapPoint) As Point
```

⑨ PixelToMapPointRel 方法　PixelToMapPointRel 方法用于从相对于视图的点返回 MapPoint。函数声明为：

```
Map. PixelToMapPointRel(hPoint As Point) As MapPoint
```

⑩ Map. Refresh 方法　Map. Refresh 方法用于刷新地图。函数声明为：

```
Map. Refresh()
```

⑪ Remove 方法　Remove 方法用于删除图层。函数声明为：

```
Map. Remove(Name As String)
```

Name 为现有的_ MapTile 或_ MapShape 名称。

⑫ Resize 方法　Resize 方法用于调整地图大小。函数声明为：

```
Map. Resize(iWidth As Integer, iHeight As Integer)
```

iWidth 为图层宽度。

iHeight 为图层高度。

（4）Map 类的主要事件

① Draw 事件　Draw 事件当绘制地图时触发。函数声明为：

```
Event Map. Draw()
```

举例说明：

```
'初始化地图应用
Private hMap As New Map
```

```
Public Sub _New()
  With hMap. AddTile("OpenStreet","http://{s}. tile. openstreetmap. org/{z}/{x}/{y}. png")
    . Copyright="OpenStreetMap contributors"
  End With
End

Public Sub DrawingArea1_Draw()
  hMap. Width=Draw. Width
  hMap. Height=Draw. Height
  hMap. Draw()
End
```

② Refresh 事件　Refresh 事件当刷新地图时触发。函数声明为：

```
Event Map. Refresh()
```

7.4.3 MapPoint 类

MapPoint 类定义了经纬度并提供管理工具，与 1984 世界大地测量系统（WGS84）EPSG：4326 一起使用。

(1) MapPoint 类的主要静态方法

① Bearing 方法　Bearing 方法用于计算两点之间的方位角，以度计。函数声明为：

```
MapPoint. Bearing(From AsMapPoint,To As MapPoint) As Float
```

② Distance 方法　Distance 方法用于计算两点之间的距离，以米计。函数声明为：

```
MapPoint. Distance(PointA As MapPoint,PointB As MapPoint) As Float
```

③ From 方法　From 方法用于给定起始位置、方位角和距离，计算目的地 MapPoint 对象。函数声明为：

```
MapPoint. From(Point As MapPoint,Bearing As Float,Distance As Float) As MapPoint
```

Point 为起始位置。
Bearing 为方位角，从起始位置开始的角度，以度计。
Distance 为距离，以米计。

④ GetCenter 方法　GetCenter 方法用于返回多个 MapPoint 数组之间的中心点。函数声明为：

```
MapPoint. GetCenter(hPoints As MapPoint[]) As MapPoint
```

hPoints 为 MapPoint 数组。
举例说明：

```
  Dim aMP As New MapPoint[]
  Dim hMP As New MapPoint
  aMP = [MapPoint(48. 866667, 2. 333333), MapPoint(48. 866667, 2. 433333), MapPoint
(48. 966667,2. 433333),MapPoint(48. 966667,2. 233333)]
  hMP=MapPoint. GetCenter(aMP)
  Print "Latitude " & hMP. Lat
  Print "Longitude " & hMP. Lon
```

（2）MapPoint 类的主要属性

① Lat 属性　Lat 属性用于返回或设置点的纬度。函数声明为：

```
MapPoint. Lat As Float
```

② Lon 属性　Lon 属性用于返回或设置点的经度。函数声明为：

```
MapPoint. Lon As Float
```

7.4.4 _MapProxy 虚类

_ MapProxy 虚类的主要属性包括：

① Auth 属性　Auth 属性用于返回或设置要使用的 HTTP 身份验证模式。它可以是以下常量之一：Net. AuthNone（默认值）、Net. AuthBasic、Net. AuthNtlm。函数声明为：

```
_MapProxy. Auth As Integer
```

② Host 属性　Host 属性用于返回或设置代理主机名。函数声明为：

```
_MapProxy. Host As String
```

③ Password 属性　Password 属性用于返回或设置代理密码。函数声明为：

```
_MapProxy. Password As String
```

④ Type 属性　Type 属性用于返回或设置代理类型。它可以是以下常量之一：Net. ProxyHTTP（默认值）、Net. ProxySocks5。函数声明为：

```
_MapProxy. Type As Integer
```

⑤ User 属性　User 属性用于返回或设置代理用户名。函数声明为：

```
_MapProxy. User As String
```

7.4.5 _MapShape 虚类

（1）_ MapShape 虚类的主要静态方法

_ MapShape 虚类的主要静态方法为 GetCenter 方法。

GetCenter 方法用于对 MapPoint. GetCenter 进行封装。函数声明为：

```
_MapShape. GetCenter(hPoints As MapPoint[]) As MapPoint
```

（2）_ MapShape 虚类的主要属性

① Color 属性　Color 属性用于返回或设置默认颜色或轮廓颜色。如果设置，则每个子 ShapeItem 都将采用该颜色。函数声明为：

```
_MapShape. Color As Integer
```

② Copyright 属性　Copyright 属性用于返回或设置图层版权声明。函数声明为：

```
_MapLayer. Copyright As String
```

③ Count 属性　Count 属性用于返回 Shape 的总数。函数声明为：

```
_MapShape. Count As Integer
```

④ FillColor 属性　FillColor 属性用于返回或设置默认填充颜色。函数声明为：

```
_MapShape. FillColor As Integer
```

⑤ Image 属性　Image 属性用于返回或设置默认图像。函数声明为：

```
_MapShape. Image As Image
```

⑥ Key 属性　Key 属性用于返回键值。函数声明为：

```
_MapShape. Key As String
```

⑦ LineStyle 属性　LineStyle 属性用于返回或设置默认线型。函数声明为：

```
_MapShape. LineStyle As Integer
```

⑧ LineWidth 属性　LineWidth 属性用于返回或设置线宽。函数声明为：

```
_MapShape. LineWidth As Integer
```

⑨ Loading 属性　Loading 属性用于返回图层下载状态。函数声明为：

```
_MapLayer. Loading As Boolean
```

⑩ Max 属性　Max 属性用于返回最大索引。函数声明为：

```
_MapShape. Max As Integer
```

⑪ Name 属性　Name 属性用于返回或设置图层名称。函数声明为：

```
_MapLayer. Name As String
```

⑫ Opacity 属性　Opacity 属性用于返回或设置图层透明度。函数声明为：

```
_MapLayer. Opacity As Float
```

⑬ Visible 属性　Visible 属性用于返回或设置图层是否可见。函数声明为：

```
_MapLayer. Visible As Boolean
```

（3）_ MapShape 虚类的主要方法

① AddCircle 方法　AddCircle 方法用于添加圆形对象。函数声明为：

```
_MapShape. AddCircle(Key As String, Center As MapPoint, Radius As Float[, Color As Integer, LineWidth As Integer, LineStyle As Integer, FillColor As Integer]) As _ShapeItem
```

② AddMultipoint 方法　AddMultipoint 方法用于添加多点对象。函数声明为：

```
_MapShape. AddMultipoint(Key As String, Points As MapPoint[ ][, Color As Integer, Icon As Image]) As _ShapeItem
```

③ AddPoint 方法　AddPoint 方法用于添加点对象。函数声明为：

```
_MapShape. AddPoint(Key As String, Points As MapPoint[, Color As Integer, Icon As Image]) As _ShapeItem
```

④ AddPolyLine 方法　AddPolyLine 方法用于添加折线对象。函数声明为：

```
_MapShape. AddPolyLine(Key As String, Points As MapPoint[][, Color As Integer, LineWidth As Integer, LineStyle As Integer]) As _ShapeItem
```

⑤ AddPolygon 方法　AddPolygon 方法用于添加多边形对象。函数声明为：

```
_MapShape. AddPolygon(Key As String, Points As MapPoint[][][, Color As Integer, LineWidth As Integer, LineStyle As Integer]) As _ShapeItem
```

⑥ Clear 方法　Clear 方法用于清除图层中的所有形状。函数声明为：

```
_MapShape. Clear()
```

⑦ Draw 方法　Draw 方法用于绘制图层。函数声明为：

```
_MapLayer. Draw()
```

⑧ Exist 方法　Exist 方法用于返回指定的 Shape Item 是否实际存在。函数声明为：

```
_MapShape. Exist(Key As String) As Boolean
```

⑨ Find 方法　Find 方法用于查找图层。函数声明为：

```
_MapShape. Find(hMpAs MapPoint) As _ShapeItem
```

⑩ GetItem 方法　GetItem 方法用于返回 Shape Item。函数声明为：

```
_MapShape. GetItem(Key As String) As _ShapeItem
```

⑪ GetSelected 方法　GetSelected 方法用于返回选择的 Shape。函数声明为：

```
_MapShape. GetSelected() As _ShapeItem[]
```

⑫ Refresh 方法　Refresh 方法用于刷新图层。函数声明为：

```
_MapLayer. Refresh()
```

⑬ SelectAll 方法　SelectAll 方法用于选择所有 Shape。函数声明为：

```
_MapShape. SelectAll()
```

⑭ UnselectAll 方法　UnselectAll 方法用于取消选择。函数声明为：

```
_MapShape. UnselectAll()
```

（4）_ MapShape 虚类的主要事件

_ MapShape 虚类的主要事件为 Refresh 事件。

Refresh 事件当刷新时触发。函数声明为：

```
Event _MapLayer. Refresh()
```

7.4.6 _ MapTile 虚类

（1）_ MapTile 虚类的主要属性

① CacheRefreshDelay 属性　CacheRefreshDelay 属性用于返回或设置缓存中的图像刷新时间。默认为 30 天。函数声明为：

```
_MapTile. CacheRefreshDelay As Integer
```

② Copyright 属性　Copyright 属性用于返回或设置图层版权声明。函数声明为：

```
_MapLayer. Copyright As String
```

③ Loading 属性　Loading 属性用于返回下载状态。函数声明为：

```
_MapTile. Loading As Boolean
```

④ MaxBounds 属性　MaxBounds 属性用于返回或设置地图最大经纬度坐标。函数声明为：

```
_MapTile. MaxBounds As MapBounds
```

⑤ Name 属性　Name 属性用于返回或设置图层名称。函数声明为：

```
_MapLayer. Name As String
```

⑥ Opacity 属性　Opacity 属性用于返回或设置透明度。函数声明为：

```
_MapTile. Opacity As Float
```

⑦ SubDomains 属性　SubDomains 属性用于返回或设置子域。函数声明为：

```
_MapTile. SubDomains As String[]
```

⑧ TileBoundValue 属性　TileBoundValue 属性用于返回或设置 Bound 值。函数声明为：

```
_MapTile. TileBoundValue As MapBounds
```

⑨ UseWebMapService 属性　UseWebMapService 属性用于返回或设置是否使用地图服务。函数声明为：

```
_MapTile. UseWebMapService As Boolean
```

⑩ Visible 属性　Visible 属性用于返回或设置图层是否可见。函数声明为：

```
_MapLayer. Visible As Boolean
```

⑪ WMSArgs 属性　WMSArgs 属性用于定义服务器静态参数，构建 URL。函数声明为：

```
_MapTile. WMSArgs As Collection
```

⑫ WMSProjection 属性　WMSProjection 属性用于设置 WMS 服务器镜像。函数声明为：

```
_MapTile. WMSProjection As String
```

（2）_ MapTile 虚类的主要方法

① ClearCache 方法　ClearCache 方法用于清除缓存文件。函数声明为：

```
_MapTile. ClearCache([iLastUse As Integer])
```

iLastUse 为文件生命周期，以天计。

② CountActiveClients 方法　CountActiveClients 方法用于返回活动客户数量。函数声明为：

```
_MapTile. CountActiveClients() As Integer
```

③ Draw 方法　Draw 方法用于绘制图层。函数声明为：

```
_MapLayer. Draw()
```

④ Refresh 方法　Refresh 方法用于刷新图层。函数声明为：

```
_MapLayer. Refresh()
```

⑤ SetCoockieFile 方法　SetCoockieFile 方法用于定义允许所有 httpsockets 共享的 cookie 文件。函数声明为：

```
_MapTile. SetCoockieFile(sFile As String) As Object
```

⑥ SetPattern 方法　SetPattern 方法用于设置模式。函数声明为：

```
_MapTile. SetPattern(sPattern As String[, cArgs As Collection])
```

（3）_ MapTile 虚类的主要事件

_ MapTile 虚类的主要事件为 Refresh 方法。

Refresh 方法用于刷新图层。函数声明为：

```
_MapLayer. Refresh()
```

7.4.7　地图应用程序设计

下面通过一个实例来学习 gb. map 组件的使用方法。设计一个地图应用程序，可以打开开源世界地图，并能够实现拖拽、放大、缩小等功能，如图 7-10 所示。

（1）实例效果预览

实例效果预览如图 7-10 所示。

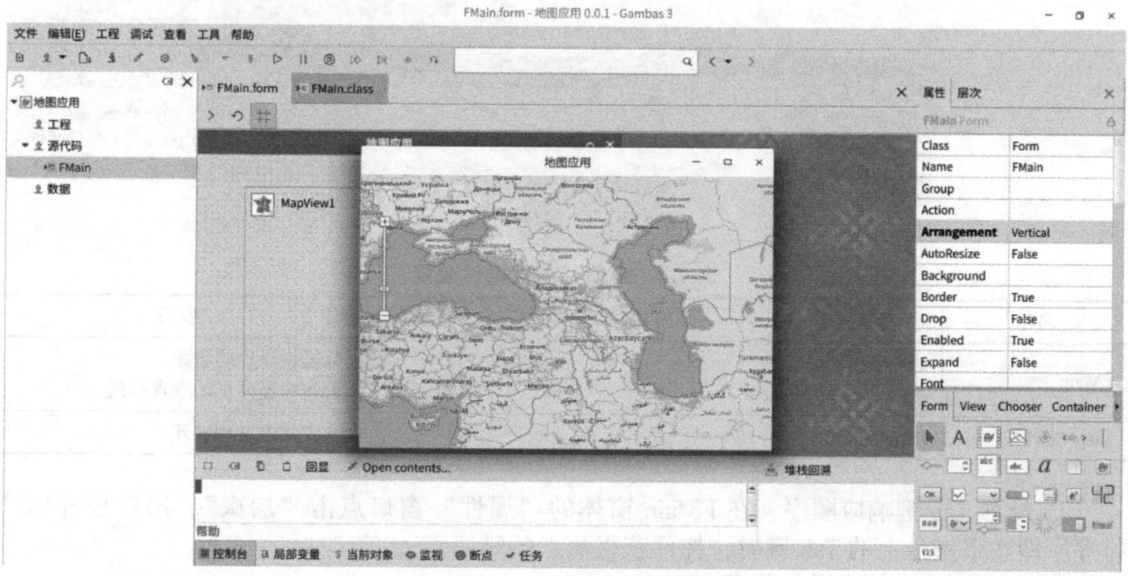

图 7-10　地图应用程序窗体

（2）实例步骤

① 启动 Gambas 集成开发环境，可以在菜单栏选择“文件”→“新建工程…”，或在启动窗体中直接选择“新建工程…”项。

② 在“新建工程”对话框中选择“1. 工程类型”中的“Graphical application”项，点击“下一个（N）”按钮。

③ 在“新建工程”对话框中选择“2. Parent directory”中要新建工程的目录，点击“下一个（N）”按钮。

④ 在“新建工程”对话框的“3. Project details”中输入工程名和工程标题，工程名为

存储目录的名称，工程标题为应用程序的实际名称，在这里设置相同的工程名和工程标题。完成之后，点击“确定”按钮。

⑤ 在菜单中选择“工程”→“属性…”项，在弹出的“工程属性”对话框中，勾选“gb. map”项，系统会自动勾选“gb. net”和“gb. net. curl”项，在控件工具栏中会添加相应的控件。

⑥ 系统默认生成的启动窗体名称（Name）为 FMain。在 FMain 窗体中添加 1 个 MapView 控件，如图 7-11 所示，并设置相关属性，如表 7-8 所示。

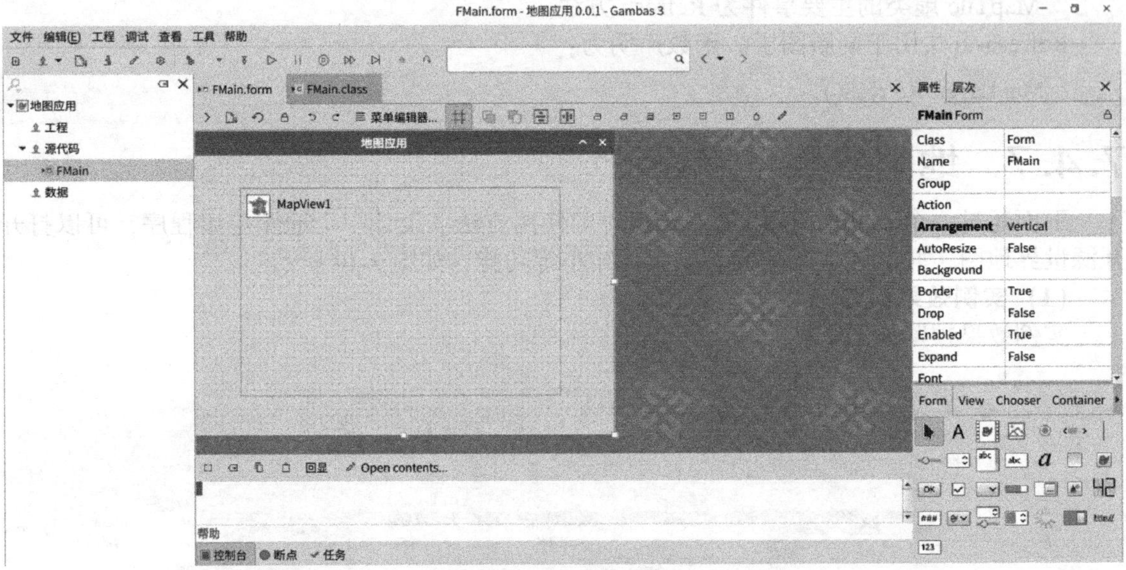

图 7-11　窗体设计

表 7-8　窗体和控件属性设置

名称	属性	说明
FMain	Text：地图应用 Arrangement：Vertical	标题栏显示的名称 窗体中控件自动垂直排列
MapView1	Expand：True	在窗体内自动展开

⑦ 设置 Tab 键响应顺序。在 FMain 窗体的“属性”窗口点击“层次”，出现控件切换排序，即按下键盘上的 Tab 键时，控件获得焦点的顺序。

⑧ 在 FMain 窗体中添加代码。

```
' Gambas class file

Public Sub Form_Open()
  '添加地图
  MapView1. Map. AddTile("OpenStreet",
"http://{s}. tile. openstreetmap. org/{z}/{x}/{y}. png")
End

Public Sub Form_Close()
```

```
    '退出
    Quit
End
```

程序中，MapView1. Map. AddTile("OpenStreet", "http://{s}. tile.openstreetmap. org/{z}/{x}/{y}. png")语句为添加开源地图并在控件中显示，可对地图进行基本缩放操作。

7.5 gb. media. form 组件

gb. media. form 组件使用 MediaView 类实现了多媒体播放器功能，是 GStreamer 库的简化接口。GStreamer 是用来构建流媒体应用的开源多媒体框架，能够处理 MP3、Ogg、MPEG1、MPEG2、AVI、Quicktime 等多种格式的多媒体数据，大大简化了音视频应用程序的开发流程。

7.5.1 MediaView 控件

MediaView 控件实现了一个多媒体播放器功能。该控件在不同操作系统下外观会有所不同，如图 7-12 所示。

图 7-12　MediaView 控件外观

（1）MediaView 控件的主要属性

① Border 属性　Border 属性用于返回或设置控件是否具有边框。函数声明为：

```
MediaView. Border As Boolean
```

② Duration 属性　Duration 属性用于返回播放时间，以秒计。函数声明为：

```
MediaView. Duration As Float
```

③ NextURL 属性　NextURL 属性用于返回或设置要播放的多媒体文件路径或下一个 URL。函数声明为：

```
MediaView. NextURL As String
```

④ Position 属性　Position 属性用于返回或设置当前播放位置，以秒计。函数声明为：

```
MediaView. Position As Float
```

⑤ ShowControl 属性　ShowControl 属性用于返回或设置内部控件是否可见。函数声明为：

```
MediaView. ShowControl As Boolean
```

⑥ Speed 属性　Speed 属性用于返回或设置播放速度。函数声明为：

```
MediaView. Speed As Float
```

⑦ URL 属性　URL 属性用于返回或设置要播放的多媒体文件路径或 URL。函数声明为：

```
MediaView. URL As String
```

（2）MediaView 控件的主要方法

① Pause 方法　Pause 方法用于暂停播放。函数声明为：

```
MediaView. Pause()
```

② Play 方法　Play 方法用于开始播放。函数声明为：

```
MediaView. Play()
```

③ Stop 方法　Stop 方法用于停止播放。函数声明为：

```
MediaView. Stop()
```

（3）MediaView 控件的主要事件

MediaView 控件的主要事件为 AboutToFinish 事件。

AboutToFinish 事件当播放即将结束前的约 2s 内触发。函数声明为：

```
Event MediaView. AboutToFinish()
```

7.5.2　多媒体播放器程序设计

下面通过一个实例来学习 gb. media. form 组件的使用方法。设计一个多媒体播放器程序，可以打开 MP4、MP3、AVI、WMV、OGG 等格式多媒体文件并播放，能够实现播放、暂停、停止、进度显示等功能，同时双击进度条可调整播放进度，如图 7-13 所示。

（1）实例效果预览

实例效果预览如图 7-13 所示。

（2）实例步骤

① 启动 Gambas 集成开发环境，可以在菜单栏选择“文件”→“新建工程...”，或在启动窗体中直接选择“新建工程...”项。

② 在“新建工程”对话框中选择“1. 工程类型”中的“Graphical application”项，点击“下一个（N）”按钮。

③ 在“新建工程”对话框中选择“2. Parent directory”中要新建工程的目录，点击“下一个（N）”按钮。

④ 在“新建工程”对话框的“3. Project details”中输入工程名和工程标题，工程名为存储目录的名称，工程标题为应用程序的实际名称，在这里设置相同的工程名和工程标题。完成之后，点击“确定”按钮。

⑤ 在菜单中选择“工程”→“属性...”项，在弹出的“工程属性”对话框中，勾选

图 7-13　多媒体播放器程序窗体

“gb. media. form”项，系统会自动勾选“gb. media”项，在控件工具栏中会添加相应的控件。

⑥ 系统默认生成的启动窗体名称（Name）为 FMain。在 FMain 窗体中添加 1 个 MediaView 控件、1 个 Timer 控件、1 个 HBox 控件、4 个 ToolButton 控件、1 个 Slider 控件、1 个 Separator 控件，如图 7-14 所示，并设置相关属性，如表 7-9 所示。

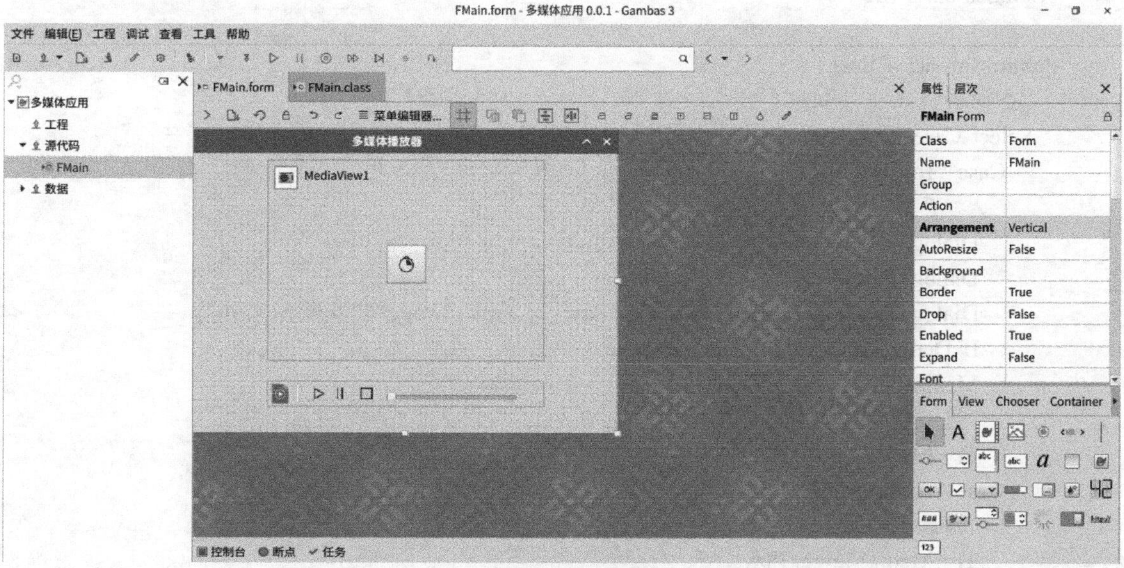

图 7-14　窗体设计

表 7-9　窗体和控件属性设置

名称	属性	说明
FMain	Text：多媒体播放器 Arrangement：Vertical	标题栏显示的名称 窗体中控件自动垂直排列

续表

名称	属性	说明
MediaView1	Expand:True ShowControl:False	在窗体内自动展开 不显示内部控件
Timer1	Eanbled:True	窗体启动后自动运行
HBox1		底部控制栏,顺序排列功能按钮
ToolButton1	Group:act Picture:icon:/32/video	响应同一事件,打开并播放多媒体文件
ToolButton2	Group:act Picture:icon:/32/play	响应同一事件,播放多媒体文件
ToolButton3	Group:act Picture:icon:/32/pause	响应同一事件,暂停播放多媒体文件
ToolButton4	Group:act Picture:icon:/32/stop	响应同一事件,停止播放多媒体文件
Slider1	Group:act Expand:True	响应同一事件,多媒体播放进度 自动展开
Separator		分隔符

⑦ 设置 Tab 键响应顺序。在 FMain 窗体的“属性”窗口点击“层次”，出现控件切换排序，即按下键盘上的 Tab 键时，控件获得焦点的顺序。

⑧ 在 FMain 窗体中添加代码。

```
' Gambas class file

Public Sub act_Click()
  '查询当前点击按钮
  Select Case Last. Name
    Case "ToolButton1"
      '打开多媒体文件并播放
      Dialog. Title="打开多媒体文件"
      Dialog. Path=". "
      Dialog. Filter=["*. mp4;*. mp3;*. avi;*. wmv;*. ogg","多媒体文件"]
      If Dialog. OpenFile() Then Return
      MediaView1. URL=Dialog. Path
      '播放多媒体文件,如果失败则返回
      Try MediaView1. Play
    Case "ToolButton2"
      '播放多媒体文件,如果失败则返回
      Try MediaView1. Play
    Case "ToolButton3"
      '暂停播放
      MediaView1. Pause
    Case "ToolButton4"
      '停止播放
```

```
            MediaView1. Stop
        Case "Slider1"
            '多媒体播放进度
            Slider1. MaxValue = MediaView1. Duration
    End Select
End

Public Sub Timer1_Timer()
    '显示当前播放位置
    Slider1. Value = MediaView1. Position
End

Public Sub act_MouseDown()
    '双击指定播放位置
    If Last. Name = "Slider1" Then
        MediaView1. Position = Slider1. Value
    Endif
End
```

7.6 gb. gui. trayicon 组件

gb. gui. trayicon 组件实现了在系统托盘上显示图标功能，支持协议包括：X11 Freedesktop 系统托盘协议、KDE DBus 系统托盘协议、Unity DBus 系统托盘协议。该组件在运行时查询可用的系统托盘，并选择正确的协议。

7.6.1 TrayIcon 控件

TrayIcon 控件实现了托盘图标。该控件在不同操作系统下外观会有所不同，如图 7-15 所示。

图 7-15　TrayIcon 控件外观

（1）TrayIcon 控件的主要属性

① Icon 属性　Icon 属性用于返回或设置系统托盘图标。函数声明为：

```
TrayIcon. Icon As Picture
```

② Picture 属性　Picture 属性用于返回或设置系统托盘图标，与 Icon 属性相同。函数声明为：

```
TrayIcon. Picture As Picture
```

③ PopupMenu 属性　PopupMenu 属性用于返回或设置菜单名称。该菜单在右击任务栏图标时弹出。函数声明为：

```
TrayIcon. PopupMenu As String
```

④ Tag 属性　Tag 属性用于返回或设置 Tag 值。该属性供程序员使用，组件不使用。函数声明为：

```
TrayIcon. Tag As Variant
```

⑤ Text 属性　Text 属性用于返回或设置系统托盘图标的提示信息，与 ToolTip 属性相同。函数声明为：

```
TrayIcon. Text As String
```

⑥ Tooltip 属性　Tooltip 属性用于返回或设置系统托盘图标的提示信息。函数声明为：

```
TrayIcon. Tooltip As String
```

⑦ Visible 属性　Visible 属性用于返回或设置系统托盘图标是否可见。函数声明为：

```
TrayIcon. Visible As Boolean
```

（2）TrayIcon 控件的主要方法

① Delete 方法　Delete 方法用于删除系统托盘图标。函数声明为：

```
TrayIcon. Delete()
```

② Hide 方法　Hide 方法用于隐藏系统托盘图标。函数声明为：

```
TrayIcon. Hide()
```

③ Show 方法　Show 方法用于显示系统托盘图标。函数声明为：

```
TrayIcon. Show()
```

（3）TrayIcon 控件的主要事件

① Click 事件　Click 事件当鼠标左键点击系统托盘图标时触发。函数声明为：

```
Event TrayIcon. Click()
```

② MiddleClick 事件　MiddleClick 事件当鼠标中键点击系统托盘图标时触发。函数声明为：

```
Event TrayIcon. MiddleClick()
```

③ Scroll 事件　Scroll 事件当鼠标中键在系统托盘图标上滚动时触发。函数声明为：

```
Event TrayIcon. Scroll(Delta As Float,Orientation As Integer)
```

Delta 为滚动增量值。正值为向前滚动，负值为向后滚动。

Orientation 为滚动方向。

（4）TrayIcon 控件的主要常量

TrayIcon 控件的主要常量如表 7-10 所示。

表 7-10　TrayIcon 控件的主要常量

常量名	常量值	备注
TrayIcon. Horizontal	0	水平滚动事件
TrayIcon. Vertical	1	垂直滚动事件

7.6.2　TrayIcons 类

TrayIcons 类实现由应用程序管理的所有 TrayIcon 对象的虚拟集合。

（1）TrayIcons 类的主要静态属性

TrayIcons 类的主要静态属性为 Count 属性。

Count 属性用返回系统托盘图标的数量。函数声明为：

```
TrayIcons. Count As Integer
```

（2）TrayIcons 类的主要静态方法

TrayIcons 类的主要静态方法为 DeleteAll 方法。

DeleteAll 方法用于删除所有系统托盘图标。函数声明为：

```
TrayIcons. DeleteAll()
```

7.6.3 系统托盘程序设计

下面通过一个实例来学习 gb. gui. trayicon 组件的使用方法。设计一个系统托盘程序，在状态栏显示一个图标，右击该图标，弹出快捷菜单，可以设置隐藏窗体、更改皮肤、设置动画，在“系统资源”菜单中可以查询时间、内存、硬盘和用户，并在窗体显示相关信息，使用完之后，可以通过“关闭”菜单关闭该应用程序，如图 7-16 所示。

（1）实例效果预览

实例效果预览如图 7-16 所示。

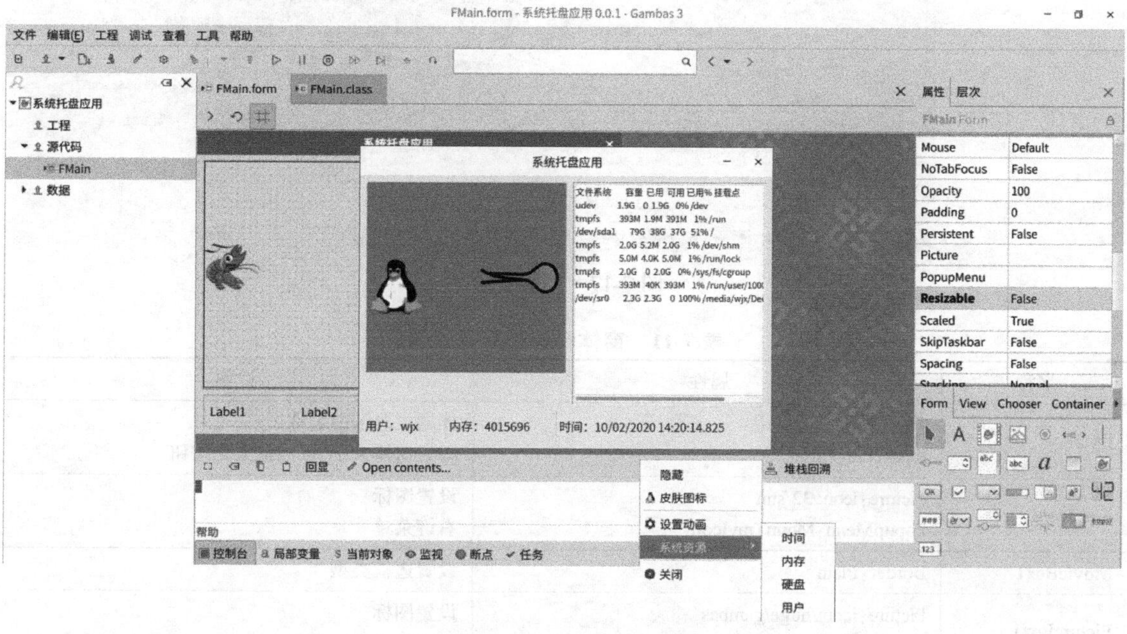

图 7-16　系统托盘程序窗体

（2）实例步骤

① 启动 Gambas 集成开发环境，可以在菜单栏选择“文件”→“新建工程…”，或在启动窗体中直接选择“新建工程…”项。

② 在“新建工程”对话框中选择“1. 工程类型”中的“Graphical application”项，点击“下一个（N）”按钮。

③ 在“新建工程”对话框中选择“2. Parent directory”中要新建工程的目录，点击“下一个（N）”按钮。

④ 在“新建工程”对话框的“3. Project details”中输入工程名和工程标题，工程名为存储目录的名称，工程标题为应用程序的实际名称，在这里设置相同的工程名和工程标题。

完成之后，点击“确定”按钮。

⑤ 在菜单中选择“工程”→“属性…”项，在弹出的“工程属性”对话框中，勾选“gb. gui. trayicon”项，系统会自动勾选“gb. dbus”项，在控件工具栏中会添加相应的控件。

⑥ 系统默认生成的启动窗体名称（Name）为 FMain。在 FMain 窗体中添加 1 个 TrayIcon 控件、1 个 MovieBox 控件、1 个 PictureBox 控件、1 个 TextArea 控件、1 个 Timer 控件、1 个 HBox 控件、3 个 Label 控件、2 个 Separator 控件，如图 7-17 所示，并设置相关属性，如表 7-11 所示。

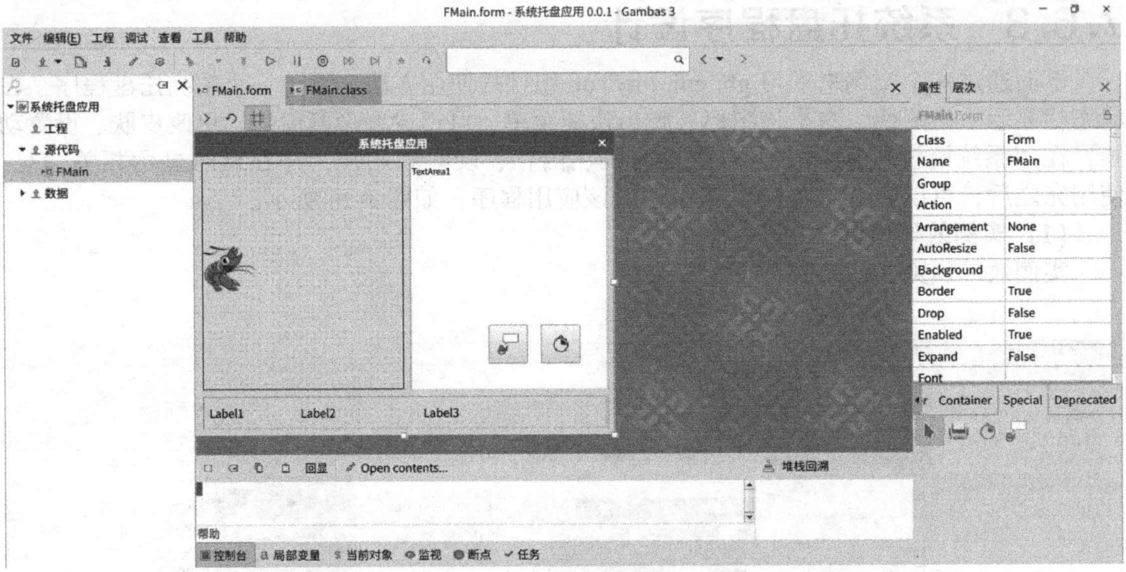

图 7-17　窗体设计

表 7-11　窗体和控件属性设置

名称	属性	说明
FMain	Text:系统托盘应用 Resizable:False	标题栏显示的名称 固定窗体大小,取消最大化按钮
TrayIcon1	Picture:icon:/32/sun PopupMenu:MenuTrayIcon	设置图标 右键菜单
MovieBox1	Border:Plain	设置边框类型
PictureBox1	Picture:icon:/huge/gambas Stretch:True	设置图标 内容自动适应控件大小
TextArea1	Font:-2	设置字号
Timer1		定时器,显示时间
HBox1		底部控制栏,顺序排列功能按钮
Label1		显示用户名
Label2		显示内存
Label3		显示时间
Separator1		分隔符
Separator2		分隔符

⑦ 在菜单栏选择“编辑（E）”→“菜单编辑器...”项，或直接在窗体窗口的工具栏中点击“菜单编辑器...”按钮，在弹出的“FMain-菜单编辑器”对话框中添加1个菜单栏，内含多个菜单项，如图7-18所示，并设置相关属性，如表7-12所示。

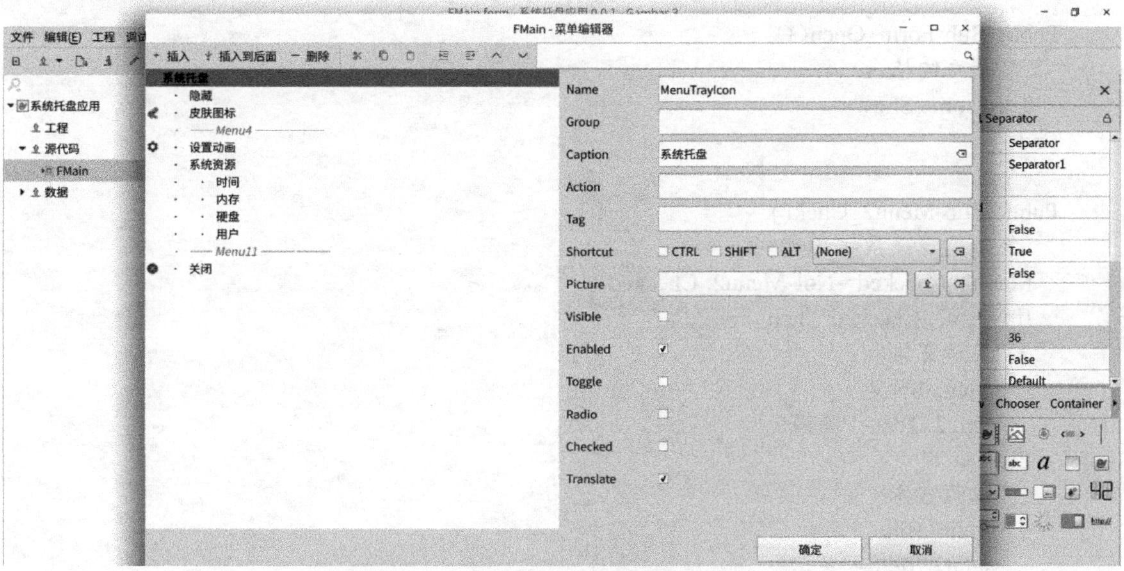

图 7-18　“FMain-菜单编辑器”对话框

表 7-12　菜单属性设置

名称	属性	说明
MenuTrayIcon	Caption：系统托盘 Visible：False	菜单栏 在窗体中不可见
Menu2	Caption：隐藏	菜单项
Menu3	Caption：皮肤图标 Picture：icon:/32/gambas	菜单项
Menu4		分隔符
Menu5	Caption：设置动画	菜单项
Menu6	Caption：系统资源	菜单项
Menu7	Caption：时间	菜单项
Menu8	Caption：内存	菜单项
Menu9	Caption：硬盘	菜单项
Menu10	Caption：用户	菜单项
Menu11		分隔符
Menu12	Caption：关闭 Picture：icon:/32/error	菜单项

⑧ 设置Tab键响应顺序。在FMain窗体的“属性”窗口点击“层次”，出现控件切换排序，即按下键盘上的Tab键时，控件获得焦点的顺序。

⑨ 在FMain窗体中添加代码。

```
'Gambas class file

  Public flag As Boolean

Public Sub Form_Open()
  '显示系统托盘
  TrayIcon1. Show
End

Public Sub Menu2_Click()
  '显示或隐藏系统托盘
  Menu2. Checked=Not Menu2. Checked
  If Menu2. Checked Then
    '显示窗体
    FMain. Show
    Menu2. Text="隐藏"
  Else
    '隐藏窗体
    FMain. Hide
    Menu2. Text="显示"
  Endif
End

Public Sub Menu3_Click()
  '切换图标
  flag=Not flag
  If flag Then
    '设置菜单显示图标
  Menu3. Picture=Picture["icon:/32/linux"]
    PictureBox1. Picture=Picture["icon:/huge/linux"]
   Else
    '设置菜单显示图标
    Menu3. Picture=Picture["icon:/32/gambas"]
    PictureBox1. Picture=Picture["icon:/huge/gambas"]
  Endif
End

Public SubMenu5_Click()
  '设置显示动画
  MovieBox1. Path="sea. gif"
  MovieBox1. Playing=True
End

Public Sub Menu7_Click()
  '打开定时器
```

```
    Timer1. Enabled=True
End

Public Sub Timer1_Timer()
    '显示时间
    Label3. Text="时间:" & Now()
End

Public Sub Menu8_Click()
    '显示内存信息
    Shell "free" For Read As "info"
End

Public Sub info_Read()

    Dim inf As String
    Dim s As String[]
    Dim i As Integer

    '读取内存信息
    Read #Last,inf,-256
    '分离字符串
    s=Split(inf," ")
    '显示内存信息字符串
    Label2. Text="内存:" & s[49]
End

Public Sub Menu9_Click()
    '显示硬盘信息
    Exec["df","-hl"] For Read As "info2"
End

Public Sub info2_Read()

    Dim inf As String

    '读取硬盘信息
    Read #Last,inf,-512
    TextArea1. Text=inf
End

Public Sub Menu10_Click()
    '显示用户信息
    Label1. Text="用户:" & User. Name
End
```

```
Public Sub Menu12_Click()
  '关闭系统托盘
  TrayIcon1. Delete
  FMain. Close
  Quit
End

Public Sub Form_Close()
  '隐藏窗体
  Stop Event
  Menu2_Click
End
```

第8章 其他组件应用

其他组件是组成 Gambas 应用程序的重要内容，主要作为综合应用程序的扩展功能使用，用于数学表述式、音乐播放、摄像头图像采集、二维码操作、语音合成等。这些组件部分来源于网络开源代码及工具，可方便地发布和移植到各种 Linux 操作系统中。

本章介绍了 Gambas 的其他组件与相关类的使用方法，包括 Expression、Music、VideoDevice、qrencode、festival 类与组件，并给出了函数计算器程序、音乐播放器程序、摄像头应用程序、二维码生成与解析程序、语音合成程序、异形窗体程序、打地鼠游戏程序等示例，能够使读者快速掌握该类组件的使用方法，以及相关程序设计方法。

8.1 gb. eval 组件

gb. eval 组件用于在运行时给 Gambas 表达式赋值。在使用 Eval 函数时，该组件会自动装载。gb. eval 组件包含 3 个类，即 Expression、Highlight、System，这里主要对 Expression 类进行说明。

8.1.1 Expression 类

gb. eval 组件在运行时自动装载 Expression 类表达式分析器，可对表达式进行评估计算，通过重新实现 GetValue、IsIdentifier 和 IsSubr 方法来继承该类并可以自定义语法分析器。

（1）Expression 类的主要静态方法

① IsIdentifier 方法　IsIdentifier 属性用于返回指定符号是否为标识符。函数声明为：

```
Expression. IsIdentifier(Name As String) As Boolean
```

Name 为指定符号。

② IsSubr 方法　IsSubr 属性用于返回指定符号是否为子例程。函数声明为：

```
Expression. IsSubr(Name As String) As Boolean
```

Name 为指定符号。

（2）Expression 类的主要属性

① Environment 属性　Environment 属性用于返回或设置表达式中未定义符号的值的集合。函数声明为：

```
Expression. Environment As Collection
```

② Text 属性　Text 属性用于返回或设置表达式文本，可用于任何 Gambas 子程序和操作。函数声明为：

```
Expression. Text As String
```

③ Value 属性　Value 属性用于返回表达式的值。函数声明为：

```
Expression. Value As Variant
```

（3）Expression 类的主要方法

① Compile 方法　Compile 方法用于编译表达式。在改变 Text 属性后，读取 Value 属性时自动进行编译。函数声明为：

```
Expression. Compile()
```

② GetValue 方法　GetValue 方法用于返回计算结果。函数声明为：

```
Expression. GetValue(Name As String) As Variant
```

Name 为表达式文本。

8.1.2　函数计算器程序设计

下面通过一个实例来学习 gb. eval 组件的使用方法。设计一个函数计算器程序，在底部的文本框输入函数表述式，按下回车键后自动计算结果，并显示在上方的文本框内，表达式可以是任何 Gambas 中的函数、常量、数值的组合；按下“清除”按钮，则表达式被清除，如图 8-1 所示。

（1）实例效果预览

实例效果预览如图 8-1 所示。

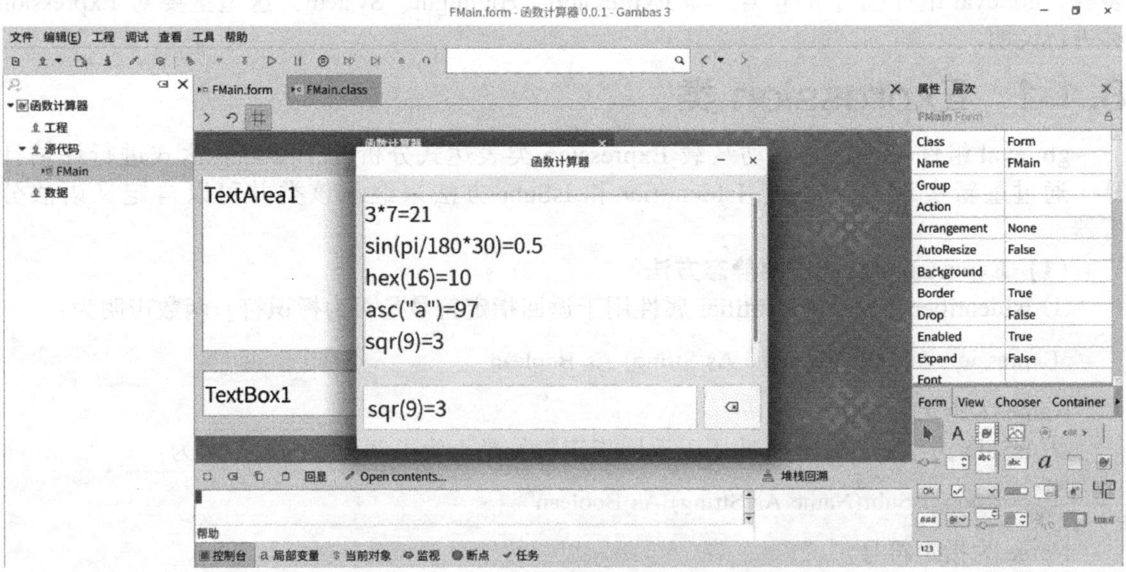

图 8-1　函数计算器程序窗体

（2）实例步骤

① 启动 Gambas 集成开发环境，可以在菜单栏选择“文件”→“新建工程…”，或在启动窗体中直接选择“新建工程…”项。

② 在“新建工程”对话框中选择“1. 工程类型”中的“Graphical application”项，点击“下一个（N）”按钮。

③ 在“新建工程”对话框中选择“2. Parent directory”中要新建工程的目录，点击“下一个（N）”按钮。

④ 在“新建工程”对话框的“3. Project details”中输入工程名和工程标题，工程名为存储目录的名称，工程标题为应用程序的实际名称，在这里设置相同的工程名和工程标题。完成之后，点击“确定”按钮。

⑤ 在菜单中选择“工程”→“属性...”项，在弹出的“工程属性”对话框中，勾选“gb. eval”项，即表达式分析器。

⑥ 系统默认生成的启动窗体名称（Name）为 FMain。在 FMain 窗体中添加 1 个 TextArea 控件、1 个 TextBox 控件、1 个 Button 控件，如图 8-2 所示，并设置相关属性，如表 8-1 所示。

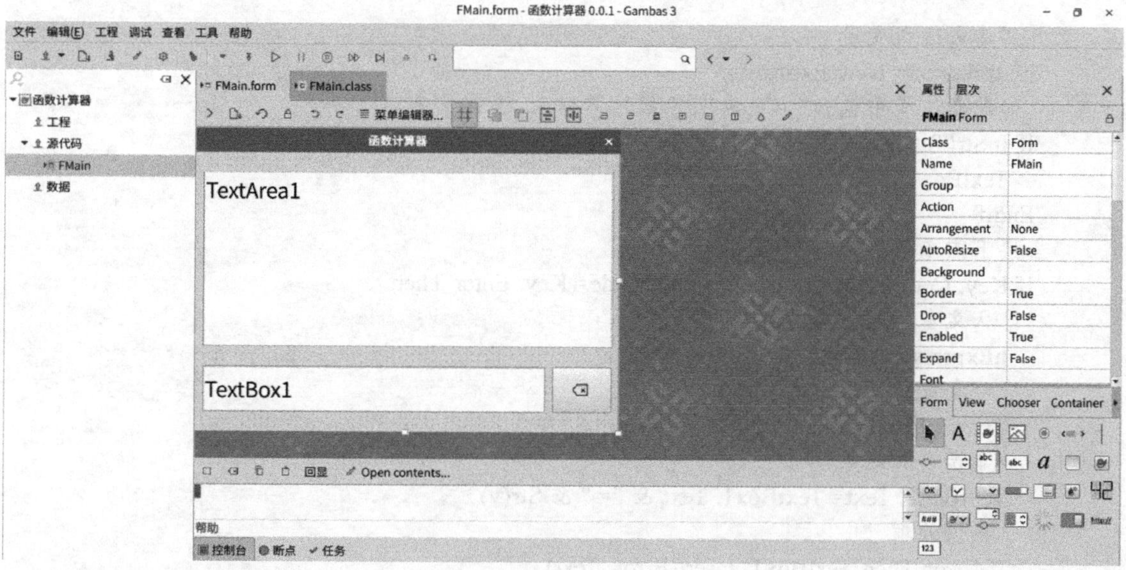

图 8-2 窗体设计

表 8-1 窗体和控件属性设置

名称	属性	说明
FMain	Text:函数计算器 Resizable:False	标题栏显示的名称 固定窗体大小,取消最大化按钮
TextArea1	Font:+5	设置文本字体
TextBox1	Font:+5	设置文本字体
Button1	Picture:icon:/32/clear	命令按钮,响应相关点击事件

⑦ 设置 Tab 键响应顺序。在 FMain 窗体的“属性”窗口点击“层次”，出现控件切换排序，即按下键盘上的 Tab 键时，控件获得焦点的顺序。

⑧ 在 FMain 窗体中添加代码。

```
'Gambas class file

Public Sub Button1_Click()
  '清空文本框
  TextBox1. Text=""
End

Public Sub TextBox1_KeyPress()

  Dim hExpression As Expression
  Dim v As Variant
  Dim i As Integer
  Dim s As String

  '创建表达式变量
  hExpression=New Expression
  '如果表达式中包含"=",表明已经计算结束,清空文本框
  If InStr(TextBox1. Text,"=")>0 Then
    TextBox1. Text=""
  Endif
'当按下回车后显示"=",计算表达式
  If Key. Code=Key. Return Or Key. Code=Key. Enter Then
    '从文本框获得表达式
    hExpression. Text=TextBox1. Text
    '检查并计算表达式
    Try v=hExpression. Value
    '显示计算结果
    TextBox1. Text=TextBox1. Text & "=" & Str(v)
    '错误处理
    If Error Then TextBox1. Insert(Error. Text)
    '显示计算历史
    TextArea1. Text &=TextBox1. Text & "\n"
  Endif
End
```

8.2 gb. sdl2. audio 组件

gb. sdl2. audio 组件是 SDL2 混音器库接口，可以处理多种格式的音乐。SDL2 混音器库是与 SDL2 库一起使用的音频混合库，允许程序员使用多个样本以及音乐，无须编写混合算法。gb. sdl2. audio 组件包括 4 个类，即 Channel、Channels、Music、Sound，这里主要对 Music 类进行说明。

8.2.1 Music 类

Music 类可以实现音乐的管理与播放。

(1) Music类的主要静态属性

① Pos属性　Pos属性用于返回或设置当前时间，以秒计。函数声明为：

```
Music. Pos As Float
```

② SoundFontPath属性　SoundFontPath属性用于返回或设置SoundFont路径。函数声明为：

```
Music. SoundFontPath As String
```

③ State属性　State属性用于返回音乐的当前状态。状态可以是以下常量之一：Music. Stopped、Music. Playing、Music. Paused。函数声明为：

```
Music. State As Integer
```

④ Volume属性　Volume属性用于返回或设置音量。音量范围为0~128之间的整数值。函数声明为：

```
Music. Volume As Integer
```

(2) Music类的主要静态方法

① Load方法　Load方法用于装载播放音乐文件。文件格式可以是：WAV、OGG、MP3。函数声明为：

```
Music. Load(File As String)
```

File为音乐文件。

② Pause方法　Pause方法用于暂停播放。函数声明为：

```
Music. Pause()
```

③ Play方法　Play方法用于开始播放音乐。函数声明为：

```
Music. Play([Loops As Integer, FadeIn As Float])
```

Loops为播放次数，-1表示重复播放。默认情况下，音乐只播放一次。

FadeIn为淡入时间，以秒计。默认情况下，该值为零。

④ Stop方法　Stop方法用于停止播放。函数声明为：

```
Music. Stop([FadeOut As Float])
```

FadeOut为淡出时间，以秒计。默认情况下，该值为零。

(3) Music类的主要常量

Music类的主要常量如表8-2所示。

表8-2　Music类常量

常量名	常量值	备注
Music. Stopped	0	停止
Music. Playing	1	播放
Music. Paused	2	暂停

8.2.2　音乐播放器程序设计

下面通过一个实例来学习gb. sdl2. audio组件的使用方法。设计一个音乐播放器程序，点击底部的“打开”按钮图标，可同时选择多个音乐文件添加到应用程序列表；双击列表中的音乐即可播放；音乐采用循环播放形式，当播放完最后一曲时会自动跳转到第一首音乐；底部的按钮包括播放、暂停、停止和进度显示，如图 8-3 所示。

（1）实例效果预览

实例效果预览如图 8-3 所示。

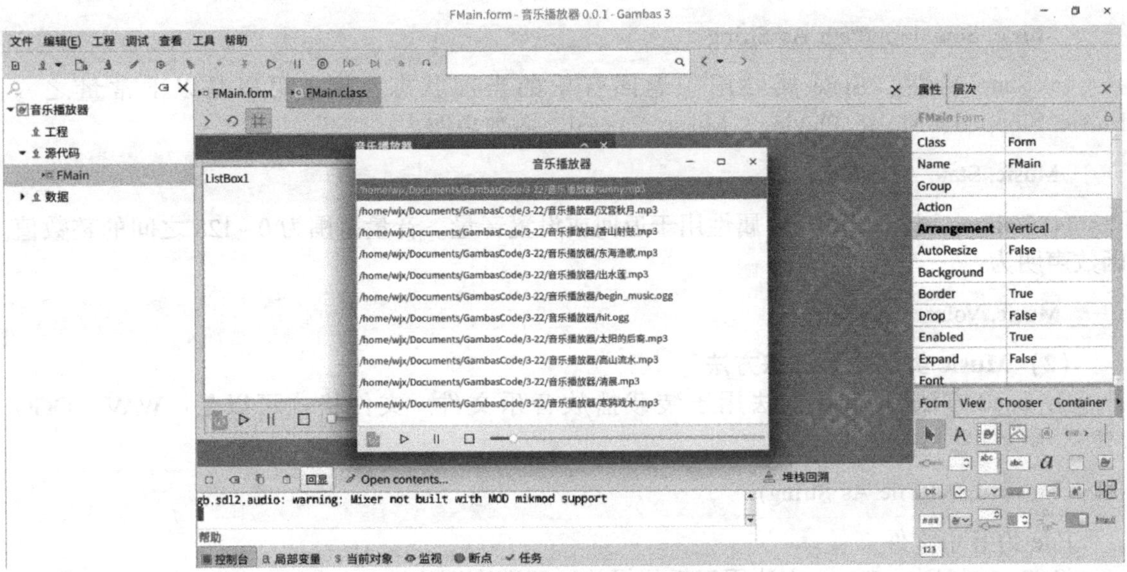

图 8-3　音乐播放器程序窗体

（2）实例步骤

① 启动 Gambas 集成开发环境，可以在菜单栏选择“文件”→“新建工程...”，或在启动窗体中直接选择“新建工程...”项。

② 在“新建工程”对话框中选择“1. 工程类型”中的“Graphical application”项，点击“下一个（N）”按钮。

③ 在“新建工程”对话框中选择“2. Parent directory”中要新建工程的目录，点击“下一个（N）”按钮。

④ 在“新建工程”对话框的“3. Project details”中输入工程名和工程标题，工程名为存储目录的名称，工程标题为应用程序的实际名称，在这里设置相同的工程名和工程标题。完成之后，点击“确定”按钮。

⑤ 在菜单中选择“工程”→“属性...”项，在弹出的“工程属性”对话框中，勾选“gb. sdl2. audio”项。

⑥ 系统默认生成的启动窗体名称（Name）为 FMain。在 FMain 窗体中添加 1 个 ListBox 控件、1 个 Timer 控件、1 个 HBox 控件、4 个 ToolButton 控件、1 个 Slider 控件，如图 8-4 所示，并设置相关属性，如表 8-3 所示。

表 8-3　窗体和控件属性设置

名称	属性	说明
FMain	Text：音乐播放器 Arrangement：Vertical	标题栏显示的名称 窗体中控件垂直排列

续表

名称	属性	说明
ListBox1	Expand:True	音乐列表
Timer1		定时器控件,控件进度条
HBox1		底部控制栏,顺序排列功能按钮
ToolButton1	Picture:icon:/32/audio	可选择多个音乐
ToolButton2	Picture:icon:/32/play	播放
ToolButton3	Picture:icon:/32/pause	切换暂停和播放
ToolButton4	Picture:icon:/32/stop	停止播放音乐
Slider1	Expand:True	播放进度显示

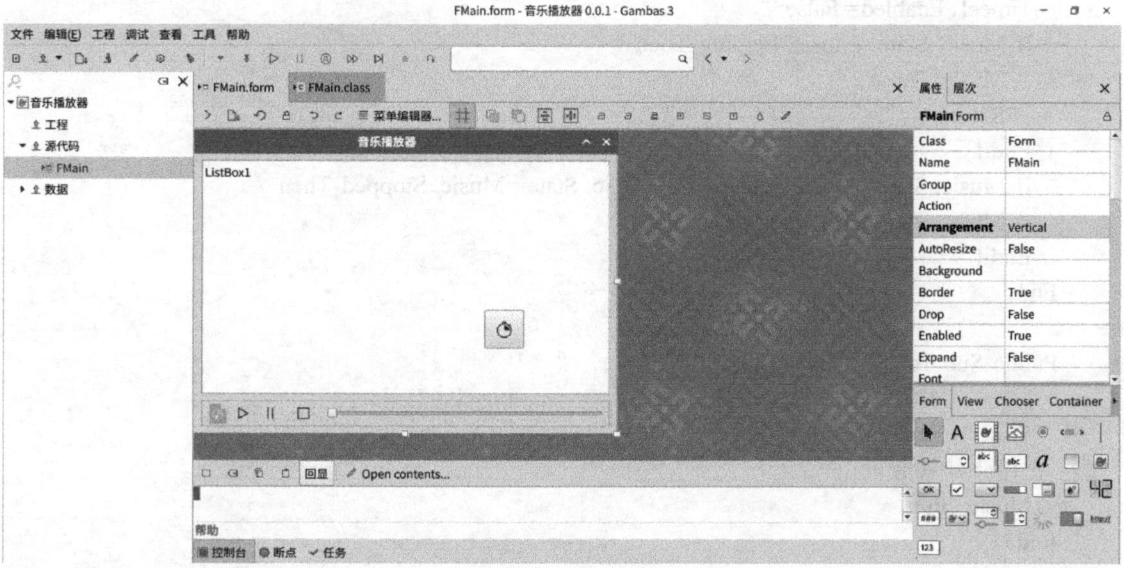

图 8-4 窗体设计

⑦ 设置 Tab 键响应顺序。在 FMain 窗体的“属性”窗口点击“层次”，出现控件切换排序，即按下键盘上的 Tab 键时，控件获得焦点的顺序。

⑧ 在 FMain 窗体中添加代码。

```
'Gambas class file

Public Sub ToolButton1_Click()
  '打开文件对话框
  Dialog.Title="添加音乐"
  Dialog.Path="."
  Dialog.Filter=["*.wav;*.ogg;*.mp3","音频文件"]
  '选择多个乐曲
  If Dialog.OpenFile(True) Then Return
  '添加音乐
```

```
  ListBox1. List=Dialog. Paths
End

Public Sub ToolButton2_Click()
  '装载音乐并播放
  Music. Load(ListBox1. Current. Text)
  Music. Play
  '打开定时器
  Timer1. Enabled=True
End

Public Sub ToolButton3_Click()
  '切换暂停和开始播放音乐
  Timer1. Enabled=False
  If Music. State=Music. Playing Then
    Music. Pause
    Return
  Endif
  If Music. State=Music. Paused Or Music. State=Music. Stopped Then
    Music. Play
  Endif
End

Public Sub ToolButton4_Click()
  '停止定时器
  Timer1. Enabled=False
  '停止播放音乐
  Music. Stop
End

Public Sub ListBox1_DblClick()
  '双击列表项播放音乐
  ToolButton2_Click
End

Public Sub Timer1_Timer()

  Dim n As Integer

  '设置播放进度
  Slider1. Value=Music. Pos
  If Music. Pos+10>Slider1. MaxValue Then
    Slider1. MaxValue=Slider1. MaxValue+100
  Endif
  '循环播放
```

```
    If Music. State=Music. Stopped Then
      n=ListBox1. Index
      ListBox1. Index=ListBox1. Index+1
      If n=ListBox1. Index Then
        ListBox1. Index=0
      Endif
      ToolButton2_Click
    Endif
  End
```

8.3 gb. v4l 组件

gb. v4l 组件实现摄像头图像采集功能，现已不推荐使用该组件，仅包含 VideoDevice 类，继承自 Stream 类。

8.3.1 VideoDevice 类

Dim hVideoDevice As VideoDevice

hVideoDevice=New VideoDevice(Device As String[,Mode As Integer])

创建一个新的 VideoDevice 对象。

Device 为 Linux 设备名称。

Mode 为模式，可以是以下值之一：VideoDevice. Any 使用最佳 API（默认值），VideoDevice. V4L 使用 V4L1 API（不推荐使用），VideoDevice. V4L2 使用 V4L2 API。

VideoDevice 类的主要属性和方法源自 Stream 类和 Image 类，这里不再赘述。

8.3.2 摄像头应用程序设计

下面通过一个实例来学习利用 gb. v4l 组件调用 USB 摄像头显示图像的方法。设计一个 USB 摄像头视频采集程序，点击底部的“开始”按钮，开始采集视频图像，按钮文本变为“停止”；可调整显示图像的亮度、色度、颜色、白度、对比度以及进行综合调整等，如图 8-5 所示。

（1）实例效果预览

实例效果预览如图 8-5 所示。

（2）实例步骤

① 启动 Gambas 集成开发环境，可以在菜单栏选择“文件”→“新建工程...”，或在启动窗体中直接选择“新建工程...”项。

② 在“新建工程”对话框中选择“1. 工程类型”中的“Graphical application”项，点击“下一个（N）”按钮。

③ 在“新建工程”对话框中选择“2. Parent directory”中要新建工程的目录，点击“下一个（N）”按钮。

④ 在“新建工程”对话框的“3. Project details”中输入工程名和工程标题，工程名为存储目录的名称，工程标题为应用程序的实际名称，在这里设置相同的工程名和工程标题。完成之后，点击“确定”按钮。

⑤ 在菜单中选择“工程”→“属性...”项，在弹出的“工程属性”对话框中，勾选“gb. v4l”项，添加视频获取类。

图 8-5　摄像头应用程序窗体

⑥ 系统默认生成的启动窗体名称（Name）为 FMain。在 FMain 窗体中添加 1 个 PictureBox 控件、1 个 Timer 控件、1 个 HBox 控件、6 个 Slider 控件、1 个 Button 控件，如图 8-6 所示，并设置相关属性，如表 8-4 所示。

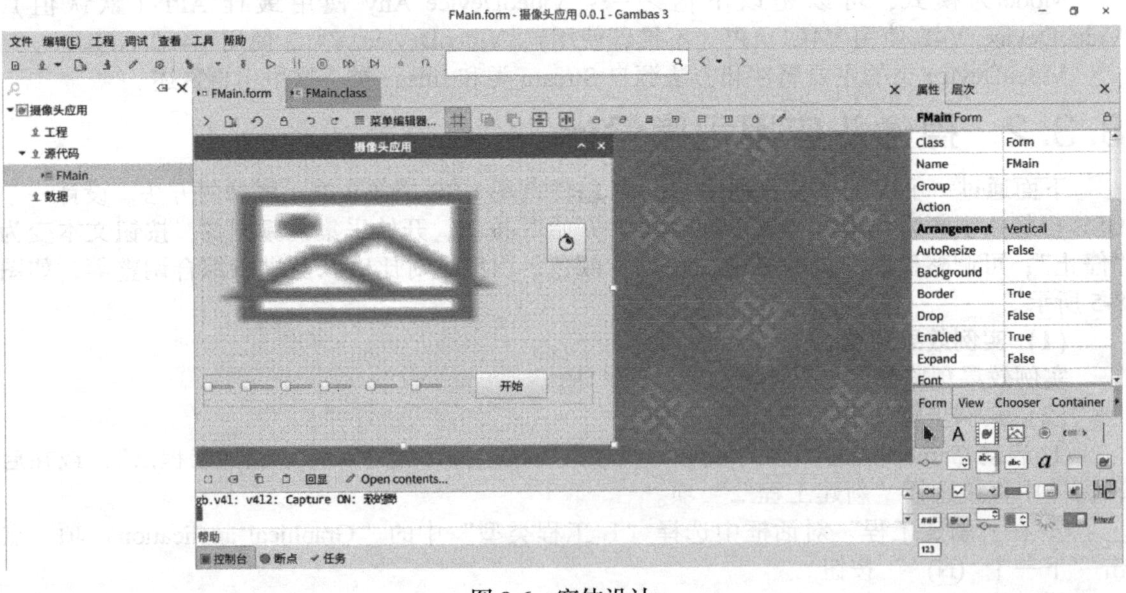

图 8-6　窗体设计

表 8-4　窗体和控件属性设置

名称	属性	说明
FMain	Text：摄像头应用 Arrangement：Vertical	标题栏显示的名称 窗体中控件垂直排列
PictureBox1	Expand：True	充满整个窗体

续表

名称	属性	说明
Timer1	Delay:100	定时采集图像信息
HBox1		底部控制栏,顺序排列功能按钮
Slider1	Group:SetImage Expand:True	亮度
Slider2	Group:SetImage Expand:True	色度
Slider3	Group:SetImage Expand:True	颜色
Slider4	Group:SetImage Expand:True	白度
Slider5	Group:SetImage Expand:True	对比度
Slider6	Group:SetImage Expand:True	综合调整亮度、色度、颜色、白度、对比度
Button1	Text:开始	开始采集图像

⑦ 设置 Tab 键响应顺序。在 FMain 窗体的“属性”窗口点击“层次”，出现控件切换排序，即按下键盘上的 Tab 键时，控件获得焦点的顺序。

⑧ 在 FMain 窗体中添加代码。

```
'Gambas class file

  Public dev As VideoDevice

Public Sub Timer1_Timer()
  '用 PictureBox 控件显示图像
  PictureBox1. Picture=dev. Image. Picture
End

Public Sub Button1_Click()
  '定时器使能
  If Button1. Tag Then
    Timer1. Enabled=False
    Button1. Text="开始"
    Button1. Tag=False
  Else
    Timer1. Enabled=True
    Button1. Text="停止"
    Button1. Tag=True
  Endif
End
```

```
Public Sub Form_Open()
  '创建新对象
  dev=New VideoDevice("/dev/video0")
  '设置显示大小
  dev. Resize(160,120)
End

Public Sub SetImage_Change()
  '调整亮度、色度、颜色、白度、对比度、综合调整
  Select Case Last. Name
    Case "Slider1"
      dev. Bright=Last. Value
    Case "Slider2"
      dev. Hue=Last. Value
    Case "Slider3"
      dev. Color=Last. Value
    Case "Slider4"
      dev. Whiteness=Last. Value
    Case "Slider5"
      dev. Contrast=Last. Value
    Case "Slider6"
      dev. Bright=Last. Value
      dev. Hue=Last. Value
      dev. Color=Last. Value
      dev. Whiteness=Last. Value
      dev. Contrast=Last. Value
  End Select
End
```

8.4 qrencode 组件

qrencode 组件源于 libqrencode 库，是开源、免费的，遵循自由软件基金会发布的 GNU 通用公共许可协议，版权属于福知健太郎。libqrencode 用于将数据编码为 QR Code（码）符号，二维码可以通过手持终端（如手机）扫描。QR Code 的容量最多为 7000 位数字或 4000 个字符，并且具有校验功能。

libqrencode 接受字符串或数据块列表，可以嵌入数字、字母、日语汉字（Shift-JIS）或任何 8 位代码，在 QR Code 符号中编码为位图数组。libqrencode 库包含一个命令行实用程序，可输出各种格式的 QR Code 图像，如图 8-7 所示。

图 8-7　QR Code 示例

8.4.1 qrencode 组件安装与使用

二维码即二维条码，是用某种特定的几何图形按一定规律在平面上分布的黑白相间的记录数据的图形符号。二维码使用与二进制对应的几何图形表示文字、数值信息，通过图像输入设备或光电扫描设备自动识读，实现信息自动处理。

常用的二维码编码形式有：PDF417、QR Code、Code 49、Code 16K、Code One 等。二

维码的信息密度比传统的一维条形码有较大提高，如 PDF417 的信息存储密度是一维码 CodeC39 的 20 多倍。国际标准技术委员会和国际电工委员会制定了 QR Code 二维码的国际标准（ISO/IEC 18004—2000《自动识别与数据采集技术——条码符号技术规范——QR 码》）。二维码技术广泛应用于生产、生活的方方面面，包括支付系统、各类报表和票据管理系统、商品及货物运输的管理、工业生产领域的自动化管理等。

可以使用 Linux 下二维码生成工具 qrencode 来生成二维码。使用之前应当进行安装，在终端输入安装命令：

```
sudo apt-get install qrencode
```

解析二维码使用 zbar 工具，使用之前应当进行安装，在终端输入安装命令：

```
sudo apt-get install zbar-tools
```

qrencode 使用方法为：

```
qrencode[OPTION]...[STRING]
```

OPTIONS：

-o 为输出的二维码文件名，如 test. png。

-s 为生成图像的大小，默认为 3 个像素。

-t 为生成图像的类型，默认为 PNG，可以是 PNG、ANSI、ANSI256、ASCIIi、UTF8 等。

STRING 为文本、超链接等字符串。

zbar 使用方法为：

```
zbarimg 文件名
```

8.4.2 二维码生成与解析程序设计

下面通过一个实例来学习二维码的生成与解析方法。设计一个二维码生成与解析程序，输入指定的文字，设定图像大小，点击“生成”按钮，生成一个二维码图像并在窗体中显示，点击“解析”按钮，对生成的二维码图像进行解析，并将结果显示到文本框中，如图 8-8 所示。

（1）实例效果预览

实例效果预览如图 8-8 所示。

（2）实例步骤

① 启动 Gambas 集成开发环境，可以在菜单栏选择“文件”→“新建工程...”，或在启动窗体中直接选择“新建工程...”项。

② 在“新建工程”对话框中选择“1. 工程类型”中的“Graphical application”项，点击“下一个（N）”按钮。

③ 在“新建工程”对话框中选择“2. Parent directory”中要新建工程的目录，点击“下一个（N）”按钮。

④ 在“新建工程”对话框的“3. Project details”中输入工程名和工程标题，工程名为存储目录的名称，工程标题为应用程序的实际名称，在这里设置相同的工程名和工程标题。完成之后，点击“确定”按钮。

⑤ 系统默认生成的启动窗体名称（Name）为 FMain。在 FMain 窗体中添加 1 个 PictureBox 控件、1 个 TextArea 控件、2 个 Label 控件、1 个 TextBox 控件、1 个 SliderBox 控件、2 个 Button 控件，如图 8-9 所示，并设置相关属性，如表 8-5 所示。

图 8-8 二维码生成与解析程序窗体

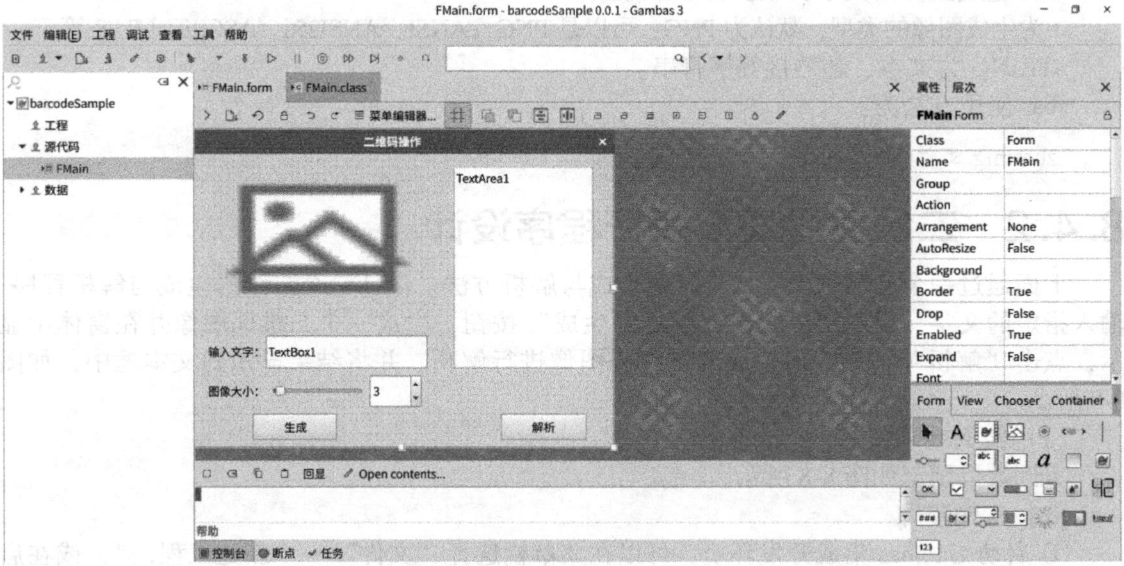

图 8-9 窗体设计

表 8-5 窗体和控件属性设置

名称	属性	说明
FMain	Text:二维码操作 Resizable:False	标题栏显示的名称 固定窗体大小,取消最大化按钮
PictureBox1	Stretch:True	图像适合控件大小
TextArea1	ScrollBar:Vertical Wrap:True	显示垂直滚动条 自动换行
Label1	Text:输入文字:	标签控件
Label2	Text:图像大小:	标签控件

续表

名称	属性	说明
TextBox1		输入待转化为 QR Code 的文本
SliderBox1	Value:3	图像大小
Button1	Text:生成	命令按钮,响应相关点击事件
Button1	Text:解析	命令按钮,响应相关点击事件

⑥ 设置 Tab 键响应顺序。在 FMain 窗体的“属性”窗口点击“层次”，出现控件切换排序，即按下键盘上的 Tab 键时，控件获得焦点的顺序。

⑦ 在 FMain 窗体中添加代码。

```
'Gambas class file

Public Sub Button1_Click()
  '生成二维码图像
  Shell "qrencode -o " & Application. Path &/ "bar. png -s " & Str(SliderBox1. Value) & " " & TextBox1. Text
  '显示图像
  PictureBox1. Picture=Picture. Load(Application. Path &/ "bar. png")
End

Public Sub Button2_Click()
  '解码
  Shell "zbarimg " & Application. Path &/ "bar. png" For Read As "Process"
End

Public Sub Process_Read()

  Dim s As String

  '读取二维码文本
  Read #Last,s,-256
  TextArea1. Text=s
End
```

程序中，使用了 Shell 完成命令的执行，并创建一个内部 Process 来管理命令行。Public Sub Process_ Read 过程响应 Process 的读取命令，Read #Last，s，-256 语句读取进程中返回的 256 个字符数据后保存到 s 中。

8.5 festival 组件

Festival 是 Linux 下免费的软件框架，能够将文本转换为语音输出，也可以在交互式命令模式下用于测试和开发语音合成应用。Festival 有两种主要模式：命令和 TTS 模式。在命令模式下，输入（来自文件或交互方式）由命令解释器解释；在 TTS 模式下，输入将转换为语音。

8.5.1 festival组件安装与使用

语音合成技术即 TTS，是将文本信息实时转化为标准流畅的语音朗读出来，成为人们可以听懂和理解的语言。相比于英语，汉语韵律特征非常复杂，现代汉语拼音中对于同样一个音节出现在不同的环境中时，其韵律参数可能各不相同，因此，语音合成难度较大。国内常用语音合成平台有科大讯飞、华为云、百度 AI 开放平台、腾讯 AI 开放平台、灵云开放平台等在线平台，能够完成智能语音合成、语音识别等功能。

Linux 下的语音合成多为开源架构，可采用 festival、espeak、ekho 等工具。本章使用了 festival 语音合成工具，在 Deepin 下的安装方法为：

```
sudo apt-get install festival
```

festival 常用命令如表 8-6 所示。

表 8-6　festival 常用命令

命令	说明
(quit)	退出
(SayText TEXT)	朗读文本,TEXT 为文本,用双引号括起来
(tts FILENAME nil)	朗读文本,FILENAME 为文件名,用双引号括起来
(voice_rab_diphone)	Britsh Male 发音
(voice_kal_diphone)	American Male 发音

festival 命令行使用方法如图 8-10 所示。

图 8-10　festival 命令行使用方法

8.5.2 语音合成程序设计

下面通过一个实例来学习语音合成方法。设计一个语音合成程序，点击“朗读文件”按钮，朗读工程目录下的一个英文文本文件；点击“朗读中文”按钮，能够朗读中文拼音，如图 8-11 所示。

（1）实例效果预览

实例效果预览如图 8-11 所示。

（2）实例步骤

① 启动 Gambas 集成开发环境，可以在菜单栏选择“文件”→“新建工程...”，或在启动窗体中直接选择“新建工程...”项。

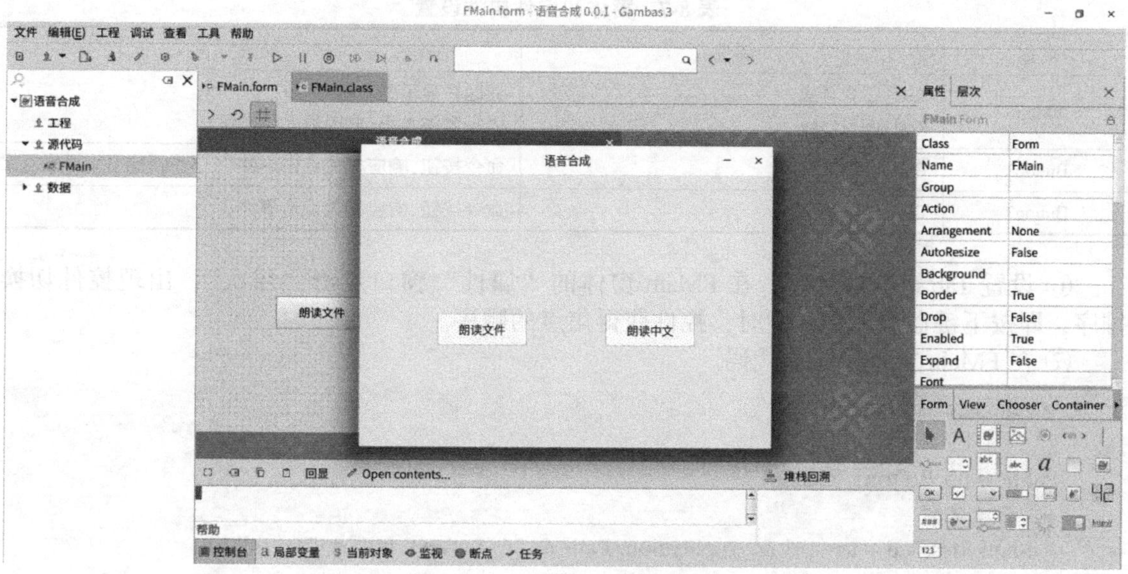

图 8-11　语音合成程序窗体

② 在“新建工程”对话框中选择“1. 工程类型”中的“Graphical application”项，点击“下一个（N）”按钮。

③ 在“新建工程”对话框中选择“2. Parent directory”中要新建工程的目录，点击“下一个（N）”按钮。

④ 在“新建工程”对话框的“3. Project details”中输入工程名和工程标题，工程名为存储目录的名称，工程标题为应用程序的实际名称，在这里设置相同的工程名和工程标题。完成之后，点击“确定”按钮。

⑤ 系统默认生成的启动窗体名称（Name）为 FMain。在 FMain 窗体中添加 2 个 Button 控件，如图 8-12 所示，并设置相关属性，如表 8-7 所示。

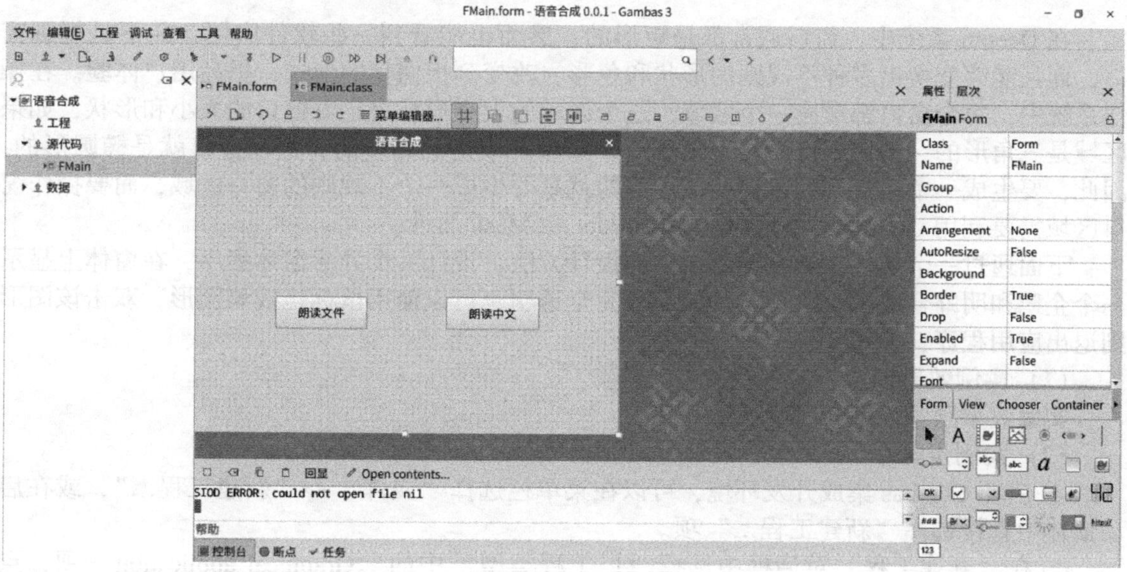

图 8-12　窗体设计

表 8-7 窗体和控件属性设置

名称	属性	说明
FMain	Text:语音合成 Resizable:False	标题栏显示的名称 固定窗体大小,取消最大化按钮
Button1	Text:朗读文件	命令按钮,响应相关点击事件
Button2	Text:朗读中文	命令按钮,响应相关点击事件

⑥ 设置 Tab 键响应顺序。在 FMain 窗体的“属性”窗口点击“层次”，出现控件切换排序，即按下键盘上的 Tab 键时，控件获得焦点的顺序。

⑦ 在 FMain 窗体中添加代码。

```
' Gambas class file

Public Sub Button1_Click()
  '朗读文件
  Shell "festival --tts  ' " & Application. Path & "/" & "text. txt" & "'    nil"
End

Public Sub Button2_Click()
  '朗读中文
  Shell "echo \"Bei Jing huan ying ni\" | festival --tts"
End
```

程序中，Shell "echo \"Bei Jing huan ying ni\" | festival --tts"语句使用管道方式朗读，将中文以拼音的形式输出到声卡，能够实现基本的中文语音合成，其中的“ \" ”为转义字符，表示“" ”。

8.6 异形窗体程序设计

在 Deepin 系统中，窗口通常都是矩形的，然而也能看到一些软件应用，并不是规则窗口，而且能够变换出多种不规则的形状和色彩，改变刻板僵化的形式，提高用户体验。在操作系统中，每个窗口都对应一个区域，这个区域的大小形状决定着窗口的大小和形状，如果区域是三角形的，则该窗口就是三角形的，如果区域是椭圆形的，则该窗口就是椭圆形的。因此，要生成一个不规则的窗口，关键问题就是要生成一个不规则的窗口区域，而要操作窗口区域需要利用 Gambas 中定义窗体的 Border 和 Mask 属性。

下面通过一个实例来学习异形窗体的设计方法。设计一个异形窗体程序，在窗体上显示一个企鹅和明虾合成图形，窗体其他部分完全透明，可以使用鼠标拖拽该图形，双击该图形则退出应用程序，如图 8-13 所示。

(1) 实例效果预览

实例效果预览如图 8-13 所示。

(2) 实例步骤

① 启动 Gambas 集成开发环境，可以在菜单栏选择“文件”→“新建工程...”，或在启动窗体中直接选择“新建工程...”项。

② 在“新建工程”对话框中选择“1. 工程类型”中的“Graphical application”项，点击“下一个 (N) ”按钮。

图 8-13　异形窗体程序窗体

③ 在“新建工程”对话框中选择“2. Parent directory”中要新建工程的目录，点击“下一个 (N) ”按钮。

④ 在“新建工程”对话框的“3. Project details”中输入工程名和工程标题，工程名为存储目录的名称，工程标题为应用程序的实际名称，在这里设置相同的工程名和工程标题。完成之后，点击“确定”按钮。

⑤ 系统默认生成的启动窗体名称（Name）为 FMain，如图 8-14 所示，并设置相关属性，如表 8-8 所示。

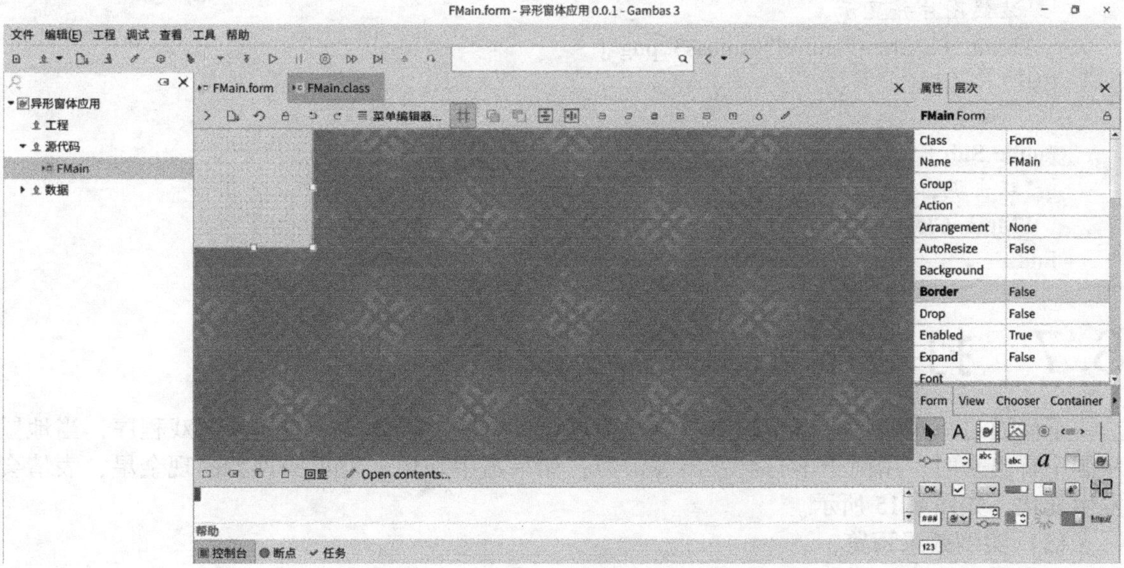

图 8-14　窗体设计

表 8-8　窗体属性设置

名称	属性	说明
FMain	Border:False Mask:True SkipTaskbar:True	标题栏显示的名称 设置形状遮蔽 不是任务栏显示

⑥ 在 FMain 窗体中添加代码。

```
' Gambas class file

  Public x1 As Integer
  Public y1 As Integer

Public Sub Form_MouseDown()
  '记录按下鼠标左键时的坐标
  x1 = Mouse. X
  y1 = Mouse. Y
End

Public Sub Form_MouseMove()
  '按下左键拖拽窗体
  If Mouse. Left Then
    FMain. x = Mouse. ScreenX-x1
    FMain. y = Mouse. ScreenY-y1
  Endif
End

Public Sub Form_Open()
  '装载图片并显示
  FMain. Picture = Picture["gambas3. png"]
End

Public Sub Form_DblClick()
  '双击退出
  FMain. Close
End
```

8.7　打地鼠游戏程序设计

下面通过一个实例来学习贴图小游戏程序设计方法。设计一个打地鼠游戏程序，当地鼠从洞中冒出来时，用锤子击打会发出锤击声，如果击中地鼠，地鼠头顶会出现金星，表情会发生变化，如图 8-15 所示。

(1) 实例效果预览

实例效果预览如图 8-15 所示。

图 8-15　打地鼠游戏程序窗体

（2）实例步骤

① 启动 Gambas 集成开发环境，可以在菜单栏选择“文件”→“新建工程…”，或在启动窗体中直接选择“新建工程…”项。

② 在“新建工程”对话框中选择“1. 工程类型”中的“Graphical application”项，点击“下一个（N）”按钮。

③ 在“新建工程”对话框中选择“2. Parent directory”中要新建工程的目录，点击“下一个（N）”按钮。

④ 在“新建工程”对话框的“3. Project details”中输入工程名和工程标题，工程名为存储目录的名称，工程标题为应用程序的实际名称，在这里设置相同的工程名和工程标题。完成之后，点击“确定”按钮。

⑤ 在菜单中选择“工程”→“属性…”项，在弹出的“工程属性”对话框中，勾选 gb. sdl2. audio 项。

⑥ 系统默认生成的启动窗体名称（Name）为 FMain。在 FMain 窗体中添加 13 个 PictureBox 控件、1 个 Timer 控件，如图 8-16 所示，并设置相关属性，如表 8-9 所示。

表 8-9　窗体和控件属性设置

名称	属性	说明
FMain	Text：打地鼠 Resizable：False Tracking：True	标题栏显示的名称 固定窗体大小，取消最大化按钮 接收 MouseMove 事件
bg	Picture：bg_hole. png Stretch：True Tracking：True	打地鼠背景图片 图片适合控件大小 接收 MouseMove 事件
sr		击中地鼠后的金星图片
gs	Picture：bg_hole. png Stretch：True	草地图片 图片适合控件大小

8

续表

名称	属性	说明
hammer	Picture:hammer. png	锤子图片
ms1	Stretch:True	地鼠图片
ms2	Stretch:True	地鼠图片
ms3	Stretch:True	地鼠图片
ms4	Stretch:True	地鼠图片
ms5	Stretch:True	地鼠图片
ms6	Stretch:True	地鼠图片
ms7	Stretch:True	地鼠图片
ms8	Stretch:True	地鼠图片
ms9	Stretch:True	地鼠图片
Timer1	Delay:1500 Enabled:True	定时器控件

图 8-16　窗体设计

⑦ 设置 Tab 键响应顺序。在 FMain 窗体的“属性”窗口点击“层次”，出现控件切换排序，即按下键盘上的 Tab 键时，控件获得焦点的顺序。

⑧ 在 FMain 窗体中添加代码。

```
' Gambas class file

Public obj As Object
Public flag As Integer
Public x1 As Integer
Public y1 As Integer
```

```
Public Sub Form_Open()
  '窗体不显示鼠标指针
  FMain. Mouse=Mouse. Blank
  '背景不显示鼠标指针
  bg. Mouse=Mouse. Blank
  '草坪不显示鼠标指针
  gs. Mouse=Mouse. Blank
End

Public Sub bg_MouseMove()
  '锤子运动轨迹与鼠标相同,但不重叠
  hammer. x=Mouse. X-200
  hammer. Y=Mouse. Y
End

Public Sub bg_MouseDown()

  Dim img As Image

  '按下鼠标即砸下锤子
  img=hammer. Picture. Image
  '锤子旋转45°
  hammer. Picture=img. Rotate(Pi/180*45). Picture
  '击中地鼠
  If hammer. x+hammer. W>obj. X And hammer. X<obj. x+obj. w And hammer. y+hammer. H>
obj. Y And hammer. y<obj. y+obj. h Then
    flag=1
  Endif
  '播放音乐
  Music. Load("hit. ogg")
  Music. Play(1 ,0)
  '错误处理
  Catch
    Return
End

Public Sub bg_MouseUp()

  Dim img As Image

  '鼠标弹起,锤子恢复原状
  img=Image. Load("hammer. png")
  hammer. Picture=img. Picture
End
```

```
Public Sub Timer1_Timer()

  Dim img As Image
  Dim i As Integer
  Dim j As Integer
  Dim v As Integer

  Randomize
  '击中地鼠时,随机产生一个地鼠,共 9 个地鼠
  If flag=0 Then
    v=Rand(1,9)
    ms1. Visible=False
    ms2. Visible=False
    ms3. Visible=False
    ms4. Visible=False
    ms5. Visible=False
    ms6. Visible=False
    ms7. Visible=False
    ms8. Visible=False
    ms9. Visible=False
  Select Case v
      Case 1
        obj=ms1
      Case 2
        obj=ms2
      Case 3
        obj=ms3
      Case 4
        obj=ms4
      Case 5
        obj=ms5
      Case 6
        obj=ms6
      Case 7
        obj=ms7
      Case 8
        obj=ms8
      Case 9
        obj=ms9
    End Select
    '生成可见地鼠
    obj. Visible=True
  Endif
  '装载地鼠图片,包含所有地鼠
  img=Image. Load("mouse. png")
```

```
    '未击中地鼠
    If flag=0 Then
      star(False)
      '地鼠包含 5 种类型,每种类型占一行,每行 4 幅图,前 3 幅为未击中状态,最后一幅图
为击中状态
      j=Rand(0,4)
      '随机截取地鼠图片,形成动画
      y1=img. H/5*j
      x1=0
      '前 3 幅图为地鼠未击中状态
      For i=0 To 2
        If flag=1 Then Break
        '抠图
        obj. Picture=img. Copy(x1,y1,img. W/4,img. H/5). Picture
        x1=x1+img. W/4
        Wait 0. 25
      Next
    Else  '击中地鼠
      obj. Picture=img. Copy(img. W/4*3,y1,img. W/4,img. H/5). Picture
      star(True)
      flag=0
    Endif
    Catch
      Return
  End

  Public Sub star(Visible As Boolean)

    Dim img As Image
    Dim i As Integer
    Dim j As Integer

    '眼冒金星图片,包含所有金星
    img=Image. Load("star. png")
    '截取金星图片,形成动画
    If Visible Then
      sr. X=obj. X
      sr. Y=obj. Y
      sr. Visible=True
      '金星由 3 行 4 列构成,逐个抠图并显示
      For i=0 To 3
        For j=0 To 2
          sr. Picture=img. Copy(img. W/4*i,img. H/3*j,img. W/4,img. H/3). Picture
          Wait 0. 1
        Next
```

```
        Next
      Else
        sr. Visible=False
      Endif
    End

    '处理鼠标移动事件
    Public Sub Form_MouseMove()
      bg_MouseMove
    End

    Public Sub Form_MouseDown()
      bg_MouseDown
    End

    Public Sub Form_MouseUp()
      bg_MouseUp
    End

    Public Sub gs_MouseDown()
      bg_MouseDown
    End

    Public Sub gs_MouseMove()
      bg_MouseMove
    End

    Public Sub gs_MouseUp()
      bg_MouseUp
    End
```

程序中，使用了大量图片渲染氛围，使游戏画面尽量美观。如背景图为一个包含 9 个洞的画面，地鼠在洞口相关位置活动，引导锤子锤击。由于地鼠在洞口位置出现时不能被完全遮蔽，会导致画面突兀不自然，因此，在洞口下缘位置使用洞口遮蔽草坪方案，将地鼠放在背景与草坪之间，达到看起来从洞里出来的感觉，如图 8-17 所示。

图 8-17　背景和洞口遮蔽草坪

锤子没有设计动画图片，其动画效果实现方法为：当按下鼠标左键时，锤子旋转 45°角，鼠标弹起后再恢复原状。优点是不用再另外装载图片，缺点是旋转后锤子变形严重，但是由于时间较短，人眼不容易察觉，如图 8-18 所示。

所有地鼠都存储于一张图片中，图片类型为 PNG，背景为透明色。共有 5 种（5 行）地鼠类型，每种类型包含 4 幅图片。其中，每行前 3 幅图片略有不同，连续播放时会呈现动画效果，第 4 幅图片是被击中后的效果图。程序运行时，每次随机选取一种地鼠，依次循环播放前 3 幅图片，当被击中后播放第 4 幅。把整幅图片看成一个 5×4 的方格（由于图片大小不尽相同，设计时存在误差），利用 Gambas 中的图像处理函数，每次截取指定行其中的一个方格，由于图片是透明的，显示方格时地鼠以外部分不会出现白色背景，能与大背景融合到一起。由于地鼠夹在背景与草坪之间，草坪遮蔽了地鼠的下半身，不会让人感觉地鼠只有半个身体，如图 8-19 所示。

图 8-18　锤子

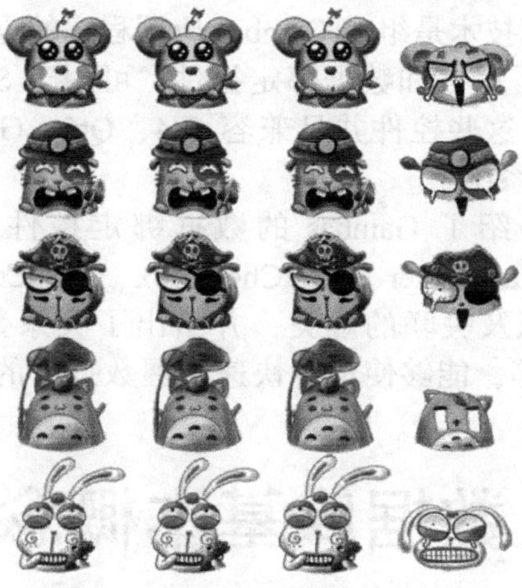

图 8-19　地鼠

当地鼠被击中后，出现沮丧表情图片，并且眼冒金星情况。实际上，金星也是一幅图片，可划分为一个 3×4 的方格，按顺序每次截取指定行中的一个方格依次显示，形成动画效果。当地鼠被击中后，把金星方格放入地鼠头顶，如图 8-20 所示。

图 8-20　金星

此外，设计过程中要注意，鼠标光标要隐藏，光标与锤子一起移动，且光标与锤子保持一定距离，防止光标落到锤子上不能很好地响应锤击（单击）和移动事件。

第9章 数据库技术基础

数据库技术是组成Gambas应用程序的重要内容，主要作为专业数据库开发的前端，使用标准SQL语言和数据绑定控件，可用于SQLite、MySQL、PostgreSQL、ODBC数据库连接与操作。这些控件并且兼容Qt4、Qt5、GTK+2、GTK+3，可方便地发布和移植到各种Linux操作系统中。

本章介绍了Gambas的数据绑定控件与SQL语言，包括DataSource、SQLRequest、Result、DataBrowser、DataCheckBox、DataCombo、DataComboView、DataControl、DataView控件、类以及关联的虚类，并给出了关系数据库基本概念、SQL语言分类、SQL语句、SQL函数等，能够使读者快速掌握数据库的开发和操作方法以及相关控件的属性、方法、事件。

9.1 数据库基本概念

信息是现实世界各种事物的特征、形态以及不同事物间的联系等在人脑中的抽象反映。对事物描述的记录就是数据，数据是信息存在的形式。数据是人类社会的重要资源，数据处理是对数据进行收集、整理、存储、加工和传播等一系列工作的总称，经历了从手工处理、机械处理到电子处理三个阶段。数据管理是数据处理的中心问题，它历经从人工管理阶段到文件系统阶段，再到现在的数据库系统阶段，达到对数据的统一、集中管理。数据的存储独立于前端的应用程序，最大限度地实现了数据共享。由此，出现了数据库、数据库管理系统和数据库系统三个概念。

数据库是基于某种数据模型存储，为特定应用服务、数据冗余度低、相互关联的数据集合。数据库具有三个特征：具有逻辑关系和确定意义的数据集合；针对明确的应用目标而设计；数据的改变必须及时地反映到数据库中。

数据库管理系统（DataBase Management System，DBMS）即管理数据库的软件系统，由计算机程序组成。DBMS负责数据库的定义、建立、操纵、管理和维护，能够对数据库进行有效的管理，包括存储管理、安全性管理、完整性管理等。应用程序必须通过DBMS访问数据库。DBMS可以看成是操作系统的一个特殊用户，它向操作系统申请所需的软、硬件资源，并接受操作系统的控制和调度。操作系统则是DBMS与硬件之间的接口，是DBMS的基础。

数据库系统是指一个实际可运行的，按照数据库方式存储、维护和向应用系统提供数据支持的计算机系统。该系统的目标是存储数据并支持用户检索和更新所需的数据。数据库系统包括四个主要部分：数据、硬件、软件和用户系统维护人员。由此可看出，一个数据库系统是包括数据库在内的整个计算机系统。

9.1.1 关系数据库基本概念

(1) 表

在关系数据库中，数据是以表的形式存放的，多个表之间通过各种逻辑关系组成一个具有复杂逻辑的数据库，每个表定义了某种特定的结构。

(2) 记录

关系数据库表中的每一行称为一条记录，每一条记录中又包含了一条完整的信息。

(3) 字段

关系数据库表中的每一列就是一个字段，每一个字段用来描述数据库表中对象的一个属性。

(4) 主键

主键为表的记录中具有唯一标识符的字段。一个表只有一个主键。

(5) 索引

使用索引可以快速访问数据库表中的特定信息。索引是对数据库表中一列或多列的值进行排序的一种结构。

(6) 记录集

记录集是一条或者多条记录构成的集合。使用查询语句得到的结果放在记录集中。记录集可以是表的一部分，也可以是整个表或者多个表的数据集合。

Gambas 支持多种数据库引擎，可以访问的数据库类型包括：SQLite、MySQL、PostgreSQL、ODBC 等。数据库的选择取决于实际需求，也要考虑到与现有系统的兼容性以及后续升级和迁移等。

9.1.2 SQL 语言分类

SQL（Structure Query Language）语言是一个面向集合的描述性非过程化的标准数据库语言，SQL 优点是功能强、效率高、简单易学、易维护，缺点是它为非过程性语言，大多数语句都是独立执行的，与上下文无关，而绝大多数应用都是一个完整的过程，用 SQL 完全实现这些功能困难。因此，大多数数据库公司为了解决此类问题，做了两方面的工作：扩充 SQL，在 SQL 中引入过程性结构；把 SQL 嵌入高级语言中，完成一个完整的应用。

SQL 语言共分为四大类：数据查询语言 DQL、数据操纵语言 DML、数据定义语言 DDL 和数据控制语言 DCL。

(1) 数据查询语言 DQL

数据查询语言 DQL（Data Query Language）的基本结构是由 SELECT 子句、FROM 子句、WHERE 子句组成的查询块：

SELECT<字段名表>
FROM<表或视图名>
WHERE<查询条件>

(2) 数据操纵语言 DML

数据操纵语言 DML（Data Manipulation Language）主要有三种形式：

插入：INSERT
更新：UPDATE
删除：DELETE

（3）数据定义语言 DDL

数据定义语言 DDL（Data Definition Language）用来创建数据库中的各种对象：表、视图、索引、同义词、聚簇等。DDL 主要有三种形式：

创建：CREATE

删除：DROP

修改表结构：ALTER

（4）数据控制语言 DCL

数据控制语言 DCL（Data Control Language）用来授予或回收访问数据库的某种特权，并控制数据库操纵事务发生的时间及效果，对数据库实行监视等，如：

授权：GRANT

回滚：ROLLBACK

提交：COMMIT

9.2 SQL 语法

9.2.1 SQL 语句

（1）SELECT 语句

SELECT 语句用于从数据库中查找数据，并将结果存储到结果表中，称为结果集。

① SELECT 语法。

```
SELECT column_name,column_name
FROM table_name;
```

与

```
SELECT*FROM table_name;
```

在表的字段中可能会包含多个重复值，需要列出不同的值。可采用 DISTINCT 关键字返回唯一不同的值。

② SELECT DISTINCT 语法。

```
SELECT DISTINCT column_name,column_name
FROM table_name;
```

③ WHERE 语法。

WHERE 子句用于提取满足指定条件的记录。

```
SELECT column_name,column_name
FROM table_name
WHERE column_name operator value;
```

④ AND 和 OR 运算符使用方法。

如果第一个条件和第二个条件都成立，则 AND 运算符显示一条记录。

如果第一个条件和第二个条件中只要有一个成立，则 OR 运算符显示一条记录。

⑤ ORDER BY 关键字。

ORDER BY 关键字用于对结果集按照一个字段或者多个字段进行排序。默认按照升序对记录进行排序。如果需要按照降序对记录进行排序，可以使用 DESC 关键字。

ORDER BY 语法为：

```
SELECT column_name,column_name
FROM table_name
ORDER BY column_name,column_name ASC|DESC;
```

（2）INSERT INTO 语句

INSERT INTO 语句用于向表中插入新记录。INSERT INTO 语法有两种形式。

① 无须指定要插入数据的字段名，只需提供被插入的值即可。

```
INSERT INTO table_name
VALUES (value1,value2,value3,...);
```

② 需要指定字段名及被插入的值。

```
INSERT INTO table_name (column1,column2,column3,...)
VALUES (value1,value2,value3,...);
```

（3）UPDATE 语句

UPDATE 语句用于更新表中的记录。

UPDATE 语法为：

```
UPDATE table_name
SET column1=value1,column2=value2,...
WHERE some_column=some_value;
```

WHERE 子句规定哪条记录或者哪些记录需要更新。如果省略了 WHERE 子句，所有记录都将被更新。

（4）DELETE 语句

DELETE 语句用于删除表中的记录。

DELETE 语法为：

```
DELETE FROM table_name
WHERE some_column=some_value;
```

WHERE 子句规定哪条记录或者哪些记录需要删除。如果省略了 WHERE 子句，所有的记录都将被删除。

（5）SELECT TOP/LIMIT/ROWNUM 语句

SELECT TOP/LIMIT/ROWNUM 语句用于规定要返回的记录的数目。并非所有的数据库系统都支持 SELECT TOP 语句。MySQL 支持 LIMIT 语句来选取指定数量的记录，Oracle 可以使用 ROWNUM 来选取。

① SQL Server/MS Access 语法。

```
SELECT TOP number|percent column_name(s)
FROM table_name;
```

② MySQL 语法。

```
SELECT column_name(s)
FROM table_name
LIMIT number;
```

③ Oracle 语法。

9

```
SELECT column_name(s)
FROM table_name
WHERE ROWNUM<=number;
```

（6）LIKE 操作符

LIKE 操作符用于在 WHERE 子句中查找指定模式的记录。

LIKE 语法为：

```
SELECT column_name(s)
FROM table_name
WHERE column_name LIKE pattern;
```

（7）通配符

通配符可用于替代字符串中的任何字符。通配符与 LIKE 操作符一起使用，用于查找表中的记录。在 SQL 中，可使用的通配符如表 9-1 所示。

表 9-1　SQL 通配符

通配符	描述
%	替代 0 个或多个字符
_	替代一个字符
[charlist]	字符列表中的任何单一字符
[^charlist]或[!charlist]	不在字符列表中的任何单一字符

（8）IN 操作符

IN 操作符允许在 WHERE 子句中规定多个值。

IN 语法为：

```
SELECT column_name(s)
FROM table_name
WHERE column_name IN (value1,value2,...);
```

（9）BETWEEN 操作符

BETWEEN 操作符用于选取介于两个值之间范围内的值。

BETWEEN 语法为：

```
SELECT column_name(s)
FROM table_name
WHERE column_name BETWEEN value1 AND value2;
```

（10）别名

可以为表或字段指定别名，增强其可读性。

① 字段的别名语法。

```
SELECT column_name As alias_name
FROM table_name;
```

② 表的别名语法。

```
SELECT column_name(s)
FROM table_nameAS alias_name;
```

（11）INNER JOIN 关键字

INNER JOIN 关键字在表中存在至少一个匹配项时返回记录。

INNER JOIN 语法为：

```
SELECT column_name(s)
FROM table1
INNER JOIN table2
ON table1. column_name=table2. column_name;
```

或：

```
SELECT column_name(s)
FROM table1
JOIN table2
ON table1. column_name=table2. column_name;
```

注：INNER JOIN 与 JOIN 相同。

（12）LEFT JOIN 关键字

LEFT JOIN 关键字从左表（table1）返回所有的记录，即使右表（table2）中没有匹配的记录。如果右表中没有匹配，则结果为 NULL。

LEFT JOIN 语法为：

```
SELECT column_name(s)
FROM table1
LEFT JOIN table2
ON table1. column_name=table2. column_name;
```

或：

```
SELECT column_name(s)
FROM table1
LEFT OUTER JOIN table2
ON table1. column_name=table2. column_name;
```

注：在一些数据库中，LEFT JOIN 称为 LEFT OUTER JOIN。

（13）RIGHT JOIN 关键字

RIGHT JOIN 关键字从右表（table2）返回所有的记录，即使左表（table1）中没有匹配的记录。如果左表中没有匹配，则结果为 NULL。

RIGHT JOIN 语法为：

```
SELECT column_name(s)
FROM table1
RIGHT JOIN table2
ON table1. column_name=table2. column_name;
```

或：

```
SELECT column_name(s)
FROM table1
RIGHT OUTER JOIN table2
ON table1. column_name=table2. column_name;
```

9

注：在一些数据库中，RIGHT JOIN 称为 RIGHT OUTER JOIN。

（14）FULL OUTER JOIN 关键字

FULL OUTER JOIN 关键字只要左表（table1）和右表（table2）其中一个表中存在匹配项，则返回记录。FULL OUTER JOIN 关键字结合了 LEFT JOIN 和 RIGHT JOIN 的结果。

FULL OUTER JOIN 语法为：

```
SELECT column_name(s)
FROM table1
FULL OUTER JOIN table2
ON table1. column_name=table2. column_name;
```

（15）UNION 操作符

UNION 操作符合并两个或多个 SELECT 语句的结果。UNION 内部的每个 SELECT 语句必须拥有相同数量的字段，字段也必须拥有相似的数据类型。同时，每个 SELECT 语句中字段的顺序必须相同。

① UNION 语法。

```
SELECT column_name(s) FROM table1
UNION
SELECT column_name(s) FROM table2;
```

默认 UNION 操作符选取不同的值。如果允许重复值，使用 UNION ALL。

② UNION ALL 语法。

```
SELECT column_name(s) FROM table1
UNION ALL
SELECT column_name(s) FROM table2;
```

UNION 结果集中的字段名总是与 UNION 中第一个 SELECT 语句中的字段名相同。

（16）SELECT INTO 语句

SELECT INTO 语句用于从一个表复制数据，然后把数据插入另一个新表中。

SELECT INTO 语法为：

```
SELECT *
INTO newtable[IN externaldb]
FROM table1;
```

或只复制指定的字段插入新表中：

```
SELECT column_name(s)
INTO newtable[IN externaldb]
FROM table1;
```

新表将会使用 SELECT 语句中定义的字段名和类型进行创建，可以使用 AS 子句来应用新名称。

MySQL 数据库不支持 SELECT … INTO 语句，但支持 INSERT INTO … SELECT。也可以使用以下语句来拷贝表结构及记录：

```
CREATE TABLE 新表
AS
SELECT*FROM 旧表
```

（17）INSERT INTO SELECT 语句

INSERT INTO SELECT 语句用于从一个表复制数据，然后把数据插入一个已存在的表中，目标表中任何已存在的记录都不会受影响。

INSERT INTO SELECT 语法为：

```
INSERT INTO table2
SELECT*FROM table1;
```

可以只复制指定的字段插入另一个已存在的表中：

```
INSERT INTO table2
(column_name(s))
SELECT column_name(s)
FROM table1;
```

（18）CREATE DATABASE 语句

CREATE DATABASE 语句用于创建数据库。

CREATE DATABASE 语法为：

```
CREATE DATABASE dbname;
```

（19）CREATE TABLE 语句

CREATE TABLE 语句用于创建数据库中的表。表由行和列即记录和字段组成，每个表必须具有表名。

CREATE TABLE 语法为：

```
CREATE TABLE table_name
(
column_name1 data_type(size),
column_name2 data_type(size),
column_name3 data_type(size),
....
);
```

column_ name 为字段名。

data_ type 为字段的数据类型，如：varchar、integer、decimal、date 等。

size 为表中字段的最大长度。

（20）约束

约束用于规定表中的数据规则。如果存在违反约束的数据行为，行为会被约束终止。约束可以在创建表时规定（通过 CREATE TABLE 语句），或在表创建后规定（通过 ALTER TABLE 语句）。

CREATE TABLE+CONSTRAINT 约束语法为：

```
CREATE TABLE table_name
(
column_name1 data_type(size) constraint_name,
column_name2 data_type(size) constraint_name,
column_name3 data_type(size) constraint_name,
....
);
```

constraint_ name 为：

NOT NULL：字段不能存储 NULL 值。

UNIQUE：指定字段的每条记录必须有唯一的值。

PRIMARY KEY：NOT NULL 和 UNIQUE 的组合。确保字段具有唯一标识，能够加速查找表中的一个指定的记录。

FOREIGN KEY：一个表中的记录匹配另一个表中记录的参照完整性。

CHECK：字段中的记录符合指定的条件。

DEFAULT：字段没有赋值时的默认值。

（21）CREATE INDEX 语句

CREATE INDEX 语句用于在表中创建索引。在不读取整个表的情况下，索引能够提高查询效率。

① CREATE INDEX 语法。

```
CREATE INDEX index_name
ON table_name (column_name)
```

② CREATE UNIQUE INDEX 语法。

CREATE UNIQUE INDEX 在表上创建一个唯一索引。不允许使用重复的值，唯一索引意味着两个字段不能拥有相同的索引值。

```
CREATE UNIQUE INDEX index_name
ON table_name (column_name)
```

（22）DROP 语句

通过使用 DROP 语句，可以实现删除索引、表和数据库的功能。

① DROP INDEX 语句用于删除表中索引。

用于 MS Access 的 DROP INDEX 语法为：

```
DROP INDEX index_name ON table_name
```

用于 MS SQL Server 的 DROP INDEX 语法为：

```
DROP INDEX table_name. index_name
```

用于 DB2/Oracle 的 DROP INDEX 语法为：

```
DROP INDEX index_name
```

用于 MySQL 的 DROP INDEX 语法为：

```
ALTER TABLE table_name DROP INDEX index_name
```

② DROP TABLE 语句用于删除表。

DROP TABLE 语法为：

```
DROP TABLE table_name
```

③ DROP DATABASE 语句用于删除数据库。

DROP DATABASE 语法为：

```
DROP DATABASE database_name
```

④ TRUNCATE TABLE 语句用于删除表内的记录。

TRUNCATE TABLE 语法为：

```
TRUNCATE TABLE table_name
```

（23）ALTER TABLE 语句

ALTER TABLE 语句用于在已有的表中添加、删除或修改字段。

① SQL ALTER TABLE 语法。

```
ALTER TABLE table_name
ADD column_name datatype
```

② 删除表中字段语法。

```
ALTER TABLE table_name
DROP COLUMN column_name
```

③ 改变表中字段数据类型语法。

SQL Server/MS Access 语法为：

```
ALTER TABLE table_name
ALTER COLUMN column_name datatype
```

My SQL/Oracle 语法为：

```
ALTER TABLE table_name
MODIFY COLUMN column_name datatype
```

Oracle 10G 以后版本语法为：

```
ALTER TABLE table_name
MODIFY column_name datatype;
```

（24）CREATE VIEW 语句

VIEW（视图）是基于 SQL 语句的结果集的可视化表。视图包含记录和字段，就像一个真实的表。视图中的字段是来自一个或多个数据库中真实的表中的字段。

CREATE VIEW 语法为：

```
CREATE VIEW view_name AS
SELECT column_name(s)
FROM table_name
WHERE condition
```

9.2.2 SQL 函数

（1）Date 函数

MySQL Date 函数如表 9-2 所示。

表 9-2 MySQL Date 函数

函数	描述
NOW()	返回当前的日期和时间
CURDATE()	返回当前的日期
CURTIME()	返回当前的时间
DATE()	提取日期或日期/时间表达式的日期部分

续表

函数	描述
EXTRACT()	返回日期/时间的单独部分
DATE_ADD()	向日期中添加指定的时间间隔
DATE_SUB()	从日期中减去指定的时间间隔
DATEDIFF()	返回两个日期之间的天数
DATE_FORMAT()	用不同的格式显示日期/时间

SQL Server Date 函数如表 9-3 所示。

表 9-3 SQL Server Date 函数

函数	描述
GETDATE()	返回当前的日期和时间
DATEPART()	返回日期/时间的单独部分
DATEADD()	在日期中添加或减去指定的时间间隔
DATEDIFF()	返回两个日期之间的时间
CONVERT()	用不同的格式显示日期/时间

SQL Date 数据类型：

① MySQL 日期或日期/时间存储格式。

DATE 格式：YYYY-MM-DD

DATETIME 格式：YYYY-MM-DD HH: MM: SS

TIMESTAMP 格式：YYYY-MM-DD HH: MM: SS

YEAR 格式：YYYY 或 YY

② SQL Server 日期或日期/时间存储格式。

DATE 格式：YYYY-MM-DD

DATETIME 格式：YYYY-MM-DD HH：MM：SS

SMALLDATETIME 格式：YYYY-MM-DD HH：MM：SS

TIMESTAMP 格式：唯一的数字

（2）AVG 函数

AVG 函数用于返回数值列的平均值。AVG 语法为：

```
SELECT AVG(column_name)
FROM table_name
```

（3）COUNT 函数

COUNT 函数用于返回匹配指定条件的记录数量。COUNT(column_name)函数用于返回指定字段的值的数目（NULL 不计入）。COUNT(*)函数用于返回表中的记录数。COUNT (DISTINCT column_name)函数用于返回指定字段不同值的数目。

① COUNT(column_name)语法。

```
SELECT COUNT(column_name)
FROM table_name;
```

② COUNT(*)语法。

```
SELECT COUNT(*)
FROM table_name;
```

③ COUNT(DISTINCT column_name)语法。

```
SELECT COUNT(DISTINCT column_name)
FROM table_name;
```

注：COUNT(DISTINCT column_name)适用于 ORACLE 和 Microsoft SQL Server，无法用于 Microsoft Access。

（4）FIRST 函数

FIRST 函数用于返回指定的字段中第一个记录的值。

FIRST 语法为：

```
SELECT FIRST(column_name)
FROM table_name;
```

注：只有 MS Access 支持 FIRST () 函数。

SQL Server 语法为：

```
SELECT TOP 1 column_name
FROM table_name
ORDER BY column_name ASC;
```

MySQL 语法为：

```
SELECT column_name
FROM table_name
ORDER BY column_name ASC
LIMIT 1;
```

（5）LAST 函数

LAST 函数用于返回指定的字段中最后一个记录的值。

LAST 语法为：

```
SELECT LAST(column_name)
FROM table_name;
```

注：只有 MS Access 支持 LAST 函数。

SQL Server 语法为：

```
SELECT TOP 1 column_name
FROM table_name
ORDER BY column_name DESC;
```

MySQL 语法为：

```
SELECT column_name
FROM table_name
ORDER BY column_name DESC
LIMIT 1;
```

Oracle 语法为：

```
SELECT column_name
FROM table_name
ORDER BY column_name DESC
WHERE ROWNUM<=1;
```

（6）MAX 函数

MAX 函数用于返回指定字段的最大值。

MAX 语法为：

```
SELECT MAX(column_name)
FROM table_name;
```

（7）MIN 函数

MIN 函数用于返回指定字段的最小值。

MIN 语法为：

```
SELECT MIN(column_name)
FROM table_name;
```

（8）SUM 函数

SUM 函数用于返回指定字段的记录总和。

SUM 语法为：

```
SELECT SUM(column_name)
FROM table_name;
```

（9）HAVING 子句

在 SQL 中增加 HAVING 子句的原因是 WHERE 关键字无法与聚合函数一起使用。HAVING 子句可以筛选分组后的各组数据。

HAVING 语法为：

```
SELECT column_name, aggregate_function(column_name)
FROM table_name
WHERE column_name operator value
GROUP BY column_name
HAVING aggregate_function(column_name) operator value;
```

（10）EXISTS 运算符

EXISTS 运算符用于判断查询子句是否有记录。如果有一条或多条记录存在返回 True，否则返回 False。

EXISTS 语法为：

```
SELECT column_name(s)
FROM table_name
WHERE EXISTS
(SELECT column_name FROM table_name WHERE condition);
```

（11）UCASE 函数

UCASE 函数用于把字段的值转换为大写。

UCASE 语法为：

```
SELECT UCASE(column_name)
FROM table_name;
```

SQL Server 语法为：

```
SELECT UPPER(column_name)
FROM table_name;
```

（12）LCASE 函数

LCASE 函数用于把字段的值转换为小写。

LCASE 语法为：

```
SELECT LCASE(column_name)
FROM table_name;
```

SQL Server 语法为：

```
SELECT LOWER(column_name)
FROM table_name;
```

（13）MID 函数

MID 函数用于从文本字段中提取字符。

MID 语法为：

```
SELECT MID(column_name,start[,length])
FROM table_name;
```

（14）LEN 函数

LEN 函数用于返回文本字段中值的长度。

LEN 语法为：

```
SELECT LEN(column_name)
FROM table_name;
```

MySQL 中的相关函数为 LENGTH，语法为：

```
SELECT LENGTH(column_name)
FROM table_name;
```

（15）ROUND 函数

ROUND 函数用于把数值字段舍入指定的小数位数。

ROUND 语法为：

```
SELECT ROUND(column_name,decimals)
FROM table_name;
```

（16）NOW 函数

NOW 函数用于返回当前系统的日期和时间。

NOW 语法为：

```
SELECT NOW()
FROM table_name;
```

（17）FORMAT 函数

FORMAT 函数用于对字段的显示进行格式化。

FORMAT 语法为：

```
SELECT FORMAT(column_name,format)
FROM table_name;
```

9.3 数据绑定控件

gb. db. form 组件提供数据绑定控件，主要包括 DataSource、DataBrowser、DataCheckBox、DataCombo、DataComboView、DataControl、DataView 等控件，如表 9-4 所示。

表 9-4 数据绑定控件

控件	说明
DataSource	数据源。DataSource 是一个容器,以递归方式从数据库向其所有子容器或控件提供数据,可以使用 Table 和 Filter 属性以及 Connection 来创建 Result 对象,并根据相关结果填充其子控件
DataBrowser	数据浏览器。该控件由显示父控件(容器)DataSource 对象内容的 DataView 和导航工具条组成
DataCheckBox	数据复选框。该控件将 CheckBox 连接到数据库布尔字段
DataCombo	数据组合列表框。通过主键编辑字段值
DataComboView	数据组合列表视图。允许用户选择表中的记录
DataControl	数据控件。显示或编辑字段的值
DataView	数据视图。该控件实现一个 TableView 功能,显示数据库表的内容并允许对其进行编辑

9.3.1 DataSource 控件

DataSource（数据源）控件是数据库提供数据给其所有子控件、嵌套子控件的容器。数据库连接由 Connection 属性定义。表由 Table 属性定义，接受 SQL 请求。

（1）DataSource 控件的主要属性

① Ascending 属性　Ascending 属性用于返回或设置是否升序排列。如果未设置 Sort 属性，则该属性无效。函数声明为：

```
DataSource. Ascending As Boolean
```

② Connection 属性　Connection 属性用于返回或设置数据库连接。如果无连接设置，DataSource 将使用默认连接。函数声明为：

```
DataSource. Connection As Connection
```

③ Count 属性　Count 属性用于返回记录数。函数声明为：

```
DataSource. Count As Integer
```

④ Current 属性　Current 属性用于以 Variant 数组的形式返回当前记录的所有主键的值。函数声明为：

```
DataSource. Current As Variant[]
```

⑤ Filter 属性　Filter 属性用于返回或设置筛选条件属性。默认值为空字符串，接受所有内容。函数声明为：

```
DataSource. Filter As String
```

举例说明：

```
Datasource. Filter=DB. Subst("Field=&1",Text)
```

⑥ IgnoreParent 属性　IgnoreParent 属性用于返回或设置数据源是否忽略其父控件。设置了 IgnoreParent 的 DataSource 不会被其父 DataSource 控件过滤。函数声明为：

```
DataSource. IgnoreParent As Boolean
```

⑦ Index 属性　Index 属性用于返回当前记录的索引。函数声明为：

```
DataSource. Index As Integer
```

⑧ Modified 属性　Modified 属性用于返回是否当前记录已被 DataSource 修改。函数声明为：

```
DataSource. Modified As Boolean
```

⑨ ReadOnly 属性　ReadOnly 属性用于返回或设置是否 DataSource 只读。函数声明为：

```
DataSource. ReadOnly As Boolean
```

⑩ Sort 属性　Sort 属性用于返回或设置排序字段。如果未设置该属性，则不对数据进行排序。函数声明为：

```
DataSource. Sort As String
```

⑪ Table 属性　Table 属性用于返回或设置表名。该属性实际上可以接受任何 SQL 的 SELECT 请求。如果字符串不是以 SELECT 开头的，则将其作为表名。函数声明为：

```
DataSource. Table As String
```

（2）DataSource 控件的主要方法

① Cancel 方法　Cancel 方法用于取消当前编辑。函数声明为：

```
DataSource. Cancel()
```

② Create 方法　Create 方法用于保存数据控件中的数据，再清空数据控件。函数声明为：

```
DataSource. Create([bUpdate As Boolean])
```

bUpdate 为是否更新。

③ GetKeys 方法　GetKeys 方法用于获得主键。函数声明为：

```
DataSource. GetKeys() As String[]
```

④ MoveFirst 方法　MoveFirst 方法用于移动到第一条记录。如果 DataSource 中没有记录，或当前记录已被修改，则取消移动并返回 True。函数声明为：

```
DataSource. MoveFirst() As Boolean
```

⑤ MoveLast 方法　MoveLast 方法用于移动到最后一条记录。如果 DataSource 中没有记录，或当前记录已被修改，则取消移动并返回 True。函数声明为：

```
DataSource. MoveLast() As Boolean
```

⑥ MoveNext 方法　MoveNext 方法用于移到下一个记录。如果 DataSource 中没有下一个记录，或当前记录已被修改，则取消移动并返回 True。函数声明为：

```
DataSource. MoveNext() As Boolean
```

⑦ MovePrevious 方法　MovePrevious 方法用于移到上一个记录。如果 DataSource 中没有上一个记录，或当前记录已被修改，则取消移动并返回 True。函数声明为：

```
DataSource. MovePrevious() As Boolean
```

⑧ MoveTo 方法　MoveTo 方法用于移动到指定记录。如果 Index 无效，或当前记录已被修改，则取消移动并返回 True。函数声明为：

```
DataSource. MoveTo(Index As Integer) As Boolean
```

Index 为记录索引。

⑨ Remove 方法　Remove 方法用于从数据库中删除当前记录。函数声明为：

```
DataSource. Remove() As Boolean
```

⑩ Reset 方法　Reset 方法用于重置 DataSource 使用的内部连接元数据缓存。函数声明为：

```
DataSource. Reset()
```

⑪ ResetAll 方法　ResetAll 方法用于重置所有内部连接元数据缓存。函数声明为：

```
DataSource. ResetAll()
```

⑫ Save 方法　Save 方法用于将数据控件的值写入数据库。函数声明为：

```
DataSource. Save([bMessage As Boolean]) As Boolean
```

⑬ Update 方法　Update 方法用于重新加载 DataSource 数据并相应地更新所有绑定的子控件。函数声明为：

```
DataSource. Update()
```

(3) DataSource 控件的主要事件

① BeforeDelete 事件　BeforeDelete 事件在删除记录之前触发。函数声明为：

```
Event DataSource. BeforeDelete(Keys As Variant[])
```

Keys 为主键所标识值的数组，该值标识要删除的记录。

② BeforeSave 事件　BeforeSave 事件在保存数据源之前触发。函数声明为：

```
Event DataSource. BeforeSave(Data As Result)
```

Data 为要保存的 Result 对象。在将数据写入数据库之前，使用它来修改数据。

③ Change 事件　Change 事件当 DataSource 当前记录已更改并且所有绑定的子控件更新时触发。函数声明为：

```
Event DataSource. Change()
```

9.3.2 _Connection 虚类

_Connection 虚类用于数据库连接。在连接到数据库之前，会创建一个连接对象，填充必要的属性并调用 Open。对于 SQLite 连接，使用下列规则：

- 如果 Name 为空，打开内存数据库。
- 如果 Name 为绝对路径，使用该路径。
- 如果 Name 为相对路径，那么：如果 Host 为空，数据库位于应用程序临时目录，参考 Temp $()函数，否则 Host 提供数据库所在目录。

（1）_ Connection 虚类的主要属性

① Charset 属性　Charset 属性用于返回数据库使用的字符集。可以直接在 UTF-8 中将字符串存储在数据库中，也可以使用该属性和 Conv $ 函数将其从 UTF-8 转换为数据库字符集。使用数据库字符集时，每次读取或写入字符串字段时都需要使用 Conv $ 函数。函数声明为：

```
_Connection. Charset Charset As String
```

② Collations 属性　Collations 属性用于返回数据库中可用的排序规则列表。函数声明为：

```
_Connection. Collations Collations As String[]
```

③ Databases 属性　Databases 属性用于返回被数据库服务管理的全部数据库的一个连接。函数声明为：

```
_Connection. Databases As . Connection. Databases
```

④ Error 属性　Error 属性用于返回数据库驱动最近发生错误的代码。函数声明为：

```
_Connection. Error Error As Integer
```

⑤ Handle 属性　Handle 属性用于返回数据库连接的句柄。函数声明为：

```
_Connection. Handle As Pointer
```

⑥ Host 属性　Host 属性用于返回或设置数据库服务器所在的主机。该主机可以是机器名称或 IP 地址。默认主机是 localhost。函数声明为：

```
_Connection. Host As String
```

对于 SQLite，主机名为使用该属性的数据库的路径。

对于 MySql/MariaDB，主机名为包含套接字文件的路径，字符串以斜杠“/”开头。

对于 ODBC，主机名为 DSN，以分号分隔。

⑦ IgnoreCharset 属性　IgnoreCharset 属性用于返回或设置是否忽略数据库字符集。函数声明为：

```
_Connection. IgnoreCharset As Boolean
```

⑧ LastInsertId 属性　LastInsertId 属性用于返回 INSERT 语句中使用的最后一个字段的值。函数声明为：

```
_Connection. LastInsertId As Long
```

⑨ Login 属性　Login 属性用于返回或设置用于建立连接的用户。SQLite 没有用户概念。函数声明为：

```
_Connection. Login As String
```

⑩ Name 属性　Name 属性用于返回或设置连接的数据库名称。函数声明为：

```
_Connection. Name As String
```

如果没有指定 Name 属性，会使用默认系统数据库：

对于 PostgreSQL 默认 template1。

对于 MySQL 默认 mysql。

对于 SQLite 默认内存数据库。

⑪ Opened 属性　Opened 属性用于返回连接是否打开。函数声明为：

```
_Connection. Opened As Boolean
```

⑫ Password 属性　Password 属性用于返回或设置用于建立连接的密码。函数声明为：

```
_Connection. Password As String
```

⑬ Port 属性　Port 属性用于返回或设置用于建立连接的 TCP/IP 端口。默认端口取决于连接类型。函数声明为：

```
_Connection. Port As String
```

⑭ SQL 属性　SQL 属性用于返回该连接的 SQLRequest 对象。函数声明为：

```
_Connection. SQL As SQLRequest
```

⑮ Tables 属性　Tables 属性用于返回用来管理数据库中表的集合。函数声明为：

```
_Connection. Tables As . Connection. Tables
```

⑯ Timeout 属性　Timeout 属性用于返回或设置连接超时，以秒计。默认超时为 20s。函数声明为：

```
_Connection. Timeout As Integer
```

⑰ Type 属性　Type 属性用于指定连接的数据库服务器类型。函数声明为：

```
_Connection. Type As String
```

目前，Gambas 支持的数据库类型如表 9-5 所示。

表 9-5　Gambas 支持的数据库类型

数据库类型	属性值
PostgreSQL	"postgresql"
MySQL	"mysql"
SQLite 2	"sqlite 2"
SQLite 3	"sqlite3"
SQLite 2 or SQLite 3	"sqlite"
ODBC	"odbc"
Firebird	"firebird"

注意：数据库类型属性值必须是小写。

⑱ User 属性　User 属性用于返回或设置用于建立连接的用户，与 Login 属性相同。函数声明为：

```
_Connection. User As String
```

⑲ Users 属性　Users 属性用于返回在数据库服务中所有注册用户的一个连接。函数声

明为：

```
_Connection. Users As . Connection. Users
```

⑳ Version 属性　Version 属性用于返回驱动程序已连接到的数据库的版本。函数声明为：

```
_Connection. Version Version As Integer
```

（2）_ Connection 虚类的主要方法

① ApplyTemplate 方法　ApplyTemplate 方法用于将模板应用于连接，即：将模板字符串描述的数据库结构复制到当前数据库中。如果模板中包含的表存在于目标数据库中，则将其忽略，并且表保持不变。函数声明为：

```
_Connection. ApplyTemplate(Template As String)
```

Template 为数据库模板字符串，通常由 GetTemplate 方法返回。

② Begin 方法　Begin 方法用于开始连接。函数声明为：

```
_Connection. Begin()
```

③ Close 方法　Close 方法用于关闭连接。函数声明为：

```
_Connection. Close()
```

④ Commit 方法　Commit 方法用于提交执行。函数声明为：

```
_Connection. Commit()
```

⑤ Copy 方法　Copy 方法用于返回连接对象副本。函数声明为：

```
_Connection. Copy() As Connection
```

⑥ Create 方法　Create 方法用于返回用于在指定表中创建记录的读/写 Result 对象。函数声明为：

```
_Connection. Create(Table As String) As Result
```

Table 为表名。

⑦ Delete 方法　Delete 方法用于从数据库表中删除记录。函数声明为：

```
_Connection. Delete(Table As String[,Request As String,Arguments As ,...])
```

Table 为表名。

Request 为 SQL WHERE 子句，用于过滤表中的记录。

Arguments 为通过 SQL 语法引用，内部取代 Request。

⑧ Edit 方法　Edit 方法用于返回用于编辑指定表中的记录的读/写 Result 对象。函数声明为：

```
_Connection. Edit(Table As String[,Request As String,Arguments As ,...]) As Result
```

Table 为表名。

Request 为 SQL WHERE 子句，用于过滤表中的记录。

Arguments 为通过 SQL 语法引用，内部取代 Request。

一旦获得 Result 对象，可以修改相关字段，调用 Result. Update 方法更新记录。

举例说明：

```
Dim hResult As Result
Dim sCriteria As String
Dim iParemeter As Integer

sCriteria="id=&1"
iParameter=1012
$hConn. Begin
'等价于"SELECT*FROM tblDEFAULT WHERE id=1012"
hResult= $hConn. Edit("tblDEFAULT",sCriteria,iParameter)
'设置字段值
hResult!Name="Mr Smith"
'更新
hResult. Update
$hConn. Commit
```

⑨ Exec 方法　Exec 方法用于执行 SQL 语句，并返回 Result 结果。函数声明为：

```
_Connection. Exec(Request As String,Arguments As ,…) As Result
```

Request 为 SQL 语句。

Arguments 为通过 SQL 语法引用，内部取代 Request。

仅 SELECT 查询返回 Result 对象。

举例说明：

```
TheResult=DB. Exec("SELECT*FROM UserTable WHERE Login=&1 AND Password=&2",
TheLogin,ThePassword)
```

⑩ Find 方法　Find 方法用于返回一个只读的 Result 对象，该对象用于查询指定表中的记录。函数声明为：

```
_Connection. Find(Table As String[,Request As String,Arguments As ,…]) As Result
```

Table 为表名。

Request 为 SQL WHERE 子句，用于过滤表中的记录。

Arguments 为通过 SQL 语法引用，内部取代 Request。

⑪ FormatBlob 方法　FormatBlob 方法用于将 Blob 数据格式化为字符串，该字符串可以插入 SQL 查询中。函数声明为：

```
_Connection. FormatBlob(Data As String) As String
```

Data 为字符串。

举例说明：

FormatBlob 中字符串"' gambas'　is not a blob\n"在不同数据库中的转换结果，如表 9-6 所示。

表 9-6　FormatBlob 转换结果

数据库	结果
SQLite	X' 2767616D6261732720697320 6E6F74206120626C6F620A'
MySQL	'' gambas'' is not a blob\n'

续表

数据库	结果
PostgreSQL	E' \' gambas\' is not a blob\012'
ODBC	"' Gambas" is not a blob\n'

⑫ GetTemplate 方法　GetTemplate 方法用于返回数据库的结构作为模板字符串。函数声明为：

```
_Connection. GetTemplate() As String
```

⑬ Limit 方法　Limit 方法用于限制下一个查询返回的记录数，再次执行查询时，返回的记录数将重置为无限制。函数声明为：

```
_Connection. Limit(Limit As Integer) As Connection
```

使用方法为：DB. Limit (X). Exec (…)。

⑭ Open 方法　Open 方法用于打开指定数据库的连接。函数声明为：

```
_Connection. Open()
```

举例说明：

```
Dim $hConn As New Connection

With $hConn
    . Type="postgresql"
    . Host="localhost"
    . Login="username"
    . Password="passwd"
    . Name="testdb"
End With
Try $hConn. Open
If Error Then Print "Cannot Open Database. Error="; Error. Text
```

⑮ Quote 方法　Quote 方法用于返回字符串标识符，插入查询中。函数声明为：

```
_Connection. Quote(Name As String[,Table As Boolean]) As String
```

Name 为表或字段名。

Table 为是否是数据表。

举例说明：

```
'返回查询记录数
'sTable 为表名,包含保留字符,需要通过引用获得
rResult=Handle. Exec("SELECT COUNT(*) AS nRecord FROM " & DB. Quote(sTable,True))
Print rResult!nRecord
```

⑯ Rollback 方法　Rollback 方法用于取消执行。函数声明为：

```
_Connection. Rollback()
```

⑰ Subst 方法　Subst 方法用于通过参数替换为格式字符串来创建 SQL 语句。函数声明为：

```
_Connection. Subst(Format As String,Arguments As,…) As String
```

Format 为 SQL 语句。

Arguments 为替换参数。

Format 中的 &1、&2 等变量将被 Arguments 中的第 1、第 2 个等参数替换。

举例说明：

```
Print DB. Subst("WHERE Name=&1 AND Date=&2","Benoit",Now)
```

替换结果为：

```
WHERE Name='Benoit' AND Date='2006-02-15 11:51:33. 043'
```

9.3.3 .SubCollection 虚类

. SubCollection 虚类是由数据库服务器管理的所有数据库的集合。如果连接服务器的用户没有足够的权限，则可能看不到所有数据库。

(1). SubCollection 虚类的主要属性

. SubCollection 虚类的主要属性为 Count 属性。

Count 属性用于返回子对象集合内元素的数量。函数声明为：

```
. SubCollection. Count As Integer
```

(2). SubCollection 虚类的主要方法

① Add 方法　Add 方法用于创建一个新的数据库。函数声明为：

```
. Connection. Databases. Add Add(Name As String)
```

Name 为数据库名。

② Exist 方法　Exist 方法用于返回指定元素是否存在于子对象集合中。函数声明为：

```
. SubCollection. Exist(Key As String) As Boolean
```

③ Refresh 方法　Refresh 方法用于通过清空子对象集合的内部缓存来刷新集合内容。函数声明为：

```
. SubCollection. Refresh()
```

④ Remove 方法　Remove 方法用于删除数据库。函数声明为：

```
. Connection. Databases. Remove(Name As String)
```

9.3.4 SQLRequest 类

SQLRequest 类提供了一种在单表上生成基本 SQL 请求的功能。

举例说明：

```
Dim hConn As Connection
Dim iAgeMin As Integer=18
Dim iAgeMax As Integer=30
Dim hSqlRequest As SqlRequest

'初始化连接
```

```
hSqlRequest=New SqlRequest(hConn)
Print hSqlRequest. Select("id","name","age"). From("people"). Where("age>=&1", iAgeMin)
. And(). Where("age<=&1",iAgeMax). OrderBy("name","age DESC"). Get()
```

以上代码等价于：

```
SELECT id,name,age FROM people WHERE age>=18 AND age<=30 ORDER BY name,
age DESC
```

SQLRequest 类的主要方法包括：

① And 方法　And 方法用于指定下一个 WHERE 子句将与 AND 运算符连接在一起。函数声明为：

```
SQLRequest. And() As SQLRequest
```

② Delete 方法　Delete 方法用于指定请求是 DELETE 请求。函数声明为：

```
SQLRequest. Delete() As SQLRequest
```

③ From 方法　From 方法用于指定请求表。函数声明为：

```
SQLRequest. From(Table As String) As SQLRequest
```

Table 为表名。

④ Get 方法　Get 方法用于返回与 SQLRequest 对象相对应的 SQL 请求。函数声明为：

```
SQLRequest. Get() As String
```

⑤ Or 方法　Or 方法用于指定下一个 WHERE 子句将与 OR 运算符连接在一起。函数声明为：

```
SQLRequest. Or() As SQLRequest
```

⑥ OrderBy 方法　OrderBy 方法用于指定请求的 ORDER BY 子句。函数声明为：

```
SQLRequest. OrderBy(OrderBy As Variant,...) As SQLRequest
```

ORDER BY 为排列字段，可以是一个字段，也可以是多个字段组成的字符串数组。可以通过“DESC”指定字段按降序排列。

⑦ Select 方法　Select 方法用于指定一个 SELECT 请求。函数声明为：

```
SQLRequest. Select([Fields As Variant],...) As SQLRequest
```

Fields 为字段，可以是一个字段，也可以是多个字段组成的字符串数组。

⑧ Where 方法　Where 方法用于指定 WHERE 子句的一个条件。该函数的工作方式与 Connection. Subst 方法完全相同。如果链接多个 WHERE 子句，则必须使用 And 或 Or 方法。函数声明为：

```
SQLRequest. Where(Where As String,...) As SQLRequest
```

Where 为条件字符串。

9.3.5　.Connection. Users 虚类

. Connection. Users 虚类是在数据库服务器中注册的所有用户的集合。SQLite 数据库没有用户概念，只有当前用户正在访问的数据库。

. Connection. Users 虚类的主要方法包括：

① Add 方法　Add 方法用于在数据库服务器中注册一个新用户。函数声明为：

```
. Connection. Users. Add(Name As String[,Password As String,Admin As Boolean])
```

Name 为用户名。

Password 为密码，可选项。

Admin 为指定当前用户是否成为数据库管理员。数据库管理员有权创建或删除数据库和用户，并有权连接到服务器上的每个数据库。

② Remove 方法　Remove 方法用于从数据库服务器中删除用户。函数声明为：

```
. Connection. Users. Remove(Name As String)
```

9.3.6 Result 类

Result 类提供 SQL 查询结果。Result 对象（类）是一个游标，即由数据库引擎执行查询获得的一组受约束的记录视图。根据游标的执行方式，游标有可能会“锁定”数据库中的记录和表。不同方法返回不同的游标类型，如表 9-7 所示。

表 9-7　游标类型

方法	游标类型
Create	读/写
Edit	读/写
Exec	只读
Find	只读

（1）Result 类的主要属性

① Available 属性　Available 属性用于返回是否存在查询记录。函数声明为：

```
Result. Available As Boolean
```

② Connection 属性　Connection 属性用于返回连接对象。函数声明为：

```
Result. Connection Connection As Connection
```

③ Count 属性　Count 属性用于返回 Result 中记录的数量。函数声明为：

```
Result. Count As Integer
```

④ Fields 属性　Fields 属性用于返回 Result 的字段集合。函数声明为：

```
Result. Fields As . Result. Fields
```

⑤ Index 属性　Index 属性用于返回当前记录的索引，从零开始。函数声明为：

```
Result. Index As Integer
```

⑥ Length 属性　Length 属性用于返回 Result 中记录的数量，与 Count 属性相同。函数声明为：

```
Result. Length As Integer
```

⑦ Max 属性　Max 属性用于返回 Result. Count−1。函数声明为：

```
Result. Max As Integer
```

（2）Result 类的主要方法

① All 方法　All 方法用于以数组形式返回每个结果记录的指定字段的值。函数声明为：

```
Result. All(Field As String) As Array
```

② Delete 方法　Delete 方法用于删除当前记录。函数声明为：

```
Result. Delete([Keep As Boolean])
```

Keep 为 True 时，不会从 Result 对象中删除记录。

③ MoveFirst 方法　MoveFirst 方法用于移动到第一条记录。如果结果中没有记录，则返回 True。函数声明为：

```
Result. MoveFirst() As Boolean
```

④ MoveLast 方法　MoveLast 方法用于移动到最后一条记录。如果结果中没有记录，则返回 True。函数声明为：

```
Result. MoveLast() As Boolean
```

⑤ MoveNext 方法　MoveNext 方法用于移动到下一个记录。如果结果中没有记录，则返回 True。函数声明为：

```
Result. MoveNext() As Boolean
```

⑥ MovePrevious 方法　MovePrevious 方法用于移动到上一个记录。如果结果中没有记录，则返回 True。函数声明为：

```
Result. MovePrevious() As Boolean
```

⑦ MoveTo 方法　MoveTo 方法用于移动到指定记录。如果结果中没有记录，则返回 True。函数声明为：

```
Result. MoveTo(Index As Integer) As Boolean
```

Index 为记录索引。

⑧ Update 方法　Update 方法用于更新修改的记录到数据库。函数声明为：

```
Result. Update()
```

9.3.7 .Result. Fields 虚类

. Result. Fields 虚类集合描述了结果的所有字段。

(1). Result. Fields 虚类的主要属性

. Result. Fields 虚类的主要属性为 Count 属性。

Count 属性用于返回结果中的字段数量。函数声明为：

```
. Result. Fields. Count As Integer
```

(2). Result. Fields 虚类的主要方法

① Exist 方法　Exist 方法用于返回指定元素是否存在于子对象集合中。函数声明为：

```
. SubCollection. Exist(Key As String) As Boolean
```

② Refresh 方法　Refresh 方法用于通过清空子对象集合的内部缓存来刷新集合内容。函

数声明为：

```
. SubCollection. Refresh()
```

9.3.8 DataBrowser 控件

DataBrowser 控件是对 GridView 控件的改进，增加了数据导航工具条。Columns 允许设置显示或编辑字段列表。数据由第一个 DataSource 父控件提供。该控件在不同操作系统下外观会有所不同，如图 9-1 所示。

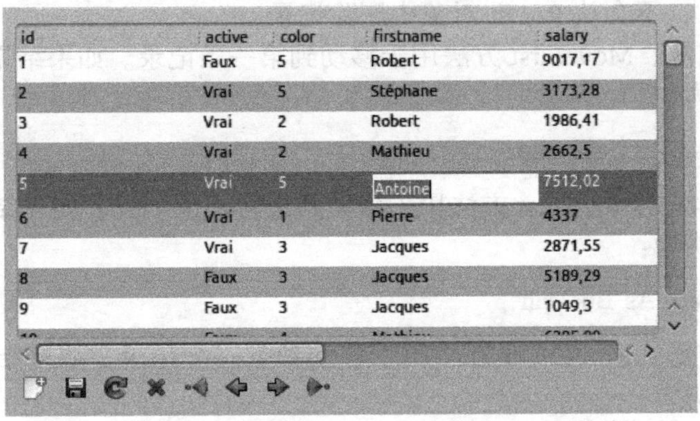

图 9-1　DataBrowser 控件外观

（1）DataBrowser 控件的主要属性

① Border 属性　Border 属性用于返回或设置控件是否具有边框。函数声明为：

```
DataBrowser. Border As Boolean
```

② CanCreate 属性　CanCreate 属性用于返回或设置 Create 按钮是否可见。函数声明为：

```
DataBrowser. CanCreate As Boolean
```

③ CanDelete 属性　CanDelete 属性用于返回或设置 Delete 按钮是否可见。函数声明为：

```
DataBrowser. CanDelete As Boolean
```

④ Columns 属性　Columns 属性用于返回或设置控件中使用的字段。函数声明为：

```
DataBrowser. Columns As String[]
```

⑤ Control 属性　Control 属性用于返回或设置控件图标是否可见，包括：New、Save、Delete、Refresh、MoveNext、MoveFirts 等。函数声明为：

```
DataBrowser. Control As Boolean
```

⑥ Data 属性　Data 属性用于存储单元格的数据。函数声明为：

```
DataBrowser. Data As _GridView_Data
```

⑦ Editable 属性　Editable 属性用于返回或设置控件的内容是否可以编辑。函数声明为：

```
DataBrowser. Editable As Boolean
```

⑧ Grid 属性　Grid 属性用于返回或设置是否显示网格。函数声明为：

```
DataBrowser. Grid As Boolean
```

⑨ Header 属性　Header 属性用于返回或设置是否显示标题。函数声明为：

```
DataBrowser. Header As Boolean
```

⑩ Labels 属性　Labels 属性用于返回或设置将替换列标题中字段名的标签。第 *i* 个列标题将由第 *i* 个字符串数组替换。函数声明为：

```
DataBrowser. Labels As String[]
```

⑪ Orientation 属性　Orientation 属性用于返回或设置控件图标的位置。函数声明为：

```
DataBrowser. Orientation As Integer
```

⑫ View 属性　View 属性用于返回用于数据显示的基础 TableView。函数声明为：

```
DataBrowser. View As TableView
```

（2）DataBrowser 控件的主要方法

DataBrowser 控件的主要方法为 Update 方法。

Update 方法用于重新加载 DataBrowser 的内容。函数声明为：

```
DataBrowser. Update()
```

（3）DataBrowser 控件的主要事件

DataBrowser 控件的主要事件为 Data 事件。

Data 事件当 DataBrowser 显示指定单元格时触发。函数声明为：

```
Event DataBrowser. Data(Row As Integer,Column As Integer,Value As Variant)
```

Row 为行索引。

Column 为列索引。

Value 为单元格中的数据。

9.3.9　_ GridView_ Data 虚类

_ GridView_ Data 虚类在 Data 事件处理程序期间存储单元格的数据。

_ GridView_ Data 虚类的主要属性包括：

① Alignment 属性　Alignment 属性用于返回或设置单元格文本的对齐方式，包含图片。函数声明为：

```
_GridView_Data. Alignment As Integer
```

② Background 属性　Background 属性用于返回或设置单元格的背景颜色。函数声明为：

```
_GridView_Data. Background As Integer
```

③ Border 属性　Border 属性用于返回或设置边框类型。函数声明为：

```
_GridView_Data. Border As Border
```

④ Font 属性　Font 属性用于返回或设置用于显示单元格文本的字体。函数声明为：

```
_GridView_Data. Font As Font
```

⑤ Foreground 属性　Foreground 属性用于返回或设置单元格文本的颜色。函数声明为：

```
_GridView_Data. Foreground As Integer
```

⑥ Padding 属性　Padding 属性用于返回或设置单元格的内部填充，以像素计。函数声明为：

```
_GridView_Data. Padding As Integer
```

⑦ Picture 属性　Picture 属性用于返回或设置单元格中显示的图片。如果同时有图片和文字，则该图片显示在文字旁边。函数声明为：

```
_GridView_Data. Picture As Picture
```

⑧ RichText 属性　RichText 属性用于返回或设置单元格中显示的富文本。如果设置了该属性，则将忽略 Text 属性。函数声明为：

```
_GridView_Data. RichText As String
```

⑨ Text 属性　Text 属性用于返回或设置单元格中显示的文本。函数声明为：

```
_GridView_Data. Text As String
```

⑩ WordWrap 属性　WordWrap 属性用于返回或设置单元格文本是否自动换行。函数声明为：

```
_GridView_Data. WordWrap As Boolean
```

9.3.10 DataCheckBox 控件

DataCheckBox 控件将 CheckBox 连接到数据库布尔字段，如果字段值为 NULL，则控件为三态。

（1）DataCheckBox 控件的主要属性

① Field 属性　Field 属性用于返回或设置控件使用的字段。数据来自第一个父 DataSource 控件。函数声明为：

```
DataCheckBox. Field As String
```

② Modified 属性　Modified 属性用于返回内容是否被修改。函数声明为：

```
DataCheckBox. Modified As Boolean
```

③ Text 属性　Text 属性用于返回或设置显示的文本。函数声明为：

```
DataCheckBox. Text As String
```

④ Valid 属性　Valid 属性用于返回控件值是否有效。函数声明为：

```
DataCheckBox. Valid As Boolean
```

⑤ Value 属性　Value 属性用于返回或设置控件的值。函数声明为：

```
DataCheckBox. Value As Variant
```

（2）DataCheckBox 控件的主要方法

DataCheckBox 控件的主要方法为 Update 方法。

Update 方法用于重新加载控件内容。函数声明为：

```
DataCheckBox. Update()
```

（3）DataCheckBox 控件的主要事件

DataCheckBox 控件的主要事件为 Click 事件。

Click 事件当点击控件时触发。函数声明为：

```
Event DataCheckBox. Click()
```

9.3.11 DataCombo 控件

DataCombo 控件将通过主键编辑字段值。

（1）DataCombo 控件的主要属性

① All 属性　All 属性用于返回或设置条目。函数声明为：

```
DataCombo. All As String
```

② Display 属性　Display 属性用于返回或设置显示的字段名。函数声明为：

```
DataCombo. Display As String
```

③ Field 属性　Field 属性用于返回或设置控件连接的字段。数据来自第一个父 DataSource。函数声明为：

```
DataCombo. Field As String
```

④ Filter 属性　Filter 属性用于返回或设置一个 SQL 的 WHERE 子句，过滤组合列表框的内容。函数声明为：

```
DataCombo. Filter As String
```

⑤ Modified 属性　Modified 属性用于返回数据是否被修改。函数声明为：

```
DataCombo. Modified As Boolean
```

⑥ ReadOnly 属性　ReadOnly 属性用于返回或设置控件是否为只读。函数声明为：

```
DataCombo. ReadOnly As Boolean
```

⑦ Table 属性　Table 属性用于返回或设置表名。该表必须具有一个主键，可以使用 Filter 属性过滤表内容。函数声明为：

```
DataCombo. Table As String
```

⑧ Valid 属性　Valid 属性用于返回控件内容是否有效。函数声明为：

```
DataCombo. Valid As Boolean
```

⑨ Value 属性　Value 属性用于返回或设置控件值。该值是表的主键，而不是显示的值。函数声明为：

```
DataCombo. Value As Variant
```

（2）DataCombo 控件的主要方法

① GetFilter 方法　GetFilter 方法用于返回 SQL 的 WHERE 子句。函数声明为：

```
DataCombo. GetFilter() As String
```

② SetFocus 方法　SetFocus 方法用于设置控件焦点。函数声明为：

```
DataCombo. SetFocus()
```

③ Update 方法　Update 方法用于重新加载控件内容。函数声明为：

```
DataCombo. Update()
```

（3）DataCombo 控件的主要事件

① Click 事件　Click 事件当选择一个条目时触发。函数声明为：

```
Event DataCombo. Click()
```

② Validate 事件　Validate 事件当验证控件内容时触发。该事件允许用户添加特定的验证要求。要使数据无效，使用 STOP EVENT 停止事件。函数声明为：

```
Event DataCombo. Validate(Value As Variant)
```

Value 为控件值。

9.3.12　DataComboView 控件

DataComboView 控件允许用户选择表中的记录。该控件实现了一个组合列表框，允许用户选择表中的记录。弹出窗口显示带有 DataView 控件的内容。该控件在不同操作系统下外观会有所不同，如图 9-2 所示。

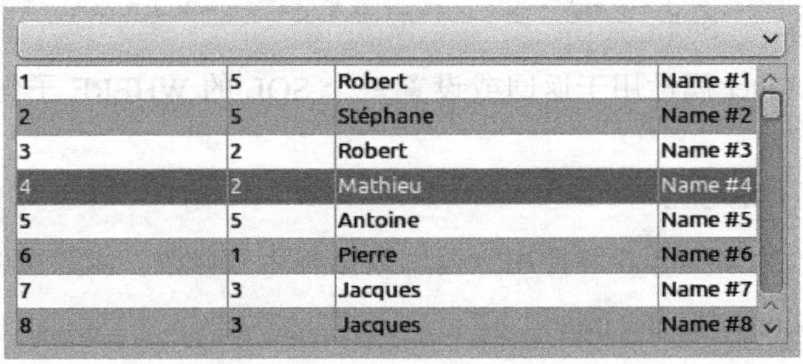

图 9-2　DataComboView 控件外观

（1）DataComboView 控件的主要属性

① Columns 属性　Columns 属性用于返回或设置控件显示的字段字符串数组。函数声明为：

```
DataComboView. Columns As String[]
```

② Field 属性　Field 属性用于返回或设置控件使用的字段。数据来自第一个父 DataSource 控件。函数声明为：

```
DataComboView. Field As String
```

③ Filter 属性　Filter 属性用于返回或设置一个 SQL 的 WHERE 句，过滤组合列表框的内容。函数声明为：

```
DataComboView. Filter As String
```

④ Grid 属性　Grid 属性用于返回或设置是否显示网格线。函数声明为：

```
DataComboView. Grid As Boolean
```

⑤ Header 属性　Header 属性用于返回或设置水平标题是否可见。函数声明为：

```
DataComboView. Header As Boolean
```

⑥ Highlight 属性　Highlight 属性用于返回或设置偶数行是否高亮显示。函数声明为：

```
DataComboView. Highlight As Boolean
```

⑦ Modified 属性　Modified 属性用于返回内容是否被修改。函数声明为：

```
DataComboView. Modified As Boolean
```

⑧ Table 属性　Table 属性用于返回或设置表名。该表必须具有一个主键，可以使用 Filter 属性过滤表内容。函数声明为：

```
DataComboView. Table As String
```

⑨ Valid 属性　Valid 属性用于返回控件内容是否有效。函数声明为：

```
DataComboView. Valid As Boolean
```

⑩ Value 属性　Value 属性用于返回或设置控件的值。该值是表的主键，而不是其他数据。函数声明为：

```
DataComboView. Value As Variant
```

（2）DataComboView 控件的主要方法

DataComboView 控件的主要方法为 Update 方法。

Update 方法用于重新加载控件内容。函数声明为：

```
DataComboView. Update ()
```

（3）DataComboView 控件的主要事件

DataComboView 控件的主要事件为 Validate 事件。

Validate 事件当验证控件内容时触发。该事件允许用户添加特定的验证要求。要使数据无效，使用 STOP EVENT 停止事件。函数声明为：

```
Event DataComboView. Validate(Value As Variant)
```

Value 为控件值。

9.3.13 DataControl 控件

DataControl 控件显示或编辑字段的值。

（1）DataControl 控件的主要属性

① Control 属性　Control 属性用于返回用于编辑表字段的基础控件。函数声明为：

```
DataControl. Control As Control
```

② Field 属性　Field 属性用于返回或设置控件使用的字段。数据来自第一个父 DataSource。函数声明为：

```
DataControl. Field As String
```

③ Modified 属性　Modified 属性用于返回内容是否被修改。函数声明为：

```
DataControl. Modified As Boolean
```

④ Valid 属性　Valid 属性用于返回控件内容是否有效。函数声明为：

```
DataControl. Valid As Boolean
```

⑤ Value 属性　Value 属性用于返回或设置控件的值。函数声明为：

```
DataControl. Value As Variant
```

（2）DataControl 控件的主要方法

① SetFocus 方法　SetFocus 方法用于设置控件焦点。函数声明为：

```
DataControl. SetFocus()
```

② Update 方法　Update 方法用于重新加载控件内容。函数声明为：

```
DataControl. Update()
```

（3）DataControl 控件的主要事件

Validate 事件　Validate 事件当验证控件内容时触发。该事件允许用户添加特定的验证要求。要使数据无效，使用 STOP EVENT 停止事件。函数声明为：

```
Event DataControl. Validate(Value As Variant)
```

Value 为控件值。

9.3.14　DataView 控件

DataView 控件实现一个 TableView 功能，显示数据库表的内容并允许对其进行编辑。Columns 设置显示或编辑字段的列表。数据由第一个 DataSource 父控件提供。该控件在不同操作系统下外观会有所不同，如图 9-3 所示。

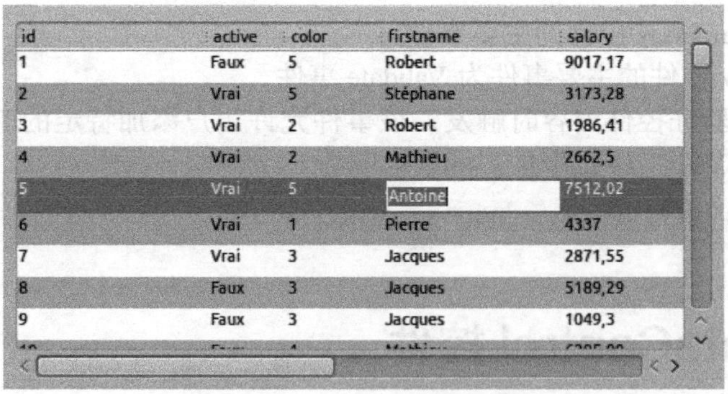

图 9-3　DataView 控件外观

（1）DataView 控件的主要属性

① Background 属性　Background 属性用于返回或设置控件使用的背景颜色。函数声明为：

```
DataView. Background As Integer
```

② Border 属性　Border 属性用于返回或设置控件是否具有边框。函数声明为：

```
DataView. Border As Boolean
```

③ Columns 属性　Columns 属性用于返回或设置控件连接的字段。函数声明为：

```
DataView. Columns As String[]
```

④ Count 属性　Count 属性用于返回记录数。函数声明为：

```
DataView. Count As Integer
```

⑤ Current 属性　Current 属性用于以 Variant 数组的形式返回当前记录的所有主键的值。函数声明为：

```
DataView. Current As Variant[]
```

⑥ Data 属性　Data 属性用于存储单元格的数据。函数声明为：

```
DataView. Data As _GridView_Data
```

⑦ Editable 属性　Editable 属性用于返回或设置控件的内容是否可以编辑。函数声明为：

```
DataView. Editable As Boolean
```

⑧ Font 属性　Font 属性用于返回或设置文本字体。函数声明为：

```
DataView. Font As Font
```

⑨ Grid 属性　Grid 属性用于返回或设置是否显示网格。函数声明为：

```
DataView. Grid As Boolean
```

⑩ Header 属性　Header 属性用于返回或设置应显示的标题。函数声明为：

```
DataView. Header As Integer
```

Header 属性常量如表 9-8 所示。

表 9-8　Header 属性常量

常量名	常量值	备注
GridView. None	0	无标题
GridView. Horizontal	1	列标题
GridView. Vertical	2	行标题
GridView. Both	3	行标题和列标题

⑪ Highlight 属性　Highlight 属性用于返回或设置偶数行是否高亮显示。函数声明为：

```
DataView. Highlight As Boolean
```

⑫ Index 属性　Index 属性用于返回当前记录的索引。函数声明为：

```
DataView. Index As Integer
```

⑬ Labels 属性　Labels 属性用于返回或设置将替换列标题中字段名的标签。第 i 个列标题将由第 i 个字符串数组替换。函数声明为：

```
DataView. Labels As String[]
```

⑭ Mode 属性　Mode 属性用于返回或设置选择模式。函数声明为：

```
DataView. Mode As Integer
```

Mode 属性常量如表 9-9 所示。

表 9-9　Mode 属性常量

常量名	常量值	备注
Select. None	0	不能选择任何行
Select. Single	1	只能选择一行
Select. Multiple	2	每行可以独立选择

⑮ Sorted 属性　Sorted 属性用于返回或设置是否可以通过点击列标题对控件进行排序。函数声明为：

```
DataView. Sorted As Boolean
```

⑯ View 属性　View 属性用于返回用于显示和编辑数据的基础 TableView。函数声明为：

```
DataView. View As TableView
```

（2）DataView 控件的主要方法

① Cancel 方法　Cancel 方法用于取消当前编辑的记录。函数声明为：

```
DataView. Cancel()
```

② Create 方法　Create 方法用于进入添加模式。表的末尾添加一个新的空白行，创建新的记录。函数声明为：

```
DataView. Create()
```

③ MoveFirst 方法　MoveFirst 方法用于移动到第一条记录。函数声明为：

```
DataView. MoveFirst()
```

④ MoveLast 方法　MoveLast 方法用于移动到最后一条记录。函数声明为：

```
DataView. MoveLast()
```

⑤ MoveNext 方法　MoveNext 方法用于移动到下一个记录。函数声明为：

```
DataView. MoveNext()
```

⑥ MovePrevious 方法　MovePrevious 方法用于移动到上一个记录。函数声明为：

```
DataView. MovePrevious()
```

⑦ MoveTo 方法　MoveTo 方法用于移动到指定记录。函数声明为：

```
DataView. MoveTo(Index As Integer)
```

Index 为记录索引。

⑧ Remove 方法　Remove 方法用于删除指定记录，如果操作失败，则返回 True。函数声明为：

```
DataView. Remove() As Boolean
```

⑨ Save 方法　Save 方法用于保存当前记录，如果操作失败，则返回 True。函数声明为：

```
DataView. Save() As Boolean
```

⑩ SelectAll 方法　SelectAll 方法用于选择所有行。函数声明为：

```
DataView. SelectAll()
```

⑪ UnselectAll 方法　UnselectAll 方法用于取消所有选择行。函数声明为：

```
DataView. UnselectAll()
```

⑫ Update 方法　Update 方法用于重新加载 DataView 内容。函数声明为：

```
DataView. Update()
```

（3）DataView 控件的主要事件

① Activate 事件　Activate 事件当记录改变时触发。函数声明为：

```
Event DataView. Activate()
```

② Data 事件　Data 事件当 DataView 显示指定单元格时触发。函数声明为：

```
EventDataView. Data(Row As Integer, Column As Integer, Value As Variant)
```

Row 为行索引。
Column 为列索引。
Value 为单元格中的值。

9.4　数据库数据类型映射

数据库组件必须保证在 Gambas 数据类型与基础数据库数据类型之间的正确映射关系。这种映射不是双向的，往往一个 Gambas 数据类型在数据库系统中不存在，或者是矛盾的。因此，当进行数据库设计时必须考虑到数据类型的兼容性，尽量使用 Gambas 提供的数据库管理工具。

在 Gambas 中，NULL 和 void 字符串是相同的，但在数据库中有所不同。Gambas 会将 NULL 存储在数据库中，而不是空字符串，在使用 SQL 语句时要注意。

如果 name 字段为 NULL，错误写法是：

```
SELECT*FROM table WHERE name='';
```

正确写法是：

```
SELECT*FROM table WHERE name IS NULL;
```

（1）SQLite

Gambas 数据类型与 SQLite 数据库数据类型的映射关系如表 9-10 所示。

表 9-10　Gambas 数据类型与 SQLite 数据库数据类型的映射关系

Gambas 数据类型	SQLite 数据库数据类型	默认数据类型
Boolean	CHAR TINYINT INT1 BOOL	BOOL

续表

Gambas 数据类型	SQLite 数据库数据类型	默认数据类型
Integer	SMALLINT INT2 MEDIUMINT INT INT4	INT4
Long	INT8 BIGINT	BIGINT
Serial	INTEGER	INTEGER AUTOINCREMENT
Float	DECIMAL NUMERIC DOUBLE FLOAT8 REAL FLOAT FLOAT4	FLOAT8
Date	DATE TIME TIMESTAMP DATETIME	DATETIME
Blob	BLOB	BLOB
String	CHAR() CLOB TEXT VARCHAR ENUM SET YEAR 其他全部	VARCHAR TEXT 无限制字符串字段

（2）MySQL

Gambas 数据类型与 MySQL 数据库数据类型的映射关系如表 9-11 所示。

表 9-11　Gambas 数据类型与 MySQL 数据库数据类型的映射关系

Gambas 数据类型	MySQL 数据库数据类型	默认数据类型
Boolean	BOOL TINYINT (长度=1)	BOOL
Integer	TINYINT (长度> 1) SMALLINT MEDIUMINT INT YEAR	INT
Long	BIGINT	BIGINT
Serial	INT UNSIGNED NOT NULL AUTO_INCREMENT BIGINT UNSIGNED NOT NULL AUTO_INCREMENT	BIGINT UNSIGNED NOT NULL AUTO_INCREMENT

续表

Gambas 数据类型	MySQL 数据库数据类型	默认数据类型
Float	FLOAT DOUBLE DECIMAL REAL NUMERIC	DOUBLE
Date	TIMESTAMP DATE TIME DATETIME	DATETIME
Blob	LONGBLOB LONGTEXT BLOB (长度>=16777216) TEXT (长度>=16777216)	TEXT
String	VARCHAR BLOB (长度<16777216) TEXT (长度<16777216) 其他	VARCHAR (长度<=255) TEXT 其他

MySQL 对于 BLOB 或 TEXT 字段定义相同，Gambas 依赖字段的长度来决定一个字段是 TEXT 还是 Blob。

（3）PostgreSQL

Gambas 数据类型与 PostgreSQL 数据库数据类型的映射关系如表 9-12 所示。

表 9-12　Gambas 数据类型与 PostgreSQL 数据库数据类型的映射关系

Gambas 数据类型	PostgreSQL 数据库数据类型	默认数据类型
Boolean	BOOL	BOOL
Integer	INT2 INT4 INT	INT
Long	INT8 BIGINT	BIGINT
Serial	BIGSERIAL	BIGSERIAL
Float	NUMERIC FLOAT4 FLOAT8	FLOAT8
Date	ABSTIME RELTIME DATE TIME TIMESTAMP DATETIME TIMESTAMPTZ	TIMESTAMP
Blob	BYTEA	BYTEA

续表

Gambas 数据类型	PostgreSQL 数据库数据类型	默认数据类型
String	CHAR BPCHAR VARCHAR TEXT NAME CASH 其他全部	VARCHAR TEXT 无限制字符串字段

第10章 数据库操作

数据库操作是组成 Gambas 应用程序的重要内容，可用于专业数据库的后端设计和前端开发，使用标准 SQL 语言和通用控件，完成常用开源数据库的连接与操作，可方便地发布和移植到各种 Linux 操作系统中。

本章介绍了 Gambas 的数据库操作方法，包括 SQLite、MySQL、PostgreSQL 数据库的安装与卸载、数据库命令行操作、连接和查询操作，并给出了单表查询程序、双表查询程序、SQL 语法查询程序、SQL 查询解释器程序等示例，能够使读者快速掌握数据库和数据管理系统的设计开发方法，以及相关应用程序的设计方法。

10.1 建立并连接到数据库

在进行数据库操作时，首先，需要建立数据库并在主程序中进行数据库连接；其次，进行 SQL 操作，对数据库中的对象进行查询、修改和删除等操作；最后，断开数据库连接。使用这种开发模式，能够处理日常和办公的绝大多数数据库应用，并能显著提高系统的运行效率。

10.1.1 在 Gambas 中创建并连接到数据库

① 启动 Gambas 集成开发环境，可以在菜单栏选择“文件”→“新建工程...”，或在启动窗体中直接选择“新建工程...”项。

② 在“新建工程”对话框中选择“1. 工程类型”中的“Database application”项，点击“下一个（N）”按钮，如图 10-1 所示。

③ 在“新建工程”对话框中选择“2. Parent directory”中要新建工程的目录，点击“下一个（N）”按钮。

④ 在“新建工程”对话框的“3. Project details”中输入工程名和工程标题，工程名为存储目录的名称，工程标题为应用程序的实际名称，在这里设置相同的工程名和工程标题。完成之后，点击“确定”按钮。

⑤ 系统默认生成的启动窗体名称（Name）为 FMain，并且在“工程”窗口中增加了“连接”项，用以连接数据库，如图 10-2 所示。可连接的数据库类型包括：SQLite、MySQL、PostgreSQL、ODBC。

⑥ 在“连接”项上右击，弹出快捷菜单，选择“新建连接...”，如图 10-3 所示。

⑦ 在“新建连接”对话框中，设置相关属性。“名称”属性系统默认设置为“Connection1”，根据连接数目依次递增；“类型”属性选择“SQLite”，默认支持 SQLite2 和

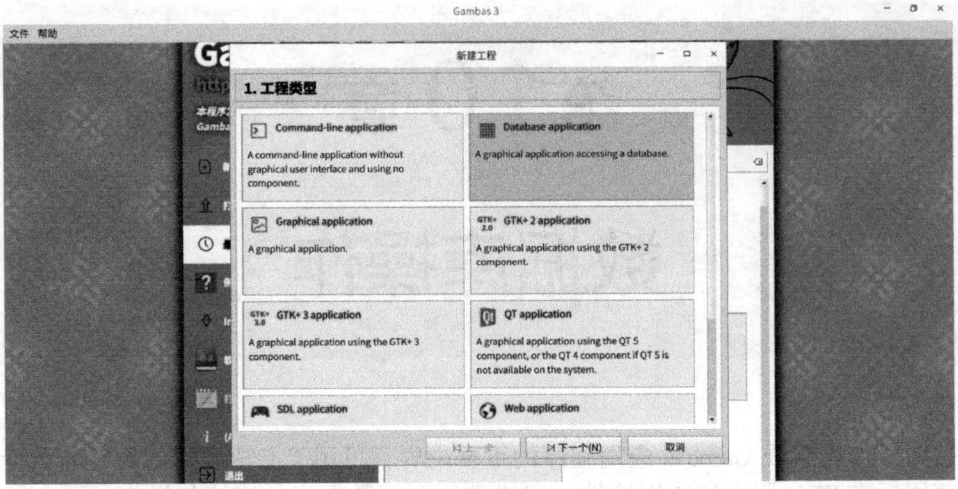

图 10-1　新建工程中的“1. 工程类型”对话框

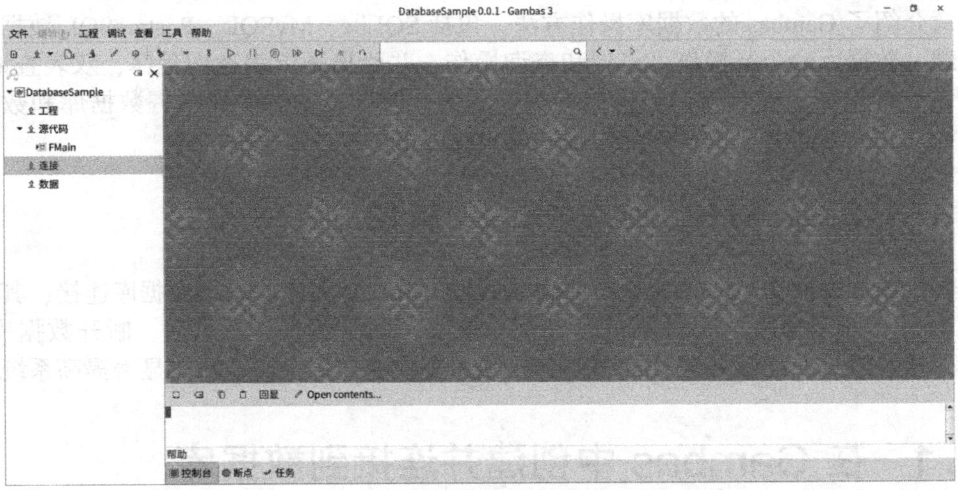

图 10-2　数据库连接项

图 10-3　数据库“新建连接”菜单

SQLite3 数据库；点击“路径”属性文本框中的“...”按钮，可以在弹出式对话框中选择数据库的存储路径，如图 10-4 所示。

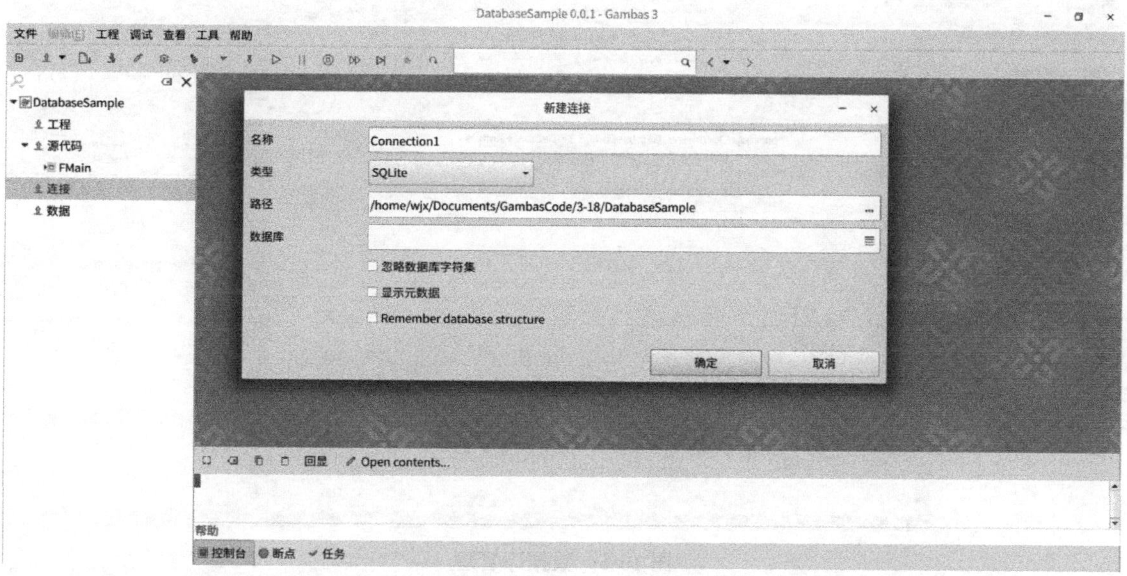

图 10-4　“新建连接”对话框

⑧ 点击“数据库”属性文本框中右侧按钮，对话框窗口在原有基础上进行了扩展，增加了创建数据库的相关按钮与列表框，在文本框中输入“sqliteSample”，点击“Create database”按钮，则创建 SQLite 类型的数据库 sqliteSample，如图 10-5 所示。

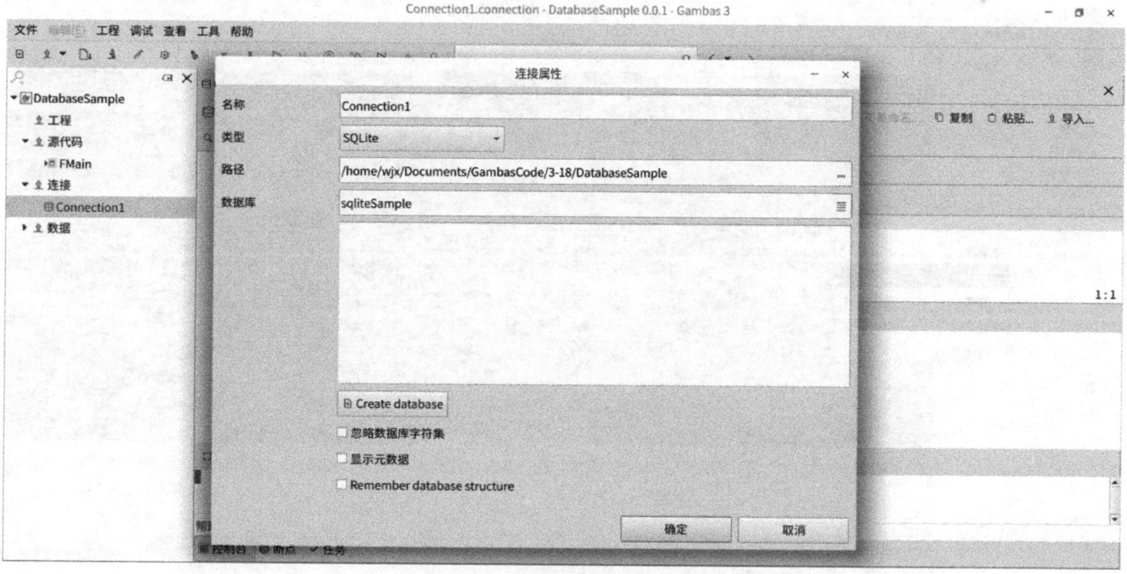

图 10-5　创建 SQLite 数据库

⑨ 在创建数据库 sqliteSample 后，选中当前数据库，“Create database”按钮转换为“Delete database”按钮，可删除当前选中的数据库；如果需要再创建一个数据库，在文本框中输入相应的名称，点击“Create database”按钮即可创建；最后，点击“确定”按钮，完

成数据库的创建，如图 10-6 所示。

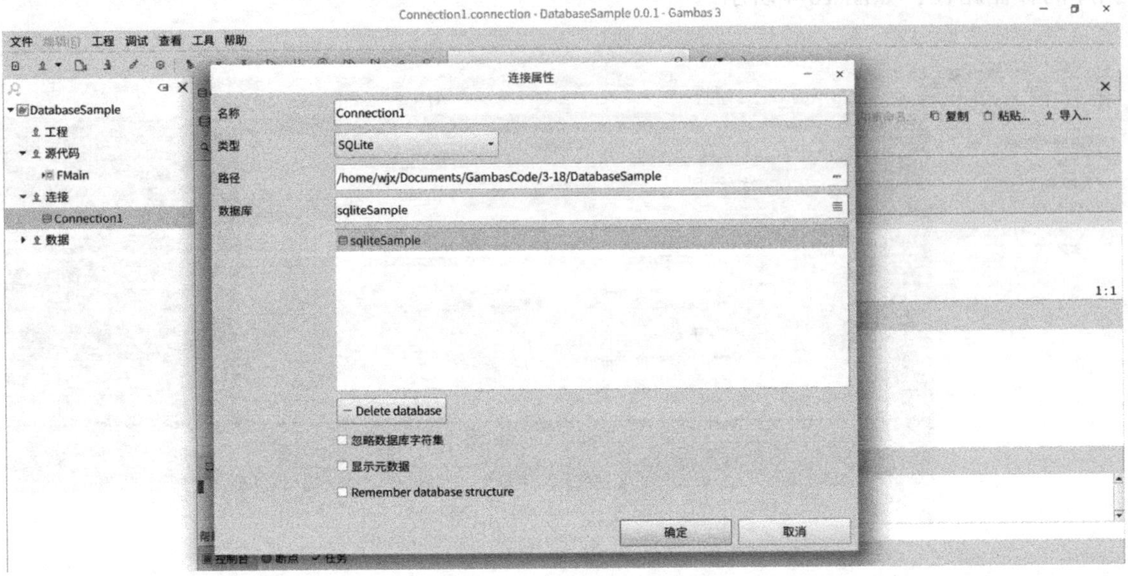

图 10-6　数据库管理

10.1.2　创建表

① 在“工程”窗口中的“Connection1”选项上右击，在弹出式菜单中选择“打开”选项，或直接在“Connection1”选项上双击，可创建和编辑表，如图 10-7 所示。

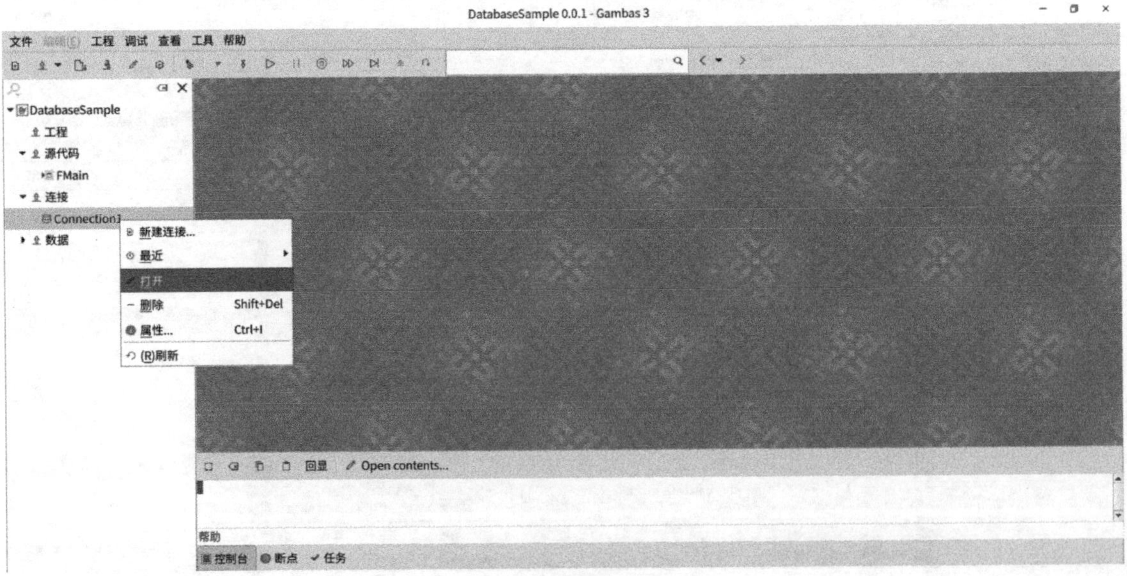

图 10-7　打开数据库连接

② 在主窗口的“Connection1. connection”标签页中给出了 SQLite 数据库的本地连接路径“sqlite://home/wjx/Documents/GambasCode/3-18/DatabaseSample/sqliteSample”，其中，“sqliteSample”为数据库文件名，其他为存储目录，可根据实际存储地址进行修改，在其上点击时即可弹出

“连接属性”对话框，如图 10-8 和图 10-9 所示。主窗口中的工具栏按钮依次为：保存、重载、显示系统表、新建表、删除、重命名、复制、粘贴、导入、SQL 查询。其中，显示系统表用来显示 SQLite 系统内建表。

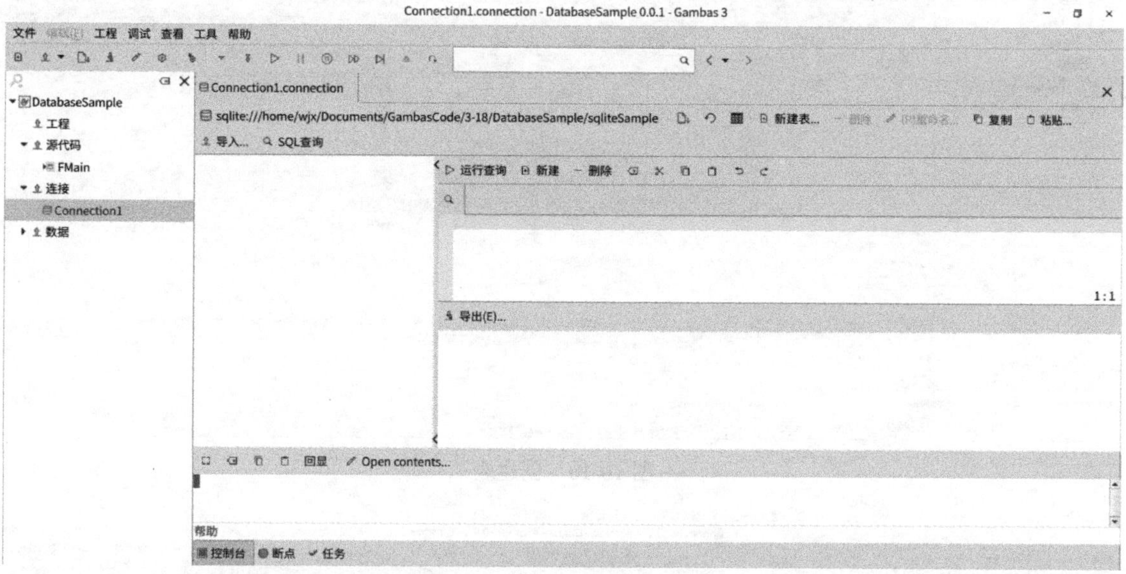

图 10-8 数据库连接标签页

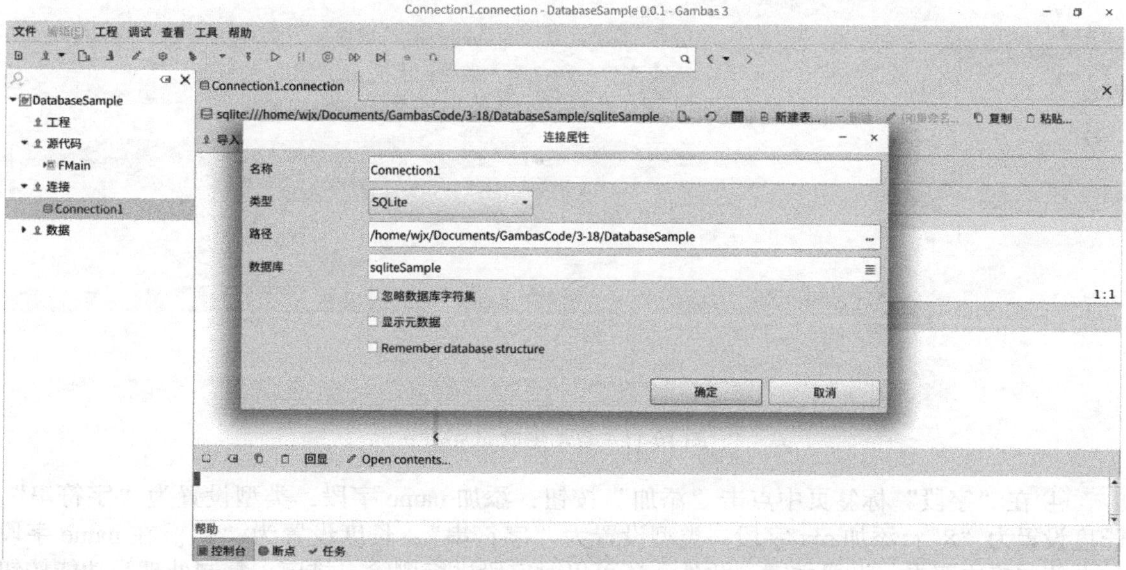

图 10-9 “连接属性”对话框

③ 点击“新建表...”按钮，弹出“创建表”对话框，在“名称”文本框中输入要创建的表名，这里输入“ts”，点击“确定”按钮，则创建 ts 表，如图 10-10 所示。在创建 ts 表的同时，系统会自动在表内生成一个 id 字段，并设置为主键（字段前方有一个钥匙图标，可通过双击该图标添加或取消），如图 10-11 所示。

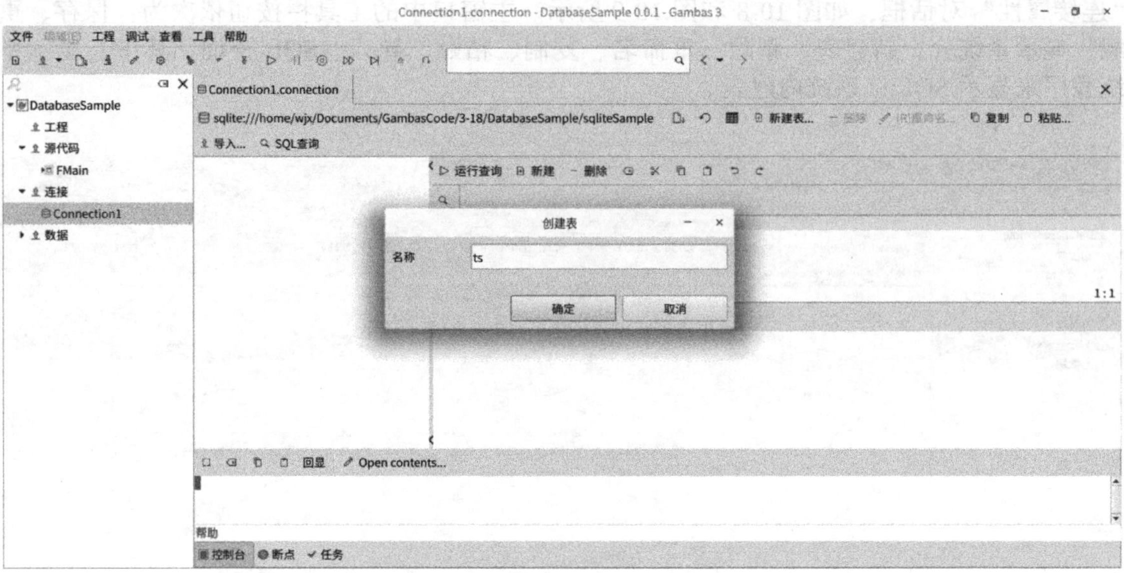

图 10-10　创建表

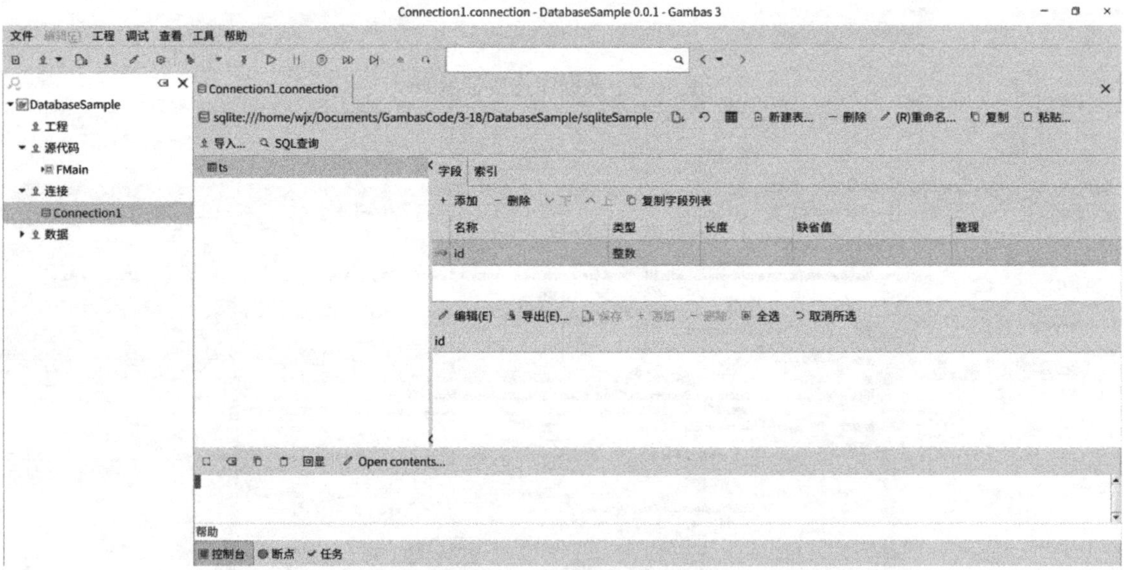

图 10-11　自动生成 id 字段

④ 在“字段”标签页中点击“添加”按钮，添加 name 字段，类型设置为“字符串”，长度设置为“8”；添加 sex 字段，类型设置为“字符串”，长度设置为“2”。在 name 字段的左侧空格中双击，设置主键。此外，还可以对字段进行删除、排序、复制处理，功能按钮依次排列在窗口框中，方便使用。此外，还可以在“索引”标签页中设置字段的相关索引。字段设计完成后，点击“保存”按钮，如图 10-12 所示。

⑤ 在“字段”标签页的下方为记录编辑窗口，在窗口中点击“编辑（E）”按钮，输入记录的 id、name、sex，完成之后点击“保存”按钮。记录窗口中的工具栏按钮依次为编辑、导出、保存、添加、删除、全选、取消所选，如图 10-13 所示。

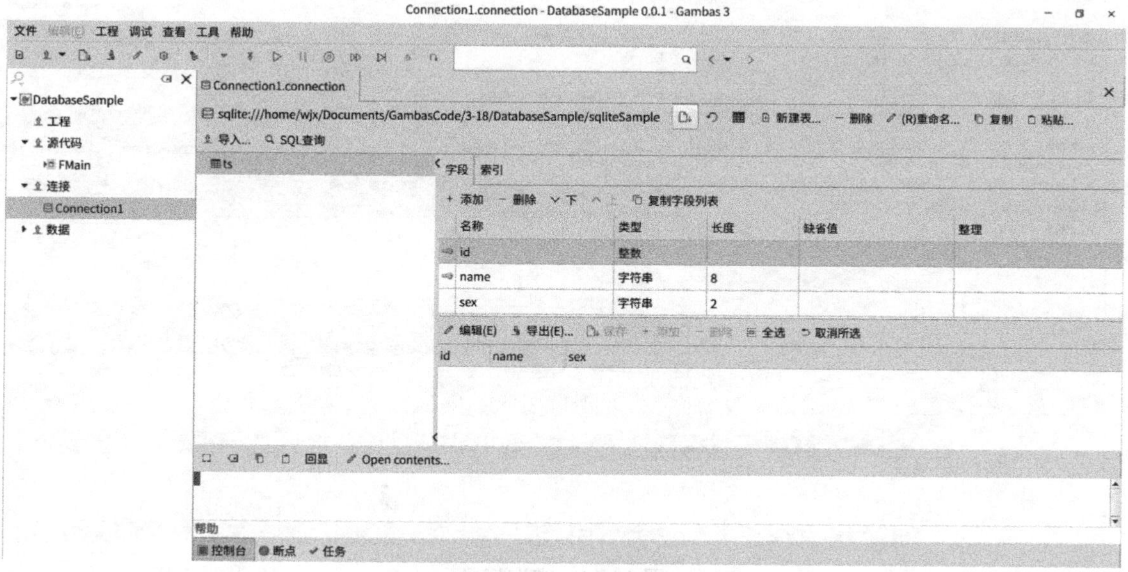

图 10-12 字段标签页

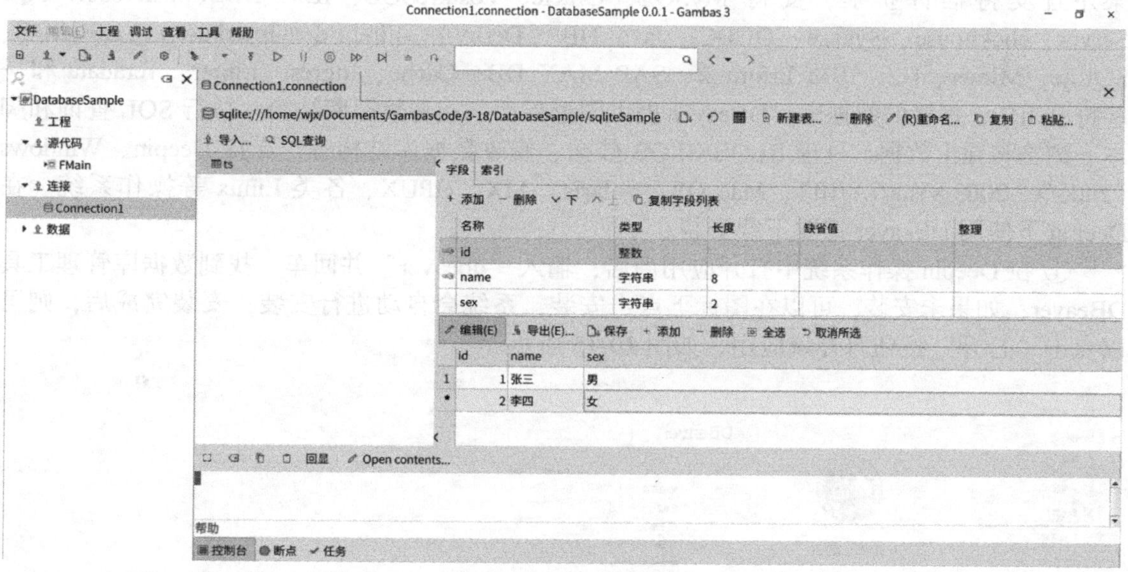

图 10-13 编辑记录

⑥ 在“Connection1. connection”标签页中点击“SQL 查询”按钮，输入 SQL 查询语句，并以“;”结束，点击“运行查询”按钮，则在记录窗口会显示查询结果，如图 10-14 所示。

⑦ 在“Connection1. connection”标签页中点击“导入...”按钮，可导入 csv 格式文件。csv（comma-separated values）即逗号分隔值，以纯文本形式存储表数据。csv 文件由任意数目的记录组成，记录间以某种换行符分隔；每条记录由字段组成，字段间的分隔符是其他字符或字符串，最常见的是逗号和制表符。

10.1.3 在 DBeaver 中创建并连接到数据库

DBeaver 是一款免费、开源的跨平台通用数据库管理工具和 SQL 客户端，基于开源框

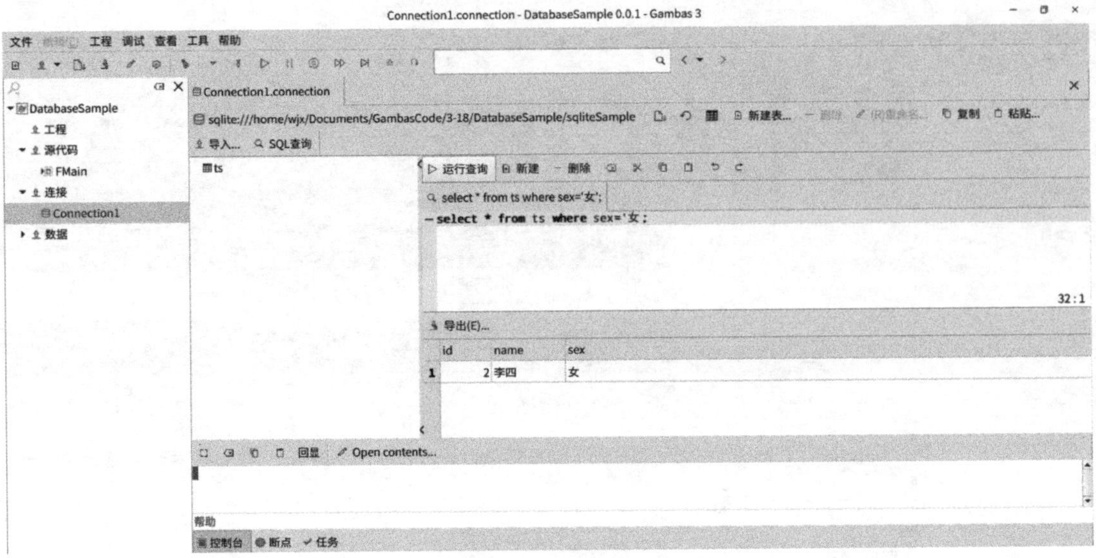

图 10-14　查询记录

架并且支持插件扩展，支持 MySQL、Oracle、PostgreSQL、IBM DB2、Microsoft SQL Server、clickhouse、Sybase、ODBC、Java DB（Derby）、Firebird（Interbase）、HSQLDB、SQLite、Mimer、H2、IBM Informix、SAP MAX DB、Cache、Ingres、Linter、Teradata 和一些符合 JDBC 连接的数据库。DBeaver 提供图形界面来查看数据库结构、执行 SQL 查询和脚本、浏览和导出数据、处理 BLOB/CLOB 数据、修改数据库结构等，支持 Deepin、Windows（2000/XP/2003/Vista/7/8/10）、Mac OS、Solaris、AIX、HPUX、各类 Linux 等操作系统。在 Deepin 下使用 DBeaver 需要下载安装。

① 在 Deepin 操作系统中打开应用商店，输入“dbeaver”并回车，找到数据库管理工具 DBeaver；如果未安装，可以在图标下点击安装，系统会自动进行安装；安装完成后，则可以点击“打开”按钮打开该应用，如图 10-15 所示。

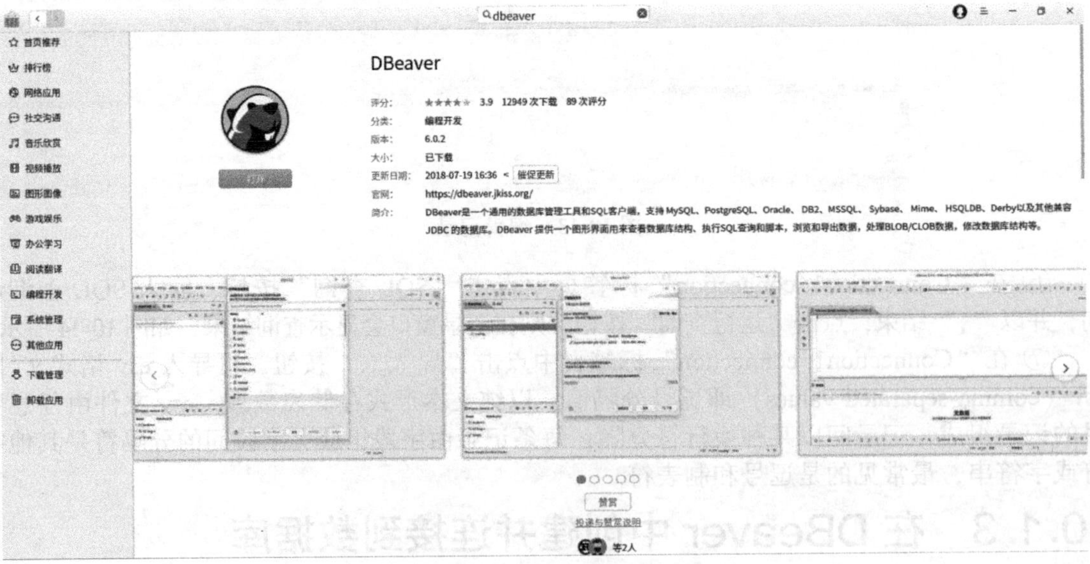

图 10-15　安装 DBeaver

② 安装好后，打开 DBeaver，如图 10-16 所示。

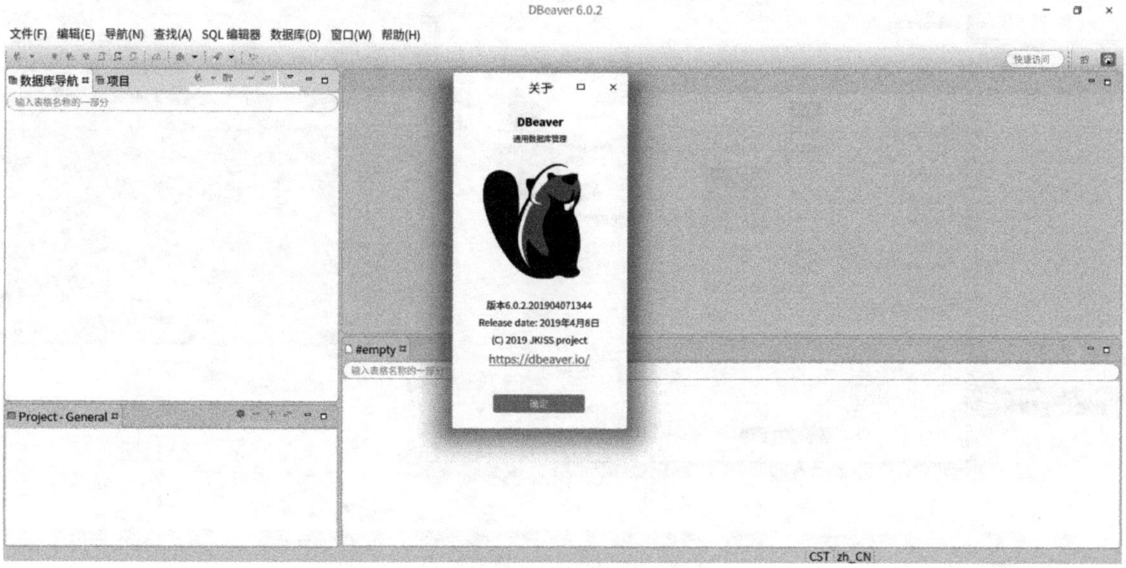

图 10-16　打开 DBeaver

③ 在左侧的“数据库导航”窗口中右击，在弹出菜单中选择“新建连接”，或在菜单栏选择“数据库（D）”→“新建连接”菜单项，如图 10-17 所示。

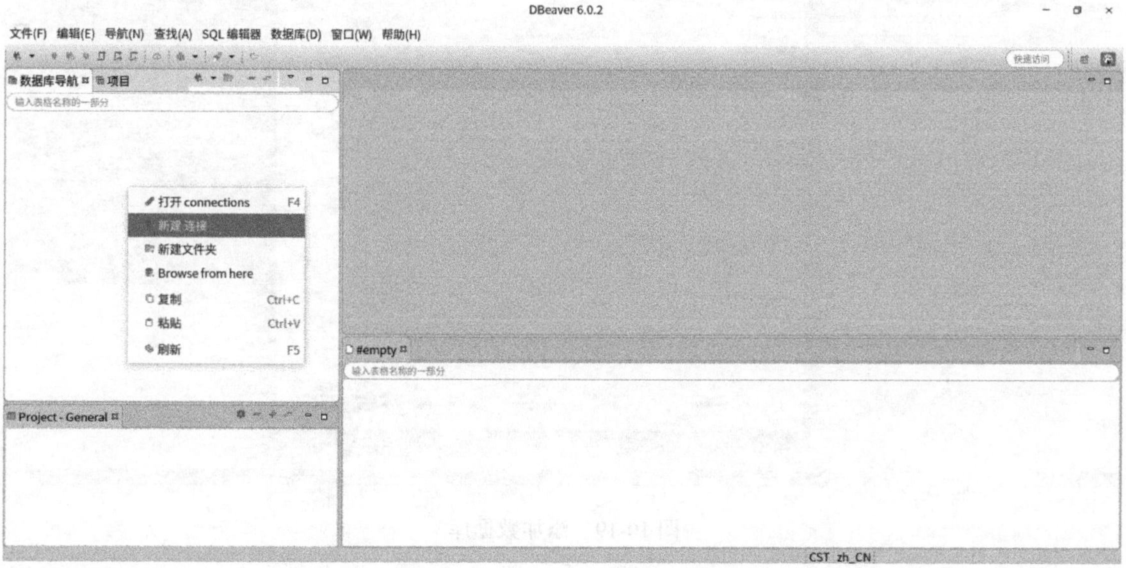

图 10-17　“新建连接”菜单

④ 在弹出的“创建新连接”对话框中，选择“SQLite”选项，点击“下一步 (N) >”按钮，如图 10-18 所示。

⑤ 在“创建新连接”对话框中，点击“浏览”按钮，选择之前已经建好的数据库文件“sqliteSample”，如图 10-19 所示。

图 10-18　选择“SQLite”选项

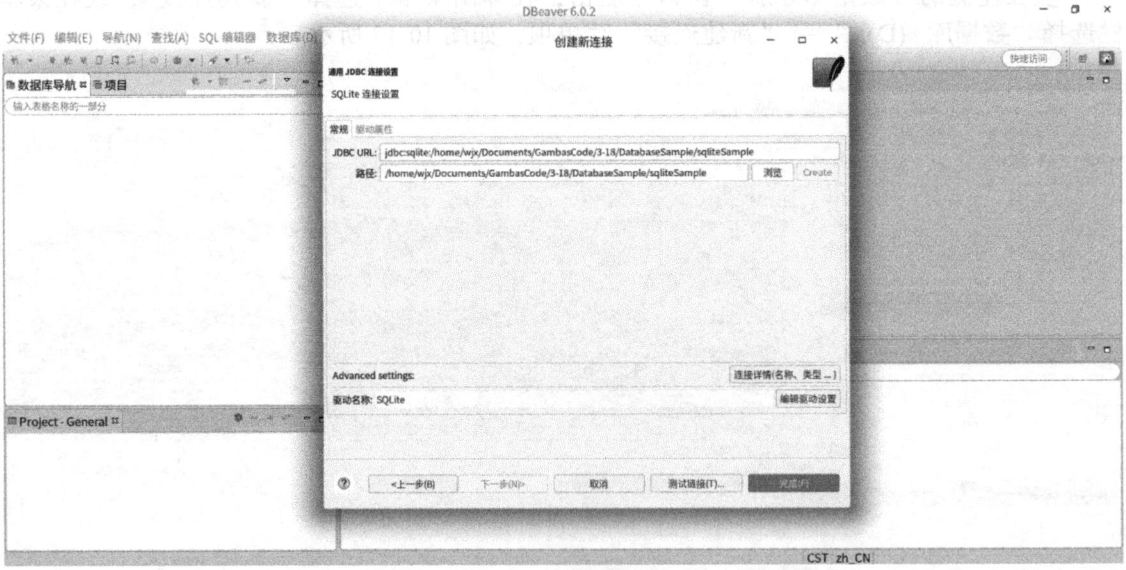

图 10-19　添加数据库

⑥ 在“创建新连接”对话框中，点击“测试连接 (T)...”按钮，测试是否能建立正确连接，如能够正确连接，则弹出“成功”对话框，如图 10-20 所示。

⑦ 在“数据库导航”窗口选择“表”→“ts”，在窗口的右半部分显示“属性”“数据”“ER 图”标签页，可进行字段的添加、修改、删除，唯一键、外键、索引的编辑，以及记录的操作等，可用于数据库后端管理，如图 10-21 所示。

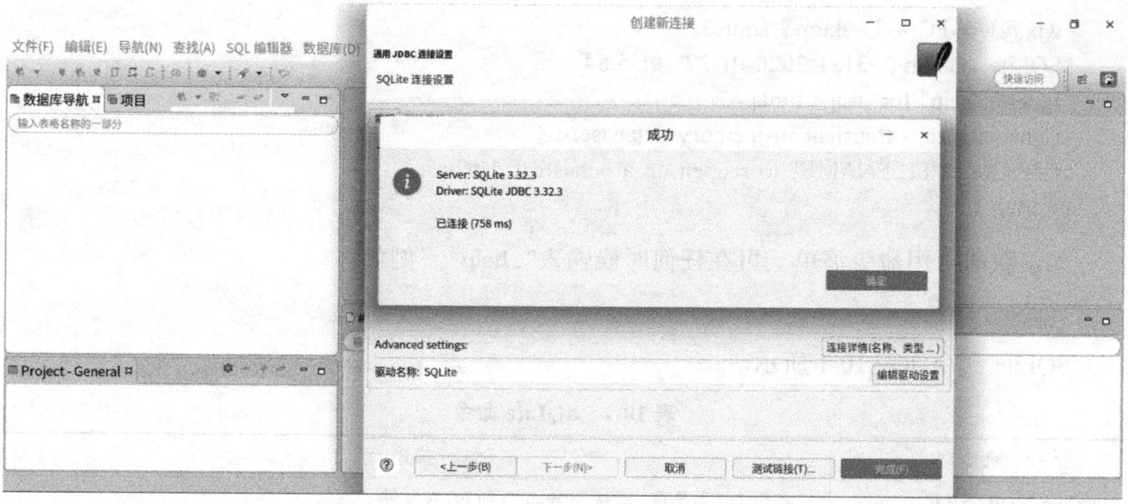

图 10-20　测试连接

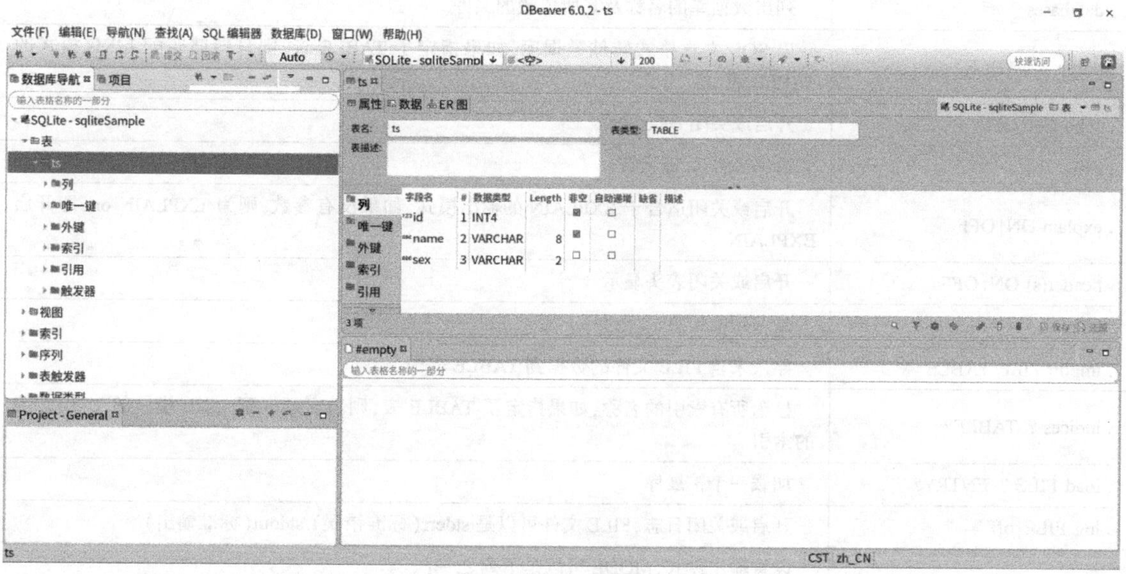

图 10-21　表编辑窗口

10.2　SQLite 数据库控件绑定操作

SQLite 是一款轻型关系数据库，最初由 D. Richard Hipp 建立，SQLite 1.0 诞生于 2000 年 8 月，实现了一个自包含、无服务器、零配置、事务性的 SQL 数据库引擎，支持 Windows、Linux、Unix 等主流的操作系统，同时兼容主流开发工具，如 C、Tcl、C#、PHP、Java 等，提供 ODBC 接口。与大多数其他 SQL 数据库不同，SQLite 没有单独的服务器进程，而是直接读写磁盘文件。Deepin 操作系统自带 SQLite。

10.2.1　在终端中连接到数据库

在命令提示符下输入 sqlite3 命令：

```
wjx@wjx-PC:~/Desktop$ sqlite3
SQLite version 3.31.1 2020-01-27 19:55:54
Enter ".help" for usage hints.
Connected to a transient in-memory database.
Use ".open FILENAME" to reopen on a persistent database.
sqlite>
```

如需获取可用命令清单，可在任何时候输入".help"。例如：

```
sqlite>.help
```

SQLite 命令如表 10-1 所示。

表 10-1 SQLite 命令

命令	描述
.backup ? DB? FILE	备份 DB 数据库(默认为"main")到 FILE 文件
.bail ON|OFF	发生错误后停止,默认为 OFF
.databases	列出数据库的名称及其所依赖的文件
.dump ? TABLE?	以 SQL 文本格式转储数据库,如果指定了 TABLE 表,则只转储匹配 LIKE 模式的 TABLE 表
.echo ON|OFF	开启或关闭 echo 命令
.exit	退出 SQLite 提示符
.explain ON|OFF	开启或关闭适合于 EXPLAIN 的输出模式,如果没有参数,则为 EXPLAIN on,即开启 EXPLAIN
.header(s) ON|OFF	开启或关闭表头显示
.help	显示帮助信息
.import FILE TABLE	导入来自 FILE 文件的数据到 TABLE 表中
.indices ? TABLE?	显示所有索引的名称,如果指定了 TABLE 表,则只显示匹配 LIKE 模式的 TABLE 表的索引
.load FILE ? ENTRY?	加载一个扩展库
.log FILE|off	开启或关闭日志,FILE 文件可以是 stderr(标准错误)/stdout(标准输出)
.mode MODE	设置输出模式,MODE 可以是下列之一: • csv 逗号分隔的值 • column 左对齐的列 • html HTML 的<table>代码 • insert TABLE 表的 SQL 插入(Insert)语句 • line 每行值 • list 由.separator 字符串分隔的值 • tabs 由 Tab 分隔的值 • tcl TCL 列表元素
.nullvalue STRING	在 NULL 值的位置输出 STRING 字符串
.output FILENAME	发送输出到 FILENAME 文件
.output stdout	发送输出到屏幕
.print STRING...	逐字输出 STRING 字符串
.prompt MAIN CONTINUE	替换标准提示符

续表

命令	描述
. quit	退出 SQLite 提示符
. read FILENAME	执行 FILENAME 文件中的 SQL
. schema ? TABLE?	显示 CREATE 语句,如果指定了 TABLE 表,则只显示匹配 LIKE 模式的 TABLE 表
. separator STRING	改变输出模式和. import 所使用的分隔符
. show	显示设置的各种当前值
. stats ON|OFF	开启或关闭统计
. tables ? PATTERN?	列出匹配 LIKE 模式的表的名称
. timeout MS	尝试打开锁定的表 MS 毫秒
. width NUM NUM	为"column"模式设置列宽度
. timer ON|OFF	开启或关闭 CPU 定时器

使用. show 命令查看 SQLite 命令提示符的默认设置：

```
sqlite> . show
        echo: off
         eqp: off
     explain: auto
     headers: off
        mode: list
   nullvalue: ""
      output: stdout
colseparator: " |"
rowseparator: " \n"
       stats: off
       width:
    filename: :memory:
sqlite>
```

要确保"sqlite>"提示符与命令之间没有空格，否则将无法正常工作。

使用. open 命令连接之前建立的数据库，并运行查询语句，如图 10-22 所示。

10. 2. 2　数据绑定控件程序设计

下面通过一个实例来学习数据绑定控件的使用方法。设计一个学生信息管理系统，记录学生的 ID、姓名、性别、班级、学号等信息，使用 DataBrowser、DataComboView、DataView、DataControl、DataCheckBox 等数据绑定控件显示相关信息，可以通过右下角的导航工具栏进行数据导航，包含第一个记录、前一个记录、下一个记录、最后一个记录、新建、保存、更新、删除、输入姓名、按姓名查找等功能，如图 10-23 所示。

（1）实例效果预览

实例效果预览如图 10-23 所示。

（2）实例步骤

① 启动 Gambas 集成开发环境，可以在菜单栏选择"文件"→"新建工程…"，或在启动窗体中直接选择"新建工程…"项。

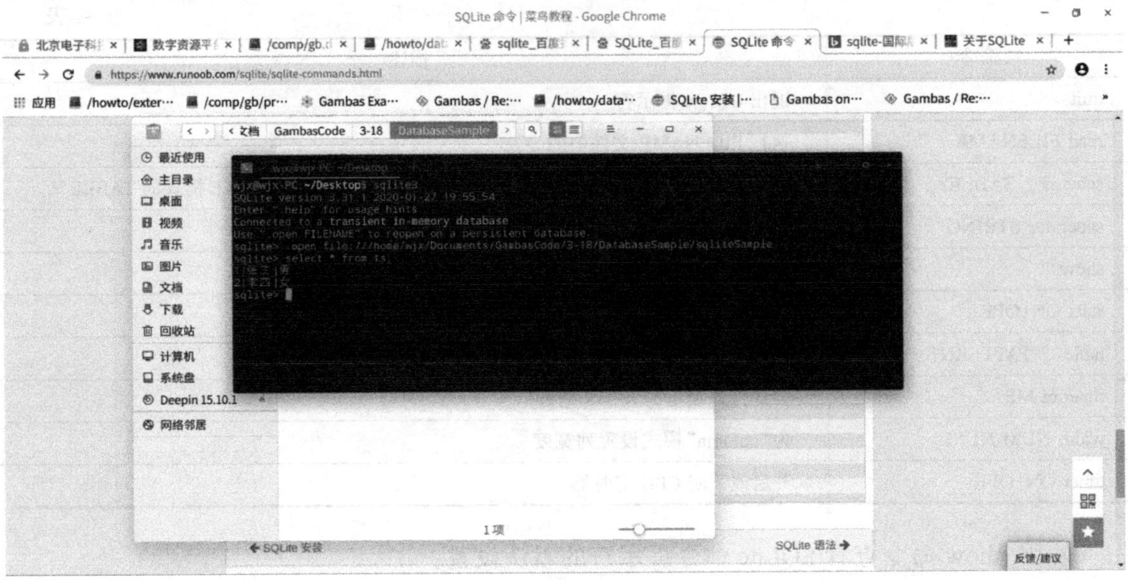

图 10-22 SQLite 命令行运行模式

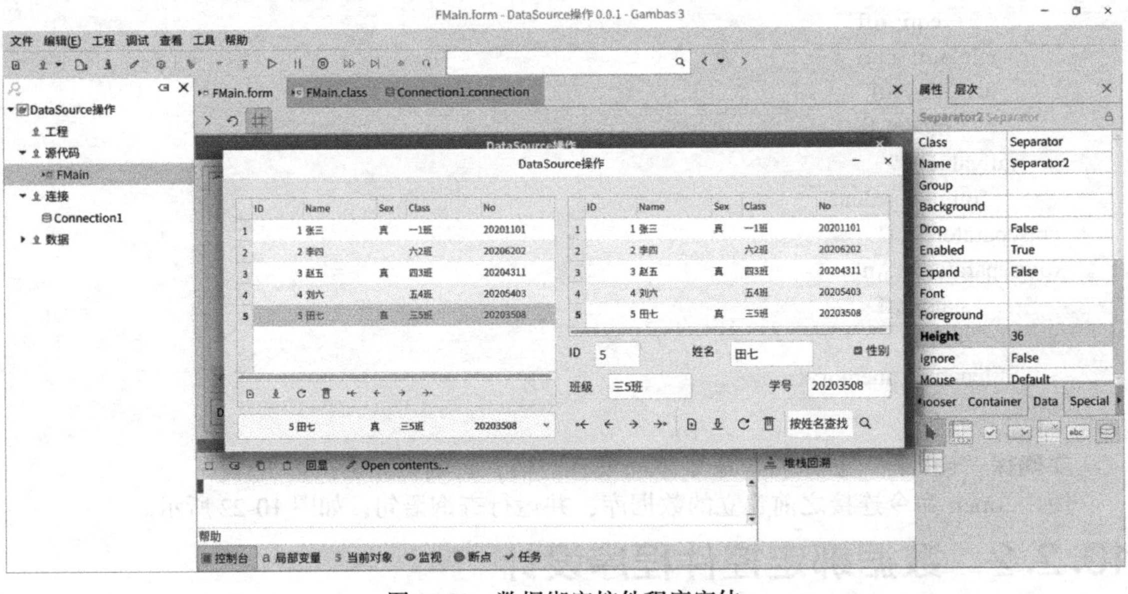

图 10-23 数据绑定控件程序窗体

② 在“新建工程”对话框中选择“1. 工程类型”中的“Database application”项，点击“下一个（N）”按钮。

③ 在“新建工程”对话框中选择“2. Parent directory”中要新建工程的目录，点击“下一个（N）”按钮。

④ 在“新建工程”对话框的“3. Project details”中输入工程名和工程标题，工程名为存储目录的名称，工程标题为应用程序的实际名称，在这里设置相同的工程名和工程标题。完成之后，点击“确定”按钮。

⑤ 系统默认生成的启动窗体名称（Name）为 FMain，并且在“工程”窗口中增加了“连接”选项，用以连接数据库。在右侧的控件工具箱中找到“Data”标签页，在 FMain 窗

体中添加 1 个 DataSource 控件，在 DataSource 控件（容器）内添加 1 个 DataBrowser 控件、1 个 DataComboView 控件、1 个 DataView 控件、4 个 DataControl 控件、1 个 DataCheckBox 控件、4 个 Label 控件、1 个 HBox 控件、9 个 ToolButton 控件、1 个 TextBox 控件、2 个 Separator 控件，如图 10-24 所示，并设置相关属性，如表 10-2 所示。

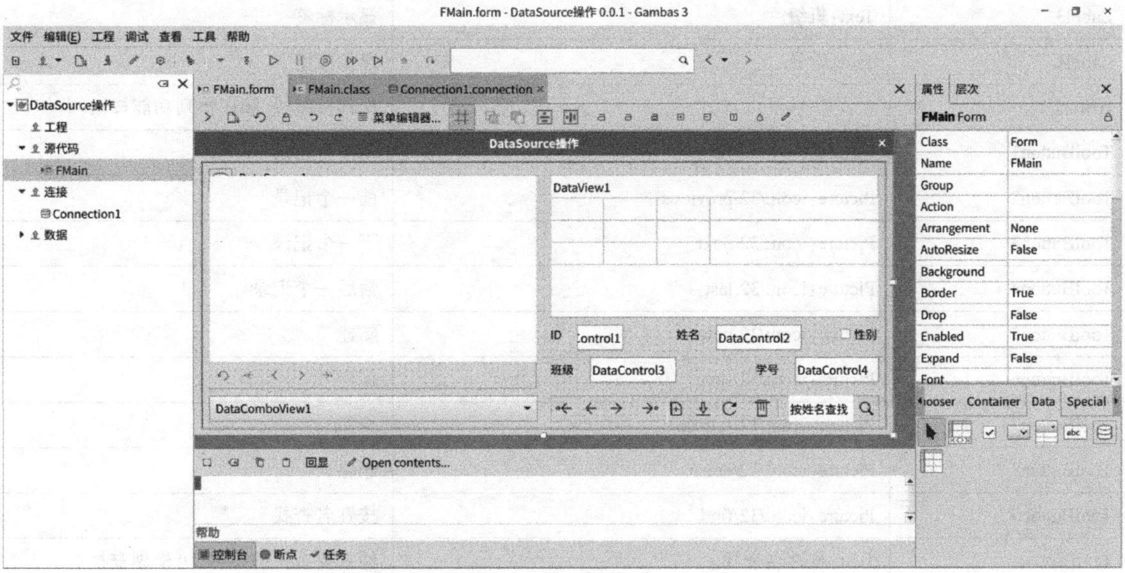

图 10-24　窗体设计

表 10-2　窗体和控件属性设置

名称	属性	说明
FMain	Text：DataSource 操作 Resizable：False	标题栏显示的名称 固定窗体大小，取消最大化按钮
DataSource1	Connection：Connection1 Table：ts	数据源 连接的表
DataBrowser1		自动感应数据源，显示数据列表
DataComboView1	Columns：ID、Name、Sex、Class、No Grid：True Header：True Table：ts	显示表的字段 具有网格线 具有表头 连接的表
DataView1		自动感应数据源
DataControl1	Field：ID	绑定表相关字段
DataControl2	Field：Name	绑定表相关字段
DataControl3	Field：Class	绑定表相关字段
DataControl4	Field：No	绑定表相关字段
DataCheckBox1	Field：Sex Text：性别	绑定表相关字段 显示的标题文本

续表

名称	属性	说明
Label1	Text:ID	显示标签
Label2	Text:姓名	显示标签
Label3	Text:班级	显示标签
Label4	Text:学号	显示标签
HBox1		底部控制栏,顺序排列功能按钮
ToolButton1	Picture:icon:/32/first	第一个记录
ToolButton2	Picture:icon:/32/previous	前一个记录
ToolButton3	Picture:icon:/32/next	下一个记录
ToolButton4	Picture:icon:/32/last	最后一个记录
ToolButton5	Picture:icon:/32/new	新建
ToolButton6	Picture:icon:/32/save	保存
ToolButton7	Picture:icon:/32/refresh	更新
ToolButton8	Picture:icon:/32/delete	删除
ToolButton9	Picture:icon:/32/find	按姓名查找
TextBox1	Text:按姓名查找	输入要查找的姓名,可模糊查找
Separator1		分隔符
Separator2		分隔符

⑥ 设置 Tab 键响应顺序。在 FMain 窗体的“属性”窗口点击“层次”，出现控件切换排序，即按下键盘上的 Tab 键时，控件获得焦点的顺序。

⑦ 在“连接”项上右击，弹出快捷菜单，选择“新建连接…”。

⑧ 在“新建连接”对话框中，设置相关属性。“名称”属性系统默认设置为“Connection1”，根据连接数目依次递增；“类型”属性选择“SQLite”，默认支持 SQLite2 和 SQLite3 数据库；点击“路径”属性文本框中的“…”按钮，可以在弹出式对话框中选择数据库的存储路径。

⑨ 点击“数据库”属性文本框中右侧按钮，对话框窗口在原有基础上进行了扩展，增加了创建数据库的相关按钮与列表框，在文本框中输入“test. sqlite”，点击“Create database”按钮，则创建 SQLite 类型的数据库 test. sqlite。

⑩ 在创建数据库 test. sqlite 后，选中当前数据库，“Create database”按钮转换为“Delete database”按钮，可删除当前选中的数据库；如果需要再创建一个数据库，在文本框中输入相应的名称，点击“Create database”按钮即可创建；最后，点击“确定”按钮，完成数据库的创建。

⑪ 在“工程”窗口中的“Connection1”选项上右击，在弹出式菜单中选择“打开”选项，或直接在“Connection1”选项上双击，可创建和编辑表。

⑫ 点击“新建表…”按钮，弹出“创建表”对话框，在“名称”文本框中输入要创建的表名，这里输入“ts”，点击“确定”按钮，则创建 ts 表，输入记录并保存表，如图 10-25 所示。

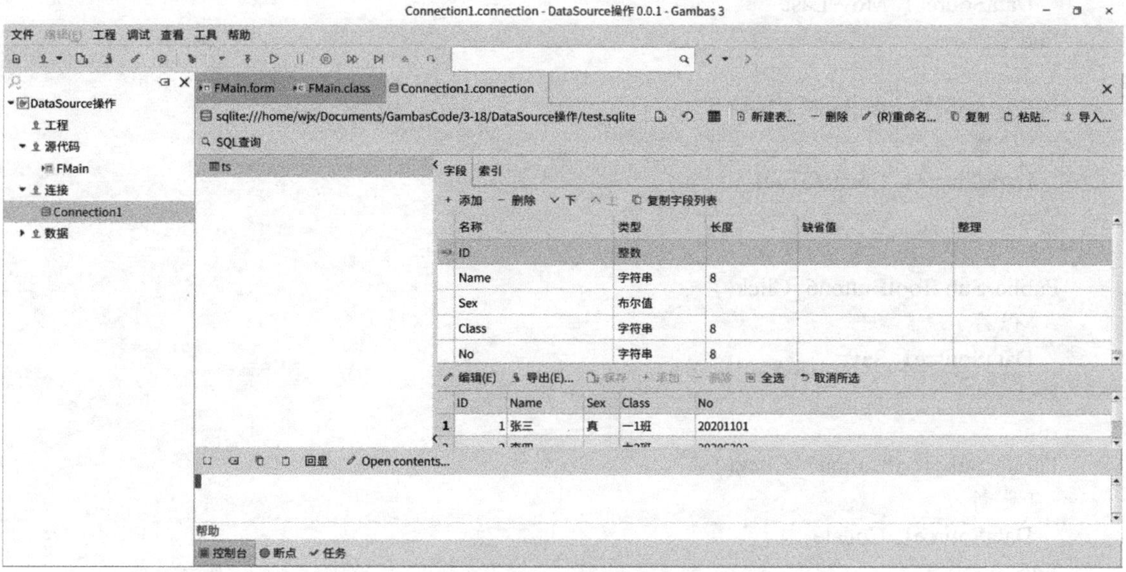

图 10-25　编辑记录

⑬ 在 FMain 窗体中添加代码。

```
' Gambas class file

Public Sub Form_Open()

  '移动到第一个记录
  DataSource1. MoveFirst
End

Public Sub ToolButton1_Click()
  '第一个记录
  DataSource1. MoveFirst
End

Public Sub ToolButton2_Click()
  '前一个记录
  DataSource1. MovePrevious
End

Public Sub ToolButton3_Click()
  '下一个记录
  DataSource1. MoveNext
End

Public Sub ToolButton4_Click()
  '最后一个记录
```

```
    DataSource1. MoveLast
End

Public Sub ToolButton5_Click()
    '新建
    DataSource1. Create(True)
End

Public Sub ToolButton6_Click()
    '保存
    DataSource1. Save
End

Public Sub ToolButton7_Click()
    '更新
    DataSource1. Update
End

Public Sub ToolButton8_Click()
    '删除
    DataSource1. Remove
End

Public Sub ToolButton9_Click()

    '按姓名模糊查找
    DataSource1. Filter=db. Subst("Name like '%" & TextBox1. Text & "%'")
    '按姓名精确查找
    'DataSource1. Filter=db. Subst("Name=&1",TextBox1. Text)
    '第一个记录
    DataSource1. MoveFirst
    '按姓名查找
    DataComboView1. Filter=DataSource1. Filter
    '显示当前数据
    DataComboView1. Value=DataSource1. Current[0]
    Catch
        Return
End

Public Sub TextBox1_GotFocus()
    '清空文本框
    TextBox1. Text=""
End

Public Sub TextBox1_LostFocus()
```

```
    '显示按姓名查找提示文本
    If Not TextBox1. Text Then
      TextBox1. Text="按姓名查找"
    Endif
  End
```

在 FMain 的编辑状态，可以通过在属性窗口直接设置 DataSource 数据源的 Connection 属性方式来进行数据库连接，大大简化了编码工作。DataBrowser、DataView 控件直接拖拽到 DataSource 控件（容器）内即可关联 DataSource 数据源，不需要进行任何设置。

DataSource1. Filter=db. Subst("Name like '%" & TextBox1. Text & "%' ")语句是查找姓名中包含输入字符串的记录，是一种模糊查询方式，使用了 like 与通配符组合的形式；也可以进行精确查找，如 DataSource1. Filter=db. Subst("Name=&1", TextBox1. Text)，其中，&1 为参数，指代 TextBox1. Text 的值。

10.3 SQLite 数据库操作

SQLite 操作流程为：

① 检查系统中是否已经安装数据库组件 gb. db 以及 Sqlite 软件包。

② 创建一个 Connection 对象，设置数据库类型、名称、存储路径等，调用 Open 方法打开，使数据库处于活动状态。

③ 使用 Exec 方法执行 SQL 查询，也可以使用 Create、Edit、Delete 等函数。

④ 执行结果为 Result 对象，其属性取决于数据库处理程序的返回类型。

⑤ 在不同的实例中使用多个连接时，通常需要使用类，尤其是在处理不同数据库之间的不同类型数据传输时需要用到数据类型映射。

10.3.1 连接和查询操作

(1) 连接到 SQLite 数据库文件

① 指定 SQLite 数据库名为“test. sqlite”的文件。

② 在工程中创建一个名为“MdbMain”的新模块。

③ 在模块中创建“Main”主函数，作为程序入口点，用于编写连接数据库代码：

```
Public Sub Main()
…
End
```

④ 使用变量“$con”创建连接代码：

```
Dim $con=New Connection
Try $con. Close()                    '如果连接已经打开则关闭
 $con. Type="sqlite3"                '定义连接类型
 $con. Host=Application. path        '数据库存储路径
 $con. Name="test. sqlite"           '数据库名
 $con. Open()                        '打开数据库连接
```

⑤ 模块整体代码为：

```
Public Sub Main()
  Dim $con=New Connection
  Try $con. Close()                    '如果连接已经打开则关闭
   $con. Type="sqlite3"                '定义连接类型
   $con. Host=Application. path        '数据库存储路径
   $con. Name="test. sqlite"           '数据库名
   $con. Open()                        '打开数据库连接
  Print "Conectado? : " & $con. Opened '打开返回 True,否则返回 False
End
```

代码将打印 True 或 False，取决于是否成功连接到数据库。

⑥ 验证：如果数据库连接出现问题，检查文件是否在相关目录中，Host 属性定义了搜索路径；也可以使用 DBeaver 等数据库管理工具验证数据库文件的有效性。

（2）创建数据库

① 指定 SQLite 数据库名为“test. sqlite”的文件。

② 使用上例的代码。

③ 在 PRINT 语句查询之前插入以下代码：

```
$con. Exec("CREATE TABLE IF NOT EXISTS table1(columna1 TEXT,columna2 TEXT)")
```

④ 模块整体代码为：

```
Public Sub Main()
  Dim $con=New Connection
  Try $con. Close()                    '如果连接已经打开则关闭
   $con. Type="sqlite3"                '定义连接类型
   $con. Host=Application. path        '数据库存储路径
   $con. Name="test. sqlite"           '数据库名
   $con. Open()                        '打开数据库连接
   $con. Exec("CREATE TABLE IF NOT EXISTS table1(columna1 TEXT,columna2 TEXT)")
                                       '在数据库中创建表 table1
  Print "Conectado? : " & $con. Opened '打开返回 True,否则返回 False
End
```

不管表 table1 是否已经存在，都会通过 IF NOT EXISTS 语句在数据库中创建一个新表，不能保证字段完全相同。

（3）插入记录

① 指定 SQLite 数据库名为“test. sqlite”的文件。

② 使用上例的代码。

③ 定义变量 rs，类型为 Result，进行数据处理。

```
Dim rs As Result
```

④ 在 PRINT 语句后插入以下代码：

```
rs= $con. Exec("INSERT INTO table1(columna1,columna2) VALUES(' pepe' ,' pablo' )")
Print "registro insertados: " & rs. Count
```

⑤ 模块整体代码为：

```
Public Sub Main()
  Dim rs As Result
  Dim $con=New Connection
  Try $con.Close()                        '如果连接已经打开则关闭
   $con.Type="sqlite3"                    '定义连接类型
   $con.Host=Application.path             '数据库存储路径
   $con.Name="test.sqlite"                '数据库名
   $con.Open()                            '打开数据库连接
   $con.Exec("CREATE TABLE IF NOT EXISTS table1(columna1 TEXT,columna2 TEXT)")
                                          '在数据库中创建表 table1
  Print "Conectado? : " & $con.Opened '打开返回 True,否则返回 False
  rs= $con.Exec("INSERT INTO table1(columna1,columna2) VALUES('pepe','pablo')")
  Print "registro insertados: " & rs.Count
End
```

代码在新创建的表 table1 中插入一条新记录，并输出记录数。

（4）查询语句

① 指定 SQLite 数据库名为“test. sqlite”的文件。

② 使用上例的代码。

③ 在最后一个 PRINT 语句后插入以下代码：

```
rs= $con.Exec("SELECT columna1,columna2 FROM table1 ")
```

④ 可以通过 Result 对象枚举所有记录，代码如下：

```
rs= $con.Exec("SELECT columna1,columna2 FROM table1 ")
While (rs.Available)
  Print "registro encontrado: valor columna1:" & rs!columna1 & ", valor columna2:" & rs
["columna2"]
  rs.MoveNext()
Wend
```

查询结果记录的获取方式包括：“表!字段”方式，如 rs!columna1；“表["字段"]”方式，如 rs ["columna2"]。

⑤ 模块整体代码为：

```
Public Sub Main()
  Dim rs As Result
  Dim $con=New Connection
  Try $con.Close()                        '如果连接已经打开则关闭
   $con.Type="sqlite3"                    '定义连接类型
   $con.Host=Application.path             '数据库存储路径
   $con.Name="test.sqlite"                '数据库名
   $con.Open()                            '打开数据库连接
   $con.Exec("CREATE TABLE IF NOT EXISTS table1(columna1 TEXT,columna2 TEXT)")
                                          '在数据库中创建表 table1
  Print "Conectado? : " & $con.Opened '打开返回 True,否则返回 False
  rs= $con.Exec("INSERT INTO table1(columna1,columna2) VALUES('pepe','pablo')")
```

```
    Print "registro insertados: " & rs. Count
    rs= $con. Exec("SELECT columna1,columna2 FROM table1 ")
    While (rs. Available)
      Print "registro encontrado: valor columna1:" & rs!columna1 & ", valor columna2:" & rs["
columna2"]
      rs. MoveNext()
    Wend
    End
```

查询表中的记录，并输出。

10.3.2 高级操作

（1）创建数据库

SQlite 采用基于文件的访问方式，可以由当前正在运行应用程序进程并具有相同权限的用户按需创建数据库。

① 创建 SQLite 数据库名为“test2. sqlite” 的文件。

② 在工程中创建一个名为 MdbMain 的新模块。

③ 在模块中创建“Main”主函数，作为程序入口点，用于编写连接数据库代码：

```
    Public $con As Connection
    Public Sub Main()
      Dim rs As Result

      getConn()
      $con. Exec("CREATE TABLE IF NOT EXISTS table1(columna1 TEXT,columna2 TEXT)")
      Print "Conectado? : " & $con. Opened
      rs= $con. Exec("INSERT INTO table1(columna1,columna2) VALUES('pepe','pablo')")
      Print "registro insertados: " & rs. Count
      rs= $con. Exec("SELECT columna1,columna2 FROM table1 ")
      While (rs. Available)
        Print "registro encontrado: valor columna1:" & rs!columna1 & ", valor columna2:" & rs
["columna2"]
        rs. MoveNext()
      Wend
    End
```

④ 编写 getConn 过程代码：

```
    Private Sub getConn()
      $con=New Connection
      Try $con. Close()
      $con. Type="sqlite3"
      $con. Host=Application. path
      $con. Name="test2. sqlite"
      Try $con. Open()
      If Not IsNull($con) Then
        If $con. Opened Then
```

```
        $conopen=True
    Else
        $conopen=False
        Print "Could not connect,error I/O or something!"
        Quit
    Endif
  Endif
End
```

⑤ 验证数据库是否存在，如果不存在，则创建 test2. sqlite：

```
If NotExist(Application. path & "/test2. sqlite") Then
  ' create test2. sqlite
  $con=New Connection
  $con. Type="sqlite3"
  $con. Host=Application. path
  $con. Name=""
  $con. Open
  $con. Databases. Add("test2. sqlite")
  $con. Close
Endif
```

⑥ 模块整体代码为：

```
Public $con As Connection
Public Sub Main()
  Dim rs As Result
  getConn()
  $con. Exec("CREATE TABLE IF NOT EXISTS table1(columna1 TEXT,columna2 TEXT)")
  Print "Conectado? : " & $con. Opened
  rs= $con. Exec("INSERT INTO table1(columna1,columna2) VALUES('pepe','pablo')")
  Print "registro insertados: " & rs. Count
  rs= $con. Exec("SELECT columna1,columna2 FROM table1 ")
  While (rs. Available)
    Print "registro encontrado: valor columna1:" & rs!columna1 & ",valor columna2:" & rs["
columna2"]
    rs. MoveNext()
  Wend
End

Private Sub getConn()
  If Not Exist(Application. path & "/test2. sqlite") Then
    $con=New Connection
    $con. Type="sqlite3"
    $con. Host=Application. path
    $con. Name=""
    $con. Open
```

```
        $con. Databases. Add("test2. sqlite")
        $con. Close
    Endif
    $con=New Connection
    Try $con. Close()
    $con. Type="sqlite3"
    $con. Host=Application. path
    $con. Name="test2. sqlite"
    Try $con. Open()
    If Not IsNull( $con) Then
        If Not $con. Opened Then
            $conopen=False
            Print "Could not connect,error I/O or something!"
            Quit
        Endif
        $conopen=True
    Endif
End
```

（2）大数据操作

在进行大批量记录操作时，逐行写入数据速度可能会很慢，可以使用 Data 事件和数据库中的 Result 对象进行数据写入。

```
Public Sub GridView1_Data(Row As Integer,Column As Integer)
    rs. moveTo(row)
    GridView1. Data. text=Str(rs[GridView1. Columns[column]. text])
End
```

10.3.3 单表查询程序设计

下面通过一个实例来学习数据库单表查询程序设计方法。设计一个数据库管理程序，仿照 Gamabs 启动时弹出的“今日知识”对话框的外观与功能，实现数据库文档信息提示功能；不使用系统提供的数据绑定控件，而是使用 TextBox 控件显示标题，TextArea 控件显示内容；每次启动时随机从数据库中提取一条记录并显示，按下“上一个 P”“下一个 N”按钮时，可以向前或向后翻页，点击“关闭”按钮则关闭该应用程序，如图 10-26 所示。

（1）实例效果预览

实例效果预览如图 10-26 所示。

（2）实例步骤

① 启动 Gambas 集成开发环境，可以在菜单栏选择“文件”→“新建工程...”，或在启动窗体中直接选择“新建工程...”项。

② 在“新建工程”对话框中选择“1. 工程类型”中的“Database application”项，点击“下一个（N）”按钮。

③ 在“新建工程”对话框中选择“2. Parent directory”中要新建工程的目录，点击“下一个（N）”按钮。

④ 在“新建工程”对话框的“3. Project details”中输入工程名和工程标题，工程名为

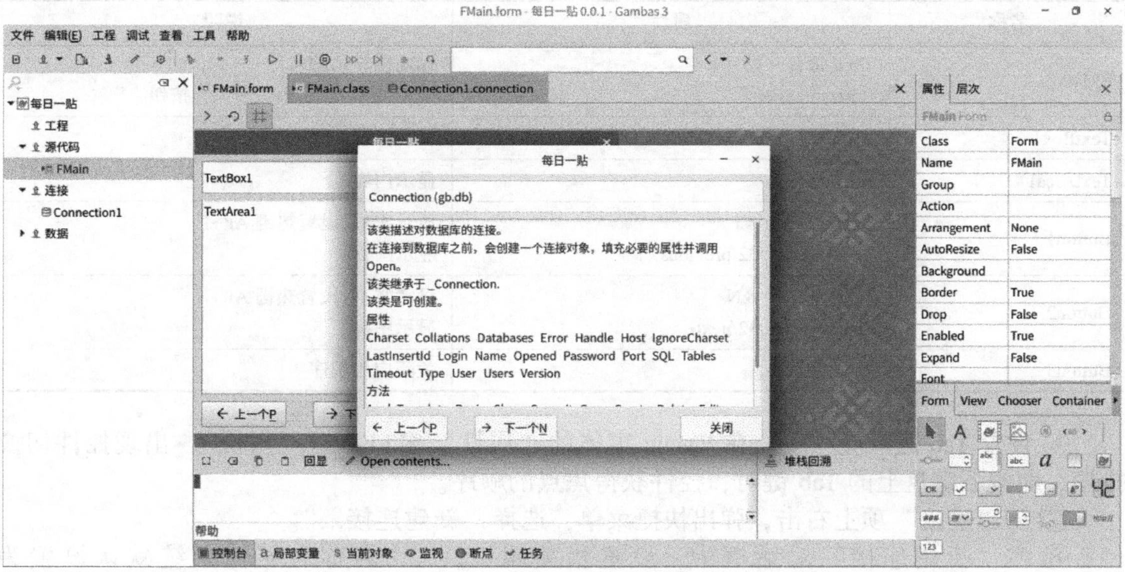

图 10-26　单表查询程序窗体

存储目录的名称，工程标题为应用程序的实际名称，在这里设置相同的工程名和工程标题。完成之后，点击“确定”按钮。

⑤ 系统默认生成的启动窗体名称（Name）为 FMain，并且在“工程”窗口中增加了“连接”选项，用以连接数据库。在 FMain 窗体中添加 1 个 TextBox 控件、1 个 TextArea 控件、3 个 Button 控件，如图 10-27 所示，并设置相关属性，如表 10-3 所示。

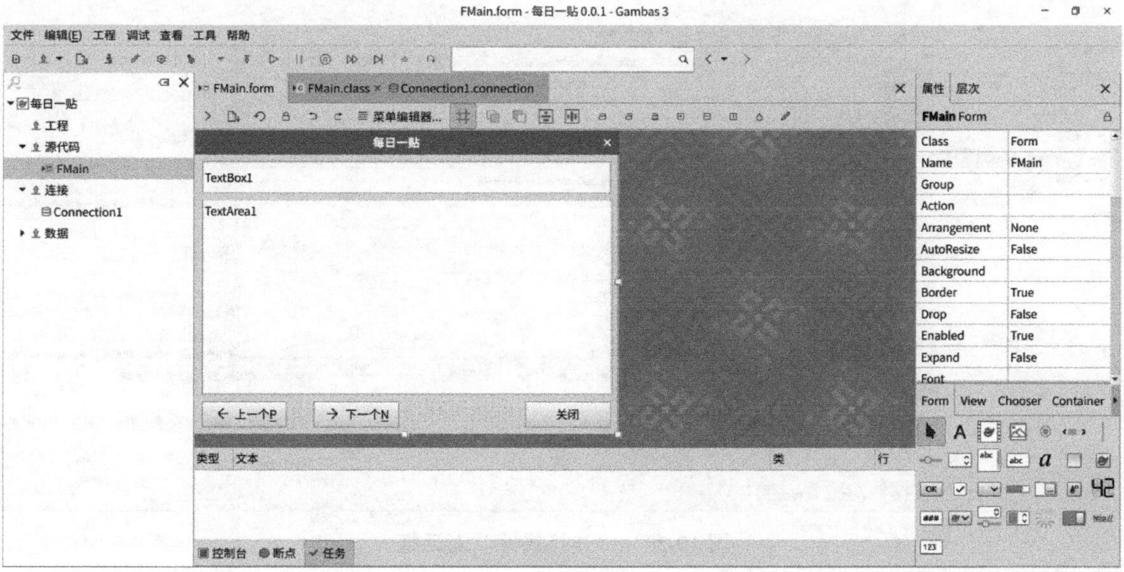

图 10-27　窗体设计

表 10-3 窗体和控件属性设置

名称	属性	说明
FMain	Text:每日一贴 Resizable:False	标题栏显示的名称 固定窗体大小,取消最大化按钮
TextBox1		显示标题
TextArea1	Wrap:True	显示内容
Button1	Text:上一个 &P Picture:icon:/32/previous	显示文本,设置热键 Alt+P 显示图标
Button2	Text:下一个 &N Picture:icon:/32/next	显示文本,设置热键 Alt+N 显示图标
Button3	Text:关闭	关闭应用程序

⑥ 设置 Tab 键响应顺序。在 FMain 窗体的“属性”窗口点击“层次”，出现控件切换排序，即按下键盘上的 Tab 键时，控件获得焦点的顺序。

⑦ 在“连接”项上右击，弹出快捷菜单，选择“新建连接...”。

⑧ 在“新建连接”对话框中，设置相关属性。“名称”属性系统默认设置为“Connection1”，根据连接数目依次递增；“类型”属性选择“SQLite”，默认支持 SQLite2 和 SQLite3 数据库；点击“路径”属性文本框中的“...”按钮，可以在弹出式对话框中选择数据库的存储路径。

⑨ 点击“数据库”属性文本框中右侧按钮，对话框窗口在原有基础上进行了扩展，增加了创建数据库的相关按钮与列表框，在文本框中输入“sqliteSample”，点击“Create database”按钮，则创建 SQLite 类型的数据库 sqliteSample，如图 10-28 所示。

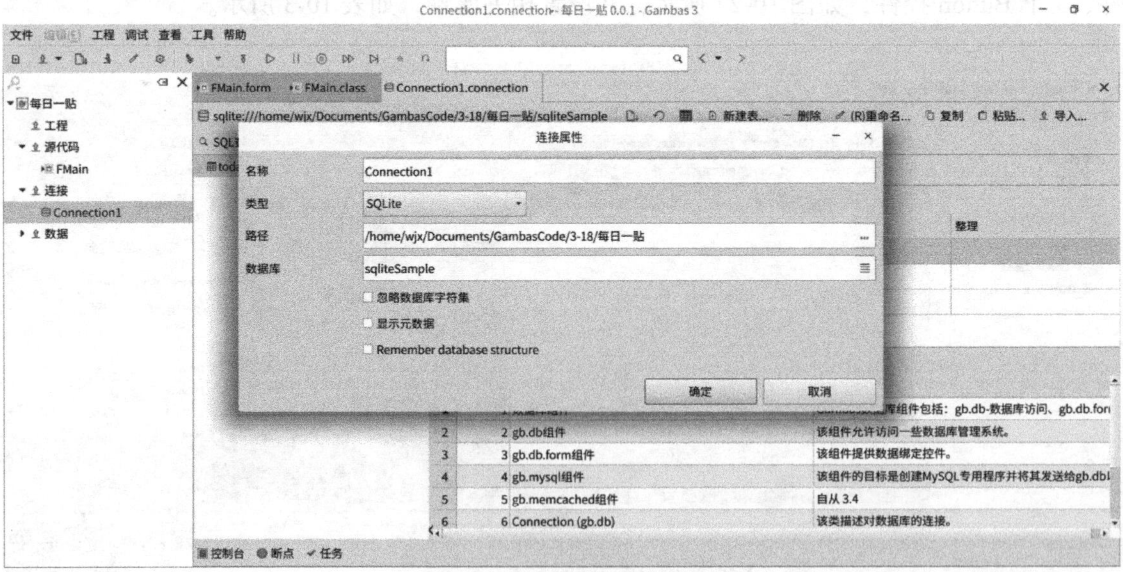

图 10-28 “连接属性”对话框

⑩ 在创建数据库 sqliteSample 后，选中当前数据库，“Create database”按钮转换为“Delete database”按钮，可删除当前选中的数据库；如果需要再创建一个数据库，在文本框中输入相应的名称，点击“Create database”按钮即可创建；最后，点击“确定”按钮，完

成数据库的创建。

⑪ 在“工程”窗口中的“Connection1”选项上右击，在弹出式菜单中选择“打开”选项，或直接在“Connection1”选项上双击，可创建和编辑表。

⑫ 点击“新建表...”按钮，弹出“创建表”对话框，在“名称”文本框中输入要创建的表名，这里输入“today”，点击“确定”按钮，则创建 today 表，输入记录并保存表，如图 10-29 所示。

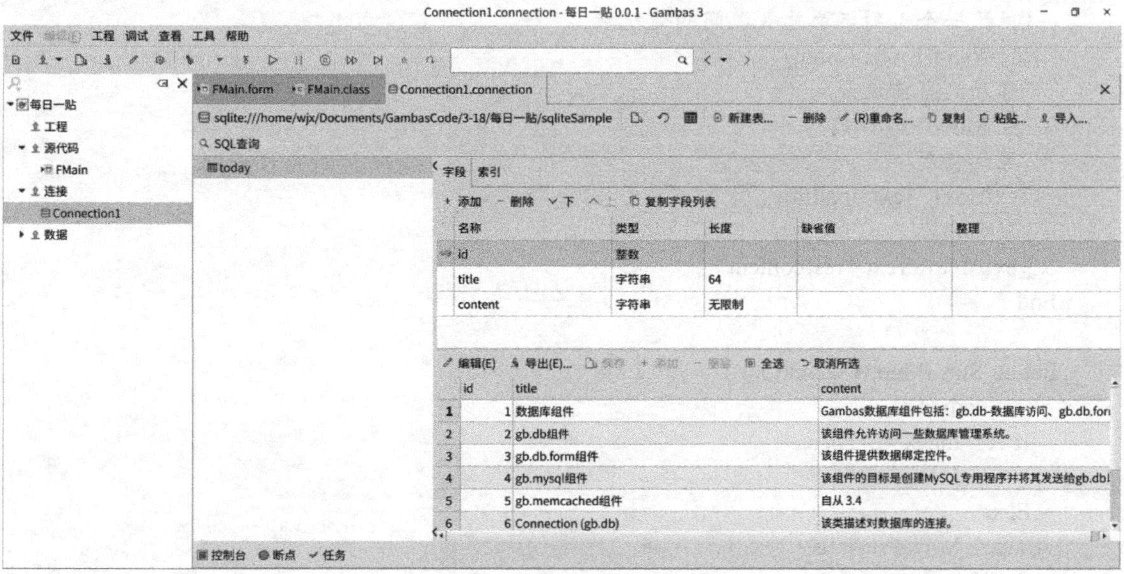

图 10-29　编辑记录

⑬ 在 FMain 窗体中添加代码。

```
' Gambas class file

  Public con As Connection
  Public res As Result

Public Sub Form_Open()

  Dim rd As Integer

  '打开随机数发生器
  Randomize
  '创建连接对象
  con=New Connection
  '如果连接已经打开则关闭
  If con. Opened Then con. Close()
  '设置连接类型、主机、名称属性
  With con
    . Type="sqlite3"
```

```
        . Host=Application. Path
        . Name="sqliteSample"
    End With
    '打开连接
    con. Open()
    '执行查询
    res=con. Exec("select* from today")
    '产生一个1到记录总数之间的随机数
    rd=Rand(1,res. Count)
    '移动到当前记录
    res. MoveTo(rd-1)
    '显示标题
    TextBox1. Text=res!title
    '显示内容
    TextArea1. Text=res!content
End

Public Sub Button1_Click()
    '上一个记录
    If res. Index=0 Then
        res. MoveLast
    Else
        res. MovePrevious
    Endif
    '显示标题和内容
    TextBox1. Text=res!title
    TextArea1. Text=res!content
End

Public Sub Button2_Click()
    '下一个记录
    If res. Index=res. Count-1 Then
        res. MoveFirst
    Else
        res. MoveNext
    Endif
    '显示标题和内容
    TextBox1. Text=res!title
    TextArea1. Text=res!content
End

Public Sub Button3_Click()
    '关闭数据库连接
    con. Close
    FMain. Close
End
```

程序中，res=con. Exec("select*from today")语句执行一个 select 查询，将 today 表中的所有数据提取出来，返回给 res。res 的数据类型为 Result 对象，本质上是一个查询结果的数据记录集。引用当前记录中某个字段值时，可以采用 res!title 或 res["title"]形式，而定位记录采用 res. MoveFirst、res. MoveNext、res. MoveLast、res. MovePrevious、res. MoveTo 等方法。

10.3.4 双表查询程序设计

下面通过一个实例来学习数据库双表查询程序设计方法。设计一个恐龙数据库管理程序，相关数据记录在两个表中，一个表记录恐龙的分类，另一个表记录恐龙的其他数据，实现恐龙数据的查询显示功能，包含编号、名称、介绍、照片、分类以及列表，不使用系统提供的数据绑定控件，在底部设计功能按钮，主要包括显示列表、第一个、上一个、下一个、最后一个、查找、编辑、添加、删除，可以通过列表选择并显示相关记录，也可以通过“第一个”“上一个”“下一个”“最后一个”按钮定位记录；利用“查找”按钮可以通过编号或名称进行查询；“编辑”按钮可对当前记录进行编辑，点击时该按钮变为“保存”，编辑完成后再次点击该按钮即可完成保存，并再次显示为“编辑”；点击“添加”按钮，可添加一条新记录；点击“删除”按钮可删除当前记录；双击照片时可弹出独立窗口显示大照片，如图 10-30 所示。

（1）实例效果预览

实例效果预览如图 10-30 所示。

图 10-30　双表查询程序窗体

（2）实例步骤

① 启动 Gambas 集成开发环境，可以在菜单栏选择“文件”→“新建工程…”，或在启动窗体中直接选择“新建工程…”项。

② 在“新建工程”对话框中选择“1. 工程类型”中的“Database application”项，点击“下一个（N）”按钮。

③ 在“新建工程”对话框中选择“2. Parent directory”中要新建工程的目录，点击“下一个（N）”按钮。

④ 在“新建工程”对话框的“3. Project details”中输入工程名和工程标题，工程名为存储目录的名称，工程标题为应用程序的实际名称，在这里设置相同的工程名和工程标题。完成之后，点击“确定”按钮。

⑤ 系统默认生成的启动窗体名称（Name）为 FMain，并且在“工程”窗口中增加了“连接”选项，用以连接数据库。在 FMain 窗体中添加 1 个 TreeView 控件、3 个 TextBox 控件、1 个 TextArea 控件、1 个 PictureBox 控件、9 个 Button 控件、5 个 Label 控件，如图 10-31 所示，并设置相关属性，如表 10-4 所示。

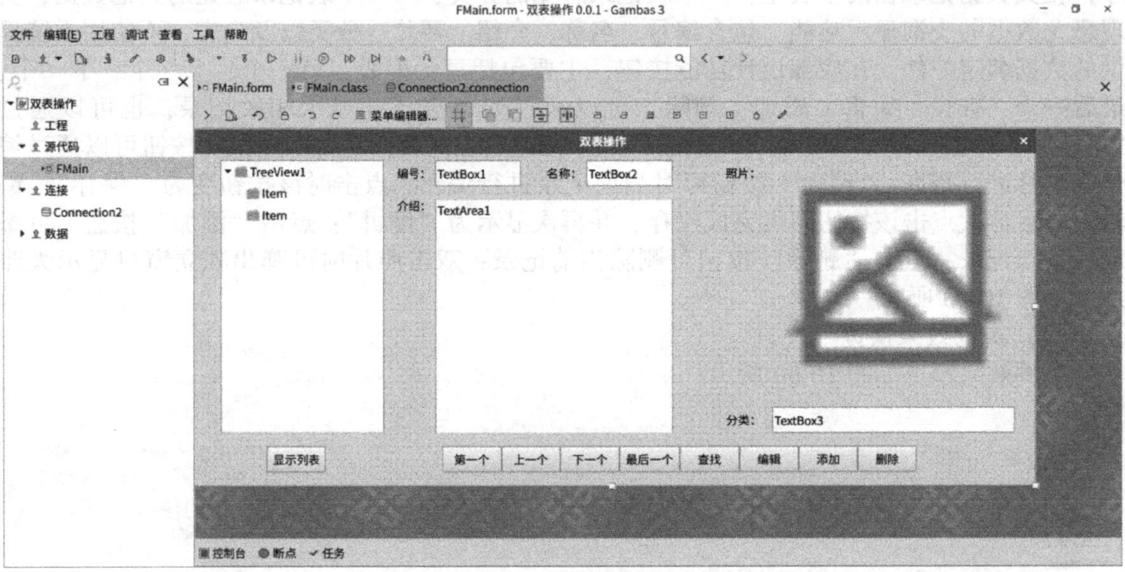

图 10-31　窗体设计

表 10-4　窗体和控件属性设置

名称	属性	说明
FMain	Text：双表操作 Resizable：False	标题栏显示的名称 固定窗体大小，取消最大化按钮
TreeView1		显示恐龙分类列表
TextBox1		显示编号
TextBox2		显示名称
TextBox3		显示分类
TextArea1	Wrap：True	显示介绍性内容
PictureBox1	Stretch：True	显示图片
Button1	Text：第一个	命令按钮，响应相关点击事件
Button2	Text：上一个	命令按钮，响应相关点击事件
Button3	Text：下一个	命令按钮，响应相关点击事件
Button4	Text：最后一个	命令按钮，响应相关点击事件
Button5	Text：显示列表	命令按钮，响应相关点击事件

续表

名称	属性	说明
Button6	Text:查找	命令按钮,响应相关点击事件
Button7	Text:编辑	命令按钮,响应相关点击事件
Button8	Text:添加	命令按钮,响应相关点击事件
Button9	Text:删除	命令按钮,响应相关点击事件
Label1	Text:编号:	标签控件
Label2	Text:名称:	标签控件
Label3	Text:介绍:	标签控件
Label4	Text:照片:	标签控件
Label5	Text:分类:	标签控件

⑥ 设置 Tab 键响应顺序。在 FMain 窗体的“属性”窗口点击“层次”，出现控件切换排序，即按下键盘上的 Tab 键时，控件获得焦点的顺序。

⑦ 在“连接”项上右击，弹出快捷菜单，选择“新建连接…”。

⑧ 在“新建连接”对话框中，设置相关属性。“名称”属性系统默认设置为“Connection1”，根据连接数目依次递增；“类型”属性选择“SQLite”，默认支持 SQLite2 和 SQLite3 数据库；点击“路径”属性文本框中的“…”按钮，可以在弹出式对话框中选择数据库的存储路径。

⑨ 点击“数据库”属性文本框中右侧按钮，对话框窗口在原有基础上进行了扩展，增加了创建数据库的相关按钮与列表框，在文本框中输入“SL”，点击“Create database”按钮，则创建 SQLite 类型的数据库 SL，如图 10-32 所示。

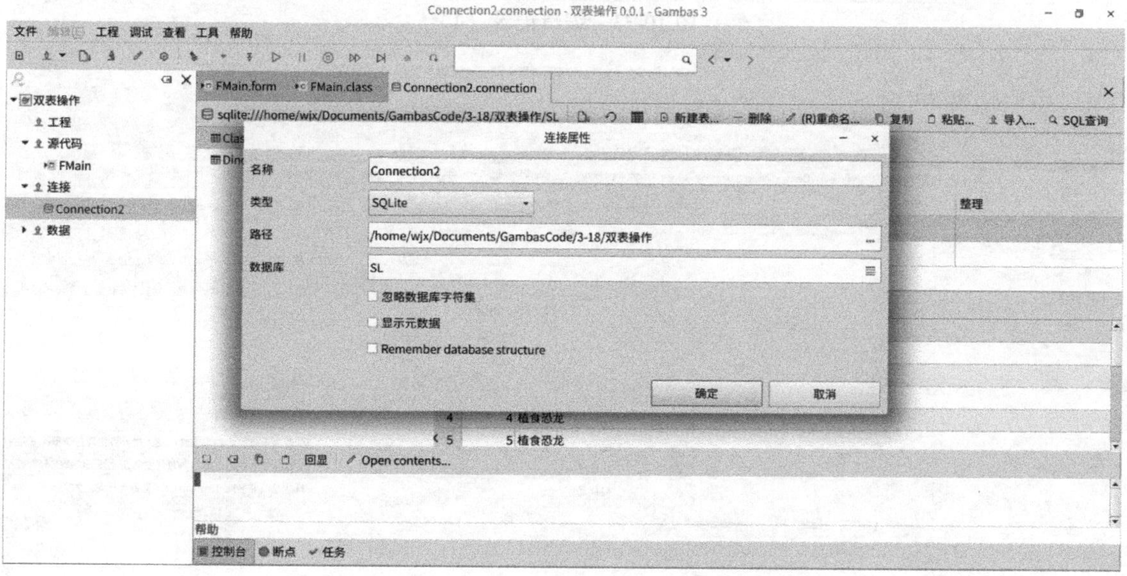

图 10-32 “连接属性”对话框

⑩ 在创建数据库 SL 后，选中当前数据库，“Create database”按钮转换为“Delete database”按钮，可删除当前选中的数据库；如果需要再创建一个数据库，在文本框中输入相应的名称，点击“Create database”按钮即可创建；最后，点击“确定”按钮，完成数据库的创建。

⑪ 在“工程”窗口中的“Connection2”选项上右击，在弹出式菜单中选择“打开”选项，或直接在“Connection2”选项上双击，可创建和编辑表。

⑫ 点击“新建表...”按钮，弹出“创建表”对话框，在名称文本框中输入“Class”，点击“确定”按钮，创建 Class 表，输入记录并保存表。同理，创建 Dinosaur 表，并输入记录。

⑬ 点击“新建表...”按钮，弹出“创建表”对话框，在“名称”文本框中输入要创建的表名，这里输入“Class”，点击“确定”按钮，则创建 Class 表，输入记录并保存表；同理，创建 Dinosaur 表，并输入记录并保存表，如图 10-33 和图 10-34 所示。

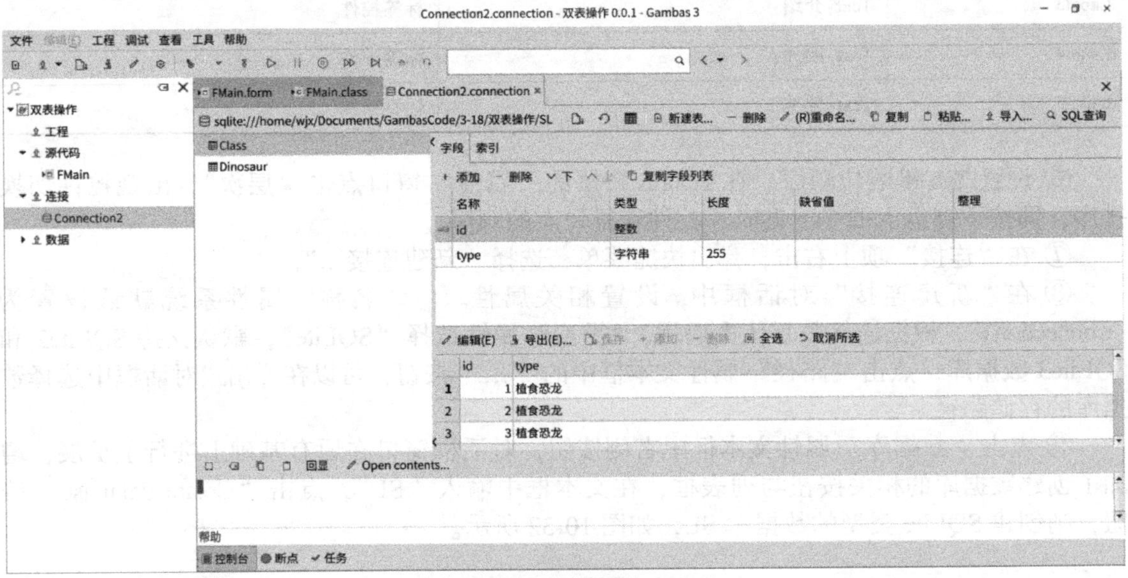

图 10-33　编辑记录（1）

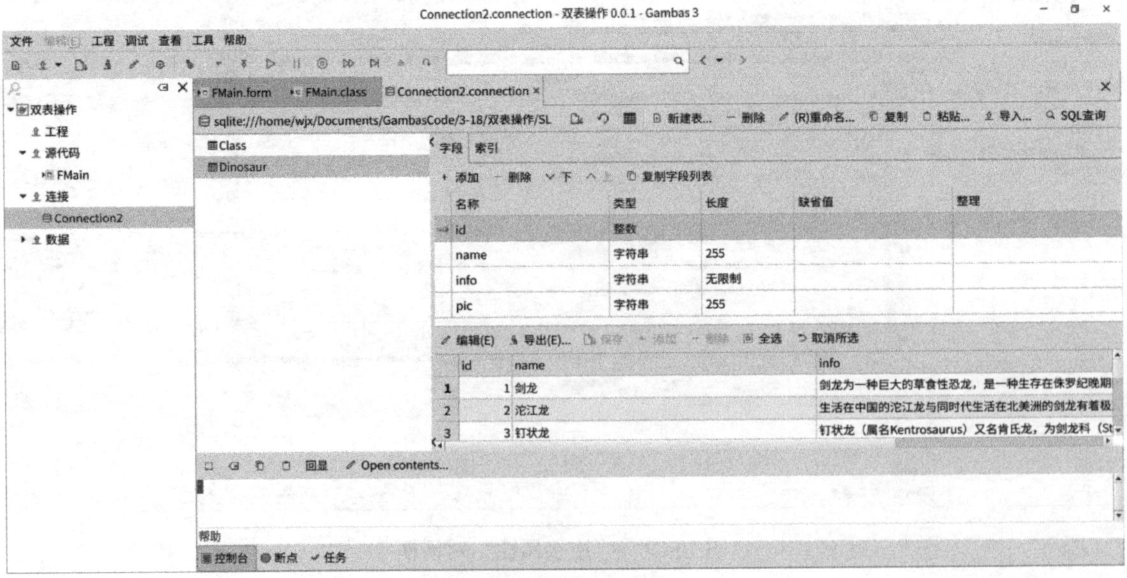

图 10-34　编辑记录（2）

⑭ 在 FMain 窗体中添加代码。

```
' Gambas class file

  Public con As Connection
  Public res As Result

Public Sub Form_Open()

  '创建连接对象
  con=New Connection
  '如果连接已经打开则关闭
  Try con. Close()
  '设置连接类型、主机、名称属性
  con. Type="sqlite3"
  con. Host=Application. Path
  con. Name="SL"
  '打开连接
  con. Open()
  '执行查询
  res=con. Exec("select*from Dinosaur,Class where Dinosaur. id=Class. id")
  '移动到第一个记录
  res. MoveFirst
  '显示查询数据
  GetData
  '错误处理
  If Error Then Return
End

Public Sub GetData()

  Dim s As String

  '显示编号、名称、介绍、照片、分类等信息
  TextBox1. Text=res!id
  TextBox2. Text=res!name
  TextArea1. Text=res!info
  If res!pic=Null Then
    s="icon:/huge/close"
  Else
    s=res!pic
  Endif
  PictureBox1. Picture=Picture[s]
  TextBox3. Text=res!type
  '错误处理
  Catch
```

```
        Return
    End

    Public Sub Button1_Click()
      '第一个
      res. MoveFirst
      GetData
    End

    Public Sub Button2_Click()
      '上一个
      res. MovePrevious
      GetData
    End

    Public Sub Button3_Click()
      '下一个
      res. MoveNext
      GetData
    End

    Public Sub Button4_Click()
      '最后一个
      res. MoveLast
      GetData
    End

    Public Sub PictureBox1_DblClick()

      Dim fm As Form

      '双击照片时弹出窗口显示
      fm=New Form
      fm. Width=PictureBox1. Picture. Width
      fm. Height=PictureBox1. Picture. Height
      fm. Picture=PictureBox1. Picture
      fm. Text=TextBox2. Text
      fm. Show
    End

    Public Sub PictureBox1_MouseDown()
      '在编辑和添加状态下右击照片时即可编辑
      If Mouse. Right And (Button7. Text="保存" Or Button8. Text="保存") Then
        Dialog. Path=". "
        Dialog. Title="打开"
```

```
      Dialog.Filter=["*.png;*.jpg;*.jpeg;*.bmp","图片文件"]
      If Dialog.OpenFile() Then Return
      'PictureBox1.Tag存储照片路径
      PictureBox1.Tag=File.Name(Dialog.Path)
    Endif
End

Public Sub Button5_Click()

    Dim rs As Result
    Dim i As Integer

    TreeView1.Clear
    '显示列表
    rs=con.Exec("select distinct type from Class")
    For i=0 To rs.Count-1
      TreeView1.Add(rs!type,rs!type)
      rs.MoveNext
    Next
    '插入列表
    rs=con.Exec("select*from Dinosaur,Class where Dinosaur.id=Class.id")
    For i=0 To rs.Count-1
      TreeView1.Add(rs!name,rs!name,,rs!type)
      rs.MoveNext
    Next
    '错误处理
    Catch
      Return
End

Public Sub TreeView1_Click()

    Dim rs As Result
    Dim rs2 As Result

    '点击列表时显示相关记录
    rs=con.Exec("select*from Dinosaur where Dinosaur.name=&1",TreeView1.Current.Text)
    TextBox1.Text=rs!id
    TextBox2.Text=rs!name
    TextArea1.Text=rs!info
    PictureBox1.Picture=Picture.Load(rs!pic)
    rs2=con.Exec("select*from Class where Class.id=&1",rs!id)
    TextBox3.Text=rs2!type
    '错误处理
    Catch
```

```
        Return
    End

    Public Sub Button6_Click()

      Dim rs As Result

      '查找
      'Button6. Tag 用来设置标志
      If Button6. Tag Then
        '再次点击时按编号或名称查询记录并显示
        Button6. Tag=False
        rs = con. Exec("select* from Dinosaur where Dinosaur. id = &1 or Dinosaur. name = &2",
TextBox1. Text,TextBox2. Text)
        TextBox1. Text=rs!id
        TextBox2. Text=rs!name
        TextArea1. Text=rs!info
        PictureBox1. Picture=Picture. Load(rs!pic)
      Else
        '首次点击时清空显示记录
        Button6. Tag=True
        TextBox1. Text=""
        TextBox2. Text=""
       TextArea1. Text=""
        PictureBox1. Picture=Null
      Endif
      '错误处理
      Catch
        Return
    End

    Public Sub Button7_Click()

      Dim rs As Result

      '编辑
      'Button7. Tag 用来设置标志
      If Button7. Tag Then
        '再次点击时更新记录
        Button7. Tag=False
        Button7. Text="编辑"
        If PictureBox1. Tag=Null Then
          rs=con. Exec("select*from Dinosaur where Dinosaur. id=&1",TextBox1. Text)
          PictureBox1. Tag=rs!pic
        Endif
```

```
        con. Exec("update Dinosaur set name = &1, info = &2, pic = &3 where Dinosaur. id = &4",
TextBox2. Text, TextArea1. Text, PictureBox1. Tag, TextBox1. Text)
        con. Exec("update Class set type=&1 where Class. id=&2", TextBox3. Text, TextBox1. Text)
        PictureBox1. Tag=""
      Else
        '首次点击时按钮显示"保存"
        Button7. Tag=True
        Button7. Text="保存"
      Endif
    End

    Public Sub Button8_Click()

      Dim rs As Result
      Dim cnt As Result
      Dim i As Integer

      '添加
      If Button8. Tag Then
        '再次点击时插入记录
        Button8. Tag=False
        Button8. Text="添加"
        '查询 id 最大值记录
        cnt=con. Exec("select*from Dinosaur where id=(select max(id) from Dinosaur)")
        '插入记录
        rs=con. Exec("insert into Dinosaur (id, name, info, pic) values (&1, &2, &3, &4)", cnt!id+1,
TextBox2. Text, TextArea1. Text, PictureBox1. Tag)
        rs=con. Exec("insert into Class (id, type) values (&1, &2)", cnt!id+1, TextBox3. Text)
        PictureBox1. Tag=""
      Else
        '首次点击时清空显示记录
        Button8. Tag=True
        Button8. Text="保存"
        TextBox1. Text=""
        TextBox2. Text=""
        TextArea1. Text=""
        TextBox3. Text=""
        PictureBox1. Picture=Null
      Endif
    End

    Public Sub Button9_Click()
      '删除
      con. Exec("delete from Dinosaur where Dinosaur. id=&1", TextBox1. Text)
      con. Exec("delete from Class where Class. id=&1", TextBox1. Text)
```

```
    '上一个
    Button2_Click
    '显示列表
    Button5_Click
End
```

值得注意的是，图片并未存储到数据库中，而是与数据库一起存储在了工程目录下，程序只是将图片的路径存储到数据库中，能够避免数据库容量由于存储大量图片而显著增大，查询效率降低的问题。双表查询通过 id 将两个表联系在一起，实现查询联动。

控件通常具有 Tag 属性，数据类型为 Variant 变体型，可以保存任何类型的数据，并且仅供程序设计人员使用，用以代替声明一个新变量的方法。

10. 4　MySQL 数据库操作

MySQL 是一种免费、开源（GPL）的关系型数据库管理系统，使用结构化查询语言 SQL 进行数据库管理。1996 年 MySQL 1. 0 发布，从 MySQL 3. 22 开始提供基本的 SQL 支持，后来 MySQL 被 Oracle 收购。MySQL 的创始人 Monty Widenius 从 Oracle 离职后，创建了 MariaDB（以其女儿 Maria 的名字命名）数据库作为 MySQL 的一个分支，由开源社区维护，采用 GPL 授权许可，以避免 Oracle 将 MySQL 闭源。MariaDB 的目的是完全兼容 MySQL，包括 API 和命令行，使之成为 MySQL 的代替品。

10. 4. 1　MySQL 数据库安装

（1）在 Deepin 15. 11 操作系统下使用 apt 方式安装 MySQL。

打开终端输入命令：

```
sudo apt-get install -y mysql-server mysql-client
```

由于加入了-y 参数，系统安装会直接跳过设置密码的阶段。如果需要设置密码，请不要加入-y 参数。

（2）设置密码

打开终端输入命令：

```
sudo mysql -u root -p
```

如果要求输入密码，直接回车即可，如图 10-35 所示。

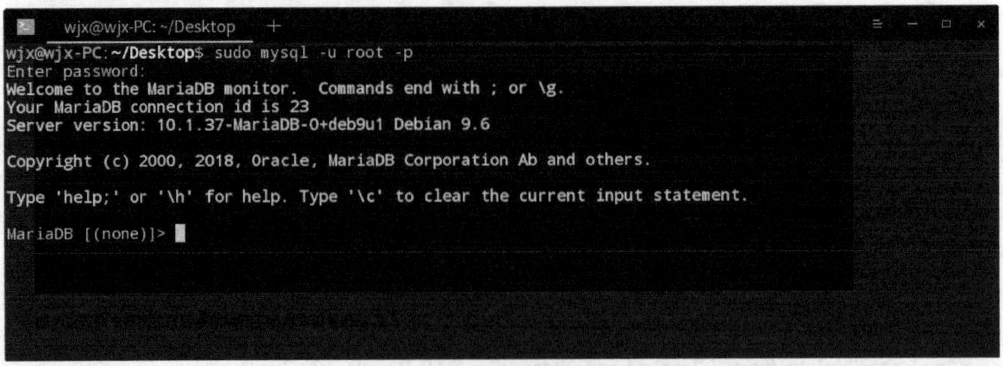

图 10-35　进入 MySQL

成功进入命令行模式后，依次执行以下命令设置密码：

```
update mysql. user set plugin="mysql_native_password" where user="root";
grant all on *. * to root@"localhost";
update mysql. user set authentication_string=password('设置密码') where user='root' and Host=
'localhost' ;
flush privileges;
```

将上面代码中的“设置密码”修改为“root”，即密码为“root”，如图 10-36 所示。

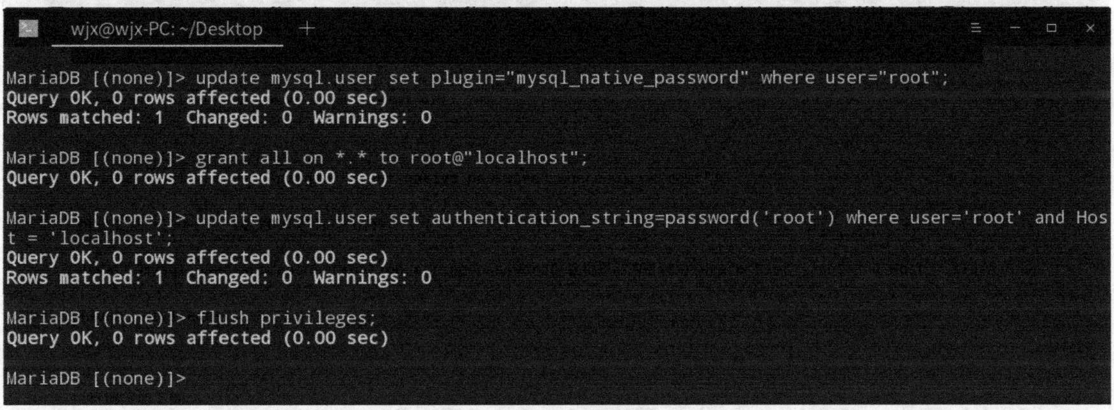

图 10-36　设置密码

（3）测试

测试 root 账户能否使用密码 root 正常登录，输入以下命令：

```
mysql -u root -p
```

再输入密码“root”即可登录，如图 10-37 所示。

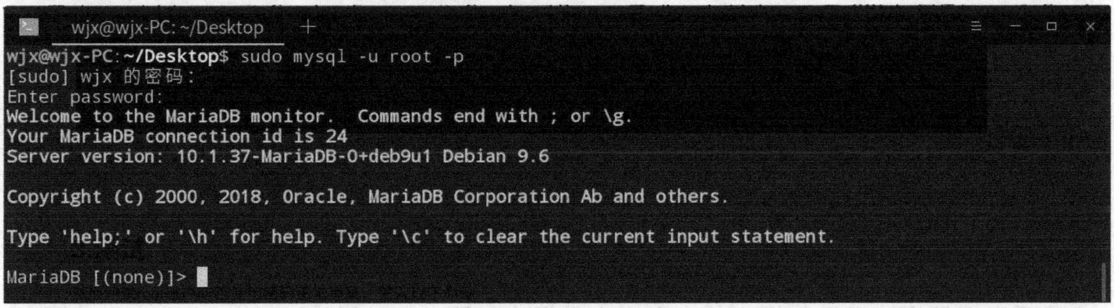

图 10-37　密码登录

10.4.2　MySQL 数据库卸载

（1）检查版本

检查当前版本，可在 Deepin 15.11 操作系统下打开终端输入命令：

```
mysql -V
```

当前发布版本为 10.1.37，如图 10-38 所示。

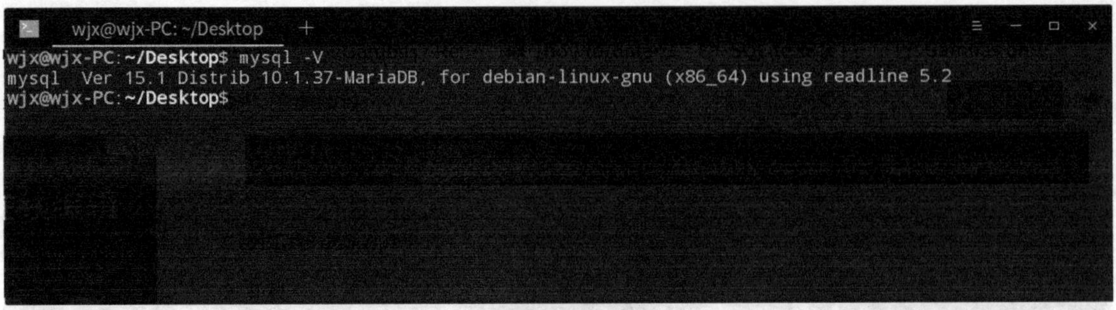

图 10-38　检查版本

(2) 卸载

卸载 MySQL 时，可输入命令：

```
sudo apt-get autoremove --purge mysql-server-10. 1
```

只需写明主版本号，10. 1. 37 的主版本号为 10. 1。

(3) 其他

卸载完成之后输入命令：

```
sudo apt-get autoremove mysql-server
sudo apt-get remove mysql-common
sudo dpkg -l |grep ^rc|awk '{print  $2}'|sudo xargs dpkg -P
```

至此，即可完全卸载。

10. 4. 3　运行 MySQL 数据库

(1) 查看登录用户

输入命令：

```
select user();
```

(2) 显示数据库信息

输入命令：

```
show databases;
```

(3) 进入数据库

输入命令：

```
use mysql;
```

查看登录用户、显示数据库信息和进入数据库如图 10-39 所示。

(4) 显示数据库表

输入命令：

```
show tables;
```

(5) 执行数据库操作

可以输入执行数据库操作命令，如：

```
select id from ts;
```

显示数据库表和执行数据库操作如图 10-40 所示。

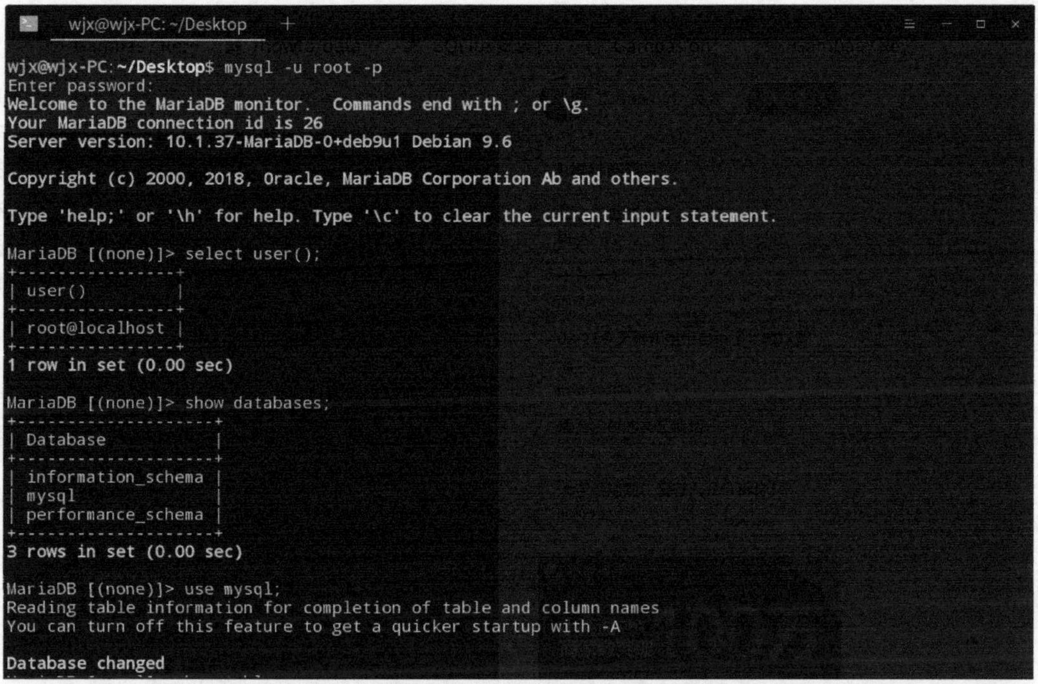

图 10-39　查看登录用户、显示数据库信息和进入数据库

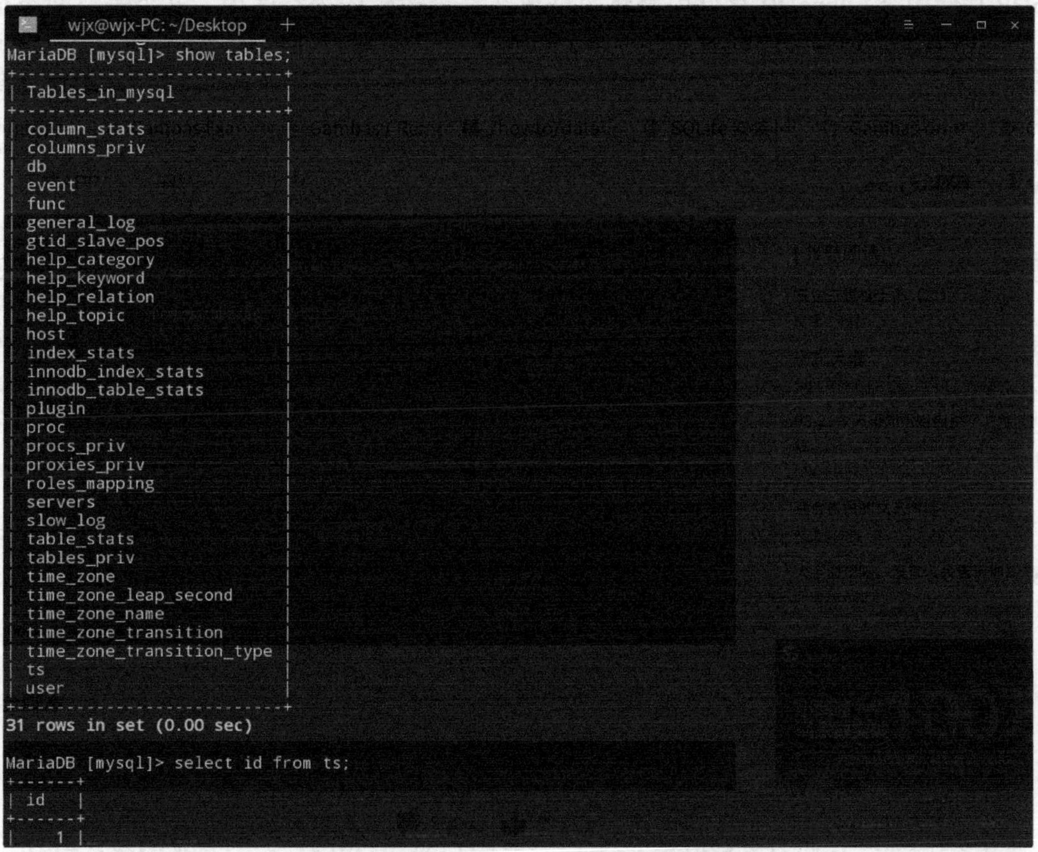

图 10-40　显示数据库表和执行数据库操作

10.4.4 MySQL 存储引擎

MySQL 中的数据用各种不同的技术存储在文件或内存中。每一种技术都使用不同的存储机制、索引方式、锁定水平，以适应用户特殊需要。如操作大量临时数据，可以使用内存存储引擎，在内存中存储所有的表数据；如需要一个支持事务处理的数据库，以确保事务处理不成功时数据回滚。存储引擎就是在存储数据、提取数据、更新数据等技术层面的技术实现，也称表类型。MySQL 默认配置了多种存储引擎，可以预先设置或在 MySQL 服务器中启用，可以选择适用于服务器、数据库和表的存储引擎，在数据存储、检索时提高数据库性能。

（1）InnoDB 存储引擎

InnoDB 为事务型存储引擎，是一种大数据存储解决方案，已经被大量互联网公司采用。InnoDB 是 MySQL 默认的存储引擎。InnoDB 引入了行级锁定和外键约束，适用场景为：

① 更新密集的表。InnoDB 存储引擎适合于处理多重并发的更新请求。

② 事务处理。

③ 灾备。与其他存储引擎不同，InnoDB 能够自动从灾难中恢复。

④ 外键约束。

⑤ 支持自动增加列 AUTO_ INCREMENT 属性。

一般来说，如果需要事务处理支持，并且有较高的并发读取频率，可以考虑使用 InnoDB 存储引擎。InnoDB 存储引擎将数据放在一个逻辑的表空间内，这个表空间类似黑盒，由 InnoDB 存储引擎自身来管理。从 MySQL 4. 1 版本开始，可以将每个 InnoDB 存储引擎的表单独存储到一个独立的 ibd 文件中。InnoDB 存储引擎支持将 Row Disk 设备用于建立其表空间。InnoDB 通过使用多版本并发控制（MVCC）来获得高并发性，实现了 SQL 标准的 4 种隔离级别，默认为 REPEATABLE 级别，同时使用 Netx-key Locking 策略来避免产生幻读（Phantom）现象。

此外，InnoDB 存储引擎还提供了插入缓冲（Insert Buffer）、二次写（Double Write）、自适应哈希索引（Adaptive Hash Index）、预读（Read Ahead）等技术。对于表中数据的存储，InnoDB 存储引擎采用了聚集（Clustered）方式，每张表都按主键的顺序进行存储，如果没有显式在表定义时指定主键，InnoDB 存储引擎会为每一行生成一个 6 字节的 ROWID，并以此作为主键。InnoDB 存储引擎是 MySQL 数据库中最为常用的一种引擎，具有高可用性、高性能以及高可扩展性，被 Facebook、Google、Yahoo、腾讯、阿里、华为等公司采用。

（2）MyISAM 存储引擎

MyISAM 存储引擎不支持事务和外键，访问速度快，适用于对事务完整性没有要求或以 SELECT、INSERT 为主的应用，适用场景为：

① 不需要事务支持的业务。

② 一般为读数据比较多或写数据比较多的应用，读写都频繁的场景不适合。

③ 读写并发访问都相对较低的业务，纯读或纯写高并发也可以。

④ 数据修改相对较少的业务。

⑤ 对数据一致性要求不高的业务。

⑥ 以读为主的业务，如图片信息数据库、用户数据库、商品库等业务。

每个 MyISAM 存储引擎包括 3 个文件，文件名和表名相同，扩展名分别为：. frm，存储表定义；MYD，MYData，存储数据；MYI，MYIndex，存储索引。数据文件和索引文件可以放置在不同的目录，平均分配IO，以获取更快的速度。要指定数据文件和索引文件的路径，需要在创建表时通过DATA DIRECTORY和INDEX DIRECTORY语句指定，文件路径需要使用绝对路径。

每个MyISAM表都有一个标志，服务器或myisamchk程序在检查MyISAM数据表时会对这个标志进行设置。MyISAM表还有一个标志，用来表明该数据表在上次使用后是不是被正常关闭。MyISAM类型的表损坏后，可以使用CHECK TABLE语句检查，并用REPAIR TABLE语句修复。MyISAM的表支持3种不同的存储格式：静态（固定长度）表、动态表、压缩表。

静态表是默认的存储格式。静态表中的字段是非变长字段，每个记录固定长度，优点是存储迅速，容易缓存，出现故障容易恢复；缺点是占用的空间通常比动态表大。静态表在数据存储时会根据字段定义的宽度定义补足空格，在访问时空格会被自动处理掉。

动态表包含变长字段，记录长度不固定，优点是占用空间较少；缺点是频繁更新删除记录会产生碎片，需要定期执行OPTIMIZE TABLE语句或myisamchk -r命令来改善性能，出现故障时恢复相对困难。

压缩表由myisamchk工具创建，每条记录被单独压缩，占用空间小。

（3）MERGE存储引擎

MERGE存储引擎是一组MyISAM表的组合，这些MyISAM表结构必须完全相同，即多个相同MyISAM表的聚合器；MERGE表中没有数据，对MERGE类型的表可以进行查询、更新、删除操作，这些操作实际上是对内部的MyISAM表进行操作。

（4）MEMORY存储引擎

MEMORY存储引擎的特点是速度快。为得到最快的响应时间，采用系统内存作为逻辑存储介质，适用场景为：

① 目标数据较小，且被频繁访问。可以通过参数max_heap_table_size控制MEMORY表的大小。

② 如果数据是临时存放的，而且要求必须立即可用，可以存放在MEMORY表中。

③ 存储在MEMORY表中的数据如果突然丢失，不会对应用服务产生实质的负面影响。

虽然在内存中存储数据表会提高系统性能，但当MySQL守护进程崩溃时，所有的MEMORY表数据都会丢失，在获得速度的同时也会带来缺陷。它要求存储在MEMORY表里的数据使用固定长度格式，不能使用BLOB和TEXT等长度可变的数据类型。VARCHAR是一种长度可变的类型，可在MySQL内部当作长度固定不变的CHAR类型。

MEMORY表同时支持散列索引和B树索引。B树索引优于散列索引的原因是，B树索引可以使用部分查询和通配查询，也可以使用<、>和>=等操作符，方便数据挖掘。散列索引进行“相等比较”速度快，但是对“范围比较”的速度较慢，因此，散列索引值适合使用在=和<>的操作符中，不适合在<或>操作符中，也同样不适合用在order by子句中。

（5）BDB存储引擎

Sleepycat Software为MySQL提供了Berkeley DB事务性存储引擎。这个存储引擎被称为BDB。BDB表有一个更大的崩溃幸存机会，可替代InnoDB的事务引擎，并且具有对事务COMMIT和ROLLBACK操作的能力。

（6）ISAM存储引擎

ISAM存储引擎在读取数据方面速度很快，而且不会占用大量的内存和存储资源；但是ISAM不支持事务处理、外键、容错，也不支持索引。该引擎在MySQL 5.1及其以上版本的数据库中不再支持。

(7) ARCHIVE 存储引擎

ARCHIVE 存储引擎在 MySQL 5. 5 版本以前不支持索引，在其以后的版本中开始支持索引。ARCHIVE 具有压缩机制，使用 zlib 压缩库，在记录被请求时会实时压缩，经常被用来当作数据仓库使用。在压缩之后很多的高级功能就不再支持了，仅仅支持最基本的插入和查询两种功能。

10.4.5 创建并连接 MySQL

在使用 MySQL 之前，应确定已经安装 gb. mysql (. . /. . /comp/gb/component) 和所有 MySQL 依赖包。为使程序能访问数据库引擎，必须选中“gb. db”。使用 MySQL 控制台创建数据库可以避免 Gambas 处理数据类型时的一些问题。

(1) 创建 MySQL 连接

① 为应用程序创建一个新模块，命名为 MODMain。

② 为连接创建一个新变量：

```
PUBLIC $Con AS NEW Connection
```

③ 创建一个过程来生成连接：

```
PUBLIC PROCEDURE Connect()
  $Con. Close()                          '关闭连接
  $Con. Type="[.... /def/mysql]"         '连接类型
  $Con. Host="localhost"                 '服务器(主机)名
  $Con. Login="root"                     '使用连接的用户名
  $Con. Port="3306"                      '连接使用的端口,通常是 3306
  $Con. Name="Sophia"                    '使用的数据库名
  $Con. Password="root123"               '用户口令(密码)
  $Con. Open()                           '打开连接
END
```

④ 创建一个过程来启动程序：

```
PUBLIC SUB Main()
  Connect()                              '运行连接过程
  FRMStart. Visible=TRUE                 '程序主窗口可见
END
```

⑤ 在数据库中执行查询：

```
MODMain. $Con. Exec(“SELECT*FROM mysql. user”)
```

⑥ 创建自定义的信息查询：

```
PUBLIC PROCEDURE SearchName()
  DIM  $Query AS String
   $Query="SELECT*FROM Friends WHERE Name='" & TBXName. Text & "' "
  MODMain. $Con. Exec( $Query)
END
```

(2) 结果处理 (SELECTS)

① 设 Friends 表有下列字段 (Field)：

```
        FirstName
        SecondName
        Address
        Phone
```

② 将查询结果保存到一个变量：

```
PUBLIC PROCEDURE SearchName()
  DIM $Query AS String
  DIM $Result AS Result
  DIM $Phone AS String

  $Query="SELECT*FROM Friends WHERE Name='" & TBXName. Text & "' "
  $Result=MODMain. $Con. Exec( $Query)
  $Phone= $Result!Phone
  Message. Info( $Phone)
END
```

③ 创建一个可以打印的报表，可以用 html 格式将查询结果保存到 File，用 Web 浏览器打开。

（3）事务处理

① 添加一条新记录到 Friends 表：

```
DIM $Result AS Result

MODMain. $Con. Begin()
  $Result=MODMain. $Con. Create("Friends")
  $Result!FirstName=TBXName. Text
  $Result!SecondName=TBXName2. Text
  $Result!Address=TBXAddress. Text
  $Result!Phone=TBXPhone. Text
  $Result. Update()
MODMain. $Con. Commit()
```

② 要注意数据类型是否匹配，不能将 String 存入 Integer。

10.4.6 DBeaver 连接 MySQL 数据库

① 打开 DBeaver。

② 在左侧的“数据库导航”窗口中右击，在弹出菜单中选择“新建连接”，或在菜单栏选择“数据库 (D) ”→“新建连接”菜单项。

③ 在弹出的“创建新连接”对话框中，选择“MySQL”选项，点击“下一步 (N) >”按钮，如图 10-41 所示。

由于 MySQL 与 MariaDB 完全兼容，此时，也可以在“创建新连接”对话框中，选择“MariaDB”选项，点击“下一步 (N) >”按钮，如图 10-42 所示。之后 MariaDB 的设置步骤与 MySQL 相同。

④ 在“创建新连接”对话框中，在“数据库”框内输入自定义数据库“mysql”，在“用户名”和“密码”框内输入用户名和密码“root”，点击“连接详情 (名称、类型…) ”按钮，如图 10-43 所示。

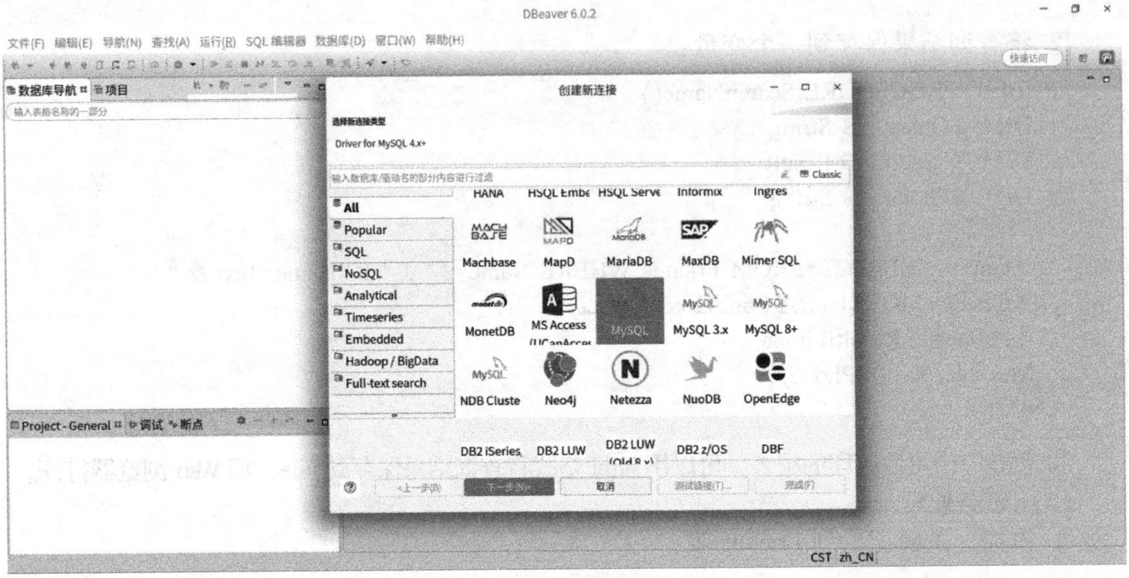

图 10-41 选择“MySQL”选项

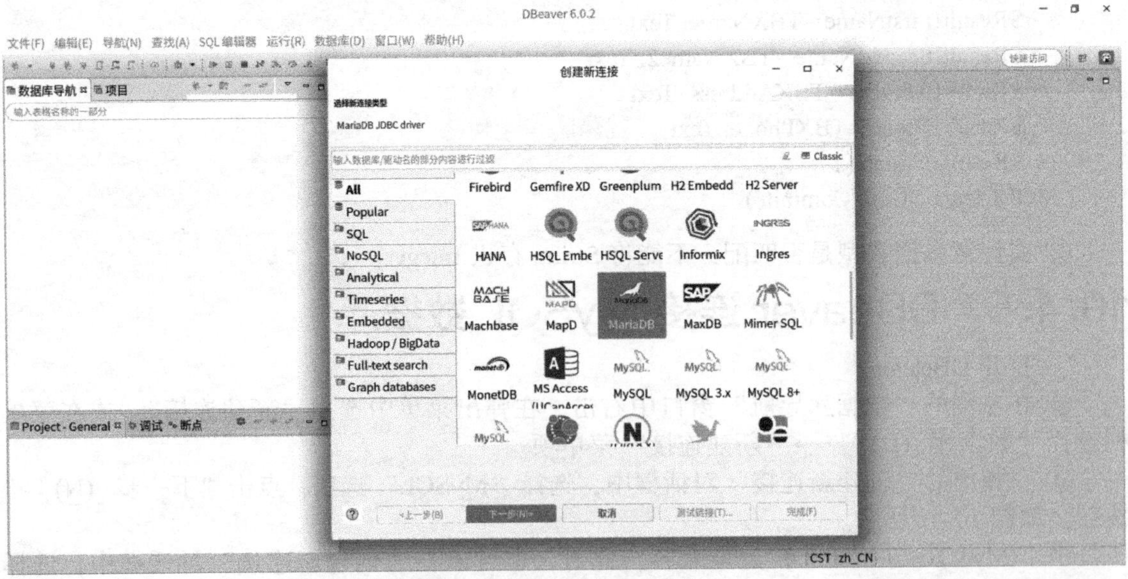

图 10-42 选择“MariaDB”选项

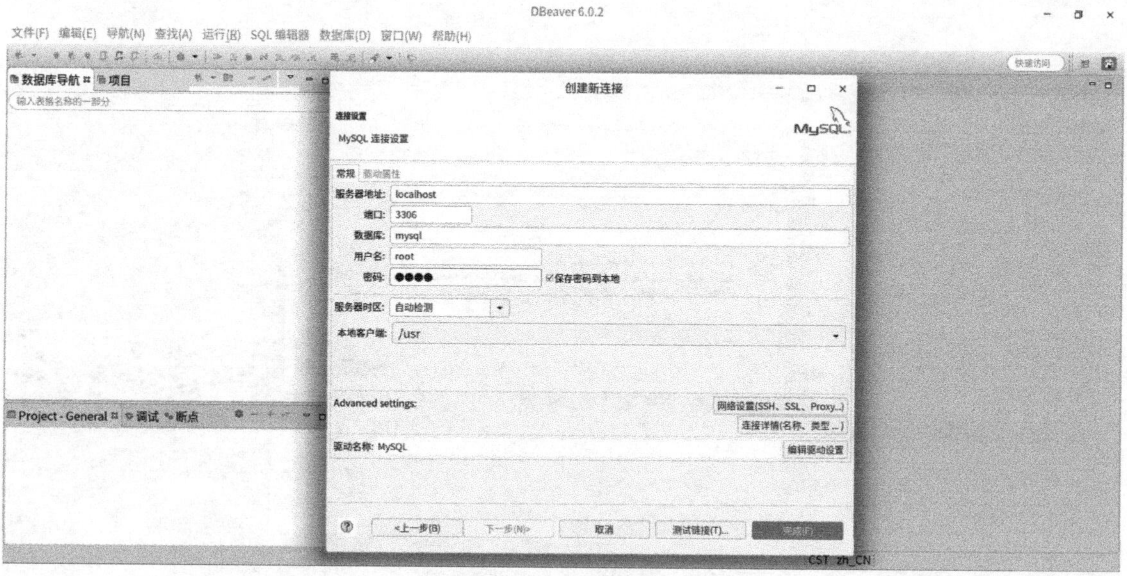

图 10-43　添加数据库

⑤ 在“创建新连接”对话框中，勾选“显示系统对象”复选框，如图 10-44 所示。

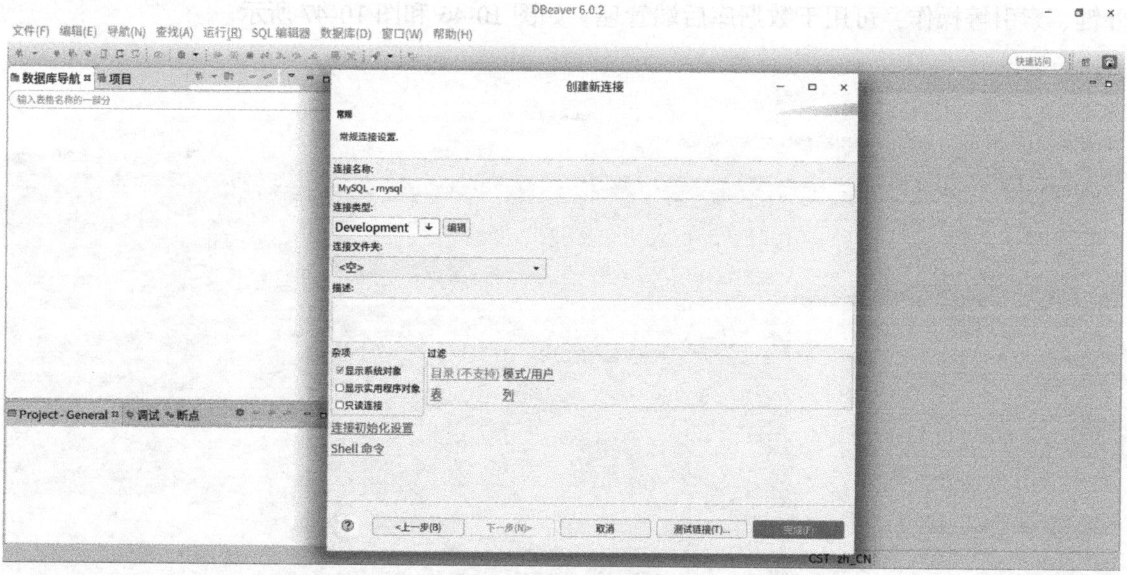

图 10-44　显示系统对象

⑥ 在“创建新连接”对话框中，点击“测试连接(T)…”按钮，测试是否能建立正确连接，如能够正确连接，则弹出“成功”对话框，如图 10-45 所示。

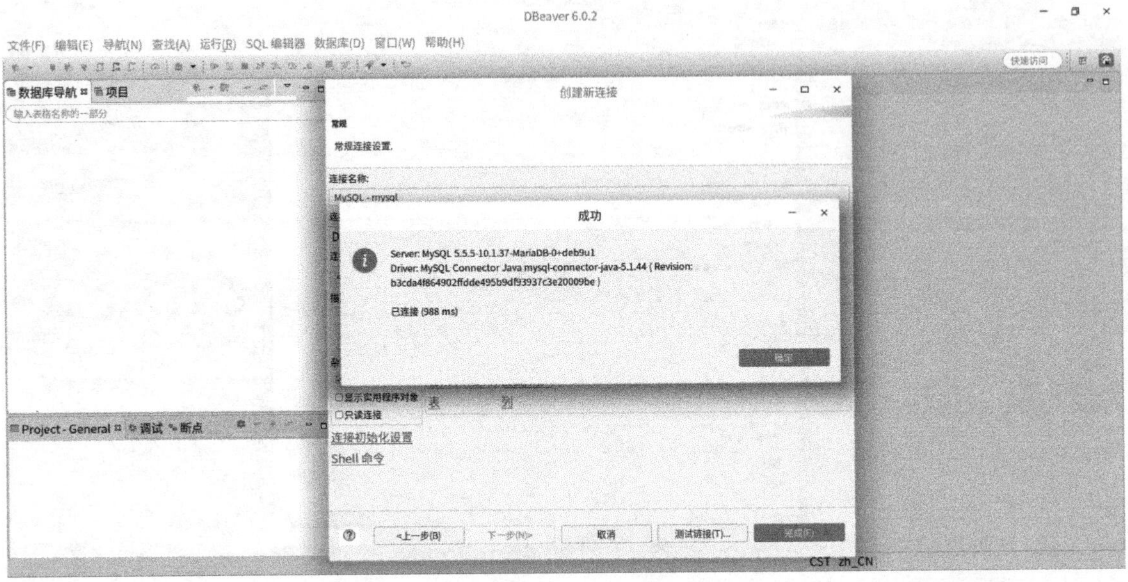

图 10-45 测试连接

⑦ 在“数据库导航”窗口选择“数据库”→“mysql”→“表”→“ts”，在窗口的右半部分显示“属性”“数据”“ER 图”标签页，可进行字段的添加、修改、删除以及约束、外键、索引等操作，可用于数据库后端管理，如图 10-46 和图 10-47 所示。

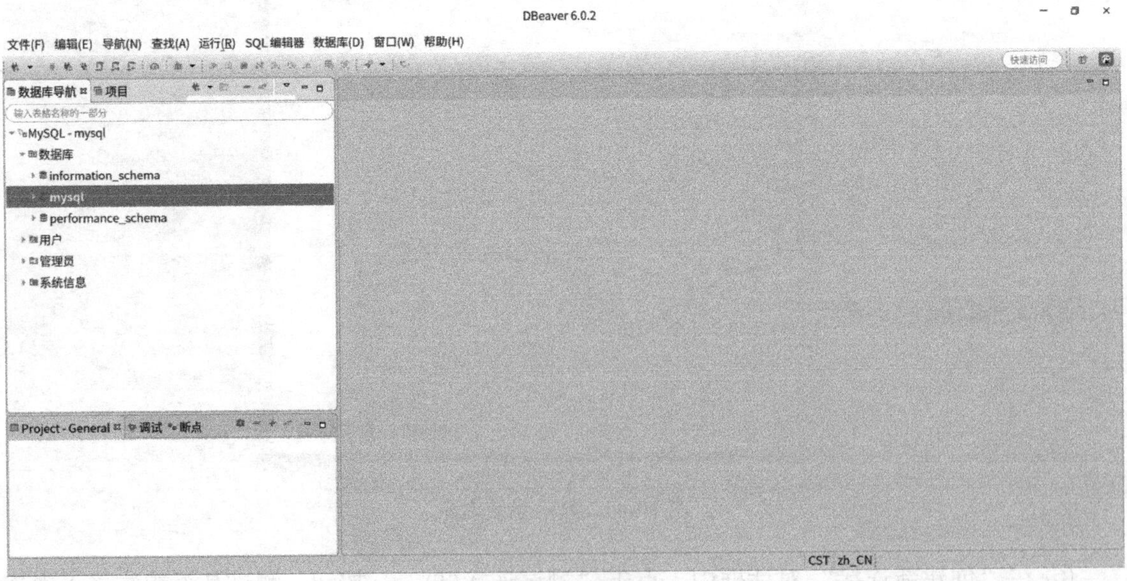

图 10-46 表选择窗口

图 10-47　表编辑窗口

⑧ 在表内可进行数据编辑和 ER 图编辑等，如图 10-48 和图 10-49 所示。

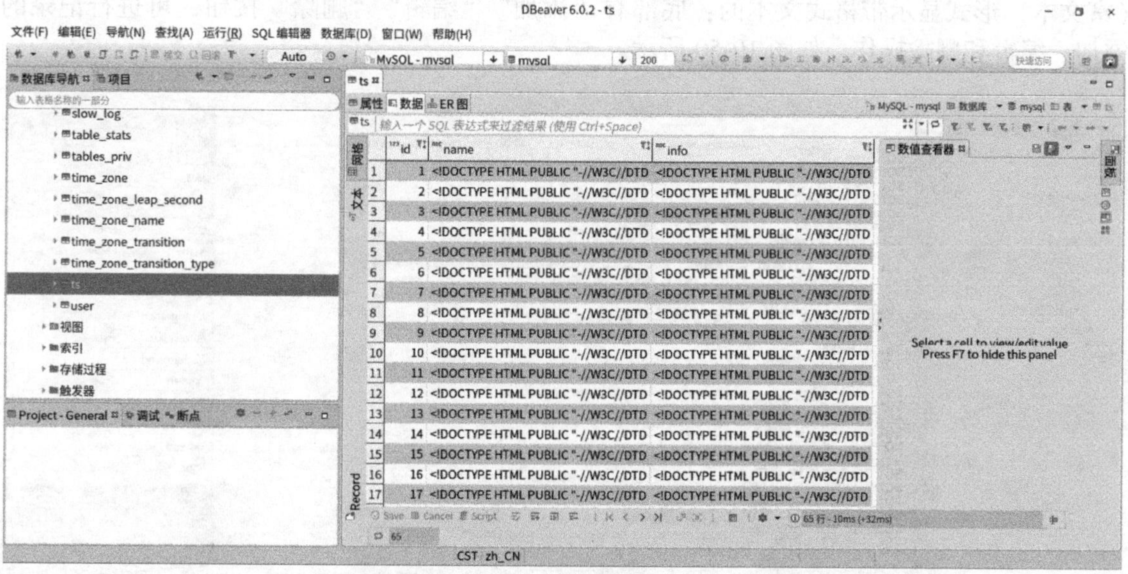

图 10-48　数据编辑窗口

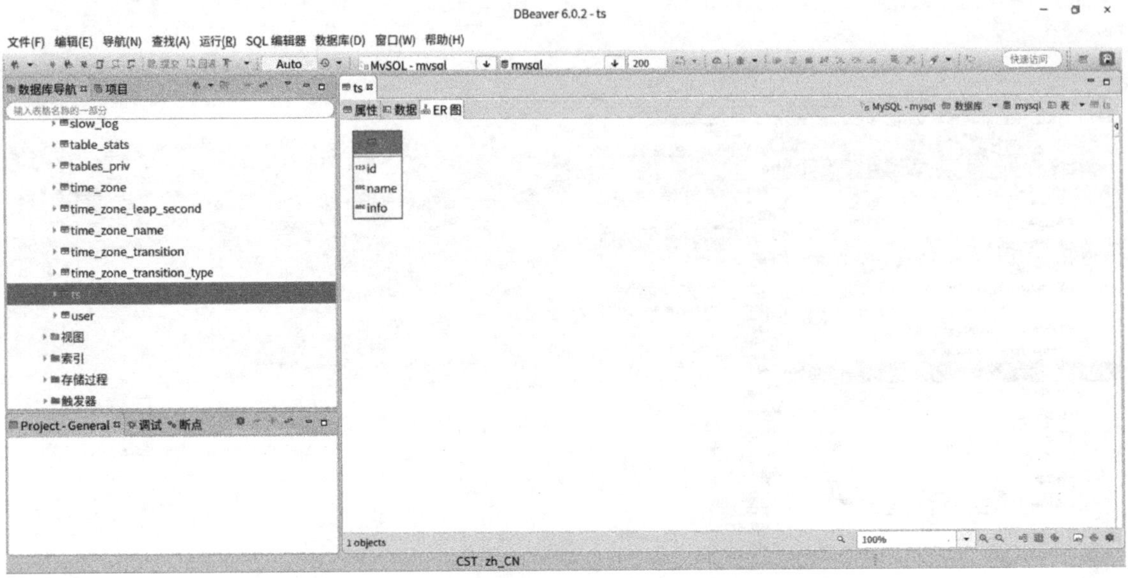

图 10-49　ER 图编辑窗口

10.4.7　SQL 语法查询程序设计

下面通过一个实例来学习 MySQL 数据库查询程序设计方法。设计一个 SQL 语法查询数据库管理程序，当程序运行时，可对数据表中记录的 65 条 SQL 基本语法及使用规则进行查询，左侧 ListView 控件显示 SQL 语法选项，选择一项点击后，会在右侧用 ValueBox 控件显示 id，用 TextEdit 控件显示名称和详细信息，其中，ListView、TextEdit 控件均是以 RichText（富文本）形式显示带格式文本的；底部有“添加”“编辑”“删除”按钮，可进行记录的添加、编辑和删除操作，如图 10-50 所示。

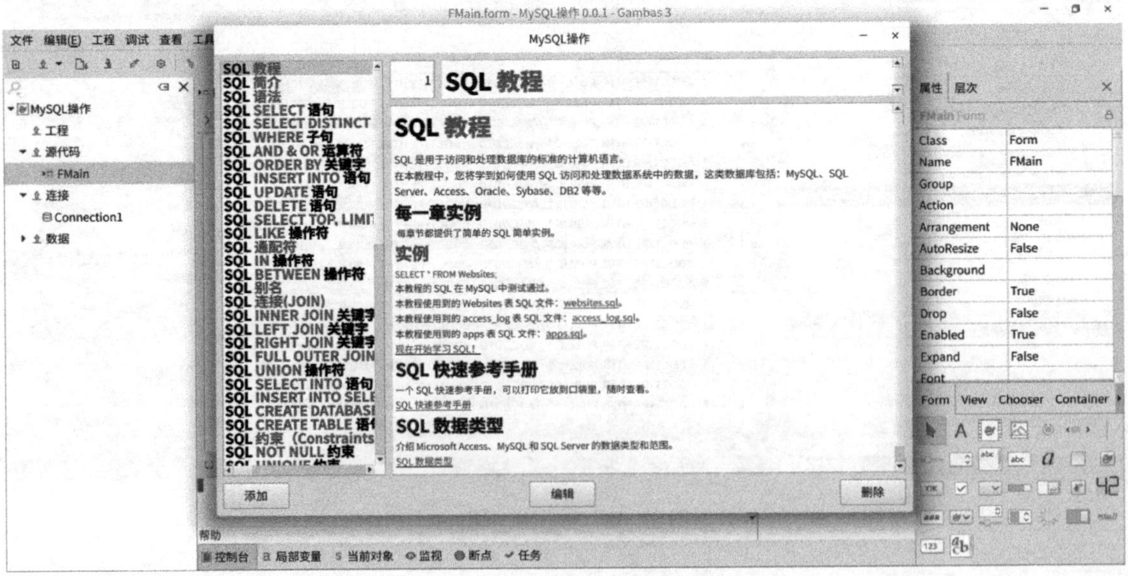

图 10-50　SQL 语法查询程序窗体

（1）实例效果预览

实例效果预览如图 10-50 所示。

（2）实例步骤

① 启动 Gambas 集成开发环境，可以在菜单栏选择“文件”→“新建工程…”，或在启动窗体中直接选择“新建工程…”项。

② 在“新建工程”对话框中选择“1. 工程类型”中的“Database application”项，点击“下一个（N）”按钮。

③ 在“新建工程”对话框中选择“2. Parent directory”中要新建工程的目录，点击“下一个（N）”按钮。

④ 在“新建工程”对话框的“3. Project details”中输入工程名和工程标题，工程名为存储目录的名称，工程标题为应用程序的实际名称，在这里设置相同的工程名和工程标题。完成之后，点击“确定”按钮。

⑤ 在菜单中选择“工程”→“属性…”项，在弹出的“工程属性-MySQL 操作”对话框中，勾选“gb. qt5”和“gb. qt5. ext”项，在控件工具箱的“Form”标签页会自动添加 TextEdit 控件，如图 10-51 所示。

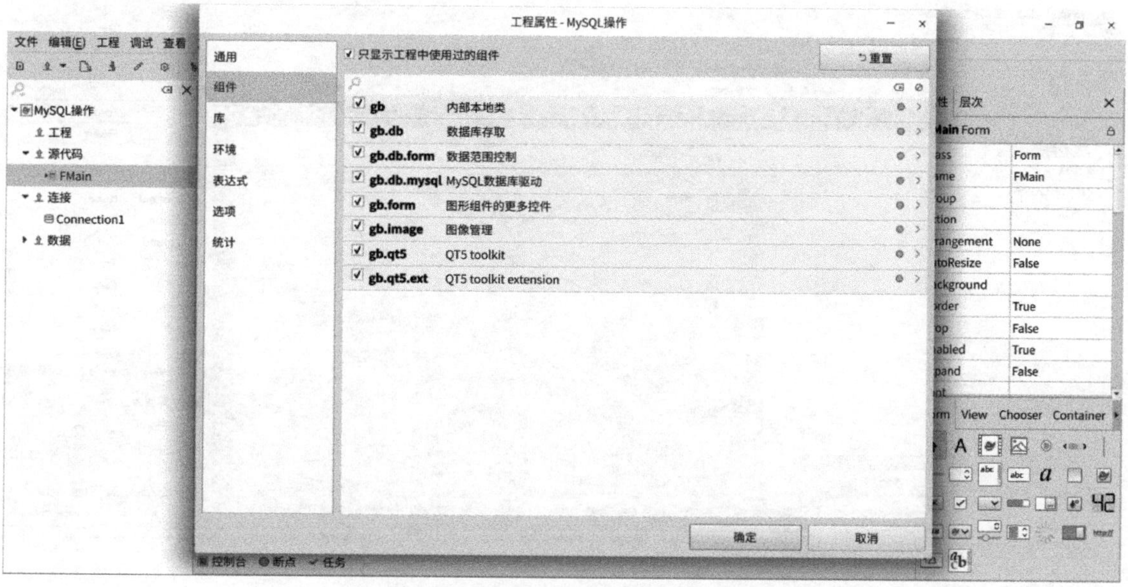

图 10-51 “工程属性-MySQL 操作”对话框

⑥ 系统默认生成的启动窗体名称（Name）为 FMain，并且在“工程”窗口中增加了“连接”选项，用以连接数据库。在 FMain 窗体中添加 1 个 ListView 控件、1 个 ValueBox 控件、2 个 TextEdit 控件、3 个 Button 控件，如图 10-52 所示，并设置相关属性，如表 10-5 所示。

表 10-5 窗体和控件属性设置

名称	属性	说明
FMain	Text:MySQL 操作 Resizable:False	标题栏显示的名称 固定窗体大小,取消最大化按钮

续表

名称	属性	说明
ListView1	Font:-4	设置字体,显示列表
ValueBox1	ReadOnly:True	只读,不可修改
TextEdit1	ReadOnly:True Wrap:True	显示富文本,只读 自动换行
TextEdit2	ReadOnly:True Wrap:True	显示富文本,只读 自动换行
Button1	Text:添加	命令按钮,响应相关点击事件
Button2	Text:编辑	命令按钮,响应相关点击事件
Button3	Text:删除	命令按钮,响应相关点击事件

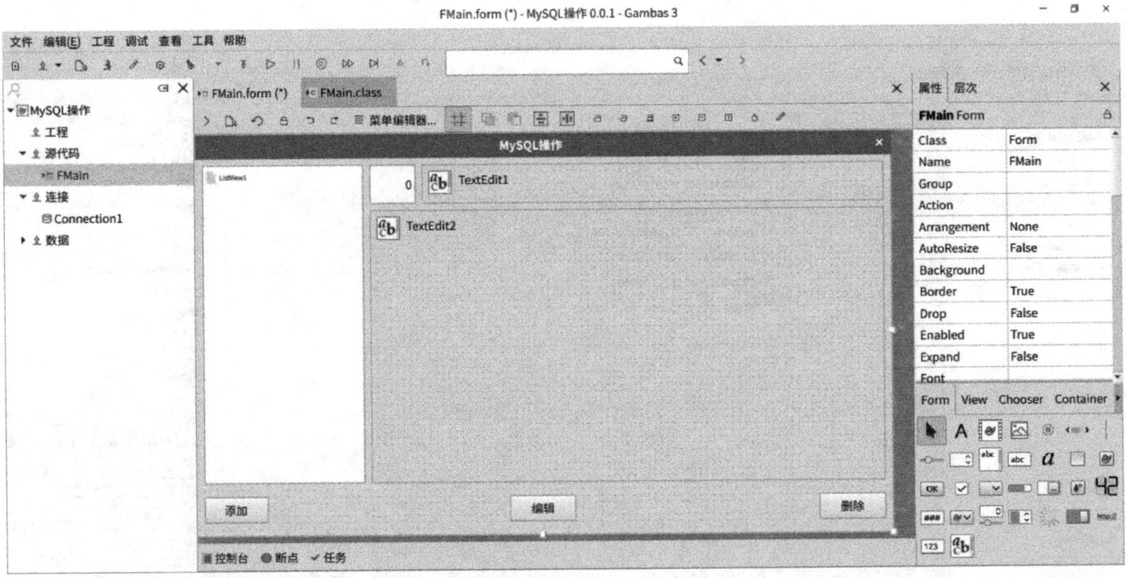

图 10-52　窗体设计

⑦ 设置 Tab 键响应顺序。在 FMain 窗体的“属性”窗口点击“层次”，出现控件切换排序，即按下键盘上的 Tab 键时，控件获得焦点的顺序。

⑧ 在“连接”项上右击，弹出快捷菜单，选择“新建连接…”。

⑨ 在“连接属性”对话框中，设置相关属性。“名称”属性系统默认设置为“Connection1”，根据连接数目依次递增；“类型”属性选择“MySQL”；“主机”属性为“localhost”，即使用本地数据库；“端口”属性为 3306，即系统默认端口；“用户”属性为 root；“密码”属性为 root，勾选“记住口令”，如图 10-53 所示。

⑩ 点击“数据库”属性文本框中右侧按钮，对话框窗口在原有基础上进行了扩展，增加了创建数据库的相关按钮与列表框，在文本框中输入“mysql”，点击“Create database”按钮，则创建 MySQL 类型的数据库 mysql。

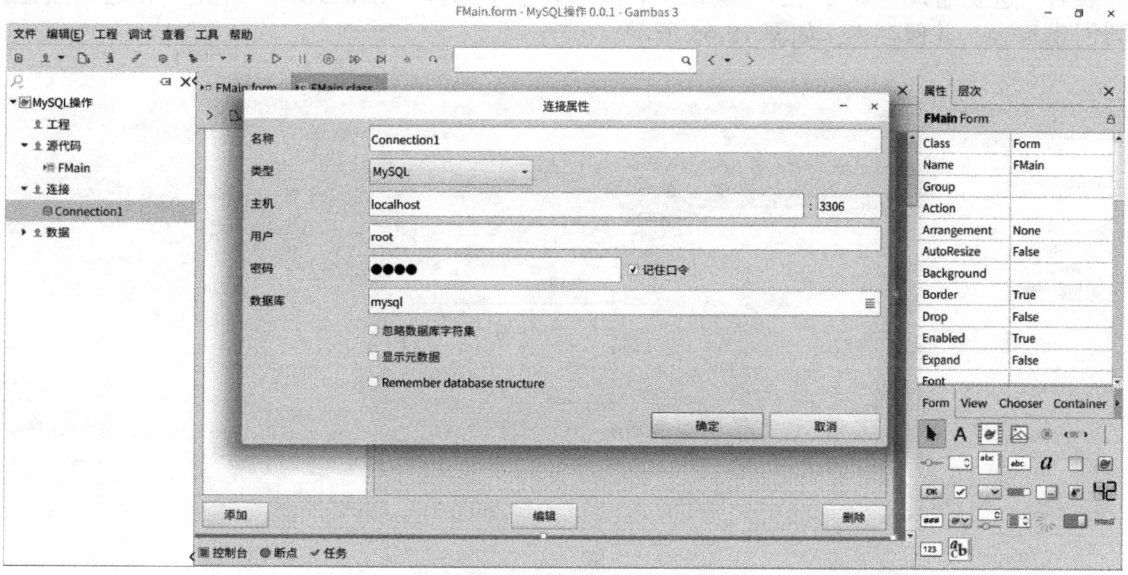

图 10-53 “连接属性”对话框

⑪ 在创建数据库 mysql 后，选中当前数据库，“Create database”按钮转换为“Delete database”按钮，可删除当前选中的数据库；如果需要再创建一个数据库，在文本框中输入相应的名称，点击“Create database”按钮即可创建；最后，点击“确定”按钮，完成数据库的创建，如图 10-54 所示。

图 10-54 创建数据库

⑫ 在“工程”窗口中的“Connection1”选项上右击，在弹出式菜单中选择“打开”选项，或直接在“Connection1”选项上双击，可创建和编辑表。

⑬ 点击“新建表...”按钮，弹出“创建表”对话框，在“名称”文本框中输入要创建

的表名，这里输入“ts”，在“类型”下拉列表框中选择“InnoDB”，点击“确定”按钮，则创建 ts 表，并保存表，如图 10-55 所示。

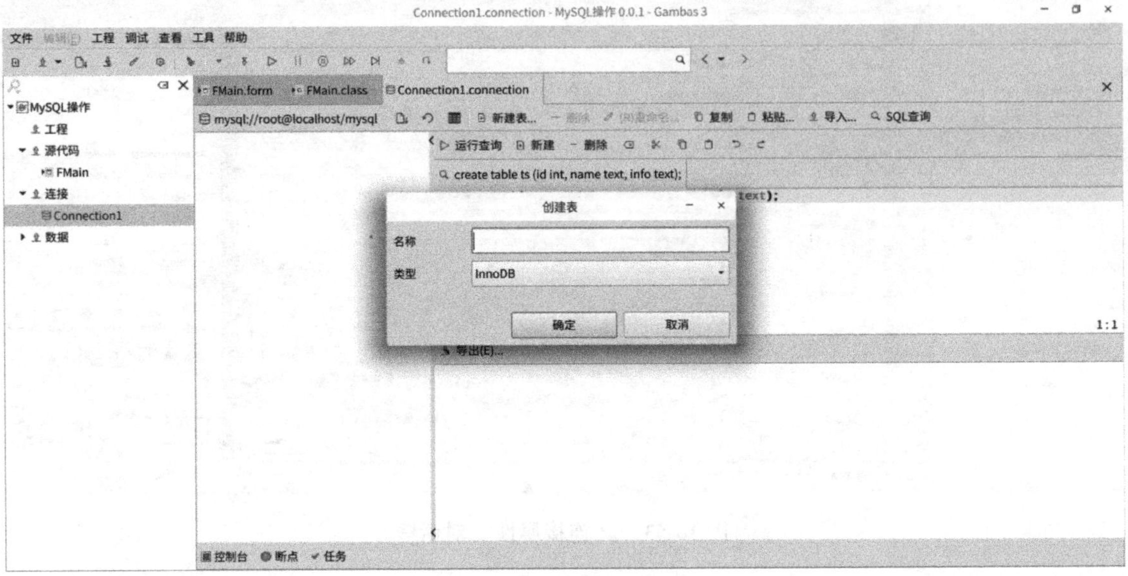

图 10-55　创建表

⑭ 如果需要采用不同类型的存储引擎，在“类型”下拉列表框中选择相应的存储引擎，主要包括 MyISAM、MERGE、MEMORY、InnoDB、BDB、ISAM、ARCHIVE，如图 10-56 所示。

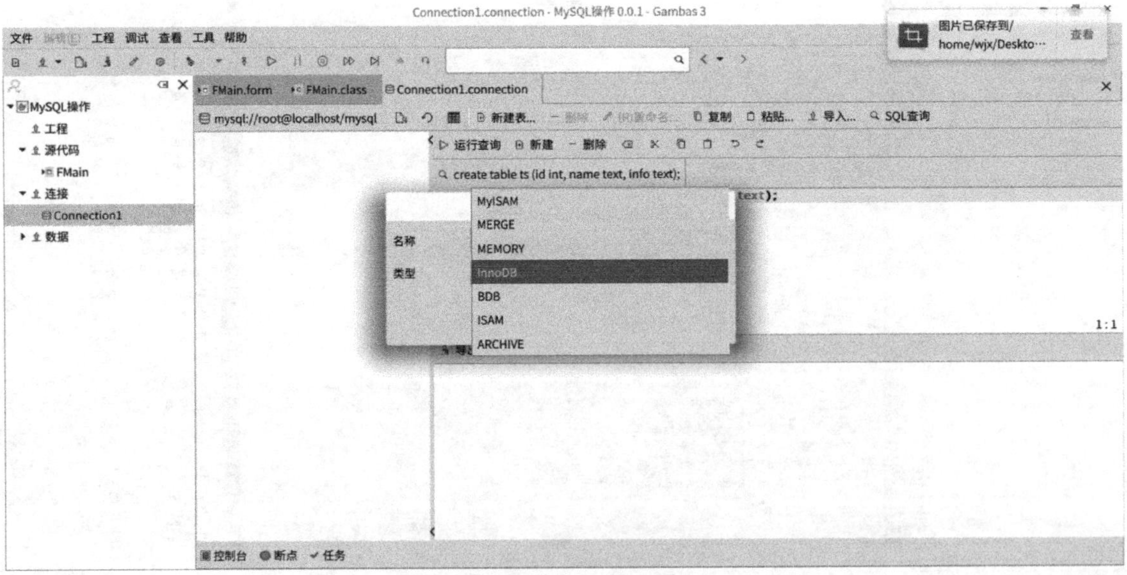

图 10-56　存储引擎类型

⑮ 一般情况下，可以在工具栏点击“SQL 查询”，在查询框内输入“create table ts (id int,name text,info text);”，创建表和相关字段，如图 10-57 所示。

⑯ 在生成的 ts 表中输入记录并保存，如图 10-58 所示。

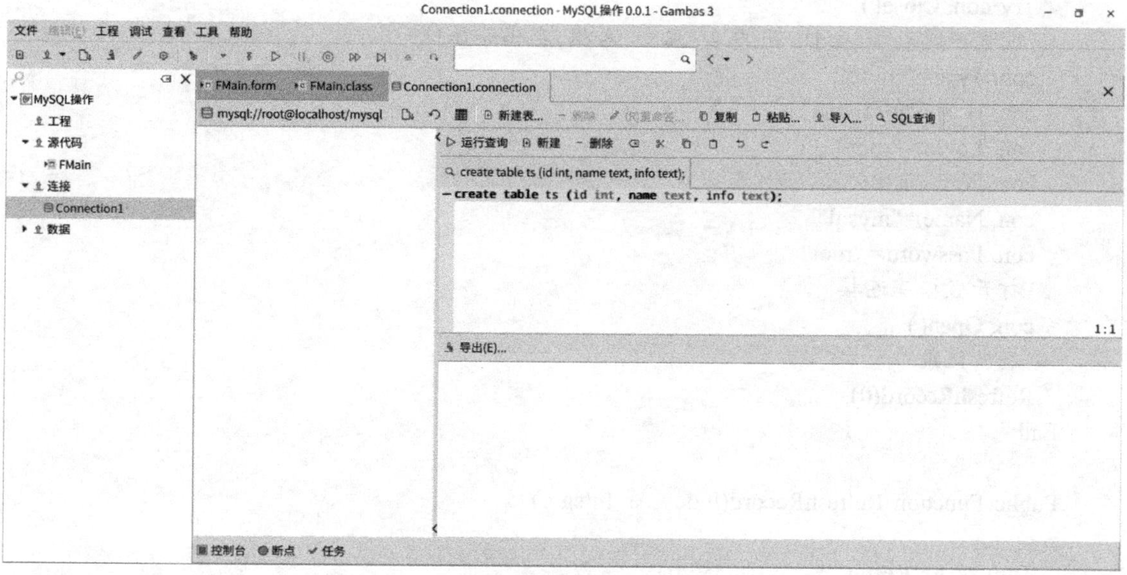

图 10-57　生成字段

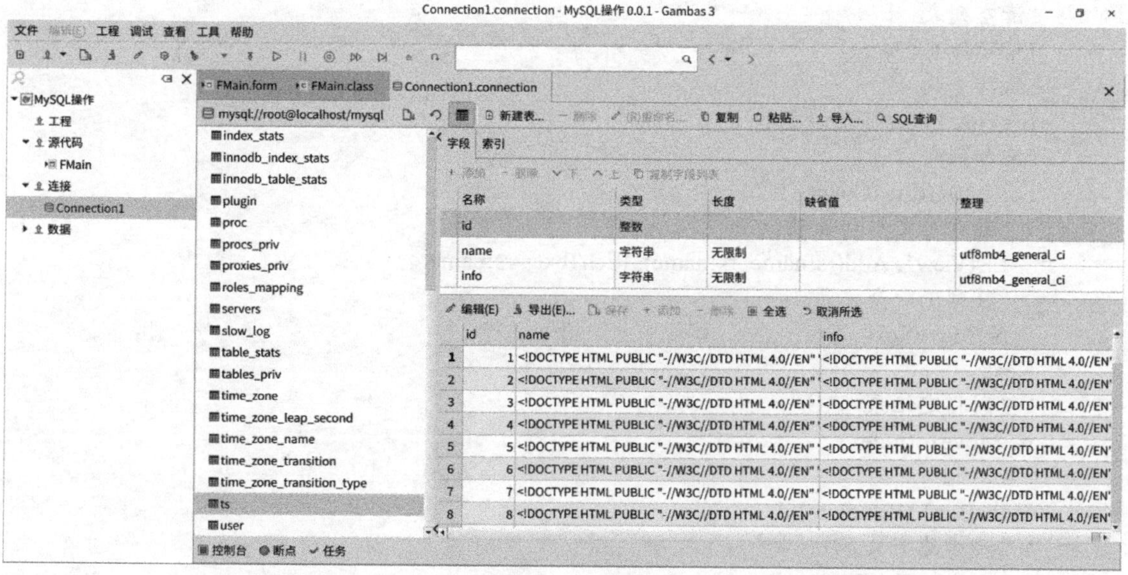

图 10-58　编辑记录

⑰ 在 FMain 窗体中添加代码。

```
' Gambas class file

  Public con As New Connection

Public Sub Form_Open()
  '关闭数据库连接
```

```
    Try con. Close()
    '设置连接类型、主机、用户名、端口、名称、密码等属性
    con. Type="mysql"
    con. Host="localhost"
    con. Login="root"
    con. Port="3306"
    con. Name="mysql"
    con. Password="root"
    '打开数据库连接
    con. Open()
    '刷新记录
    RefreshRecord(0)
End

Public Function RefreshRecord(index As Integer)

    Dim rs As Result
    Dim i As Integer

    '清空列表
    ListView1. Clear
    '执行查询
    rs=con. Exec("select*from ts")
    '添加列表
    For i=0 To rs. Count-1
        '添加富文本列表项
        ListView1. Add(rs!name,rs!name). RichText=rs!name
        '移到下一个记录
        rs. MoveNext
    Next
    '移到指定记录
    rs. MoveTo(index)
    '显示 id
    ValueBox1. Value=rs!id
    '显示名称富文本
    TextEdit1. RichText=rs!name
    '显示内容富文本
    TextEdit2. RichText=rs!info
End

Public Sub Form_Close()
    '关闭数据库连接
    con. Close()
End
```

```
Public Sub Button1_Click()

  Dim rs As Result
  Dim i As Integer

  '添加
  If Button1. Tag Then
    Button1. Tag=False
    Button1. Text="添加"
    '查找 id 最大值
    rs=con. Exec("select*from ts where ts. id=(select max(id) from ts)")
    If rs. Count=0 Then
      i=0
    Else
    i=rs!id
    Endif
    'id 从 1 开始计数
    ValueBox1. Value=i+1
    '插入记录
    con. Exec("insert into ts (id,name,info) values (&1,&2,&3)",i+1,TextEdit1. RichText,
TextEdit2. RichText)
    '设置控件只读,不可编辑
    TextEdit1. ReadOnly=True
    TextEdit2. ReadOnly=True
    '刷新记录
    RefreshRecord(i)
  Else
    Button1. Tag=True
    Button1. Text="保存"
    TextEdit1. ReadOnly=False
    TextEdit2. ReadOnly=False
    ValueBox1. Value=""
    TextEdit1. Text=""
    TextEdit2. Text=""
  Endif
End

Public Sub Button2_Click()

  Dim rs As Result

  '编辑
  If Button2. Tag Then
    Button2. Tag=False
    Button2. Text="编辑"
```

```
        '更新记录
        rs = con. Exec ( "update ts set ts. name = &1 , ts. info = &2 where ts. id = &3 ", TextEdit1. RichText, TextEdit2. RichText, ValueBox1. Value)
        RefreshRecord(ValueBox1. Value-1)
        TextEdit1. ReadOnly=True
        TextEdit2. ReadOnly=True
    Else
        Button2. Tag=True
        Button2. Text="保存"
        TextEdit1. ReadOnly=False
        TextEdit2. ReadOnly=False
    Endif
End

Public Sub Button3_Click()

    Dim r As Integer

    '删除
    Message. Title="删除记录"
    r=Message. Question("确定要删除该记录吗?","确定","取消")
    If r=1 Then
        con. Exec("delete from ts where ts. name=&1",ListView1. Current. RichText)
        RefreshRecord(ValueBox1. Value-2)
    Endif
End

Public Sub ListView1_Click()

    Dim rs As Result

    '显示选中的记录
    rs=con. Exec("select*from ts where ts. name=&1",ListView1. Current. RichText)
    ValueBox1. Value=rs!id
    TextEdit1. RichText=rs!name
    TextEdit2. RichText=rs!info
End
```

值得注意的是，在文本显示过程中，采用了控件的 RichText 属性，以富文本的形式存储和显示，如程序中的 ListView1. Add (rs! name, rs! name). RichText = rs! name 语句、TextEdit1. RichText=rs!name 语句等。富文本格式（RTF）规范是为了便于在应用程序之间轻松转储格式化文本和图形的一种编码方法，由未格式化本文、控制字、控制符组成，可设置文本下划线、颜色、粗体、斜体、大小等。

rs=con. Exec("select* from tswhere ts. id=(select max(id) from ts)")语句采用了 select 语句与 select 函数嵌套的形式，查询 id 最大的记录，通过函数 select max(id) from ts 返回 id 的最

大值。

此外，使用Gambas集成的数据库管理工具可能会存在一些问题，建议使用MySQL控制台创建数据库、表、字段以及添加记录，也可以使用DBeaver、Navicat等专业数据库管理工具。

10.5 PostgreSQL数据库操作

PostgreSQL是加州大学计算机系开发的以POSTGRES 4.2版本为基础的对象关系型数据库管理系统（ORDBMS）。PostgreSQL始于Berkley Postgres Project项目，Andrew Yu和Jolly Chen在Postgres中添加了SQL翻译程序，并在开放源代码社区发布。PostgreSQL支持大部分的SQL标准并提供了很多现代特性，如复杂查询、外键、触发器、视图、事务完整性、多版本并发控制等。同样，PostgreSQL也可以用于方法扩展，如：添加新的数据类型、函数、操作符、聚集函数、索引方法、过程语言等。PostgreSQL是开源（GPL）软件，任何人都可以以任何目的免费使用、修改和分发。

10.5.1 PostgreSQL数据库安装

（1）在Deepin 15.11操作系统下，查看当前系统支持数据库

打开终端输入命令：

```
apt-cache show postgresql
```

（2）使用apt方式安装PostgreSQL

输入命令：

```
sudo apt-get update
sudo apt-get intsall postgresql
```

（3）进入数据库

输入命令：

```
sudo su postgres
```

（4）查看当前数据库版本

输入命令：

```
psql --version
```

（5）查看已有数据库

输入命令：

```
psql -l
```

进入数据库、查看当前数据库版本和查看已有数据库如图10-59所示。

（6）修改Postgresql数据库用户postgres的密码

PostgreSQL在安装后会创建一个postgres到用户用于访问。postgres是一个超级用户，用户的初始密码为空，不能用于远程连接数据库。PostgreSQL自带一个pg_ shadow表，存储PostgreSQL的用户名和密码。修改数据库密码的方法为：

① 切换用户到postgres。

输入命令：

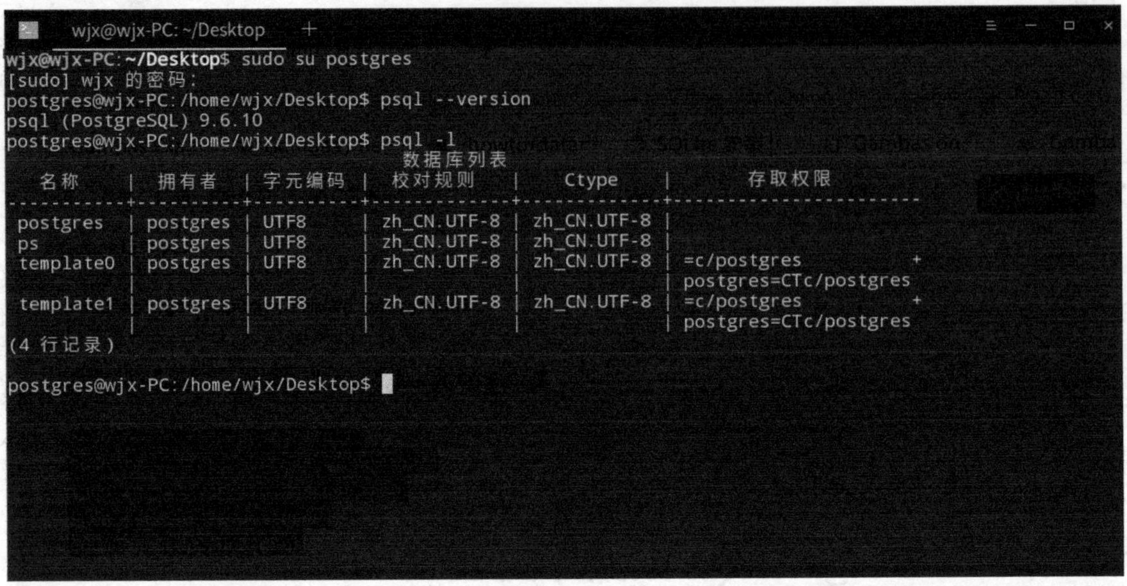

图 10-59 进入数据库、查看当前数据库版本和查看已有数据库

```
sudo su postgres
```

② 打开 postgresql 数据库交互客户端工具。
输入命令：

```
psql
```

③ 查看表中 postgres 用户的密码状态。
输入命令：

```
select*from pg_shadow;
```

④ 退出查看。
输入命令：

```
\q
```

⑤ 修改密码。
如将新密码设为“root”，输入命令：

```
alter user postgres password 'root';
```

⑥ 退出客户端。
输入命令：

```
\q
```

10.5.2 PostgreSQL 数据库卸载

PostgreSQL 数据库卸载时，输入命令：

```
sudo apt-get --purge remove postgresql\*
```

删除 postgresql 安装包和相关的配置：

```
sudo rm-r/etc/postgresql/
sudo rm-r/etc/postgresql-common/
sudo rm-r/var/lib/postgresql/
sudo userdel-r postgres
sudo groupdel postgres
```

10.5.3 运行 PostgreSQL 数据库

（1）建立数据库连接，格式为 psql -h IP 地址 -p 端口 -U 数据库名，之后会要求输入数据库密码。

（2）访问数据库。

① 列举数据库：

```
\l
```

② 选择数据库：

```
\c 数据库名
```

③ 查看某个库中的所有表：

```
\dt
```

④ 切换数据库：

```
\c interface
```

列举数据库、选择数据库如图 10-60 所示。

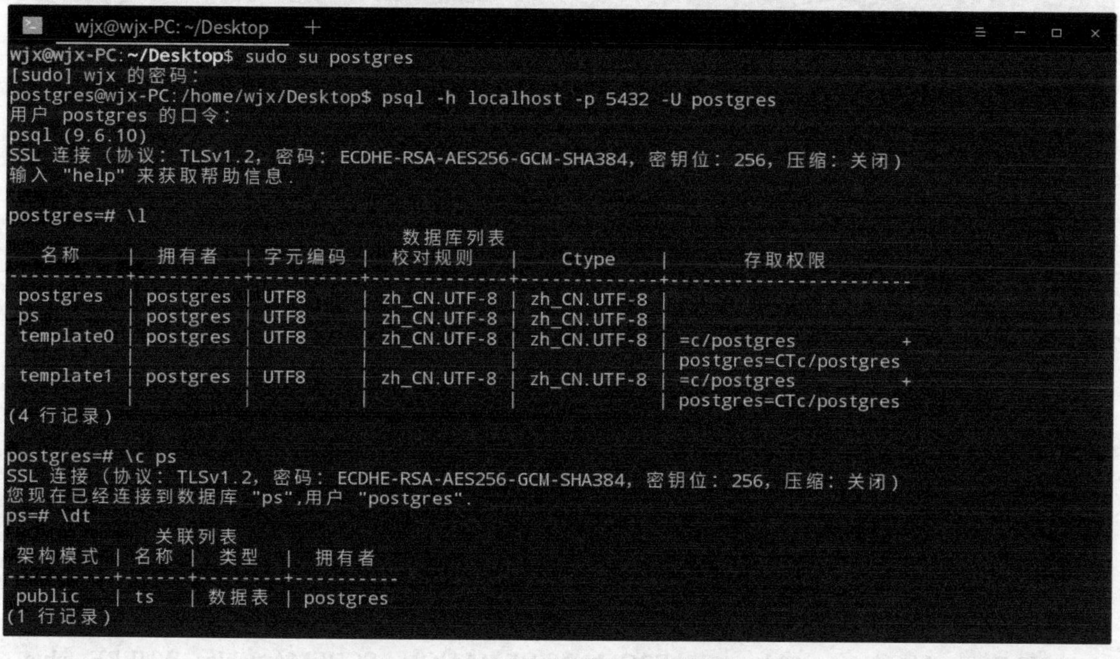

图 10-60 列举数据库、选择数据库

⑤ 查看某个库中的某个表结构：

```
\d 表名
```

⑥ 查看某个库中某个表的记录：

```
select* from apps limit 1;
```

⑦ 显示字符集：

```
\encoding
```

⑧ 退出 psgl：

```
\q
```

查看表结构、查看记录、显示字符集、退出操作如图 10-61 所示。

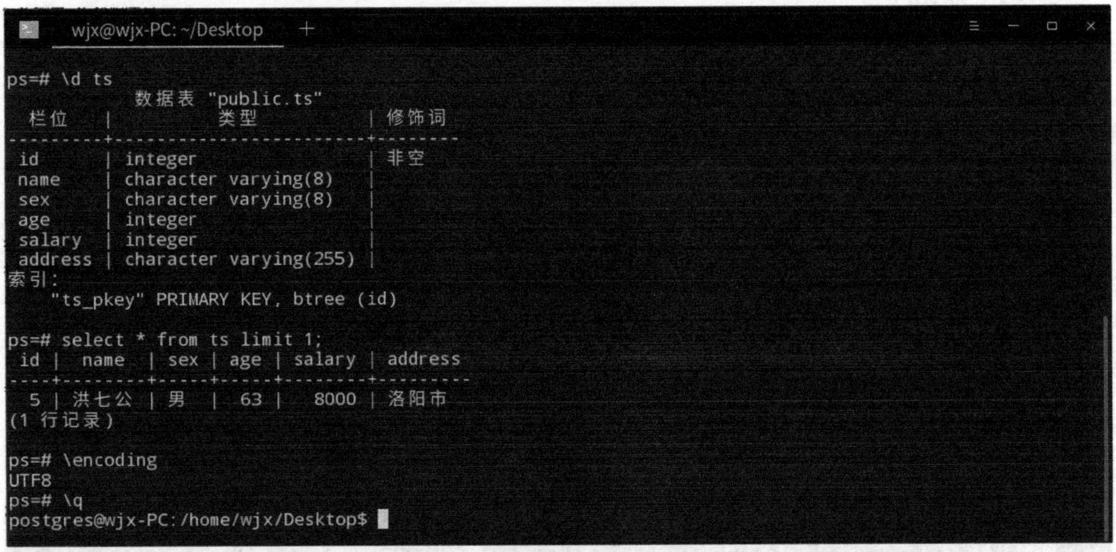

图 10-61 查看表结构、查看记录、显示字符集、退出操作

PostgreSQL 数据管理系统使用两种命令方式：

- 内部命令，以反斜线“\”开始，如：\l 显示所有数据库。
- 标准 SQL 命令，以分号“;”或“\g”结束，可换行。

10.5.4 用户自定义表结构信息

（1）获取表信息（如字段名，字段类型等）

```
SELECT column_name, data_type, ordinal_position, is_nullable
FROM information_schema. "columns"
WHERE "table_name"=' TABLE-NAME'
```

将' TABLE-NAME' 替换为指定表。

（2）获取所有的表和视图

```
SELECT table_name, table_type FROM INFORMATION_SCHEMA. tables WHERE table_
schema=' public' AND table_type IN (' BASE TABLE' ,' VIEW' )
```

获取表信息与获取所有的表和视图操作如图 10-62 所示。

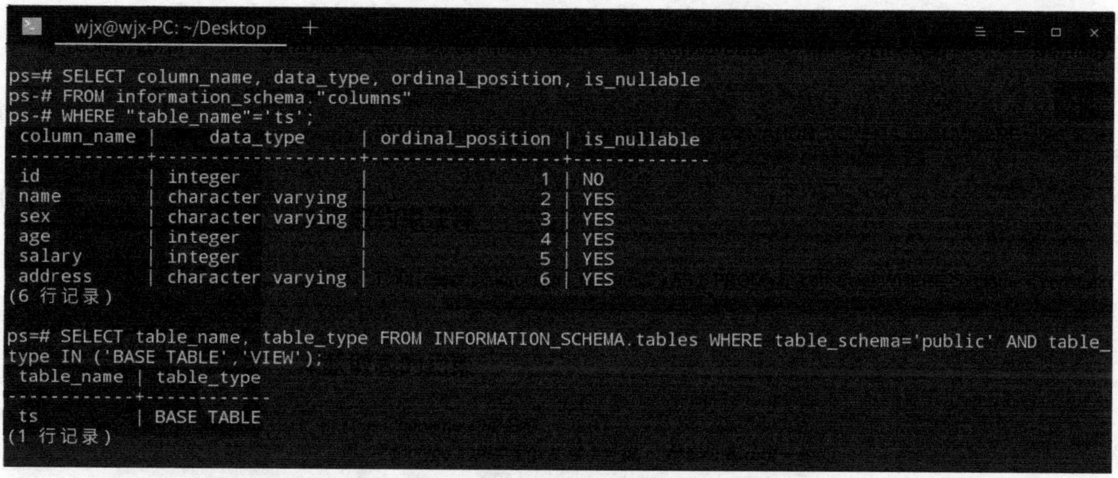

```
ps=# SELECT column_name, data_type, ordinal_position, is_nullable
ps-# FROM information_schema."columns"
ps-# WHERE "table_name"='ts';
 column_name |     data_type     | ordinal_position | is_nullable
-------------+-------------------+------------------+-------------
 id          | integer           |                1 | NO
 name        | character varying |                2 | YES
 sex         | character varying |                3 | YES
 age         | integer           |                4 | YES
 salary      | integer           |                5 | YES
 address     | character varying |                6 | YES
(6 行记录)

ps=# SELECT table_name, table_type FROM INFORMATION_SCHEMA.tables WHERE table_schema='public' AND table_type IN ('BASE TABLE','VIEW');
 table_name | table_type
------------+------------
 ts         | BASE TABLE
(1 行记录)
```

图 10-62　获取表信息与获取所有的表和视图操作

（3）获取约束注释

```
SELECT obj_description(oid,'pg_constraint') AS d FROM pg_constraint WHERE conname=constraint_name;
```

（4）获取表约束

```
SELECT conname,contype,conkey,consrc,
(SELECT array_agg(column_name::text) FROM INFORMATION_SCHEMA.COLUMNS WHERE ordinal_position=any(conkey) AND table_name='TABLE-NAME') AS conkey,
(SELECT column_name FROM INFORMATION_SCHEMA.COLUMNS WHERE ordinal_position=any(confkey) AND table_name='TABLE-NAME') AS confkey,
(SELECT relname FROM pg_class WHERE oid=confrelid) AS confreltable
FROM pg_constraint WHERE conrelid=(SELECT oid FROM pg_class WHERE relname='TABLE-NAME');
```

将'TABLE-NAME'替换为指定表。

conname 为约束名称。

contype 为约束类型，p 为主键，f 为外键，c 为检查约束，u 为唯一约束。

conkey 为约束字段。

confkey 为外键字段。

consrc 为检查约束条件。

confreltable 为外键字段引用的表。

（5）获取表的触发器

```
SELECT trigger_name,event_manipulation,event_object_table,action_statement,action_orientation,action_timing FROM INFORMATION_SCHEMA.TRIGGERS;
```

（6）获取字段的注释

```
SELECT col_description(table_oid,col_position);
```

table_oid 为表的 oid。

col_position 为字段的位置。

10.5.5 DBeaver 连接 PostgreSQL 数据库

① 打开 DBeaver。

② 在左侧的“数据库导航”窗口中右击，在弹出菜单中选择“新建连接”，或在菜单栏选择“数据库(D)”→“新建连接”菜单项。

③ 在弹出的“创建新连接”对话框中，选择“PostgreSQL”选项，点击“下一步 (N) >”按钮，如图 10-63 所示。

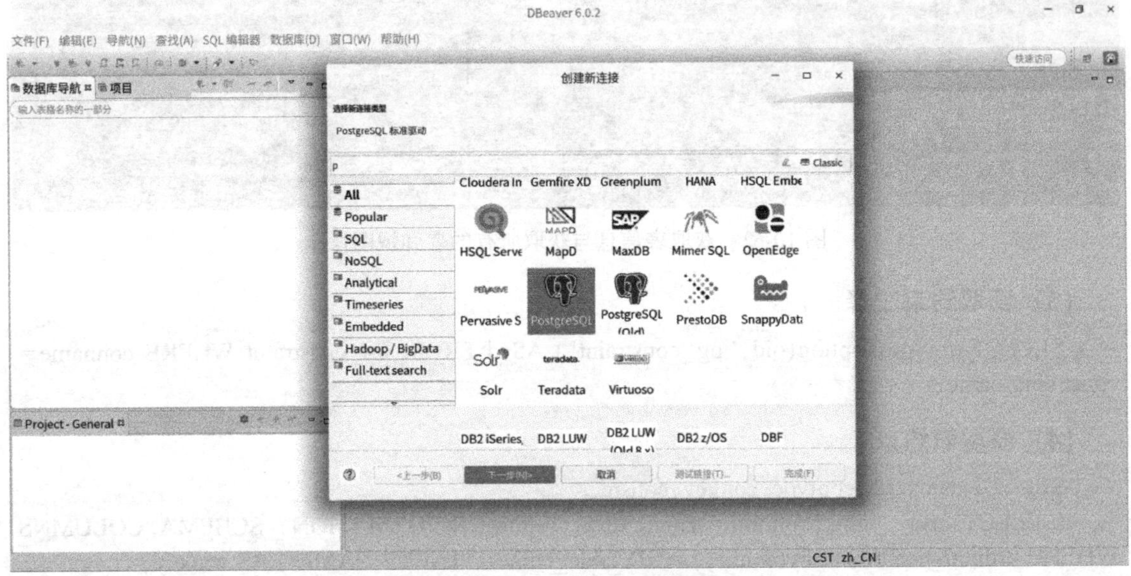

图 10-63 选择“PostgreSQL”选项

④ 在“创建新连接”对话框中，在“密码”框内输入自定义密码“root”，勾选“显示非缺省的数据库”复选框，如图 10-64 所示。

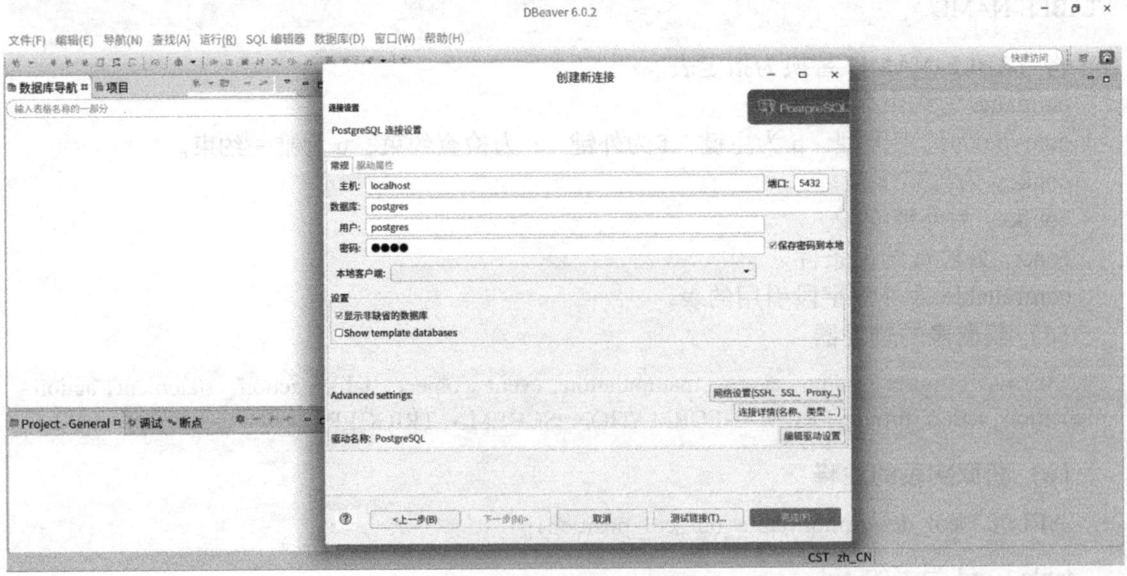

图 10-64 添加数据库

⑤ 在“创建新连接”对话框中，点击“测试连接(T)...”按钮，测试是否能建立正确连接，如能够正确连接，则弹出“成功”对话框，如图 10-65 所示。

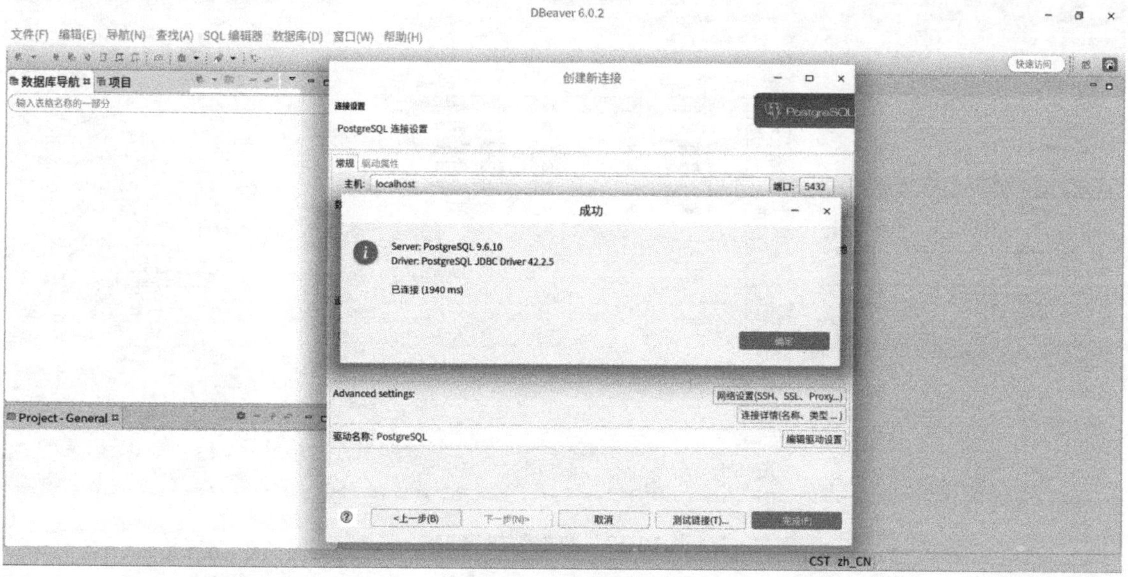

图 10-65 测试连接

⑥ 在“数据库导航”窗口选择“ps”→“模式”→“public”→“表”→“ts”，在窗口的右半部分显示“属性”“数据”“ER 图”标签页，可进行字段的添加、修改、删除以及约束、外键、索引等操作，可用于数据库后端管理，如图 10-66 所示。

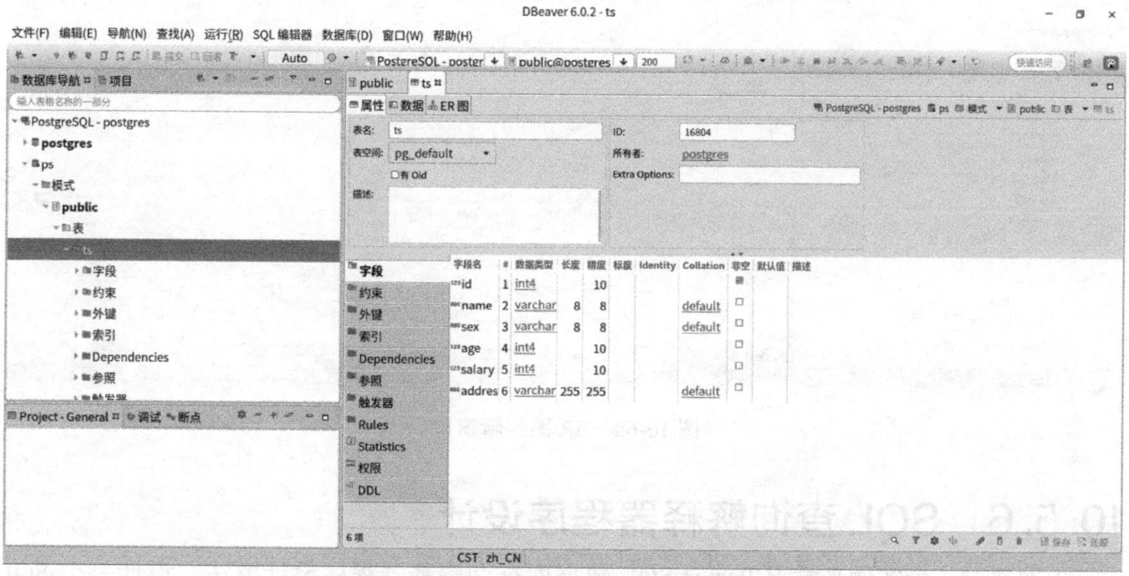

图 10-66 字段编辑窗口

⑦ 在表内可以进行数据编辑和 ER 图编辑等，如图 10-67 和图 10-68 所示。

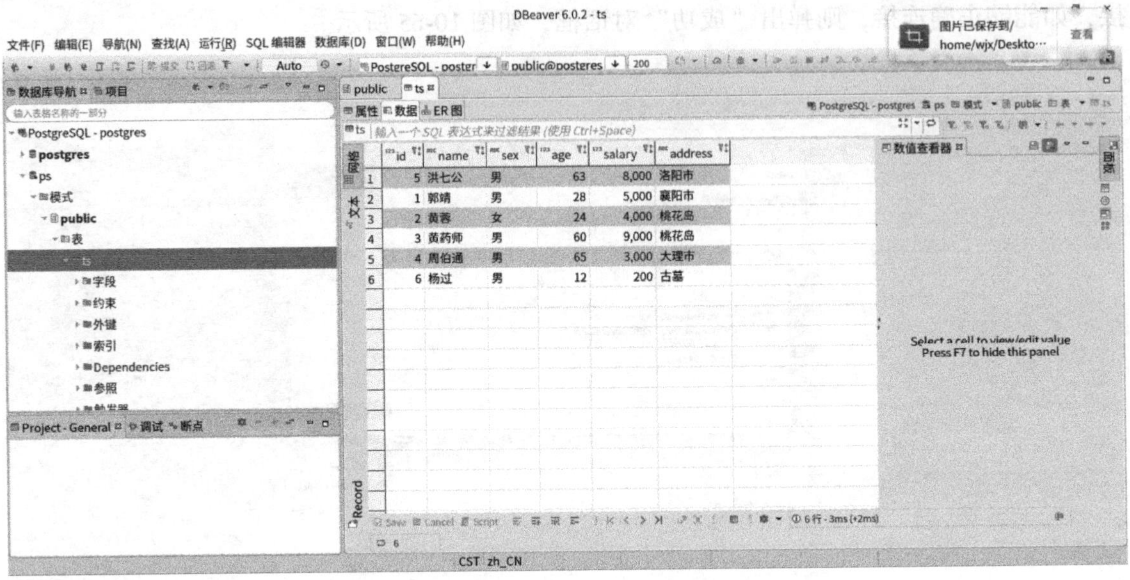

图 10-67　数据编辑窗口

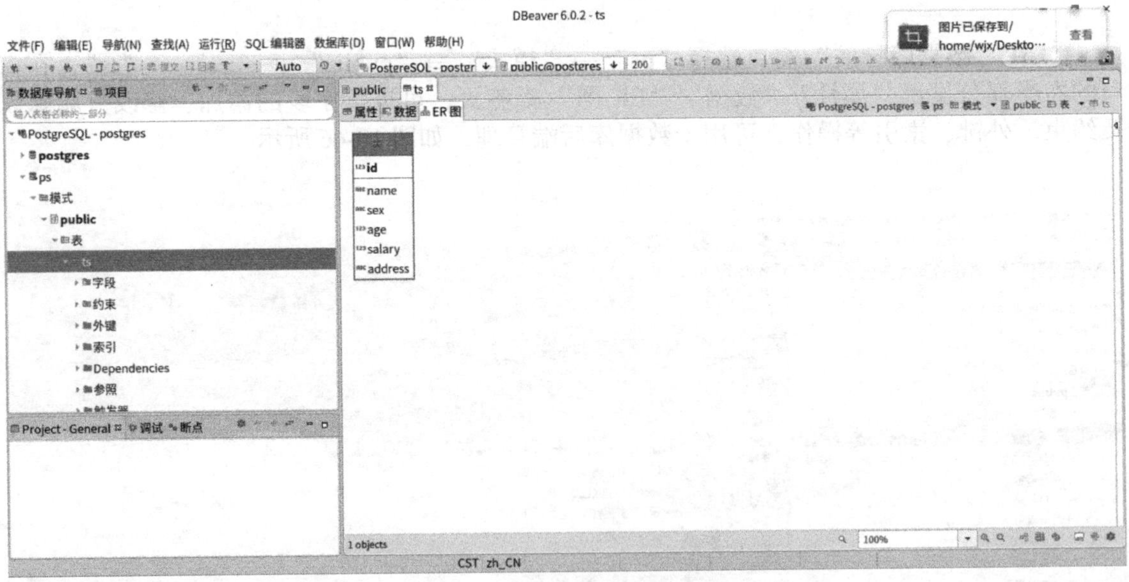

图 10-68　ER 图编辑窗口

10.5.6　SQL 查询解释器程序设计

下面通过一个实例来学习 PostgreSQL 数据库查询解释器程序设计方法。设计一个 SQL 查询解释器，在文本框中输入 select 语句，在 TableView 控件中显示查询结果；select 语句可使用通配符“*”，可以使用“AS”指示字段别名，不区分大小写，支持中英文操作，如图 10-69 所示。

（1）实例效果预览

实例效果预览如图 10-69 所示。

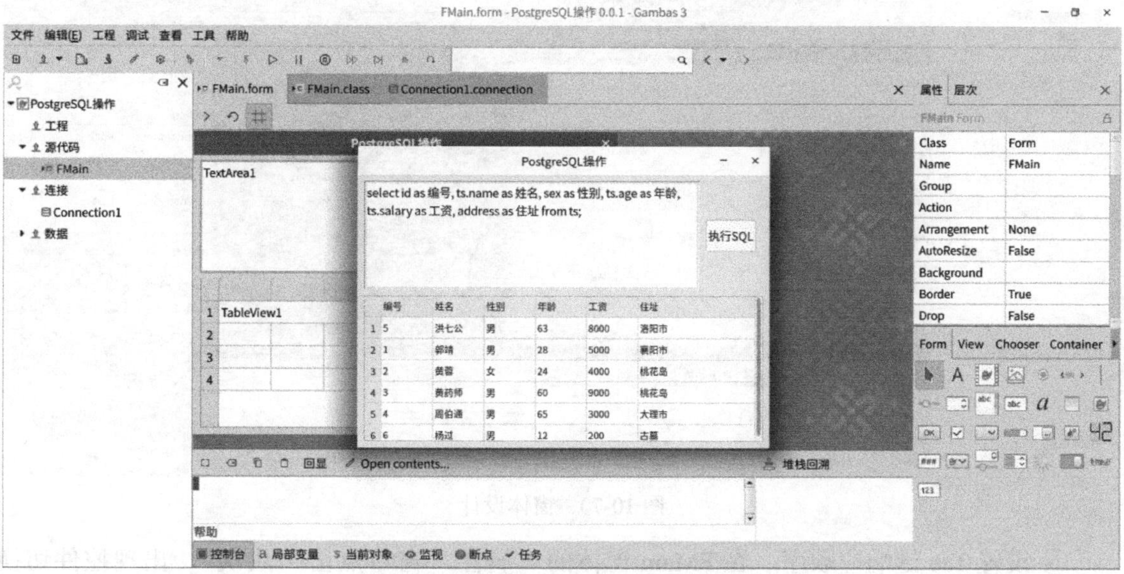

图 10-69　SQL 查询解释器程序窗体

（2）实例步骤

① 启动 Gambas 集成开发环境，可以在菜单栏选择“文件”→“新建工程…”，或在启动窗体中直接选择“新建工程…”项。

② 在“新建工程”对话框中选择“1. 工程类型”中的“Database application”项，点击“下一个（N）”按钮。

③ 在“新建工程”对话框中选择“2. Parent directory”中要新建工程的目录，点击“下一个（N）”按钮。

④ 在“新建工程”对话框的“3. Project details”中输入工程名和工程标题，工程名为存储目录的名称，工程标题为应用程序的实际名称，在这里设置相同的工程名和工程标题。完成之后，点击“确定”按钮。

⑤ 系统默认生成的启动窗体名称（Name）为 FMain，并且在“工程”窗口中增加了“连接”选项，用以连接数据库。在 FMain 窗体中添加 1 个 TextArea 控件、1 个 TableView 控件、1 个 Button 控件，如图 10-70 所示，并设置相关属性，如表 10-6 所示。

表 10-6　窗体和控件属性设置

名称	属性	说明
FMain	Text:PostgreSQL 操作 Resizable:False	标题栏显示的名称 固定窗体大小,取消最大化按钮
TextArea1	ScrollBar:Vertical Wrap:True	输入 SQL 语句 自动换行
TableView1	Header:Both	显示表头,显示查询记录
Button1	Text:执行 SQL	命令按钮,响应相关点击事件

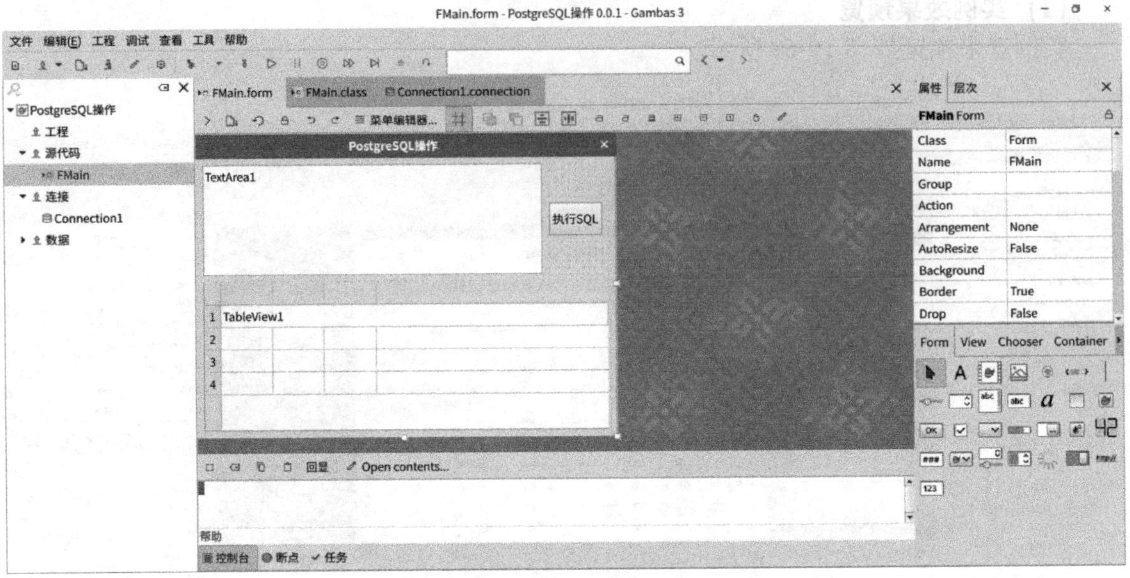

图 10-70　窗体设计

⑥ 设置 Tab 键响应顺序。在 FMain 窗体的“属性”窗口点击“层次”，出现控件切换排序，即按下键盘上的 Tab 键时，控件获得焦点的顺序。

⑦ 在“连接”项上右击，弹出快捷菜单，选择“新建连接...”。

⑧ 在“连接属性”对话框中，设置相关属性。“名称”属性系统默认设置为“Connection1”，根据连接数目依次递增；“类型”属性选择“PostgreSQL”；“主机”属性为“localhost”，即使用本地数据库；“端口”属性为“5432”，即系统默认端口；“用户”属性为“postgres”；“密码”属性为“root”，勾选“记住口令”属性，如图 10-71 所示。

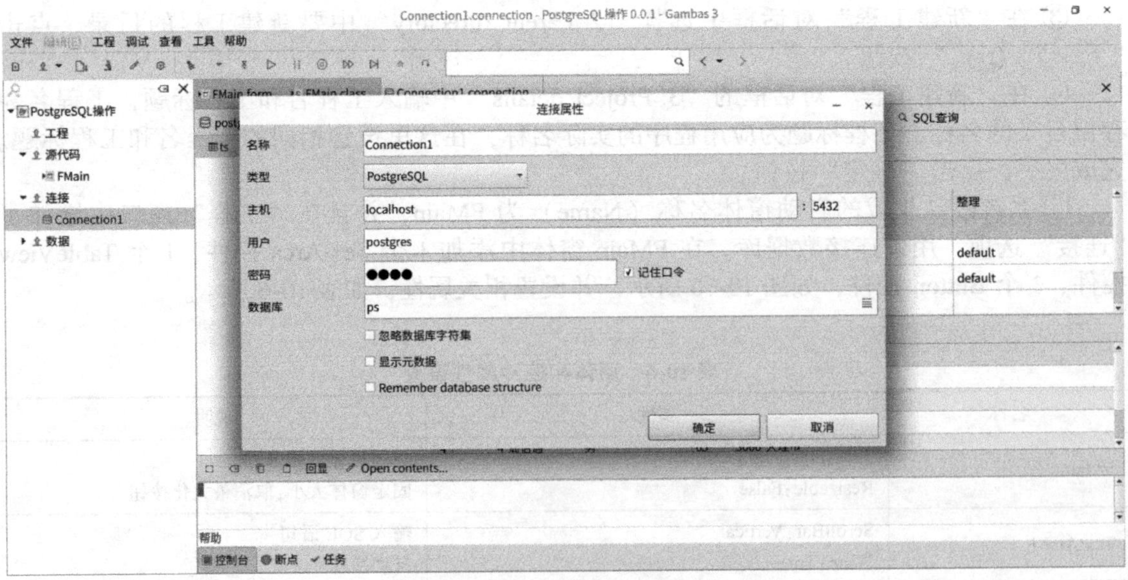

图 10-71　“连接属性”对话框

⑨ 点击“数据库”属性文本框中右侧按钮，对话框窗口在原有基础上进行了扩展，增加了创建数据库的相关按钮与列表框，在文本框中输入“ps”，点击“Create database”按

钮，则创建 PostgreSQL 类型的数据库 ps。

⑩ 在创建数据库 ps 后，选中当前数据库，“Create database”按钮转换为“Delete database”按钮，可删除当前选中的数据库；如果需要再创建一个数据库，在文本框中输入相应的名称，点击“Create database”按钮即可创建；最后，点击“确定”按钮，完成数据库的创建，如图 10-72 所示。

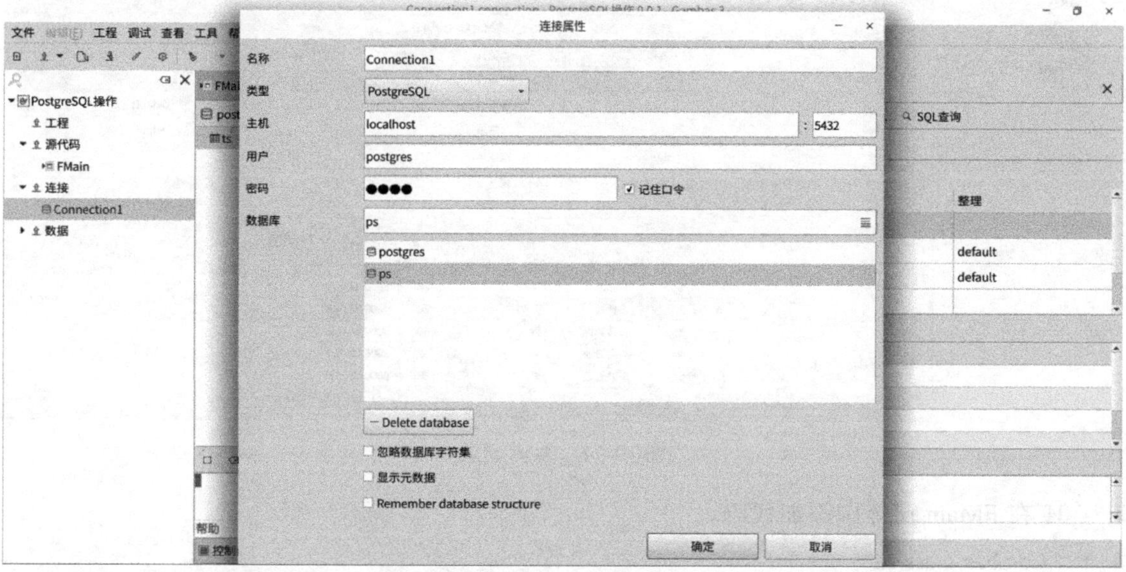

图 10-72　创建数据库

⑪ 在“工程”窗口中的“Connection1”选项上右击，在弹出式菜单中选择“打开”选项，或直接在“Connection1”选项上双击，可创建和编辑表。

⑫ 点击“新建表…”按钮，弹出“创建表”对话框，在“名称”文本框中输入要创建的表名，这里输入“ts”，点击“确定”按钮，则创建 ts 表，并保存表，如图 10-73 所示。

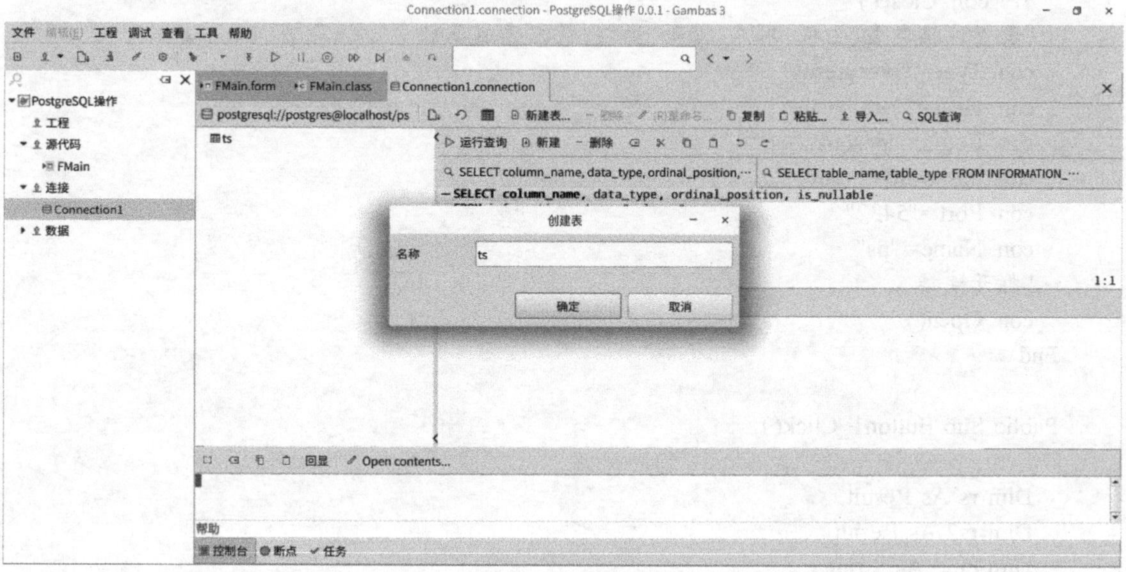

图 10-73　创建表

⑬ 在生成的 ts 表中设置字段、输入记录并保存，如图 10-74 所示。

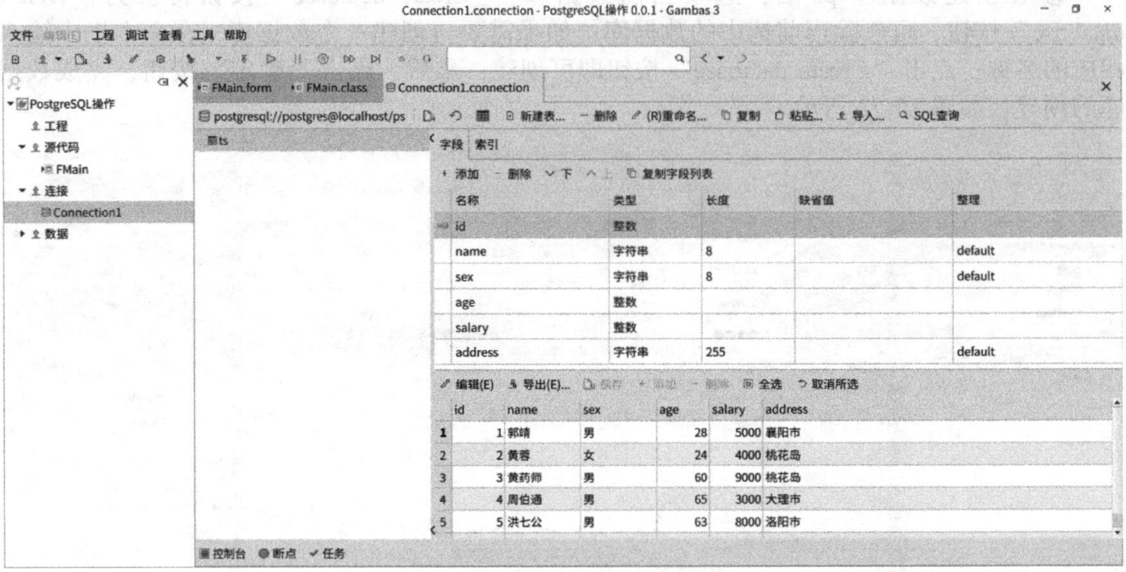

图 10-74 编辑记录

⑭ 在 FMain 窗体中添加代码。

```
' Gambas class file

  Public con As Connection

Public Sub Form_Open()
  con=New Connection
  '关闭数据库连接
  Try con. Close()
  '设置连接类型、主机、用户、密码、端口、数据库名属性
  con. Type="postgresql"
  con. Host="localhost"
  con. Login="postgres"
  con. Password="root"
  con. Port="5432"
  con. Name="ps"
  '打开连接
  con. Open()
End

Public Sub Button1_Click()

  Dim rs As Result
  Dim rs2 As Result
  Dim cmd As String
```

```
Dim s As String[]
Dim t As String[]=[]
Dim i As Integer
Dim idx As Integer
Dim j As Integer
Dim flag As Integer
Dim asflag As Integer

'获取 SQL 语句
cmd=TextArea1. Text
'执行查询
rs=con. Exec(cmd)
'将语句按空格或逗号划分成若干字符串
s=Split(cmd," ,")
'改变数组大小
t. Resize(100)
'分离 select 语句中的字段名,形式包括:字段、表. 字段、字段 as 别名、表. 字段 as 别名。
For i=0 To s. Count-1
  '字符串为 select 时设置标志,并提前结束该轮循环
  If LCase(s[i])="select" Then
    flag=1
    Continue
  Endif
  '字符串为 from 时结束循环
  If LCase(s[i])="from" Then
    Break
  Endif
  '分离 select 和 from 之间的字符串
  If flag=1 And s[i] <> "" Then
    '字段后跟随 as 时设置标志,并提前结束该轮循环
    If LCase(s[i])="as" Then
      asflag=1
      Continue
    Endif
    '分离字段
    If asflag=1 Then
      t[idx-1]=s[i]
      asflag=0
    Else
      t[idx]=Right(s[i],Len(s[i])-InStr(s[i],". ",0,gb. IgnoreCase))
      Inc idx
    Endif
  Endif
Next
If t[0]="*" Then
```

```
            '获得表字段
            rs2 = con. Exec ( " Select  column _ name, data _ type, ordinal _ position, is _ nullable  From information_schema. \"columns\" WHERE \"table_name\"='ts' ")
            For i=0 To rs2. Count-1
               t[i]=rs2!column_name
               rs2. MoveNext
            Next
         Endif
         '设置表格的行数、列数
         TableView1. Rows. Count=rs. Count
         TableView1. Columns. Count=rs. Fields. Count
         '填充表格
         For i=0 To rs. Count-1
            For j=0 To rs. Fields. Count-1
               TableView1[i,j]. Text=rs[t[j]]
               TableView1. Columns[j]. Text=t[j]
            Next
            rs. MoveNext
         Next
         '错误处理
         Catch
            Message. Title="错误"
            Message(Error. Text,"确定")
      End
```

程序中，对于 select 查询语句，可将查询结果在表格控件中显示出来，可将自定义的字段名显示在表头上，即将 select 与 from 之间的字符串分离，提取其中的字段名或字段的别名。此外，上述代码也能够实现其他 SQL 语句，包括 update、insert、delete 等。

参考文献

[1] HANS. Gambas3-Das Online-Buch(German)[EB/OL].[2017-10-24]. https://www.gambas-buch.de/doku.php.

[2] RITTINGHOUSE J W,NICHOLSON J. A Beginner's Guide To Gambas[M]. Infinity Publishing,2006.

[3] GUZMÁN A BAD A E. Gambas WebForm: Desarrollo de Aplicaciones Wed con Gambas(Spanish Edition)[EB/OL].[2020-03-26]. https://www.amazon.com/Gamas-WebForm-Desarrollo-Aplicaciones-Spanish-ebook/dp/B086H6BB7 T/ref=sr_1_1?keywords=gambas+webform&qid=1585584017&s=digital-text&sr=1-1.

[4] Minisini B. Gambas Documentation[EB/OL].[2021-04-02]. http://gambaswiki.org/wiki.

[5] 邢俊凤,苗玥,杨敏. 基于Linux的药品管理系统的设计与实现[J]. 科技传播,2012,4(18):213-214.

[6] 项勇,陈月明,叶继伦,等. 基于嵌入式Linux+Qt的多参监护系统设计[J]. 中国医疗器械杂志,2020,44(02):127-131.

[7] 夏梦迎,武樱楠,侯家成. 基于Linux Qt的动力集中动车组显示屏设计及实现[J]. 铁道机车与动车,2020(01):18-20.

[8] 全雪峰,黄文海. Linux平台下运用Lazarus+Firebird开发数据库应用程序[J]. 工业控制计算机,2010,23(05):80-81.

[9] 粮婵新,谭亮,张少平. Visual Basic程序设计. 北京:北京理工大学出版社,2018.

[10] 王建新,隋美丽. LabWindows CVI虚拟仪器测试技术及工程应用[M]. 北京:化学工业出版社,2011.

[11] 王建新,隋美丽. LabWindows CVI虚拟仪器高级应用[M]. 北京:化学工业出版社,2013.

[12] 王建新,隋美丽. LabWindows CVI虚拟仪器设计技术[M]. 北京:化学工业出版社,2013.

[13] 王建新,隋美丽. 大话虚拟仪器——我与LabWindows/CVI十年[M]. 北京:电子工业出版社,2013.